联合国生态技能培训教材

CLIMATE CHANGE AND INFLUENCE

气候变化与影响学

蒋明君◎编著

JIANG MINGJUN EDITOR-IN-CHIEF

 世界知识出版社

图书在版编目（CIP）数据

气候变化与影响学/蒋明君编著.—北京：世界知识出版社，2015.10

联合国生态技能培训教材

ISBN 978-7-5012-5010-3

Ⅰ.①气… Ⅱ.①蒋… Ⅲ.①气候变化-高等学校-教材

Ⅳ.①P467

中国版本图书馆CIP数据核字（2015）第206625号

责任编辑	侯奕萌
文字编辑	何以多
责任出版	赵　玥
责任校对	陈可望
封面设计	林　彬

书　　名　**气候变化与影响学**
Qihou Bianhua yu Yingxiang Xue

编　　者　蒋明君

出版发行	世界知识出版社
地址邮编	北京市东城区干面胡同51号（100010）
网　　址	www.ishizhi.cn
电　　话	010-65265923（发行）　010-85119023（邮购）
经　　销	新华书店
印　　刷	北京盛彩捷印刷有限公司
开本印张	787×1092毫米　1/16　32$\frac{1}{2}$印张
字　　数	450千字
版次印次	2015年11月第一版　2015年11月第一次印刷
标准书号	ISBN 978-7-5012-5010-3
定　　价	88.00元

编　著：蒋明君
副编著：山俸苹　安学礼　党永富

2012年12月，蒋明君与俄罗斯总统两极国际事务全权代表
阿尔图尔·奇林加洛夫在印尼巴厘岛出席第二届世界生态安全大会

序言一

我很荣幸为《气候变化与影响学》一书作序，首先我要表达对国际生态安全合作组织蒋明君博士，在降低气候变化风险、保护自然与生态环境，促进政府和国际组织间的合作方面所作贡献表示感谢。

联合国文明联盟与国际生态安全合作组织认为：不同文明之间的对话对解决冲突和促进人与人、人与社会、人与自然之间的和谐关系至关重要。我非常高兴地告知各位，联合国文明联盟与国际生态安全合作组织拥有共同的愿景与目标，这就使得2014年我们在纽约签署了谅解备忘录，从而加强彼此间的合作。双方认为气候变化是影响未来发展的最大威胁。因为，极端气候导致的生态危机对可持续发展影响巨大。极端气候和自然灾害可以产生大量生态难民，生态难民将造成整个人口群体的迁移，破坏基础设施和减少青年就业机会，还将引发大规模的健康危机。人类对有限自然资源的争夺不仅导致社会不稳定，而且将引发极端主义并导致恐怖活动猖獗。人类最脆弱的群体是气候变化与生态灾难的最大受害者。青年群体应该明白他们的未来需要今天的行动。尽管在这些挑战面前总会感觉力所不及，但是他们要知道必须去面对，也要认识到如果现在气候变化和生态危机得不到有效解决，那么今后将无法在一个公平、正义、安全的世界里取得繁荣。

联合国文明联盟清楚地认识到气候变化将影响和平建设，影响青年发展的前景。联合国人居署与国际生态安全合作组织共同启动的"联合国人居署青年赋权行动"对联合国与国际组织创造协同效应，并促进国际合作具有重要意义。青年赋权也是联合国文明联盟的一个重要领域。我们已经采取直接行动来为他们提供受教育和工作机会，以加强他们在全球治理中的参与度，并让他们了解到，世界不同信仰、不同文化、不同文明之间的对话，对于处理气候变化和生态危机后续问题是很有必要的。联合国文明联盟将致力于提升青年在重大决策制定过程中的参与度，这包括政策的制定、政治领域的参与及多边合作等。联合国文明联盟与国际生态安全合作组织的合作将成为一个范例，通过生态文明对话促进可持续发展，并为后代树立公平和正义的意识。

纳西尔·阿卜杜勒阿齐兹·纳赛尔

第66届联合国大会主席

联合国文明联盟高级代表

2015年1月19日

序言二

近年来，亚洲政党国际会议始终把抵御气候变化、维护生态安全、实现可持续发展作为首要目标和任务。作为一个成功的开端，我们创立了"世界政党气候与生态联盟"。该联盟由亚洲政党国际会议、拉美和加勒比政党常设会议、亚太中间党派民主国际、非洲政党理事会与国际生态安全合作组织共同创建，是全球政党间抵御气候变化，保护自然环境，解决生态危机的统一战线。蒋明君博士作为世界政党气候与生态联盟创始主席，在应对气候变化，促进生态文明建设，构建生态安全格局，实现可持续发展方面作出了重要贡献，受到联合国和世界各国政党、议会、政府部门的关注。

在气候变化和生态安全这一永恒主题之下，我还要对联合国文明联盟第六届全球峰会作一简述。前不久，我与联合国秘书长潘基文，第68届联合国大会主席约翰·阿什，第66届联合国大会主席、联合国文明联盟高级代表纳西尔·阿卜杜勒阿齐兹·纳赛尔，印度尼西亚前总统苏西洛·班邦·尤多约诺，世界政党气候与生态联盟创始主席蒋明君一起，作为主要发言人在印尼巴厘岛参加了联合国文明联盟第六届全球峰会，以及同时召开的首届联合国生态文明对话论坛。我认为，联合国文明联盟第六届全球峰会将生态文明纳入联合国文明联盟框架，并启动联合国生态文明对话论坛，这是国际社会对中国倡导生态文明建设的一次战略定位，是实现"中国梦"、"亚太梦"和"一带一路"战略构想的具体实践。生态文明建设关系全人类的福祉和未来，也孕育着人类发展的历史性机遇。因此，各国要以对人民高度负责和相互包容的精神，秉持平等、互助、合作、共赢的宗旨，为实现人类福祉作出新的贡献。

何塞·德贝内西亚
菲律宾众议院前议长
亚洲政党国际会议创始主席
2015年1月26日

序言三

气候变化被视为全球主要挑战之一，世界上不少地区和国家都在与环境和生态系统恶化，以及海啸、暴风、洪水、干旱、地震和滑坡引发的自然破坏作斗争。针对这一点，亚洲政党国际会议与拉美和加勒比政党常设会议的代表们可以回顾近来与气候变化有关的全球性辩论的结果，商讨两个组织下一步应如何协调行动，抵御气候变化。

2014年9月23日，联合国气候峰会召开，旨在为2015年在巴黎达成《联合国气候变化框架公约》提升政治动力并鼓励所有国家实施有改革作用的行动，较少排放，构建对气候变化恶劣影响的适应能力。100多位国家和政府首脑与800位商业、金融和社会领袖参加了会议。

气候峰会上领导人的声明反映出关于气候变化的广泛的全球性视野，包括：诸多领导人认识到在消除极端贫困和推动可持续发展的框架中应包括气候行动。他们承诺将目前工业时期以来全球气温上升的幅度控制在2摄氏度以内。很多领导人呼吁所有国家采取与实现小于2摄氏度目标路径相一致的国家行动，一些国家已对此作出承诺。他们承诺2015年在巴黎落实一个意义重大的全球性新协议，协议的首份草案于2014年12月在利马气候大会上完成。他们同意新协议应有效、持久、全面，平衡对减缓和适应的支持力度。

2012年10月在墨西哥城举行的亚洲政党国际会议与拉美和加勒比政党常设会议第三次联合会议上，会议代表们一致同意，并呼吁世界所有国家履行关于气候变化的国际制度和条例，包括1997年《联合国气候变化框架公约》和《京都议定书》。还提出关于气候变化的条款应当被纳入未来国际组织、社会团体的每份声明、陈述或宪章中，同时这一信息应在包括联合国及其机构在内的所有相关国际组织中传播。亚洲政党国际会议与拉美和加勒比政党常设会议来自发展中国家的代表尤其指出，需要更多来自发达国家的财政支持，以帮助发展中国家应对气候变化带来的挑战，建议将一部分偿还的债务用于此项目。

亚洲政党国际会议与拉美和加勒比政党常设会议第三次联合会议一致任命国际生态安全合作组织作为亚洲政党国际会议与拉美和加勒比政党常设会议观察员和战略合作机构。请亚洲政党国际会议与拉美和加勒比政党常设会议代表们关注建立"世界政党气候与生态联盟"的决议。

世界政党气候与生态联盟于2014年7月18日在中国成都召开的"气候变化与人类健康论坛"期间正式启动。各国代表们讨论了如何在坚持组织原则的基础上，以对抗气候变化、解决生态气候、保护自然环境为目的，积极支持世界政党气候与生态联盟的各项活动。我们诚挚地感谢蒋明君博士在降低气候变化风险，解决生态与环境危机方面作出的重要贡献。

古斯塔沃·莫雷诺

墨西哥众议院前议长

拉美和加勒比政党常设会议常务副主席

2015年1月20日

目　录

前　言

自20世纪以来，随着经济的快速发展和社会的不断进步，人类创造了前所未有的物质财富，极大地推动了文明社会的发展历程。然而，经济的快速发展也给生态和环境带来了沉重负担，尤其是温室效应、臭氧层破坏、酸雨等气候变化问题，不仅对人类生存和发展构成严重威胁，而且改变了世界政治格局。如何应对气候变化，实现人类可持续发展，已成为各国政府和国际社会普遍关心的全球性问题。

气候变化既是环境问题，也是人类生存和国家发展问题。随着全球气候变化，人类与自然资源的矛盾日益加剧。为了维护人类的共同利益，国际社会围绕如何保护气候、限制温室气体排放展开了系列外交谈判。中国作为负责任的发展中国家对气候变化问题给予了高度重视，并成立了国家气候变化对策协调机构，根据国家可持续发展战略的需要，制定了一系列与气候变化相关的政策和措施，为减缓和适应气候变化作出了积极的贡献。

本书将系统介绍气候变化形成的各种因素、气候变化对人类的影响、气候变化监测与预警、气候谈判与国际合作、气候变化与科学技术创新、气候变化与低碳行动、气候变化与碳市场发展、气候研究机构与国际公约、中国在应对气候变化过程中发挥的作用等相关内容，使读者能够比较全面地了解气候变化与影响等问题，期盼对读者有所启迪。

本书的编著得到了中国农业部规划设计研究院领导和专家的支持，在此向他们表示衷心的感谢。本书编著过程中参阅并引用了国内外学者的文献、研究成果和已发表的图表资料，特向这些学者表示衷心的感谢。

由于本书涉及领域广泛以及本人水平的局限，书中出现错误在所难免，敬请读者和同行们批评指正。

蒋明君

2015年5月

第一章 气候变化的概念

第一节 气候的概念

气候这一概念从古代就有，古人从事以农业为主的生产活动，使得人们对于不同时期的天气变化关心起来，就有了掌握气候规律，应用于安排农业生产的要求，而天文学的发展和气候知识的积累，渐渐使人们能够根据天文学严格的季节规律，配合各个时期的气候特点，得出了明确的季节概念。按季节的交替演变，人们进一步认识了气候随时间而变化的规律，创造了二十四节气和七十二候，从而满足了当时的农业生产需求。按照宋朝郑玄的说法，"周公作时训，定二十四气，分七十二候，则气候之起，始于太昊（伏羲），而定于周公"。因此，可以说古人的气候概念就是二十四节气与七十二候的总称。

现代科学的气候概念由政府间气候变化专门委员会（简称IPCC）定义，这是一个附属于联合国之下的跨政府组织，在1988年由世界气象组织、联合国环境署联合成立，专责研究由人类活动所造成的气候变迁。其对气候比较狭隘的定义是"普遍的天气状况"，或稍严谨些解释为：从几个月到成百上千年的时间中，气候在量方面的变动所作出的统计描述。世界气象组织（简称WMO）将气候统计的周期定为30年。气温、降雨量和风力是最浅显的经常性变动。从更广阔的层面来讲，包括统计描述，气候就是气候体系的状态。

第二节 气候的分类

地球上可以根据纬度划分成几个气候相对均匀的呈带状分布的气候带。在同一气候带内，又因环流、下垫面以及自然环境的不同，形成的气候特征相对均匀的地区，称为气候型。在气候带和气候型概念确定之后，就可以把全球各地的气候进行分析、比较和综合，将特点相似的气候归为一种气候类型，把不同的气候类型归纳在同一系统之中，这就是气候分类。依据不同气候有纬度带分类法、温度带分类法、成因分类法和中国气候分类法等。

一、纬度带分类法

古希腊哲学家亚里士多德曾在他的《太阳气候》一书中提到此分类法，他的划分原则为：以纬度为重要依据、划分因素是太阳高度角和昼夜长短、以南北回归线和南北极圈为界将地球划分出五带：热带、北温带、南温带、北寒带、南寒带。

二、温度带分类法

1. 苏本分类法

苏本是一位奥地利的气候学家，他在1879年首先提出用等温线作为划分气候的依据。他把全球分为热带、温带和寒带，其中热带和温带的分界线为年平均温度为20℃的等温线，这也是椰子树、棕榈树的南北界线；温带和寒带的分界线为最热月平均温度为10℃的等温线，这也是针叶林的南北界线。其中热带的年平均温度大于20℃；温带的范围在年平均温度20℃和最热月的平均温度10℃的等温线之间；寒带的最热月的平均温度小于10℃，常年积雪，生长苔藓和地衣等低等植物。

2. 柯本分类法

柯本（1846—1940年）是著名的气象学家、气候学家、地理学家、植物学家，他出生在俄罗斯圣彼得堡，1874年起任职于德国汉堡海洋气象台，长达50年。他发明的柯本气候分类法是最被广泛使用的气候分类法，于1918年发表首个完整版本，1936年发表最后修订版。

柯本分类法的发展经历了三个阶段：第一个阶段是在1884年前后，他以日平均温度10℃和20℃在一年中的持续时间为依据把全球划分五带；第二个阶段是在1918年，除了1884年版本的温度指标外，还考虑到了降水；最后一个阶段是在1953年由柯本的学生盖格尔和波根据柯本的理论及自己的研究，得出柯本—盖格尔—波气候分类法，简称"柯本分类法"。主要划分原则是考虑了温度、降水、植被等因素，有五带十二型，经常应用在自然地理领域中。

三、成因分类法

成因分类法是根据气候形成的辐射因子、环流因子和下垫面因子来划分气候带和气候型。这一派的学者很多，最著名的有阿里索夫、弗隆、特尔真和斯查勒等。以斯查勒气候分类法为例，他认为天气是气候的基础，而天气特征和变化又受气团、锋面、气旋和反气旋所支配。因此他首先根据气团源地、分布，锋的位置和它们的季节变化，将全球气候分为三大带，再按桑斯维特气候分类原则中计算可能蒸散量Ep和水分平衡的方法，用年总可能蒸散量Ep、土壤缺水量D、土壤储水量S和土壤多余水量R等项来确定气候带和气候型的界限，将全球气候分为3个气候带，13个气候型和若干气候副型，高地气候则另列一类。这种分类方法的优点在于很好地反映了太阳辐射、大气环流、下垫面等因素在气候形成中的作用，符合气候的特点和分布规律。

四、中国气候分类法

中国的气候分类方法最先是在1959年由中国自然区划委员会提出的，而到了1966年则由中央气象局、中国科学院在1959年分类的基础上完善了根据热量高低分成的九带：

全球温度带 ｛ 热带：北热带、中热带、南热带
亚热带：北亚热带、中亚热带、南亚热带
温带：北温带、中温带、南温带

又根据热量、降水、干燥度分成四个大区：湿润区、亚湿润区、亚干旱区、干旱区。

第三节 柯本气候分类法

柯本气候分类法是以气温和降水两个气候要素为基础，并参照自然植被的分布而确定的。他首先把全球气候分为A、B、C、D、E五个气候带，其中A、C、D、E为湿润气候，B带为干旱气候，各带之中又划分为若干气候型。

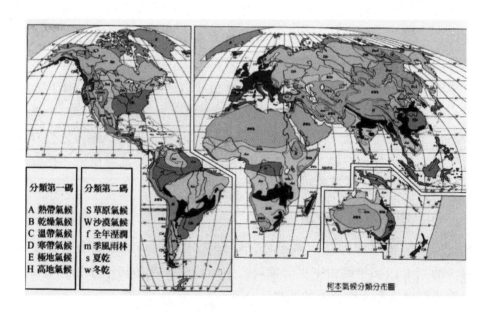

图1-1 柯本气候分类示意图

一、赤道气候带

赤道气候带的特征是水平面与低海拔地区全年高温炎热，每月平均气温在 18 ℃以上，根据降水的差异分为三个主要气候型：

热带雨林气候（用Af表示），受赤道无风带支配，全年高温多雨，没有明显的季节，每月平均降水在60毫米以上。主要分布在赤道两侧5度到10度范围内，如南美洲西北部、中美洲东海岸、非洲中部、太平洋岛屿及东南亚地区。

热带季风气候（用Am表示），由于受到季风的影响，不同的季节风向会有明显的变化，且在冬季时会有旱月，旱月降水量可能会出现小于60毫米的情况，但又始终高于100毫米减去1/4年降水量。主要分布在印度南部、斯里兰卡、中南半岛、中非、西非和南美中北部。

热带疏林草原气候（用Aw表示），有旱季和湿季的分别，雨季小于6个月。最干旱月份降水可能会在60毫米以下且也小于100毫米减去1/4年降水量。旱季在冬季。主要分布在中美洲西海岸、墨西哥、巴西高原、马达加斯加西岸、澳大利亚北部及东南亚部分地区。

二、干燥气候带

干燥气候带分为以下两个气候类型：

干旱型沙漠气候（用BW表示），根据年积温分为炎热型（用BWh表示，又称热带沙漠气候）和寒冷型（用BWk表示，又称温带沙漠气候）两种。这种气候类型全年少雨，降水量为：冬雨区r<10t，夏雨区r<10(t+14)，年雨区r<10(t+7)。冬雨区指70%以上的降水发生在冬季，夏雨区指70%以上的降水发生在夏季，年雨区指非夏雨区和冬雨区的其他地区。炎热型分布在非洲北部、纳米比亚、阿拉伯半岛、伊朗南部、巴基斯坦南部、澳大利亚西部以及美洲部分地区。寒冷型分布在中亚、蒙古、中国西北及美国西南。

干旱性草原气候（用BS表示），根据年积温分为炎热型（用BSh表示，又称热带草原气候）和寒冷型（用BSk表示，又称温带草原气候）

两种。这种气候全年相对少雨，但是多于沙漠型气候。降水量为：冬雨区10t<r<20t，夏雨区10(t+14)<r<20(t+14)，年雨区10(t+7)<r<20(t+7)。炎热型分布在撒哈拉以南一线、澳大利亚、南亚和西亚部分地区，以及美洲部分地区。寒冷型分布在中亚、中北亚、北美落基山麓、南部非洲以及阿根廷。

三、暖温带气候带

暖温带气候带主要分为以下三个气候类型：

地中海气候（用Cs表示），夏半年干燥，最干月降水量小于40毫米，且小于冬季最多雨月降水的三分之一。分为夏季炎热（用Csa表示）和夏季温暖（用Csb表示）两种。夏季炎热型分布在地中海南岸和东岸。夏季温暖型分布在地中海北岸、加州南部、南非西部、智利中南部以及澳大利亚南部。

冬干温暖型气候（用Cw表示），夏热冬温，冬半年最干月降水量小于夏半年最多雨月降水的一成。分为夏季炎热型（用Cwa表示，又称亚热带季风性湿润气候）、夏季温暖型（用Cwb表示）和夏季凉爽型（用Cwc表示）三种。夏季炎热型分布在美国东南岸、东亚南部和澳大利亚东北岸。夏季温暖型分布在巴西南部、巴拉圭及南部非洲东海岸。夏季凉爽型分布在阿根廷北部和乌拉圭。

常湿温暖型气候（用Cf表示），全年降水较多且分布较平均，分为夏季炎热型（用Cfa表示）、夏季温暖型（用Cfb表示）和夏季凉爽型（用Cfc表示，又称温带海洋性气候）三种。夏季炎热型分布在中国最南部、印度北部、越南北部及澳大利亚东南岸。夏季温暖型分布在南非部分地区和西欧部分地区及新西兰。夏季凉爽型分布在西欧大部，英伦诸岛及北欧部分地区及北美西海岸北部。

四、冷温带气候带

冷温带气候带可以分为常湿冷温气候和冬干冷温气候：

常湿冷温气候（用Df表示），全年降水分配比较均匀（亚洲东部因受强季风影响，冬季较干旱）。分为夏季炎热型（用Dfa表示）、夏季温暖型（用Dfb表示）、夏季凉爽型（用Dfc表示，又称温带季风性气候）和显著大陆型（用Dfd表示）四种。夏季炎热型分布在美国中大西洋地区。夏季温暖型分布在中国秦岭淮河一线及朝鲜半岛北部。夏季凉爽型分布在中国河南山东一线、京津及辽宁地区、多瑙河下游以及日本北部。冬季寒冷型分布在中国东北、东欧平原、北美五大湖区及西伯利亚南部。

冬干冷温气候（用Dw表示，又称温带大陆型气候），夏季最多雨月降水至少10倍于冬季最干月降水。分为夏季炎热型（用Dwa表示）、夏季温暖型（用Dwb表示）、夏季凉爽型（用Dwc表示）和显著大陆型（用Dwd表示）四种。夏季炎热型分布在藏南地区及中亚部分地区。夏季温暖型分布在中亚和蒙古北部及北美新英格兰地区。夏季凉爽型分布在西伯利亚大部分地区、加拿大北部、阿拉斯加及挪威中北部。显著大陆型分布在密西西比河中上游、中亚北部、加拿大大部分地区、西伯利亚部分地区、斯堪的纳维亚中部和东欧北部。

五、极地气候带

极地气候带分为苔原气候和冰原气候：

极地苔原气候（用ET表示），最热月均温在10℃以下，0℃以上，可生长苔藓、地衣等植被。分布在西伯利亚北部、斯堪的纳维亚北部、加拿大北部及诸岛、格陵兰岛南部及冰岛。

冰原及高原气候（用EF表示），最热月均温在0℃以下，终年积雪。分布在格陵兰北部、南极大陆、西伯利亚东北部分地区以及青藏高原、帕米尔高原、东非高原、阿尔卑斯山、落基山、安第斯山、新几内亚查亚峰等高寒地区。

表1-1 柯本气候分类方法[r表示年降水量（cm），t表示年平均温度℃]

气候带	特征	气候型	特征
A 赤道气候带	受赤道无风带支配，全年高温多雨，每月平均降水在60毫米以上，一般都在赤道南北5到10度。	Af 热带雨林气候	受赤道无风带支配，全年高温多雨，每月平均降水在60毫米以上，一般都在赤道南北5到10度
		Am 热带季风气候	受到季风的影响，不同的季节风向会有明显的变化，最干月降水量少于60毫米且高于（100毫米−0.04×年平均降水量）毫米
		Aw 热带疏林草原气候	有旱季和湿季的分别，判定条件为最干月降水量同时少于60毫米和（100毫米−0.04×年平均降水量）毫米，且旱季位于冬季
B 干燥气候带	全年降水稀少，分为冬雨区、夏雨区和年雨区，根据当地的降水量来确定干带的界线	Bs 草原气候	冬雨区 $10t<r<20t$ 夏雨区 $10(t+14)<r<20(t+14)$ 年雨区 $10(t+7)<r<20(t+7)$
		Bw 沙漠气候	冬雨区 $r<10t$ 夏雨区 $r<10(t+14)$ 年雨区 $r<10(t+7)$

（续表）

气候带	特征	气候型	特征
C 温暖带气候带	无经常的雪被，最热月温度大于10℃，最冷月在−18℃—0℃之间	Cs 下干温暖气候（又称地中海气候）	或称地中海型气候，夏半年最干月降水量小于40毫米，且小于冬季最多雨月降水的三分之一
		Cw 冬干温暖气候	冬半年最干月降水量小于夏半年最多雨月降水的一成
		Cf 常湿温暖气候	全年降水分配平均，降水不足上述比例者
D 冷温带气候带	最冷月温度小于0℃，最暖月温度大于10℃	Df 常湿冷温气候	冬长、低温，全年降水分配平均
		Dw 冬干冷温气候	冬长、低温，夏季最多雨月降水至少10倍于冬季最干月降水
E 极地气候带	全年寒冷，最热月温度 <10℃	ET 苔原气候	最热月均温在10℃以下，0℃以上，可生长苔藓、地衣等植被。
		EF 冰原气候	最热月均温在0℃以下，终年积雪。

　　柯本分类法是最广泛被使用的气候分类法，它具有以下优点：①柯本气候分类法的界限明显，便于应用，且避免了以往气候描述中的主观因素；②气候类型与自然景观相符合；③各种气候类型用字母表示，一目了然。

表1-2 柯本气候分类法和植被分布的对应关系

雨林➡季雨林➡疏林草原➡草原➡荒漠➡常绿灌木林
Af　　Am　　　AW　　　BS　BW　　　Cs

➡常绿阔叶林➡夏绿阔叶林➡寒温性针叶林➡苔原
Cf　　　　　Cw　　　　　Df、Dw　　　ET

柯本分类法在长久的使用过程中，也被认为有以下不足：①把干燥气候带B与A、C、D、E等四个气候带相并列是不妥的。A、C、D、E等是按温度来分带的，而B带的划分是依据干燥指标；②柯本分类只注意气象要素的温度、降水分析，忽视了高度因素，使垂直气候变化与纬向气候变化没有差异；③忽视了对气候形成因素的分析。

第四节 全球气候类型

全球气候按纬度可以分为低纬度气候带，中纬度气候带和高纬度气候带，同时每个纬度区间又可根据降水等因素分为若干个小气候类型。

一、低纬度气候带

1.赤道多雨气候

赤道多雨气候通常位于赤道地区及向南、北伸展到纬度5°—10°，主要分布在非洲的刚果河流域、南美洲亚马孙河流域和大洋洲与亚洲间的苏门答腊岛到几内亚岛一带。由于此区处于赤道低压带内，水平风力大，气流辐合上升，多对流雨，一年中有两次太阳直射，全年受热带海洋气团控制，昼夜平分。主要气候特征：全年长夏，无季节变化，年平均温度在26℃；气温年较差小于日较差，气温年较差小于3℃、气温日较差在6℃—12℃之间；全年多雨无干季，年平均降水量大于2000毫米，最少月降水大于60毫米；天气变化单调，闷热、潮湿、无风、多雷雨。

2. 热带海洋气候

热带海洋气候主要分布在南北纬10°—25°的信风带大陆东岸及热带海洋中的若干岛屿上，比如中北美洲加勒比海的沿岸和岛屿、南美巴西高原东侧沿岸的狭长地带、非洲马达加斯加岛的东岸、太平洋中的夏威夷群岛及澳大利亚昆士兰州的沿海地带等。由于此地终年盛行热带海洋气团，陆地面积小，海洋面积大，因而海陆热力差异不明显，无季风现象。主要气候特征：全年气温变化小，但最冷月气温在25℃以下；全年降水均多，但夏末较集中。

3. 热带干湿季气候

热带干湿季气候集中分布在中北美洲、南美洲、非洲的南北纬5°—15°，由于此地区一年中受赤道气团和热带海洋气团交替控制，所以拥有降水量差异明显的干季和湿季。主要气候特点：一年中干湿季分明，一年中至少有1—2个月为干季，平均年降水量在750—1000毫米，雨季的降水量可达年降水总量的70%；热季出现在干季之后雨季之前，最冷月的平均气温大于16℃—18℃；植被以热带疏林草原为主，动物多为黄羊、羚羊等善于奔跑类种。

4. 热带季风气候

热带季风气候主要分布在南北纬10°到回归线附近的大陆东岸，比如中国台湾省的南部、雷州半岛和海南岛；中南半岛；印度半岛的大部分地区；菲律宾群岛以及澳大利亚北部沿海等地区。夏季到来之时，赤道低压带北移，南亚有印度低压和西太平洋副高、印度低压的西南季风及副高西部的东南季风，成为南亚和东亚的夏季风。水汽充足，降水多；而到了冬季，赤道低压带南移，亚洲北部有蒙古高压和青藏高压的影响，高压东部和南部分别盛行西北风和东北风，成为东亚和南亚的冬季风。主要气候特点：年降水量大，集中夏季，降水变率大；年平均降水量1500—2000毫米；长夏无冬，春秋极短；年平均温度大于20℃，最冷月平均温度大于18℃；植被以木棉树、大榕树、小榕树为主。

5. 热带干旱和半干旱气候

热带干旱和半干旱气候主要出现在副热带高压带以及信风带的大陆中心和西岸，平均位置在纬度15º—25º，因干旱程度和气候特征的不同，又分为三个亚型：

（1）热带干旱气候亚型；

主要处于非洲的撒哈拉沙漠、卡拉哈里沙漠；西亚、南亚的阿拉伯沙漠、塔尔沙漠；澳大利亚西部、中部沙漠和南美的阿塔卡马沙漠等。由于此类地区终年受副高下沉气流的控制，处于信风带的背风海岸，沿岸有寒流，是热带大陆气团的源地。主要气候特点：降水稀少，变率大，年平均降水量小于125毫米，如南美智利北部的阿里卡，17年内仅下过三次雨，总量0.15毫米；南美智利的伊基克4年无雨，但有一年竟降雨36.5毫米；日照强烈，相对湿度小；气温高，年较差大，最热月的平均气温为30℃—35℃，一年中有5个月月平均温度大于30℃，气温的年较差在10℃—20℃之间。

（2）热带西岸多雾干旱气候亚型

主要分布在热带大陆西岸南北纬20º—30º，有寒流经过的地方。比如北美的加利福尼亚地区、南美的秘鲁、北非的加那利和南非的本格拉寒流沿岸等地区。由于此地常年位于副高东部下沉气流区内，受冷洋流影响下层气温较低，有明显的逆温现象，空气层结稳定，多雾，雾日可达150天；降水稀少；日照不强，夏季气温不高。特别要提到的是，在秘鲁、智利东海岸地区，是世界著名的厄尔尼诺多发区，20世纪90年代以来，连续发生5次，特别是1997年5月—1998年的那一次，据科学家们分析及实际海水温度变化情况，大约是150年以来强度最大的一次，造成了极大的危害。如秘鲁的1997年8月份下了深达1米的大雪，菲律宾的森林大火，澳大利亚的墨尔本市长达一周的43℃的高温，等等。因此，这里将成为气候学家和气象学家关注的焦点。

（3）热带半干旱气候亚型

这一气候类型主要分布在热带干旱和湿润气候区的过渡带；此地区受热带海洋气团和赤道低压槽的影响，有短暂的雨季；而大部分时间受副高的控制，东北信风带来的热带大陆气团影响，干燥无雨。主要气候特点：干季长，雨季短；年降水量少，降水变率大；年平均降水量250—750毫米，气温年较差小于气温日较差。

二、中纬度气候带

1.副热带干旱与半干旱气候

这一气候带可分为副热带干旱气候亚型和副热带半干旱气候亚型。

（1）副热带干旱气候型：

是热带干旱气候的延伸，基本气候特点和热带干旱气候相似，但因纬度稍高也有些许不同：首先副热带干旱气候的凉季气温较低，年较差大于热带荒漠；其次在凉季温带气旋路径偏南时，有少量气旋雨。

（2）副热带半干旱气候型：

出现在副热带干旱气候型的外缘、与地中海式气候区相毗连。与副热带干旱气候相比有两点不同：夏季气温比副热带干旱气候低，无一个月气温在30℃以上；冬季降水比副热带荒漠稍多，是冬季温带气旋南移带来的降水，年降水量为300毫米左右，但变率大，能维持草类生长。

2.副热带季风气候

主要分布在以纬度30°为中心向南、北各延伸5°左右的地区，比如中国东部秦岭、淮河以南，热带季风区以北地带，日本南部和朝鲜半岛南部等地。本地区是热带海洋气团和极地大陆气团交替控制地带。夏季到来时，正午太阳高度角相当大，白昼时间长；海上的副热带高压强大，亚洲大陆被印度低压控制，盛行偏南风（即夏季风）；沿岸又有暖流经过，夏季风带来热带海洋气团。所以，夏季高温（22℃以上）多雨。而到了冬季，受蒙古高压偏北气流控制（即冬季风），强大干冷的冬季风使气温降低（最冷月0℃—15℃）。主要气候特点：夏季气温高，冬季温暖，最热月平均温度大于22℃，最冷月温度大于0℃小于15℃；降水丰富，夏雨较多，年平均降水量750—1000毫米；植被以常绿阔叶林和落叶阔叶林为主。

3. 副热带湿润气候

副热带湿润气候主要分布在北美大陆东岸；北纬25°—35°的大西洋沿岸、墨西哥湾沿岸、南美的阿根廷、乌拉圭和巴西南部、非洲的东南海岸和澳大利亚的东岸。此地区所处的纬度及海陆相对位置与东亚副热带季风气候相似，所以其气候有类同之处；但因北美大陆面积小，海陆热力差异不像东亚那样突出，所以未形成季风气候。主要受迎风海岸的影响，有暖流经过。这一气候类型与副热带季风气候又有明显差别，冬夏温差比季风气候区小；降水分配比季风气候区均匀；植被以常绿阔叶林为主。

4. 地中海式气候

地中海式气候出现在大约纬度30°—40°间的大陆西岸，比如地中海沿岸、美国加利福尼亚沿岸、南美智利中部海岸、南非南端和澳大利亚的南端等地。以北半球为例，当北半球夏季时，副热带高压北移到地中海地区(30°—40°N)，这里正是副热带高压中心或在它的东缘，下沉气流不利于云、雨的形成，使副热带大陆西岸干燥少雨、日照强、气候十分炎热；而到了冬季，因副热带高压南移，此带处于副热带暖气流与温带冷气流的交绥地带，锋面气旋活动频繁，带来较多降水。值得一说的是，亚欧非三洲之间的地中海是个面积较大的内海，与其周围陆地间的热力差异，分别对该区的冬、夏季气候形成的地带性因素起了加强作用，使夏季干旱区有扩大，冬季的水汽更充足，雨区有增大。因地中海附近地区气候特点显著，且范围较大，故命名为"地中海式气候"。该地区夏季干燥，冬季多雨；沿岸和内陆夏季温度明显不同。

地中海式气候又可分为凉夏型和暖夏型。凉夏型主要出现在靠近大洋有寒流过的区域，夏季凉爽多雾，最高气温在22℃以下，但干燥少雨十分显著，日照并不强，以多雾著称。冬季受海风影响，最冷月气温也在10℃以上，故年较差较小。比如美国西海岸的蒙特雷、葡萄牙的里斯本、摩洛哥大西洋的苏维拉、澳大利亚的佩思和智利的瓦尔帕来索等地区。暖夏型经常出现在离大洋稍远的地区，因受不到寒流的调节，夏季在副热带高压控制下，炎热而干燥，冬季温和多雨，最热月的平均气温大于22℃，气温年较差比凉夏型大。比如意大利的那不勒斯和美国的红布拉夫等地。

5.温带海洋性气候

温带海洋性气候主要分布在以纬度50°为中心向南、北伸展10°左右的温带大陆西岸，比如欧洲的英国、法国、荷兰、比利时、丹麦和斯堪的那维亚半岛南部；北美洲太平洋沿岸的阿拉斯加南部；加拿大的不列颠哥伦比亚和美国的华盛顿州和俄勒冈州；澳大利亚的东南角；塔斯马尼亚岛和新西兰岛等地。因地处中纬度大陆西岸，所以全年盛行西风，受温带海洋气团控制；沿岸有暖流，冬季温暖，气温较高。该种气候类型冬暖夏凉，气温年较差小；最冷月的平均温度大于0℃，最热月的平均温度小于22℃；全年湿润多雨，且冬雨较多。其中平原区的年平均降水量在750—1000毫米，迎风坡的年平均降水量则通常大于2000毫米，植被以夏绿阔叶林为主。

6.温带季风气候

温带季风气候类型主要出现在35°—55°N的亚欧大陆东岸，比如中国的华北、东北，朝鲜的大部分，日本的北部和俄罗斯远东地区的一部分。此类地区冬季受大陆强大的蒙古高压的影响，从高压东侧吹来的偏北风（西北风、北风、东北风），即冬季风，主要受干冷的极地大陆气团所控制；而到了夏季，太平洋上的副热带高压强度增大，并且西伸北进，从高压西侧吹来的东南风或西南风，即为夏季风，此时处于温带海洋气团或变性的热带海洋气团控制。此种气候类型冬季寒冷干燥，南北气温差异很大；夏季暖热多雨，南北气温差异小；降水集中在夏季，季节变化明显；天气的非周期性变化显著。植被以针阔混交林为主。

7. 温带大陆性湿润气候

此种气候类型主要分布在亚欧大陆温带海洋性气候区的东侧，比如北美大陆西经100º以东，北纬40º—60º的地区。该地区受变性的温带海洋气团影响，冬季冷而少雨，夏季炎热而多雨。南半球以夏绿阔叶林为主，北半球以针阔混交林为主。这里的气候与温带季风气候有些类似，但没有温带季风气候那样明显的冬夏季的变化。因为这里冬季的寒冷少雨不是由于干冷的冬季风影响的，而是盛行西风气流所带来的海洋气团，深入大陆后逐渐变性冷却、湿度减小所致。因此，冬季比同纬度温带季风气候区要暖和些。而且冬季有锋面气旋经过，冬雨量介于温带海洋性气候和温带季风气候之间。夏季的气温因海洋气团深入陆地变性而增温，也介于温带海洋性气候与温带季风气候之间，有对流雨，其集中程度次于温带季风气候区。

8. 温带干旱和半干旱气候

这种气候包括温带草原气候和温带荒漠气候。其中在北半球占有广大的面积，分布在北纬35º—50º的亚洲和北美大陆中心部分。比如西南亚干旱气候区、俄罗斯的中亚干旱气候区、中国西北干旱气候区、美洲西部的内华达州、犹他州和加利福尼亚州的东南部。由于亚洲大陆面积广大，东西向延伸很远，加上青藏高原的屏障作用，使位于大陆中心地区受不到海风的调节，终年在大陆气团的控制下，气候十分干燥。夏季，在其南部正午太阳高度角比较大，因而大陆剧烈增温形成了浅热低压，成为热带大陆气团的源地。冬季在其北部白昼较短，正午太阳高度角小，大陆急剧冷却形成冷高压，是极地大陆气团的冬季源地。而北美由于大陆面积小，中纬度干旱气候只出现在美国西部，包括内华达州、犹他州和加利福尼亚州的东南部。南半球只有南美洲南端温带纬度地区出现温带干旱气候。其成因与北半球不同，也不位于大陆中心，而是处于西风的背风面，在大陆西岸安第斯山脉的阻挡下，背风坡有焚风效应，加之沿岸有寒流的影响，空气稳定少雨，并且不在气旋活动的路径上，因而形成全年干燥少雨的干旱气候，虽然大陆面积狭小，又濒临海洋，仍是干旱气候。

三、高纬度气候带

高纬度气候带盛行极地气团和冰洋气团。北半球高纬度的陆地面积大，西伯利亚和加拿大分别为亚洲和北美洲极地大陆气团的源地。北冰洋和南极冰原又分别是冰洋气团（北极气团和南极气团）的源地。在冰洋气团与极地气团和交绥的冰洋锋上有气旋活动。

1. 副极地大陆性气候

副极地大陆性气候在北半球占有广大面积，大致范围从北纬50°到北纬65°左右。比如从阿拉斯加经加拿大到拉布拉多和纽芬兰的大部分；自斯堪的那维亚半岛（南部除外），经芬兰和俄罗斯的西部（南界沿列宁格勒—高尔基城—斯维尔得洛夫斯克一线）、俄罗斯东部的大部分。由于这里是极地大陆气团的源地，在冬季北极气团侵入机会很多，在暖季热带大陆气团有时也能伸入。主要气候特征：冬季漫长而严寒，暖季短促，气温年较差大、降水量少，集中夏季、蒸发弱，相对湿度大，降水量小于500毫米。

2. 极地苔原气候

主要分布在北美洲和亚欧大陆的北部边缘，格陵兰沿海和北冰洋中的若干岛屿上；南半球则分布在马尔维纳斯群岛、南设得兰群岛和南奥克尼群岛等地。这一地区纬度较高，并受北冰洋和冰洋锋的影响。全年皆冬，一年中只有1—4个月平均气温在0℃—10℃；降水量少，多云雾，蒸发微弱。植被以苔藓、地衣、小灌木为主。

3. 极地冰原气候

主要分布在格陵兰和南极大陆的冰冻高原和北冰洋的若干岛屿上，这里也是冰洋气团和南极气团的源地。全年严寒，各月气温均在0℃以下。是全球平均气温最低的地区，北极地区年平均气温为-22.3℃，南极大陆年平均气温约在-28.9℃。极昼、极夜现象很明显。极夜期间气温极低，俄罗斯在距北极约1300公里，海拔3488米的沃斯托克基地观测到的极端最低气温为-88.3℃。南极站7、8、9三个月的月平均气温都在-60℃以下。极昼期间虽日照时间长，但太阳高度角小，地表冰雪反射率又很大，太阳辐射受到很大削弱；因此气温仍在0℃以下。降水雪量少，但能长年积累，形成很厚的冰原。据不完全的观测资料，年降水量小于250毫米，雪干而硬，不融化，只有少量的蒸发损失。

四、高山地区气候带

高山地带随着高度的增加，空气逐渐稀薄，气压降低，风力增大，日照增强，气温降低，降水量随高度而加大，越过最大降水带后，降水又随高度升高而减少。由于各气象要素的垂直变化，使高山气候具有明显的垂直地带性。垂直地带性又因高山所在的纬度不同而各有差异，

高地气候主要有以下特征：

1.山地垂直气候带因所在纬度和山地本身高度不同而有差异。在低纬地区的山地，山麓为赤道或热带气候，随着高度的增加，水热条件逐渐变化，可划分的垂直气候带的类型较多。同在低纬度，若山地的相对高度较小，气候垂直带的类型就少。在高纬度极地的山麓已常年积雪，所以垂直气候的差别就很小了。

2.山地垂直气候带具有所地大气候类型的烙印。赤道山地从山麓至山顶各带都具有全年季节变化不明显的特征，全年各月气温和降水的差值都很小；而珠穆朗玛峰和长白山的垂直气候带都有季风气候的特色，例如各高度的降水在年内分配不均匀；冬干冷夏湿热等。例如长白山主峰2700米，具有典型的温带高寒山区气候特点和明显的季风色彩，整个山区气候特征是冬季长、寒冷干燥，夏季短暂而湿润，全年多云雾，大风，霜期长。

3.湿润气候山地垂直气候的差异，以热量条件的垂直差别为其主要因素；然而干旱、半干旱气候区的山地垂直气候差异则和热量、湿润状况

关系密切。

4.同一山地还因坡向、坡度及地形等条件不同而气候的垂直变化各不相同。比如珠穆朗玛峰南坡属于湿润山区而北坡属于半干旱区。

5.山地的垂直气候带与随纬度而变化的水平气候带在成因和特征上均有所不同，不可将其混为一谈。

五、地方性气候与小气候

小气候学是研究近地气层和土壤上层气候的一门科学，是气候学的一个重要分支。所谓小气候是指在局地内(1.5—2.0米以下的气层内)，因下垫面结构不均一性影响而形成的贴地层与土壤上层的气候。这种气候的特点主要是表现在个别气象要素和个别天气现象的差异上，如温度、湿度、风、降水以及雾、霜等的分布，但不影响整个天气过程。

小气候具有很大的实践意义，因为人类经常活动在近地面层，植物(尤其是农作物)和动物，也都是在这个区域中生长和生活。人类可通过改变下垫面的局部特性影响和改造小气候，进而影响和改造大气候，使之更适于人类的生活和生产的需要。

小气候温度变化的特性有三：一是由于一般土壤和岩石等活动面的气温变化都比较大，贴地空气层受这些活动面的影响，气温的昼夜变化也很剧烈，愈近地面气温日较差愈大；二是由于贴近地面层的空气湍流混合作用很弱，所以气温的垂直差异特别显著；三是由于贴近地面层的风速比较小，空气的水平混合作用也很弱，因此在短距离内气温的水平差异也非常突出。

近地面层的风具有愈近地面风速愈小和阵性明显的特点。这是因为近地面层摩擦力增大和乱流交换的结果。风的阵性还与气层的稳定性有关。在超绝热温度直减率的情况下，阵性加强；在有逆温出现时，阵性减弱。活动面结构的不规则性也可使阵性加强。

近地面层中风速白昼最大，夜间最小；而在高层空气中相反。这是由于白天近地面层气温直减率大，乱流混合使上下层的风速得以交换。

使得上层中的大风速由湍流混合传到低层；而低层的小风速又传到高层。而夜间，因气温直减率变小，甚至常出现逆温，结果湍流作用逐渐减弱以至停止，使高低气层间的交换也渐减甚至停止，这时地面气层趋于平衡，而高空气层的风速却逐渐增大，直到最高值。

常见的局部气候有以下几种：

1. 坡地气候

在山区，因地形条件不同，气候的差异十分显著，特别是坡向和坡度的影响更为明显。在北半球的山地中，日照时间南坡较长，北坡较短，所以南坡气温高于北坡，其土壤也较北坡干燥。坡向不同，受热不等，使土壤温度与近地面的气温都有差异。在冬季，西坡表层的最高土温比东坡的高。这是由于冬季表层土壤有冻结，东坡受太阳辐射最强的时间是上午，大部分热量用于土壤解冻，所以用于土温升高的就不多了；而西坡受辐射最强的时间是在下午，土壤早已解冻，并且较干燥，因此西坡上有较多的热量用于土温的增高。坡向愈近于南方，白昼接受太阳辐射愈强，下层土壤积存的热量就愈多，夜间土壤冷却也就较慢。北坡情况则相反。因此，冬季出现的霜冻几率及其强度是南向坡地最少、最轻；北向坡地最多、最重。在夏季，平坦斜坡比陡坡峻斜坡获得的太阳辐射能多些。在冬季，南向陡坡比平坦斜坡得到的热量多些，北坡一般得不到热量或得到很少。在春、秋分时，南向坡的倾斜度小的可获得较多的热量，坡度大的则受不到太阳的照射。在温带地区，倾斜1°的南向坡在中午前后所获得的太阳能数量可视为相当于南移纬度1°地方的水平面上所获得的太阳能数量。坡向、坡度不同，辐射强度不等，土温与气温都相应出现差异，其结果使小气候也因坡度、坡向而不同。因而根据植物生态特性，充分利用坡向小气候的特点，因地制宜地种植作物，在生产上具有重要意义。

2. 森林气候

在成片的森林区，林冠层的下部，其内部空气与自由大气几乎隔绝，形成局部的有特色的森林小气候，林冠能吸收80%以上的太阳能辐射，可达林内地面的只有5%左右，所以林冠能够减弱林内的辐射，也能防止地面辐射的散失，因而林内的气温变化和缓，其最高温低于林外，最低温高于林外。冬、春、秋林内可增高气温1℃—2℃，夏季可降低1℃—2℃。林内气温的垂直分布，因构成森林的树种和疏密程度而不同。森林能减少径流，增加土壤含水量1%—4%，使可能蒸发增多，加之林内受热不强，空气铅直对流微弱等综合影响结果，使林内湿度加大，空气相对湿度可提高5%—10%。林冠对降水有遮阻，中纬地区平均可阻留25的降水，热带可遮阻65%以上；森林附近地区又容易形成降水，使雨量增多。据研究，森林可增加6%的年降水量，而且在干旱年代的影响大于湿润年代。此外，当空气中含有小水滴吹过森林时，还可形成水平降水。据观测，山上的森林由于出现雾凇，森林内可获得1.9毫米的降水量。森林还可减低风速，平均可降低20%—30%，甚至更多。森林不但可使林内风速减小，对其周围地区的风速也有减弱作用。当树林相当厚密时，林内几乎完全无风。风吹进森林时，在距离树高2—4倍的地方就开始减弱；气流极少穿过森林，大都上升越顶流过。在森林树冠上流线密集，流速加大，与开阔地同一高度相比，树冠上风速较大。背风面的风速减弱效应距离，约在树高30倍的范围内。

总之，森林可使温度变化趋于缓和；增大湿度和降水；加速水分循环，改变风向和风速。森林还可净化空气、消除空气污染、减低噪声影响；可保持水土，防风固沙，调节气候，涵养水分，净化污水。据医学界研究，在人的视野中，绿色达到25%时，心情最舒畅，精神感觉最好。绿色可消除疲劳，使皮肤降温1℃—2℃，使脉搏减少4—8次，使呼吸均匀，血压稳定，有益健康。所以，营造森林，保护森林是改造气候、保护环境的有效措施，也是造福子孙后代的大业。

3. 城市气候

城市气候的主要特征是"城市热岛"现象。"城市热岛"即城市内部气温比郊区高。城郊气温差称为热岛强度。城市热岛主要是由大量人为热排放造成的。

城市是人口和工厂的集中区，空气的污染、人为热量的释放和下垫面性质的改变是改变城市小气候形成的三个原因。城市的工厂、汽车和家庭的取暖设备不断地排放出大量的气体和固体杂质，使空气受到污染，大气混浊度增大，日照减少。所以，到达地面的太阳辐射被减弱很多。因日照的减少，太阳直接辐射也大为减弱。据观测，太阳直接辐射在市区比郊区平均约少10%—20%。当太阳高度角比较小时，如冬季和每日的早晚，阳光通过混浊空气的路径要长些，直接辐射可减少到50%。散射辐射在城市的削弱状况不如直接辐射明显，各地的观测表明，其增减的情况也很不一样。这主要决定于城市空气的污染物质的状况。总辐射量大致要比郊外低15%—20%。又因城市建筑的多次反射，使反射率减少。据布达佩斯的对比观测：暖季(4—9月)市区的反射率为12%，郊区为15%—18%；冷季(10—3月)市区反射率为24%，而郊区则为64%，其中与城市积雪较少有关。城市对紫外线辐射的减弱更加明显，冬季的市区比郊外减少30%，夏季只少5%。但因城市上空混浊度增大，长波辐射却比郊区多10%左右。据大量观测证明，城市气温高于周围郊区，当天气晴朗无风的夜晚，城、郊的温差更大。 如，上海市在1979年12月13日20时，据56个站点的实测气温记录看，市中心为8.5℃，近郊4℃，远郊仅3℃。在空间分布上，城区气温高，好像一个热岛，矗立在农村较凉的海洋之上，该现象称为"城市热岛效应"。在世界上规模不等、纬度位置不同以及自然存在差别的城市，均可观测到热岛效应。其热岛强度又因城市规模、人口多少、工业发达程度等有所不同。

城市对风的影响有两种：一是城市的热岛效应造成市内与郊区之间的差异，形成与海陆风类同的热力环流。尤其是在大范围水平气流微弱的晴天午后到夜晚，市中心的热空气上升，郊区近地面的空气从四周流入城市，气流向热岛中心辐合。自热岛中心上升的空气在一定高度又流向郊区并下沉，形成一个缓慢的热岛环流，所以叫"城市风系"。在近地面层自郊区向城内辐合的风称"乡村风"。在北京、上海等大城市均曾多次观测到乡村风。其风速很小，一般只有1—2米/秒，并且只能在背景风场微弱时才能观测到。二是城市各种不同高度的建筑物，纵横的街道，对气流的运行影响极大。故市内静风频率增加，大风频率减少，使平均风速一般比郊外空旷区减小20%—30%，瞬时最大风速成也减小10%—20%。随着城市的扩大和高层建筑的增加，市区风速将进一步减小。如上海近百年城市发展速度很快，年平均风速比郊县减小10%左右。

城市空气中的水汽来源于自然表面蒸发和在燃烧过程中产生的人为水汽。据美国密苏里州圣路易斯夏季的观测资料：城市"人为水汽"量尚不足自然蒸散量的1/6。郊区人为水汽虽少于城内，但其自然蒸散量却远远大于城区。所以，在绝大多数时间和地区，城内的绝对湿度小于郊区。城市形成了干岛，其强度白昼最大，到了夜晚，特别是从子夜至凌晨的一段时间，城区因凝露量比郊区小，绝对湿度可能比郊区稍大，形成湿岛。国内外均有过这种现象。总之，日、月、年的平均绝对湿度，都是城区小于郊区。城市因凝结核较多，出现雾的频率大于郊区。据国外资料：冬季市内比郊区多100%，夏季多30%。城内的云量，尤其是低云量比郊区多。多数人认为城市有使城区及其下风方向降水量增多的效应。以上海为例，据20年（1957—1978年）统计，其平均降水量和汛期（5—9月）降水量，均以市区及其下风方向为多。

值得引起注意的是，随着城市人口的不断密集，许多工厂排放到大气中的二氧化硫（SO_2）、二氧化氮（NO_2）不断增多，SO_2和NO_2在一系列复杂的化学反应后，形成硫酸和硝酸，再经成雨和冲刷过程成为酸雨降落。酸雨在世界许多国家已造成严重危害。中国的重庆、南京、上海等大城市及其附近地区，近来也发现酸雨，并有不断增加和扩大范围的趋势，应该及早采取有效措施加以治理，否则后果不堪设想。

第五节 地球气候基本特征

辐射因子包括太阳辐射和各种形式的太阳活动，这是大气运动最根本的能源。地球气候最基本的特征，是由到达地球表面的太阳辐射能的时间变化和空间分布所决定的。太阳辐射能在大气中的传输同地—气系统辐射能的收支、云量、大气成分和地球表面特征有关（见大气吸收光谱、大气环流的能量平衡和转换）。

大气环流因子作为大气运动基本状态的大气环流，与气候形成有密切的关系。具有气候意义的大气环流因子有：平均经圈环流和平均纬圈环流，行星风带以及长波、急流、大气活动中心和大气环流型等。它们是造成气候要素分布的直接原因，从某种意义上说，也是地球气候特征的一种表现形式。

大气直接吸收太阳短波辐射能的能力很低，主要靠地球表面的长波辐射和热量交换等方式间接加热。地球表面的特征，不仅决定它对太阳辐射的吸收能力（如新雪覆盖时，吸收极少），而且决定它对大气的能量供给状况（如湿润下垫面蒸发的水汽，在凝结过程中释放潜热）。下垫面的不同作用包括海洋和陆地明显的热力差异，如冷暖洋流和海面温度的分布、海冰和大陆上的雪被面积的变化、植被和土壤湿度以及地形(如青藏高原)的热力作用等(见海—气关系、反射率、青藏高原气象学)；地形起伏和地表的粗糙度，对大气的动力作用；火山爆发时将大量尘埃喷至平流层，影响辐射过程等。

20世纪中叶以来，由于工业化发展，大量有害气体和尘埃污染着地球大气，导致了气候变化加速。据统计，1950—1973年，二氧化碳的年增长率为8.06％；自1940年以来，大气中气溶胶的浓度以每年4％的速度增长着；在平流层中，飞机的飞行对该层的臭氧和水汽含量也有影响；人类大规模改造自然的活动，如开垦荒地、修建大型水利工程和城市建设所引起的地面环境的变化等，对气候的影响都是不能忽视的。

对气候形成因子的定义和划分存在不同的看法：有人认为大气环流本身是一种气候现象，不能称为气候形成因子；有人把地球轨道参数当做气候形成的因子之一。以上各类气候因子不是孤立的，它们相互作用，又综合影响着地球的气候及其变化，构成了复杂的气候系统。

一、太阳辐射

太阳辐射在大气上界的时空分布是由太阳与地球间的天文位置决定的，又称天文辐射。由天文辐射所决定的地球气候称为天文气候，它反映了世界气候的基本轮廓。

（一）太阳辐射与地理分布

除太阳本身的变化外，天文辐射能量主要决定于日地距离、太阳高度和白昼长度。地球绕太阳公转的轨道为椭圆形，太阳位于两焦点之一上。因此日地距离时时都在变化，这种变化以一年为周期，地球上受到太阳辐射的强度是与日地间距离的平方成反比的。一年中地球在公转轨道上运行，就近代情况而言，在1月初经过近日点，7月初经过远日点，按上式计算，便得到各月一日大气上界太阳辐射强度变化值（给出与太阳常数相差的百分数，如表1-3所示）：

表1-3 大气上届太阳辐射强度的变化

月份	1	2	3	4	5	6	7	8	9	10	11	12
百分比	3.4	2.8	1.8	0.2	-1.5	-2.8	-3.5	-3.1	-1.7	-0.3	1.6	2.8

由表1-3可见，大气上界的太阳辐射强度在一年中变动于+3.4%—-3.5%之间。如果略去其他因素的影响，北半球的冬季应当比南半球的冬季暖些，夏季则比南半球凉些。但因其他因素的作用，实际情况并非如此。

表1-4 大气上界水平面天文辐射的分布 （MJ/m²）

维度	10	20	23.5	30	40	50	60	66.5	70	80	90
夏半年	6585	6970	7161	7182	7157	6963	6601	6118	5801	5704	5519	5476
冬半年	6585	6019	5288	4998	4418	2443	2406	1376	779	556	120	
年总量	13170	12989	12449	12179	11575	10406	9007	7494	6580	6260	5639	5476

从表1-4中可以看出，天文辐射的时空分布具有以下一些基本特点，这些特点构成了因纬度而异的天文气候带。在同一纬度带上，还有以一年为周期的季节性变化和因季节而异的日变化。

天文辐射能量的分布是完全因纬度而异的。全球获得天文辐射最多的是赤道，随着纬度的增高，辐射能渐次减少，最小值出现在极点，仅及赤道的40％。这种能量的不均衡分布，必然导致地表各纬度带的气温产生差异。地球上之所以有热带、温带、寒带等气候带的分异，与天文辐射的不均衡分布有密切关系。

夏半年获得天文辐射量的最大值在20°—25°的纬度带上，由此向两极逐渐减少，最小值在极地。这是因为在赤道附近太阳位于或近似位于天顶的时间比较短，而在回归线附近的时间比较长。例如在6°N与6°S间，在春分和秋分附近，太阳位于或近似位于天顶的时间各约30天。在纬度17.5°—23.5°的纬度带上，在夏至附近，位于或近似位于天顶的时间约86天。赤道上终年昼夜长短均等，而在20°—25°纬度带上，夏季白昼时间比赤道长，这是热赤道北移（就北半球而言）的一个原因。又由于夏季白昼长度随纬度的增高而增长，所以由热带向极地所受到的天文辐射量，随纬度的增高而递减的程度也趋于和缓，表现在高低纬度间气温和气压的水平梯度也是夏季较小。

冬半年北半球获得天文辐射最多的是赤道。随着纬度的增高，正午太阳高度角和每天白昼长度都迅速递减，所以天文辐射量也迅速递减下去，到极点为零。表现在高低纬度间气温和气压的水平梯度也是冬季比较大。天文辐射的南北差异不仅随冬、夏半年而有不同，而且在同一时间内随纬度亦有不同。在两极和赤道附近，天文辐射的水平梯度都较小，而以中纬度约在45°—55°间水平梯度最大，所以在中纬度，环绕整个地球，相应可有温度水平梯度很大的锋带和急流现象。

夏半年与冬半年天文辐射的差值是随着纬度的增高而加大的。表现在气温的年较差上是高纬度大，低纬度小。在赤道附近（约在南北纬15°间），天文辐射日总量有两个最高点，时间在春分和秋分。在纬度15°以上，天文辐射日总量由两个最高点逐渐合为一个。在回归线及较高纬度地带，最高点出现在夏至日（北半球）。辐射年变化的振幅是纬度愈高愈大，从季节来讲，则是南北半球完全相反。

在极圈以内，有极昼、极夜现象。在极夜期间，天文辐射为零。在一年内一定时期中，到达极地的天文辐射量大于赤道。例如，在5月10日到8月3日期间内，射到北极大气上界的辐射能就大于赤道。在夏至日，北极天文辐射能大于赤道0.368倍，南极夏至日（12月22日）天文辐射量比北极夏至日（6月22日）大。这说明南北半球天文辐射日总量是不对称的，南半球夏季各纬圈日总量大于北半球夏季相应各纬圈的日总量。相反，南半球冬季各纬圈的日总量又小于北半球冬季相应各纬圈的日总量。这是日地距离有差异的缘故。

（二）辐射收支与能量系统

太阳辐射自大气上界通过大气圈再到达地表，其间辐射能的收支和能量转换十分复杂，因此地球上的实际气候与天文气候有相当大的差距。

根据实际观测，到达地表的年平均总辐射（W/m^2）最高值并不出现在赤道，而是位于热带沙漠地区。例如在非洲撒哈拉和阿拉伯沙漠部分地区年平均总辐射高达293 W/m^2，而处在同纬度的中国华南沿海只有160W/m²左右。再例如美国西部干旱区年平均总辐射高达239W/m²—266W/m²，而其附近的太平洋面只有186W/m²左右。空气湿度、云量和降水等的影响，破坏了天文辐射的纬圈分布，只有在广阔的大洋表面，年平均总辐射等值线才大致与纬线平行，其值由低纬向高纬递减，在极地最低，降至80 W/m²以下。

根据美国NOAA极轨卫星在1974年6月至1978年2月，共45个月，扫描辐射仪的观测资料，经过处理分析，绘制出在此期间全球地—气系统冬季（12、1、2月）和夏季（6、7、8月）的平均反射率、长波射出辐射（W/m²）和净辐射（W/m²）的分布图，可以反映出，在极地冰雪覆盖区地表反射率最大，可达0.7以上。其次在沙漠地区反射率亦甚高，常在0.4左右。大洋水面反射率较低，特别是在太阳高度角大时反射率最小，小于0.08。但如洋面为白色碎浪覆盖时，反射率会增大。

地—气系统的长波射出辐射以热带干旱地区为最大，夏季尤为显著。如北非撒哈拉和阿拉伯等地夏季长波射出辐射达300W/m²以上。极地冰雪表面值最低，冬季北极最低值在175W/m²以下，南极最低值在125W/m²左右。除两极地区全年为负值，赤道附近地带全年为正值外，其余大部分地区是冬季为负值，夏季为正值，季节变化十分明显。就全球地—气系统全年各纬圈吸收的太阳辐射和向外射出的长波辐射的年平均值而言，对太阳辐射的吸收值，低纬度明显多于高纬度。这一方面是因为天文辐射的日辐射量本身有很大的差别，另一方是高纬度冰雪面积广，反射率特别大，所以由热带到极地间太阳辐射的吸收值随纬度的增高而递减的梯度甚大。在赤道附近稍偏北处因云量多，减少其对太阳辐射的吸收率。

就长波射出辐射而言，高低纬度间的差值却小得多，这是因为赤道与极地间的气温梯度不完全是由各纬度所净得的太阳辐射能所决定的。通过大气环流和洋流的作用，可缓和高、低纬度间的温度差。长波辐射与温度的4次方成正比，南北气温梯度减小，其长波辐射的差值亦必随之减小。因此长波射出辐射的经向差距远比所吸收的太阳辐射小。

这种辐射能收支的差异是形成气候地带性分布，并驱动大气运动，力图使其达到平衡的基本动力。

二、大气环流

（一）大气环流和风系

大气环流是指地球上各种规模和形式的空气运动综合情况。大气环流的原动力是太阳辐射能，大气环流把热量和水分从一个地区输送到另一个地区，从而使高低纬度之间，海陆之间的热量和水分得到交换，调整了全球性的热量、水分的分布，是各地天气、气候形成和变化的重要因素。

1. 全球气压分布和风带

地球表面，赤道附近，终年太阳辐射强，气温高，空气受热上升，到高空向外流散，导致气柱质量减小，在低空形成低压，称"赤道低压带"。两极地区，终年太阳辐射弱，气温低，空气冷却收缩下沉，积聚在低空，导致气柱质量增多，形成高压，称"极地高压带"。由于地球自转，从赤道上空向极区方向流动的气流，在地转偏向力的作用下，方向发生偏转，到纬度20°—30°附近，气流完全偏转成纬向西风，阻挡来自赤道上空的气流继续向高纬流动，加上气流移行过程中温度降低，纬圈缩小，发生空气质量辐合和下沉，形成高压带，称"副热带高压带"。在副热带高压带和极地高压带之间，是一个相对的低气压区，称"副极地低压带"。这样便形成了全球性的7个纬向气压带，如图1-2所示：

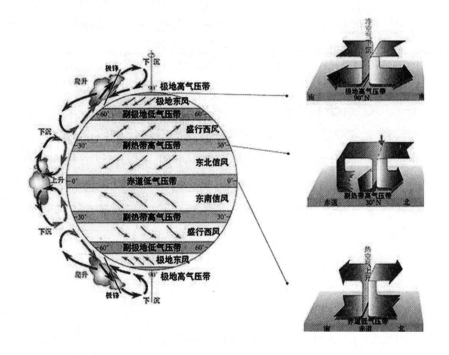

图1-2 地球上的七个气压带

　　由于气压带的存在，产生气压梯度力，高压带的空气便向低压带流动。在北半球，副热带高压带的空气，向南北两边流动。其中，向南的一支，在地转偏向力的作用下，成为东北风，称"东北信风"（南半球为东南信风）。到达赤道地区，补充那里上升流出的气流，构成赤道与20°—30°之间的低纬环流圈，也称"哈得莱环流圈"向北的一支，在地转偏向力的作用下，成为偏西风，称"盛行西风"。而从极地高压带向南流的气流，在地转偏向力的作用下，成为偏东风，称"极地东风"。它们在副极地低压带相遇，形成锋面，称"极锋"。锋面上南来的暖空气沿着北来的干冷空气缓慢爬升，在高空又分为南北两支，向南的一支在副热带地区下沉，构成中纬度环流圈，又称"费雷尔环流圈"。向北的一支在极地下沉，补偿极地地面高压流出的空气质量，构成高纬度环流圈，又称"极地环流圈"。

2.海平面气压分布

地球表面，海陆相间分布，由于海陆热力性质差异，使纬向气压带发生断裂，形成若干个闭合的高压和低压中心。冬季（1月），北半球大陆是冷源，有利于高压的形成，如亚欧大陆的西伯利亚高压和北美大陆的北美高压；海洋相对是热源，有利于低压的形成，如北太平洋的阿留申低压，北大西洋的冰岛低压。夏季（7月）相反，北半球大陆是热源，形成低压，如亚欧大陆的印度低压（又称亚洲低压）和北美大陆上的北美低压。副热带高压带在海洋上出现两个明显的高压中心，即夏威夷高压和亚速尔高压。南半球季节与北半球相反，冬、夏季气压性质也发生与北半球相反的变化。而且因南半球陆地面积小，纬向气压带比北半球明显，尤其在南纬40°以南，无论冬夏，等压线基本上呈纬向带状分布。

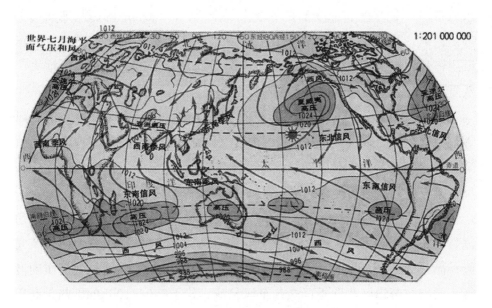

图1-3 七月份海平面气压分布图

上述夏季海平面气压图上出现的大型高、低压系统，称"大气活动中心"。其中北半球海洋上的太平洋高压（夏威夷高压）和大西洋高压

（亚速尔高压）、阿留申低压、冰岛低压，常年存在，只是强度、范围随季节有变化，称为"常年活动中心"。而陆地上的印度低压、北美低压、西伯利亚高压、北美高压等，只是季节性存在，称为"季节性活动中心"。活动中心的位置和强弱，反映了广大地区大气环流运行特点，其活动和变化对附近甚至全球的大气环流，对高低纬度间、海陆间的水分、热量交换，对天气、气候的形成、演变起着重要作用。

3.高空大气环流的基本特征

平均纬向气流大气运动状态千变万化，其最基本的特征是盛行以极地为中心的纬向气流，也就是东、西风带。平均而言，对流层中上层，由于经向温度梯度指向高纬，除赤道地区有东风外，各纬度几乎全是一致的西风。近地面层，高纬地区冬夏都是一个浅薄的东风带，称"极地东风带"。其厚度和强度都是冬季大于夏季。中纬度地区，从地面向上都是西风，称"盛行西风带"。低纬度地区，自地面到高空是深厚的东风层，称"信风带"。从冬到夏，东风带北移，范围扩展，强度增大；从夏到冬，东风带南移，范围缩小，强度减弱。

高空急流和锋区无论低纬存在的东风环流，还是中高纬存在的西风环流，风速都不是均匀分布的，在某些区域出现风速30米/秒以上的狭窄强风带，称为"急流"。急流环绕地球自西向东弯弯曲曲延伸几千公里，急流中心风速可达50—80米/秒，强急流中心风速达100—150米/秒。

在对流层上层，已经发现的急流有：温带急流，也称"极锋急流"，位于南、北半球中高纬度地区的上空，是与极锋相联系的西风急流；副热带急流，又称"南支急流"，位于200hPa高空副热带高压的北缘，同副热带锋区相联系；热带东风急流，位于150—100hPa副热带高压的南缘。其位置变动于赤道至南北纬20°。

在中高纬地区，对流层中上层等压面上，常有弯弯曲曲地环绕半球、宽度为几百公里水平温度梯度很大（等温线密集）的带状区域，称"高空锋区"，也称"行星锋区"。北半球行星锋区主要有两支：北支是冰洋气团和极地气团之间的过渡带，称为"极锋区"；南支是极地变性气团和热带气团之间的过渡带，称为"副热带锋区"。急流区大多与水平温度梯度很大的锋区相对应。

高空平均水平环流由于地球表面海陆分布以及地面摩擦和大地形作用，高空纬向环流受到扰动，形成槽、脊、高压、低压环流。1月份，北半球对流层中层500hPa等压面上，西风带中存在着三个平均槽，即位于亚洲东岸140°E附近的东亚大槽，北美东岸西经70°—80°附近的北美大槽和乌拉尔山西部的欧洲浅槽。在三槽之间并列着三个脊，脊的强度比槽弱得多。7月份，西风带显著北移，槽位置也发生变动，东亚大槽东移入海，欧洲浅槽变为脊，欧洲西岸、贝加尔湖地区，各出现一个浅槽。

4. 季风环流

以一年为周期，大范围地区的盛行风随季节而有显著改变的现象，称为"季风"。季风不仅仅是指风向上有明显的季节转换，1、7月盛行风向的变化至少120°，而且两种季风各有不同源地，气团属性有本质差异，冬季由大陆吹向海洋，属性干冷；夏季由海洋吹向大陆，属性暖湿。因而伴随着风向的转换，天气和气候也发生相应的变化。

季风的形成与多种因素有关，但主要是由于海陆间的热力差异以及这种差异的季节性变化引起，行星风系的季节性移动和大地形的影响起加强作用。大陆冬冷夏热，海洋冬暖夏凉。冬季，大陆上的气压比海洋上高，气压梯度由陆地指向海洋，所以气流由陆地流向海洋，形成冬季风。夏季，海洋上的气压比陆地高，气压梯度由海洋指向陆地，风由海洋吹向陆地，形成夏季风。这种由海陆热力差异而产生的季风，大都发生在大陆与大洋相接的地方，特别是温带、副热带的东部。例如亚洲的东部是世界最显著的季风区。

在两个行星风系相接的地方，也会发生风向随季节而改变的现象，但只有在赤道和热带地区季风现象才最为明显。例如，夏季太阳直射北半球，赤道低压带北移，南半球的东南信风受低压带的吸引而跨过赤

道，转变成为北半球的西南季风；冬季，太阳直射南半球，赤道低压带
南移，北半球的东北信风越过赤道后，转变成为南半球的西北季风。由
于它多见于赤道和热带地区，所以又称它为"赤道季风"或"热带季
风"。受这种季风影响的地区，一年中有明显的干季和湿季，以亚洲南
部为典型。

世界季风区域分布很广，大致在西经30°W—170°，北纬20°S—35°
的范围。其中，东亚和南亚的季风最显著。而东亚是世界上最著名的季
风区，季风范围广，强度大。因为这里位于世界最大的欧亚大陆东部，
面临世界最大的太平洋，海陆的气温与气压对比和季节变化比其他任何
地区都显著，加上青藏高原大地形的影响，冬季加强偏北季风，夏季加
强偏南季风，所以季风现象最突出。而且冬季风强于夏季风。南亚季风
以印度半岛表现最为明显，因此又称"印度季风"。它主要由行星风带
的季节性移动引起，但也含有海陆热力差异和青藏高原的大地形作用。
它夏季风强于冬季风，因为冬季，它远离大陆冷高压，东北季风长途跋
涉，并受青藏高原的阻挡，而且半岛面积小，海陆间的气压梯度小，所
以冬季风不强。而夏季，半岛气温特高，气压特低，与南半球高压之间
形成较大的气压梯度，加上青藏高原的热源作用，使南亚季风不但强度
大而且深厚。

季风对气候有重要影响。冬季风盛行时，气候寒冷、干燥和少雨；
夏季风盛行时，气候炎热、湿润、多雨。夏季风的强弱和迟早，是造成
季风地区旱涝灾害的重要原因。

5. 局地环流

行星风系和季风环流都是在大范围气压场控制下的大气环流，在
小范围的局部地区，还有空气受热不均匀而产生的环流，称为"局地环
流"，也称"地方性风系"。它包括海陆风、山谷风和焚风等。

沿海地区，由于海陆热力性质的不同，使风向发生有规律的变化。
白天，陆地增温比海洋快，陆地上的气温比海上高，因而形成局地环

流，下层风由海洋吹向陆地，称"海风"；夜间，陆地降温快，地面冷却，而海面降温慢，海面气温高于陆地，于是产生了与白天相反的热力环流，下层风自陆地吹向海洋，称为"陆风"。这种以一天为周期而转换风向的风系，称"海陆风"。

在山区，白天日出后，山坡受热，其上的空气增温快，而同一高度的山谷上空的空气因距地面较远，增温较慢，于是暖空气沿山坡上升，风由山谷吹向山坡，称"谷风"。夜间，山坡辐射冷却，气温迅速降低，而同一高度的山谷上空的空气冷却较慢，于是山坡上的冷空气沿山坡下滑，形成与白天相反的热力环流，下层风由山坡吹向山谷，称"山风"。这种以一日为周期而转换风向的风，称"山谷风"。山岭地区，山谷风是较为普遍的现象，只要大范围气压场的气压梯度比较弱，就可以观测到。如乌鲁木齐市南倚天山、北临准噶尔盆地，山谷风交替的情况便很明显。

焚风是一种翻越高山，沿背风坡向下吹的干热风。当空气翻越高山时，在迎风坡被迫抬升，空气冷却，起初按干绝热直减率（1℃/100m）降温。空气湿度达到饱和时，按湿绝热直减率（0.5—0.6℃/100m）降温，水汽凝结，产生降水，降落在迎风坡上。空气越过山顶后，沿背风坡下降，此时，空气中的水汽含量大为减少，下降空气按干绝热直减率增温。以至背风坡气温比山前迎风坡同高度上的气温高得多，湿度显著减小，从而形成相对干而热的风，称"焚风"。焚风无论隆冬还是酷暑，白昼还是夜间，均可在山区出现。它有利也有弊。初春的焚风可促使积雪消融，有利灌溉；夏末的焚风可促使粮食与水果早熟。但强大的焚风容易引起森林火灾。

（二）大气环流对气候的影响

大气环流形势和大气化学组成成分的变化是导致气候变化和产生气候异常的重要因素，例如近几十年来出现的旱涝异常就与大气环流形势的变化有密切关系。在20世纪50年代和60年代，北半球大气环流的主要变化，就是北冰洋极地高压的扩大和加强。这种扩大加强对北极区域是不对称的，在极地中心区域平均气压的变化较小，平均气压的主要变化发生在大西洋北部区域，最突出的特点是大西洋北纬50°以北的极地高压的扩展，它导致北大西洋地面偏北风加强，促使极地海冰南移和气候带向低纬推进。

根据高纬度洋面海冰的观测记录，在北太平区域海冰南限与上一次气候寒冷期（1550—1850年）结束后的海冰南限位置相差无几，而大西洋区域的海冰南限却南进甚多，这是极地高压在北大西洋区域扩大与加强的结果。北极变冷导致极地高压加强，气候带向南推进，这一过程在大气活动中心的多年变化中也反映出来。从冬季环流形势来看，大西洋上冰岛低压的位置在一段时间内一直是向西南移动的；太平洋上的阿留申低压也同样向西南移动。与此同时，中纬度的纬向环流减弱，经向环流加强，气压带向低纬方向移动。

从1961—1970年，这10年是经向环流发展最明显的时期，也是中国气温最低的10年。在转冷最剧的1963年，冰岛地区竟被冷高压所控制，原来的冰岛低压移到了大西洋中部，亚速尔高压也相应南移，这就使得北欧奇冷，撒哈拉沙漠向南扩展。在这一副热带高压中心控制下，盛行下沉气流，再加上生物地球物理反馈机制，因而造成这一区域的持续干旱。而在地中海区域正当冷暖气团交绥的地带，静止锋在此滞留，致使这里暴雨成灾。

大气中有一些微量气体和痕量气体对太阳辐射是透明的，但对地气系统中的长波辐射却有相当强的吸收能力，对地面气候起到类似温室的作用，故称"温室气体"。地气系统的长波辐射及影响气候变化的主要温室气体中，二氧化碳（CO_2）、甲烷（CH_4）、二氧化氮（N_2O）、臭氧（O_3）等成分是大气中所固有的，CFC11和CFC12是由近代人类活动所引起的。这些成分在大气中总的含量虽很小，但它们的温室效应，对地气系统的辐射能收支和能量平衡却起着极重要的作用。这些成分浓度的变化必然会对地球气候系统造成明显扰动，引起全球气候的变化。

据研究，上述大气成分的浓度一直在变化着。引起这种变化的原因有自然的发展过程，也有人类活动的影响。这种变化有数千年甚至更长时间尺度的变化，也有几年到几十年就明显表现出来的变化。人类活动可能是造成几年到几十年时间尺度变化的主要原因。由于大气是超级流体，工业排放的气体很容易在全球范围内输送，人类活动造成的局地或区域范围的地表生态系统的变化也会改变全球大气的组成，因为大气的许多化学组分大都来自地表生物源。

由上所述，大气环流基本上是纬向环流中包含着经圈环流，纬向主流上又叠加着涡旋运动。这些不同运动形式之间相互联系，相互制约，形成一个整体的环流系统。

三、大气下垫面

大气的下垫面指地球表面，包括海洋、陆地及陆上的高原、山地、平原、森林、草原、城市，等等。下垫面的性质和形状，对大气的热量、水分、干洁度和运动状况有明显的影响，在气候的形成过程中起着重要的影响。海洋和陆地是性质差异最大的下垫面，无论是温度、水分和表面形状都有很大的不同。在整个地质时期中，下垫面的地理条件发生了多次变化，对气候变化产生了深刻的影响。其中以海陆分布和地形的变化对气候变化影响最大。

（一）海陆分布的变化

在各个地质时期，地球上海陆分布的形势也是有变化的。以晚石炭纪为例，那时海陆分布和现在完全不同，在北半球有古北极洲、北大西洋洲（包括格陵兰和西欧）和安加拉洲三块大陆。前两块大陆是相连的，在三大洲之南为坦弟斯海。在此海之南为冈瓦纳大陆，这个大陆连接了现在的南美、亚洲和澳大利亚。在这样的海陆分布形势下，有利于赤道太平洋暖流向西流入坦弟斯海。这个洋流分出一支经伏尔加海向北流去，因此这一带有温暖的气候。从动物化石可以看到，石炭纪北极区和斯匹次卑尔根地区的温度与现代地中海的温度相似，即受此洋流影响的缘故。冈瓦纳大陆由于地势高耸，有冰河遗迹，在其南部由于赤道暖流被东西向的大陆隔断，气候比较寒冷。此外，在古北极洲与北大西洋洲之间有一个向北的海湾，同样由于与暖流隔绝，其附近地区有显著的冰原遗迹。又例如，大西洋中从格陵兰到欧洲经过冰岛与英国有一条水下高地，这条高地因地壳运动有时会上升到海面之上，而隔断了墨西哥湾流向北流入北冰洋。这使整个欧洲西北部受不到湾流热量的影响，因而形成大量冰川。有不少古气候学者认为，第四纪冰川的形成就与此有密切关系。当此高地下沉到海底时，就给湾流进入北冰洋让出了通道，西北欧气候即转暖。这条通道的阻塞程度与第四纪冰川的强度关系密切。

（二）地形地貌的变化

在地球史上，地形的变化是十分显著的。高大的喜马拉雅山脉，在现代有"世界屋脊"之称，可是在地史上，这里却曾是一片汪洋，称为"喜马拉雅海"。直到距今约7000万至4000万年的新生代早第三纪，这里地壳才上升，变成一片温暖的浅海。在这片浅海里缓慢地沉积着以碳酸盐为主的沉积物，从这个沉积层中发现有不少海生的孔虫、珊瑚、海胆、介形虫、鹦鹉螺等多种生物的化石，足以证明当时那里确是一片海区。由于这片海区的存在，有海洋湿润气流吹向今日中国西北地区，所以那时新疆、内蒙古一带气候是很湿润的。其后由于造山运动，出现了喜马拉雅山等山脉，这些山脉成了阻止海洋季风进入亚洲中部的障碍，因此新疆和内蒙古的气候才变得干旱。

综上，下垫面也是气候形成的重要因素，并且主要表现在以下几个方面：

(1)海陆差异的影响：因热力性质不同，陆地比海洋气温的年较差和日较差都要大；海陆位置不同的地区水热状况存在差异。(2)洋流的影响：暖流对大气底部有加热作用，形成降水；寒流有冷却作用，降水偏少，但易形成雾。(3)地形的影响：海拔高的地区比海拔低的地区温度低；坡向对降水也有很大影响。(4)其他因素的影响：例如，地表物质组成（岩石、土壤、水面、冰雪和植被）不同，对太阳辐射的放射率也不同，从而直接影响到地表对太阳辐射能的吸收，进而导致地区间热量状况出现差异。

同样的，下垫面对气候的影响主要来自于对气温的影响和对大气水分的影响。由于气温是气候最主要的要素，故这也是下垫面对大气的影响的主要方面。对于低层大气而言，由于几乎不能吸收太阳辐射，而能强烈吸收地面辐射，地面辐射成为它的主要直接热源。此外，下垫面还以潜热输送、湍流输送等方式影响大气热量；在相同气象条件下不同下垫面表面温度有很大差异，下垫面的绿化能够有效改善了局部微气候；当地正午太阳高度角对于下垫面表面温度来说起主导作用。

四、人类活动的影响

人类活动对气候的影响有两种：一种是无意识的影响，即在人类活动中对气候产生的副作用；一种是为了某种目的，采取一定的措施，有意识地改变气候条件。在现阶段，以第一种影响占绝对优势，而这种影响以下三方面表现得最为显著：①在工农业生产中排放至大气中的温室气体和各种污染物质，改变大气的化学组成；②在农牧业发展和其他活动中改变下垫面的性质，如破坏森林和草原植被，海洋石油污染等；③在城市中的城市气候效应。自世界工业革命后的200年间，随着人口的剧增，科学技术发展和生产规模的迅速扩大，人类活动对气候的这种不利影响越来越大。因此，必须加强研究力度，采取措施，有意识地规划和控制各种影响环境和气候的人类活动，使之向有利于改善气候条件的方向发展。

（一）改变大气化学气候效应

工农业生产排放的大量废气、微尘等污染物质进入大气，主要有二氧化碳（CO_2）、甲烷（CH_4）、一氧化二氮（N_2O）和氟氯烃化合物

（CFCs）等。据确凿的观测事实证明，近数十年来大气中这些气体的含量都在急剧增加，而平流层的臭氧（O_3）总量则明显下降。如前所述，这些气体都具有明显的温室效应，CH_4、N_2O、CFCs等气体在大气窗内均各有其吸收带，这些温室气体在大气中浓度的增加必然对气候变化起着重要作用。

甲烷是一种重要的温室气体。它主要由水稻田、反刍动物、沼泽地和生物体的燃烧而排放入大气。在距今200年以前直到11万年前，甲烷含量均比较稳定，而近年来增长很快。一氧化二氮向大气排放量与农面积增加和施放氮肥有关，平流层超音速飞行也可产生一氧化二氮，N_2O除了引起全球增暖外，还可通过光化学作用在平流层引起臭氧层离解，破坏臭氧层。

CFCs是制冷工业（如冰箱）、喷雾剂和发泡剂中的主要原料。此族的某些化合物如CFC11和CFC12是具有强烈增温效应的温室气体。近年来还认为它是破坏平流层臭氧的主要因子，因而限制氟里昂的生产已成为国际上突出的问题。在制冷工业发展前，大气中本没有这种气体成分，CFC11在1945年、CFC12在1935年开始有工业排放，其未来含量的变化取决于今后的限制情况。

臭氧（O_3）也是一种温室气体，它受自然因子（太阳辐射中紫外辐射对高层大气氧分子进行光化学作用而生成）影响而产生，但受人类活动排放的气体破坏，如氟氯烃化合物、卤化烷化合物、N_2O和CH_4、CO均可破坏臭氧。其中以CFC11、CFC12起主要作用，其次是N_2O。自80年代初期以后，臭氧量急剧减少，以南极为例，最低值达-15%，北极为-5%以上，从全球而言，正常情况下振荡应在±2%之间，据1987年实测，这一年达-4%以上。南北纬60°间臭氧总量自1978年以来已由平均为300多普生单位减少到1987年290单位以下，亦即减少了3%—4%。从垂直变化而言，以15—20km高空减少最多，对流层低层略有增加。南极臭氧减少最为突出，在南极中心附近形成一个极小区，称为南极臭氧洞。自1979年到1987年，臭氧极小中心最低值由270单位降到150单位，小于240单位的面积在不断扩大，表明南极臭氧洞在不断加强和扩大。在1988年其臭氧总量虽曾有所回升，但到1989年南极臭氧洞又有所扩大。1994年10月4日世界气象组织发表的研究报告表明，南极洲3/4的陆地和附近海面上空的臭氧已比10年前减少了65％还要多一些，但对流层的臭氧却稍有增加。

大气中温室气体的增加会造成气候变暖和海平面抬高。根据目前最可靠的观测值的综合，自1885以来直到1985年间的100年中，全球气温已增加0.6℃—0.9℃，1985年以后全球地面气温仍在继续增加，多数学者认为是温室气体排放所造成的。从气候模式计算结果还表明此种增暖是极地大于赤道，冬季大于夏季。

全球气温升高的同时，海水温度也随之增加，这将使海水膨胀，导致海平面升高。再加上由于极地增暖剧烈，当大气中CO_2浓度加倍后会造成极冰融化而冰界向极地萎缩，融化的水量会造成海平面抬升。实际观测资料证明，自1880年以来直到1980年，全球海平面在百年中已抬高了10—12cm。据计算，在温室气体排放量控制在1985年排放标准情况下，全球海平面将以5.5cm/10a速度而抬高，到2030年海平面会比1985年增加20cm，2050年增加34cm，若排放不加控制，到2030年，海平面就会比1985年抬升60cm，2050年抬升150cm。

温室气体增加对降水和全球生态系统都有一定影响。据气候模式计算，当大气中CO_2含量加倍后，就全球讲，降水量年总量将增加7％—11％，但各纬度变化不一。从总的看来，高纬度因变暖而降水增加，中纬度则因变暖后副热带干旱带北移而变干旱，副热带地区降水有所增加，低纬度因变暖而对流加强，因此降水增加。

就全球生态系统而言，因人类活动引起的增暖会导致在高纬度冰冻的苔原部分解冻，森林北界会更向极地方向发展。在中纬度将会变干，某些喜湿润温暖的森林和生物群落将逐渐被目前在副热带所见的生物群落所替代。根据预测，全球沙漠将扩大3％，林区减少11％，草地扩大11％，这是中纬度的陆地趋于干旱造成的。

温室气体中臭氧层的破坏对生态和人体健康影响甚大。臭氧减少，使到达地面的太阳辐射中的紫外辐射增加。大气中臭氧总量若减少1%，到达地面的紫外辐射会增加2%，此种紫外辐射会破坏核糖核酸（DNA）以改变遗传信息及破坏蛋白质，能杀死10m水深内的单细胞海洋浮游生物，减低渔产，以及破坏森林，减低农作物产量和质量，削弱人体免疫力、损害眼睛、增加皮肤癌等疾病的发病率。

此外，由于人类活动排放出来的气体中还有大量硫化物、氮化物和人为尘埃，它们能造成大气污染，在一定条件下会形成酸雨，能使森林、鱼类、农作物及建筑物蒙受严重损失。大气中微尘的迅速增加会减弱日射，影响气温、云量（微尘中有吸湿性核）和降水。

（二）人为热和水汽的排放

随着工业、交通运输和城市化的发展，世界能量的消耗迅速增长。人类在工业生产、机动车运输中有大量废热排出，居民炉灶和空调以及人、畜的新陈代谢等亦放出一定的热量，这些"人为热"像火炉一样直接增暖大气。目前如果将人为热平均到整个大陆，等于在每平方米的土地上放出0.05W的热量。从数值上讲，它和整个地球平均从太阳获得的净辐射热相比是微不足道的，但是由于人为热的释放集中于某些人口稠密、工商业发达的大城市，其局地增暖的效应就相当显著。在高纬度城市如费尔班克斯、莫斯科等，其年平均人为热（QF）的排放量大于太阳净辐射；中纬度城市如蒙特利尔、曼哈顿等，因人均用能量大，其年平均人为热QF的排放量亦大于RG。特别是蒙特利尔冬季因空调取暖耗能量特大，其人为热竟相当于太阳净辐射的11倍以上。但是像热带的香港、赤道带的新加坡，其人为热的排放量与太阳净辐射相比就微乎其微了。

在燃烧大量化石燃料（天然气、汽油、燃料油和煤等）时除有废热排放外，还向空气中释放一定量的"人为水汽"，根据对美国大城市的气象试验，圣路易斯城由燃烧产生的人为水汽量为10.8×10^{11}g/h，而当地夏季地面的自然蒸散量为6.7×10^{8}g/h。显然人为水汽量要比自然蒸散的水汽量小得多，但它对局地低云量的增加有一定作用。

据估计，目前全世界能量的消耗每年约增长5.5％。其排放出的人为热和人为水汽又主要集中在城市中，对城市气候的影响将愈来愈显示其重要性。此外，喷气飞机在高空飞行喷出的废气中除混有CO_2，还有大量水汽，据研究，平流层（50hPa高空）的水汽近年来有显著地增加，这也和大量喷气飞机经常在此高度飞行有关。水汽的热效应与CO_2相似，对地表有温室效应。有人计算，如果平流层水汽量增加5倍，地表气温可升高2℃，而平流层气温将下降10℃。在高空水汽的增加还会导致高空卷云量的加多，据估计在大部分喷气机飞行的北美—大西洋—欧洲航线上，卷云量增加了5％—10％。云对太阳辐射及地气系统的红外辐射都有很大影响，它在气候形成和变比中起着重要的作用。

（三）城市气候系统

城市是人类活动的中心，在城市里人口密集，下垫面变化最大。工商业和交通运输频繁，耗能最多，有大量温室气体、"人为热"、"人为水汽"、微尘和污染物排放至大气中。因此人类活动对气候的影响在城市中表现最为突出。城市气候是在区域气候背景上，经过城市化后，在人类活动影响下而形成的一种特殊局地气候。

从大量观测事实看来，城市气候的特征可归纳为城市五岛效应（混浊岛、热岛、干岛、湿岛、雨岛）和风速减小、多变。

1. 城市混浊岛效应

城市混浊岛效应主要有四个方面的表现。首先城市大气中的污染物质比郊区多，仅就凝结核一项而论，在海洋上大气平均凝结核含量为940粒/cm^3，绝对最大值为39800粒/cm^3；而在大城市的空气中平均为147000粒/cm^3，为海洋上的156倍，绝对最大值竟达4000000粒/cm^3，也超出海洋上绝对最大值100倍以上。

其次，城市大气中因凝结核多，低空的热力湍流和机械湍流又比较强，因此其低云量和以低云量为标准的阴天日数（低云量≥8的日数）远比郊区多。据上海十年间（1980—1989年）统计，城区平均低云量为4.0，郊区为2.9。城区一年中阴天（低云量≥8）日数为60天而郊区平均只有31天，晴天（低云量≤2）则相反，城区为132天而郊区平均却有178天。欧美大城市如慕尼黑、布达佩斯和纽约等亦观测到类似的现象。

第三，城市大气中因污染物和低云量多，使日照时数减少，太阳直接辐射（S）大大削弱，而因散射粒子多，其太阳散射辐射（D）却比干洁空气中强。在以D/S表示的大气混浊度的地区分布上，城区明显大于郊区。根据上海1959—1985年的观测资料统计计算，上海城区混浊度因子比同时期郊区平均高15.8%，城区呈现出一个明显的混浊岛，国外许多城市也有类似现象。

第四，城市混浊岛效应还表现在城区的能见度小于郊区。这是因为城市大气中颗粒状污染物多，它们对光线有散射和吸收作用，有减小能见度的效应。当城区空气中二氧化氮浓度极大时，会使天空呈棕褐色，在这样的天色背景下，使分辨目标物的距离发生困难，造成视程障碍。此外城市中由于汽车排出废气中的一次污染物——氮氧化合物和碳氢化物，在强烈阳光照射下，经光化学反应，会形成一种浅蓝色烟雾，称为光化学烟雾，能导致城市能见度恶化。美国洛杉矶、日本东京和中国兰州等城市均有此现象。

2. 城市热岛效应

根据大量观测事实证明，城市气温经常比其四周郊区为高。特别是当天气晴朗无风时，城区气温Tu与郊区气温Tr的差值ΔTu-r（又称热岛强度）更大。例如上海在1984年10月22日20时天晴，风速1.8m/s，广大郊区气温在13℃上下，一进入城区气温陡然升高，等温线密集，气温梯度陡峻，老城区气温在17℃以上，好像一个热岛矗立在农村较凉的海洋之上。城市中人口密集区和工厂区气温最高，成为热岛中的高峰（又称热岛中心），城中心62中学气温高达18.6℃，比近郊川沙、嘉定高出5.6℃，比远郊松江高出6.5℃，类似此种强热岛在上海一年四季均可出现，尤以秋冬季节晴稳无风天气下出现频率最大。

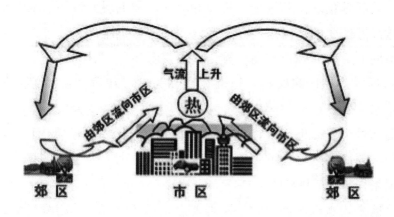

图1-4 城市的热岛效应

世界上大大小小的城市，无论其纬度位置、海陆位置、地形起伏有何不同，都能观测到热岛效应。而其热岛强度又与城市规模、人口密度、能源消耗量和建筑物密度等密切有关。由于热岛效应经常存在，大城市的月平均和年平均气温经常高于附近郊区。

3. 城市干岛和湿岛效应

城市相对湿度比郊区小，有明显的干岛效应，这是城市气候中普遍的特征。城市对大气中水汽压的影响则比较复杂，有明显的日变化，全天皆呈现出城市干岛效应。上述现象的形成，既与下垫面因素又与天气条件密切相关。在白天太阳照射下，对于下垫面通过蒸散过程而进入低层空气中的水汽量，城区（绿地面积小，可供蒸发的水汽量少）小于郊区。

到了盛夏季节，郊区农作物生长茂密，城郊之间自然蒸散量的差值更大。城区由于下垫面粗糙度大（建筑群密集、高低不齐），又有热岛效应，其机械湍流和热力湍流都比郊区强，通过湍流的垂直交换，城区低层水汽向上层空气的输送量又比郊区多，这两者都导致城区近地面的水汽压小于郊区，形成城市干岛。到了夜晚，风速减小，空气层结稳定，郊区气温下降快，饱和水汽压减低，有大量水汽在地表凝结成露水，存留于低层空气中的水汽量少，水汽压迅速降低。城区因有热岛效应，其凝露量远比郊区少，夜晚湍流弱，与上层空气间的水汽交换量小，城区近地面的水汽压乃高于郊区，出现城市湿岛。这种由于城郊凝露量不同而形成的城市湿岛，称为"凝露湿岛"，且大都在日落后若干小时内形成，在夜间维持。以凝露湿岛为例，在日出后因郊区气温升高，露水蒸发，很快郊区水汽压又高于城区，即转变为城市干岛。在城市干岛和城市湿岛出现时，必伴有城市热岛，这是因为城市干岛是城市热岛形成的原因之一（城市消耗于蒸散的热量少），而城市湿岛的形成又必须先具备城市热岛的存在。

城区平均水汽压比郊区低，再加上有热岛效应，其相对湿度比郊区显得更小。以上海为例，上海1984—1990年的7年时间平均相对湿度，城中心区不足74%，而郊区则在80%以上，呈现出明显的城市干岛。经普查，即使在水汽压分布呈现城市湿岛时，在相对湿度的分布上仍是城区小于四周郊区。

4. 城市雨岛效应

城市对降水影响问题，国际上存在着不少争论。20世纪70年代美国曾在其中部平原密苏里州的圣路易斯城及其附近郊区设置了稠密的雨量观测网，运用先进技术进行持续5年的大城市气象观测实验，证实了城市及其下风方向确有促使降水增多的雨岛效应。这方面的观测研究资料甚多，以上海为例，根据本地区170多个雨量观测站点的资料，结合天气形势，进行众多个例分析和分类统计，发现上海城市对降水的影响以汛期（5—9月）暴雨比较明显。

城市雨岛形成的条件是：（1）在大气环流较弱，有利于在城区产生降水的大尺度天气形势下，由于城市热岛环流所产生的局地气流的辐合上升，有利于对流雨的发展；（2）城市下垫面粗糙度大，对移动滞缓的降雨系统有阻障效应，使其移速更为缓慢，延长城区降雨时间；（3）城区空气中凝结核多，其化学组分不同，粒径大小不一，当有较多大核

（如硝酸盐类）存在时，有促进暖云降水作用。上述种种因素的影响，会诱导暴雨最大强度的落点位于市区及其下风方向，形成雨岛。城市不仅影响降水量的分布，并且因为大气中的SO_2和NO_2甚多，在一系列复杂的化学反应之下，形成硫酸和硝酸，通过成雨过程和冲刷过程成为酸雨降落，危害甚大。

（四）改变下垫面性质与气候效应

人类活动改变下垫面的自然性质是多方面的，目前最突出的是破坏森林、坡地、干旱地的植被及造成海洋石油污染等。

森林是一种特殊的下垫面，它除了影响大气中CO_2的含量以外，还能形成独具特色的森林气候，而且能够影响附近相当大范围地区的气候条件。森林林冠能大量吸收太阳入射辐射，用以促进光合作用和蒸腾作用，使其本身气温增高不多，林下地表在白天因林冠的阻挡，透入太阳辐射不多，气温不会急剧升高，夜晚因有林冠的保护，有效辐射不强，所以气温不易降低。因此林内气温日（年）较差比林外裸露地区小，气温的大陆度明显减弱。森林树冠可以截留降水，林下的疏松腐殖质层及枯枝落叶层可以蓄水，减少降雨后的地表径流量，因此森林可称为绿色蓄水库。雨水缓缓渗透入土壤中使土壤湿度增大，可供蒸发的水分增多，再加上森林的蒸腾作用，导致森林中的绝对湿度和相对湿度都比林外裸地大。森林可以增加降水量，当气流流经林冠时，因受到森林的阻障和摩擦，有强迫气流的上升作用，并导致湍流加强，加上林区空气湿度大，凝结高度低，因此森林地区降水机会比空旷地多，雨量亦较大。据实测资料，森林区空气湿度可比无林区高15%—25%，年降水量可增加6%—10%。森林有减低风速的作用，当风吹向森林时，在森林的迎风面，距森林100米左右的地方，风速就发生变化。在穿入森林内，风速很快降低，如果风中挟带泥沙的话，会使流沙下沉并逐渐固定。穿过森林后在森林的背风面在一定距离内风速仍有减小的效应。在干旱地区森林可以减小干旱风的袭击，防风固沙。在沿海大风地区森林可以防御海风的侵袭，保护农田。森林根系的分泌物能促使微生物生长，可以改进土壤结构。森林覆盖区气候湿润，水土保持良好，生态平衡有良性循环，可称为绿色海洋。

根据考证，全世界森林曾占地球陆地面积的2/3，但随着人口增加，农、牧和工业的发展，城市和道路的兴建，再加上战争的破坏，森林面积逐渐减少，到19世纪全球森林面积下降到46％，20世纪初下降到37％，目前全球森林覆盖面积平均约为22％。中国上古时代也有浓密的森林覆盖，其后由于人口繁衍，农田扩展和明清两代战祸频繁，到1949年全国森林覆盖率已下降到8.6％。新中国成立以来，党和政府组织大规模造林，人造林的面积达4.6亿亩，但由于底子薄，毁林情况相当严重，目前森林覆盖面积仅为12％，在世界160个国家中居116位。

由于大面积森林遭到破坏，使气候变旱，风沙尘暴加剧，水土流失，气候恶化。相反，中国在新中国成立后营造了各类防护林，如东北西部防护林、豫东防护林、西北防沙林、冀西防护林、山东沿海防护林等，在改造自然，改造气候条件上已起了显著作用。在干旱、半干旱地区，原来生长着具有很强耐旱能力的草类和灌木，它们能在干旱地区生存，并保护那里的土壤。但是，由于人口增多，在干旱、半干旱地区的移民增加，他们在那里扩大农牧业，挖掘和采集旱生植物作燃料（特别是坡地上的植物），使当地草原和灌木等自然植被受到很大破坏。坡地上的雨水汇流迅速，流速快，对泥土的冲刷力强，在失去自然植被的保护和阻挡后，就造成严重的水土流失。在平地上一旦干旱时期到来，农田庄稼不能生长，而开垦后疏松了的土地又没有植被保护，很容易受到风蚀，结果表层肥沃土壤被吹走，而沙粒存留下来，产生沙漠化现象。畜牧业也有类似情况，牧业超过草场的负荷能力，在干旱年份牧草稀疏、土地表层被牲畜践踏破坏，也同样发生严重风蚀，引起沙漠化现象。在沙漠化的土地上，气候更加恶化，具体表现为：雨后径流加大，土壤冲刷加剧，水分减少，使当地土壤和大气变干，地表反射率加大，破坏原有的热量平衡，降水量减少，气候的大陆度加强，地表肥力下降，风沙灾害大量增加，气候更加干旱，反过来更不利于植物的生长。

据联合国环境规划署估计，当前每年世界因沙漠化而丧失的土地达6万平方公里，另外还有21万平方公里的土地地力衰退，在农、牧业上已无经济价值可言。沙漠化问题也同样威胁中国，在中国北方地区历史时期所形成的沙漠化土地有12万平方公里，近数十年来沙漠化面积逐年递增，因此必须有意识地采取积极措施保护当地自然植被，进行大规模的灌溉，进行人工造林，因地制宜种植防沙固土的耐旱植被等来改善气候条件，防止气候继续恶化。

海洋石油污染是当今人类活动改变下垫面性质的另一个重要方面，据估计每年大约有10亿吨以上的石油通过海上运往消费地。由于运输不当或油轮失事等原因，每年约有100万吨以上石油流入海洋，另外，还有工业过程中产生的废油排入海洋。有人估计，每年倾注到海洋的石油量达200万吨—1000万吨。倾注到海中的废油，有一部分形成油膜浮在海面，抑制海水的蒸发，使海上空气变得干燥。同时又减少了海面潜热的转移，导致海水温度的日变化、年变化加大，使海洋失去调节气温的作用，产生海洋沙漠化效应。在比较闭塞的海面，如地中海、波罗的海和日本海等海面的废油膜影响比广阔的太平洋和大西洋更为显著。

此外，人类为了生产和交通的需要，填湖造陆，开凿运河以及建造大型水库等，改变下垫面性质，对气候亦产生显著影响。例如中国新安江水库于1960年建成后，其附近淳安县夏季较以前凉爽，冬季比过去暖和，气温年较差变小，初霜推迟，终霜提前，无霜期平均延长20天左右。

参考文献

1.周淑贞.世界气候分类刍议[J].华东师范大学学报(自然科学版)，1980，3: 000.

2.于治民.世界主要气候分类的评析[J].河南大学学报(自然科学版)，1988.

3.周淑贞，张如一.气象学与气候学[M].北京：人民教育出版社，1979.

4.黄文锋.世界气候类型[J].黑河教育，2001 (004): 34-35.

5.盛承禹.世界气候[M].北京：气象出版社，1988.

6.马丽萍，陈联寿，徐祥德.全球热带气旋活动与全球气候变化相关特征[J]. 热带气象学报，2006，22(2): 147-154.

7.贺双荣.哥本哈根世界气候大会：巴西的谈判地位，利益诉求及谈判策略 [J].拉丁美洲研究，2009，31(6): 3-7.

8.左振平.试论非洲的气候特征及其成因[J].安徽师范大学学报(自然科学 版)，1986，2:006.

9.刘祥云，赵利国，杨坤.地中海气候与东亚季风气候的成因有何区别[J]. 高中生地理，2003 (1): 58-59.

10.赵永平，陈永利.中纬度海气相互作用研究进展[J].地球科学进展， 1997，12(1): 32-36.

11.张强，韩永翔，宋连春.全球气候变化及其影响因素研究进展综述[J].地 球科学进展，2005，20(9): 990-998.

12.李国琛.全球气候变暖成因分析[J].自然灾害学报，2005，14(5): 38-42.

13.申彦波，赵宗慈，石广玉.地面太阳辐射

14.朱志辉.太阳辐射时空分布的多因子计算[J].地理学报，1982，37(1): 27-34.

15.曾庆存，张邦林.论大气环流的季节划分和季节突变[J].大气科学， 1992，16(6): 641-648.

16.刘嘉麒，吕厚远，袁宝印，等.人类生存与环境演变[J].第四纪研究， 1998，1: 80-85.

17.李爱贞，刘厚凤，张桂芹，等.气候系统变化与人类活动[M].北京：气 象出版社，2003.

18.丁一汇.人类活动与全球气候变化及其对水资源的影响[J].中国水利， 2008，2: 20-27.

第二章 世界气候问题

近百年来，全球气候正经历着一次以变暖为主要特征的显著变化，自1860年有气象仪器观测记录以来，全球平均温度升高了0.6℃左右。20世纪北半球温度的增幅，可能是过去1000年中最高的。最近几年，全球冬季平均温度的增加是最明显的。尤其是在中高纬的大陆地区出现连续暖冬的趋势非常明显。温度的变化导致了降水的变化。北半球大陆的大部分中高纬地区在20世纪降水增加了5%—10%，热带增加了2%—3%，而副热带减少了2%—3%。北半球中高纬度地区在20世纪后半期，暴雨的频率增加了2%—4%。另外，全球气候变化后，温室效应、臭氧层破坏、酸雨问题和极端天气事件的出现频率也会随之发生变化。20世纪后半叶，北半球中高纬地区强降雨事件的出现频率可能增加了2%—4%；而北半球中高纬地区降水量减少的地区，大雨和极端降水事件有下降趋势。在亚洲和非洲的一些地区，近几十年来干旱和洪涝的发生频率增高了，强度增强了。以气候变暖为主要特征的全球气候变化已成事实，造成这种问题存在的原因很复杂，然而人类活动在造成全球气候问题中起着重要的作用。

第一节 温室效应

一、温室效应概述

在哥本哈根召开的世界气候大会再一次将全世界的目光聚焦到人类生存的气候上来，这次大会的主题是"为了明天"，温度的确随着温室气体的排放正在逐年升高。自工业革命以来,人类向大气中排放的二氧化碳等吸热性强的温室气体逐年增加,大气的温室效应也随之增强,已引起全球气候变暖等一系列严重问题,引起了全世界各国广泛的关注。

温室效应(英文:Greenhouse effect),又称"花房效应",是大气保温效应的俗称。由环境污染引起的温室效应是指地球表面变热的现象。温室效应主要是由于现代化工业社会过多燃烧煤炭、石油和天然气,放出大量的二氧化碳气体进入大气造成的,因此减少碳排放有利于改善温室效应状况。

温室效应是指透射阳光的密闭空间由于与外界缺乏热交换而形成的保温效应,就是太阳短波辐射可以透过大气射入地面,而地面增暖后放出的长波辐射却被大气中的二氧化碳等物质所吸收,从而产生大气变暖的效应,如图2-1所示。大气中的二氧化碳就像一层厚厚的玻璃,使地球变成了一个大暖房。据估计,如果没有大气,地表平均温度就会下降到−23℃,而实际地表平均温度为15℃,这就是说温室效应使地表温度提高38℃。

图2-1 温室效应示意图

大气能使太阳短波辐射到达地面，但地表向外放出的长波热辐射如天然气燃烧产生的二氧化碳，远远超过了过去的水平。而另一方面，由于对森林滥砍乱伐，大量农田建成城市和工厂，破坏了植被，减少了将二氧化碳转化为有机物的条件。再加上地表水域逐渐缩小，降水量大大降低，减少了吸收溶解二氧化碳的条件，破坏了二氧化碳生成与转化的动态平衡，就使大气中的二氧化碳含量逐年增加。空气中二氧化碳含量的增长，就使地球气温发生了改变。但是有乐观派科学家声称，人类活动所排放的二氧化碳远不及火山等地质活动释放的二氧化碳多。他们认为，最近地球处于活跃状态，诸如喀拉喀托火山和圣海伦斯火山接连大爆发就是例证。地球正在把它腹内的二氧化碳释放出来。所以温室效应并不全是人类的过错。这种看法有一定道理，但是无法解释工业革命之后二氧化碳含量的直线上升，难道全是火山喷出的吗？

在空气中，氮和氧所占的比例是最高的，它们都可以透过可见光与红外辐射。但是二氧化碳就不行，它不能透过红外辐射。所以二氧化碳可以防止地表热量辐射到太空中，具有调节地球气温的功能。如果没有二氧化碳，地球的年平均气温会比目前降低20℃。但是，二氧化碳含量过高，就会使地球仿佛捂在一口锅里，温度逐渐升高，就形成"温室效应"。形成温室效应的气体，除二氧化碳外，还有其他气体。其中二氧化碳约占75%、氯氟代烷约占15%—20%，此外还有甲烷、一氧化氮等30多种。

如果二氧化碳含量比现在增加一倍，全球气温将升高3℃—5℃，两极地区可能升高10℃，气候将明显变暖。气温升高，将导致某些地区雨量增加，某些地区出现干旱，飓风力量增强，出现频率也将提高，自然灾害加剧。更令人担忧的是，由于气温升高，将使两极地区冰川融化，海平面升高，许多沿海城市、岛屿或低洼地区将面临海水上涨的威胁，甚至被海水吞没。20世纪60年代末，非洲下撒哈拉牧区曾发生持续6年的干旱。由于缺少粮食和牧草，牲畜被宰杀，饥饿致死者超过150万人。

这是"温室效应"给人类带来灾害的典型事例。因此，必须有效地控制二氧化碳含量增加，控制人口增长，科学使用燃料，加强植树造林，绿化大地，防止温室效应给全球带来的巨大灾难。科学家预测，今后大气中二氧化碳每增加1倍，全球平均气温将上升1.5℃—4.5℃，而两极地区的气温升幅要比平均值高3倍左右。因此，气温升高不可避免地使极地冰层部分融解，引起海平面上升。海平面上升对人类社会的影响是十分严重的。如果海平面升高1米，直接受影响的土地约5×10^6平方公里，人口约10亿，耕地约占世界耕地总量的1/3。如果考虑到特大风暴潮和盐水侵入，沿海海拔5米以下地区都将受到影响，这些地区的人口和粮食产量约占世界的1/2。一部分沿海城市可能要迁入内地，大部分沿海平原将发生盐渍化或沼泽化，不适于粮食生产。同时，对江河中下游地带也将造成灾害。当海水入侵后，会造成江水水位抬高，泥沙淤积加速，洪水威胁加剧，使江河下游的环境急剧恶化。温室效应和全球气候变暖已经引起了世界各国的普遍关注，目前正在推进制订国际气候变化公约，减少二氧化碳的排放已经成为大势所趋。

科学家预测，如果我们现在开始有节制地对树木进行采伐，到2040年，全球暖化会降低5%。

二、温室效应成因

1896年4月，瑞典科学家Svante Arrhenius在《伦敦、爱丁堡、柏林哲学与科学杂志》上发表题为《空气中碳酸对地面温度的影响》的论文(瑞典)，这是人类针对大气二氧化碳浓度对地表温度的影响进行量化的首次尝试，是世界上第一个对人为造成的全球温度变化的估计。第一个在大气—地球系统是使用"温室效应(Greenhouse Effect)"一词的是美国物理学家伍德，他于1909年第一次使用了这一术语。

根据物理学原理，自然界的任何物体都在向外辐射能量，一般物体热辐射的波长由该物体的绝对温度决定。温度越高，热辐射的强度越大，短波所占的比重越大；温度越低，热辐射的强度越低，长波所占的比例越大。太阳表面温度约为绝对温度6000K，热辐射的最强波段为可见光部分；地球表面的温度越为288K，地表热辐射的最强波段位于红外区。太阳辐射透过大气层到达地球表面后，被岩石土壤等吸收，地球表面温度上升；与此同时，地球表面物质向大气发射出红外辐射。由于大气层中存在水气、CO_2等强烈吸收红外线的气体成分对红外辐射的吸收作用，造成地球表面从太阳辐射获得的热量相对较多，而散失到大气层以外的热量少，使得地球表面的温度得以维持，这就是大气的温室效应，这些气体被称温室气体 (Greenhouse Gas)；当CO_2等温室气体在大气中的浓度增加时，大气的温室效应就会加剧。鉴于CO_2等温室气体浓度递增可能引起的气候变暖对人类自身利益的巨大影响，温室效应已引起世人的关注和各国政府的重视，成为各国科学家研究的热点。

三、温室效应危害

温室效应具有影响范围广，制约因素复杂，后果严重等显著的特点，全球气候变化是温室效应直接造成的后果。因此，温室效应是人类面临的重大环境问题，已引起各国政府及科学家的高度重视，成为科学家和环境工作者关注、研究的焦点。温室效应的影响主要有以下几个方面：

（一）对环境的危害

1.气候转变："全球变暖"

温室气体浓度的增加会减少红外线辐射放射到太空外，地球的气候因此需要转变来使吸取和释放辐射的分量达至新的平衡。这转变可包括'全球性'的地球表面及大气低层变暖，因为这样可以将过剩的辐射排放出外。虽然如此，地球表面温度的少许上升可能会引发其他的变动，例如：当一年中只有三个季节时对动物们生活的影响如图2-2所示。

利用复杂的气候模式，政府间气候变化专门委员会在第三份评估报告中估计全球的地面平均气温会在2100年上升1.4℃—5.8℃。这种预计已考虑到大气层中悬浮粒子倾于对地球气候降温的效应与及海洋吸收热能的作用 (海洋有较大的热容量)。但是，还有很多未确定的因素会影响这个推算结果,例如:未来温室气体排放量的预计、对气候转变的各种反馈过程和海洋吸热的幅度,等等。

图2-2 当一年只有三季时   图2-3 冰川融化

2. 海平面上升

假若全球变暖正在发生,有两种过程会导致海平面升高。第一种是海水受热膨胀令水平面上升。第二种是冰川和格陵兰及南极洲上的冰块融解使海洋水分增加,如图2-3。预期由1900年至2100年地球的平均海平面上升幅度介乎0.09米至0.88米之间。

全球变暖使南北极的冰层迅速融化,海平面不断上升,世界银行的一份报告显示,即使海平面只小幅上升1米,也足以导致5600万发展中国家人民沦为难民。而全球第一个被海水淹没的有人居住岛屿即将产生——位于南太平洋国家巴布亚新几内亚的岛屿卡特瑞岛,目前岛上主要道路水深及腰,农地也全变成烂泥巴地。全球暖化还会影响气候反常,海洋风暴增多,土地干旱,沙漠化面积增大。

3. 海洋生态的影响

沿岸沼泽地区消失肯定会令鱼类,尤其是贝壳类的数量减少。河口水质变咸会减少淡水鱼的品种数目,相反该地区海洋鱼类的品种也可能相对增多。至于整体海洋生态所受的影响仍未能清楚知道。

4.地球上的病虫害增加

温室效应可使史前致命病毒威胁人类。美国科学家近日发出警告，由于全球气温上升令北极冰层融化，被冰封十几万年的史前致命病毒可能会重见天日，导致全球陷入疫症恐慌，人类生命受到严重威胁。纽约锡拉丘兹大学的科学家在最新一期《科学家杂志》中指出，早前他们发现一种植物病毒TOMV，由于该病毒在大气中广泛扩散，推断在北极冰层也有其踪迹。于是研究员从格陵兰抽取4块年龄由500至14万年的冰块，结果在冰层中发现TOMV病毒。研究员指该病毒表层被坚固的蛋白质包围，因此可在逆境生存。这项新发现令研究员相信，一系列的流行性感冒、小儿麻痹症和天花等疫症病毒可能藏在冰块深处，目前人类对这些原始病毒没有抵抗能力，当全球气温上升令冰层融化时，这些埋藏在冰层千年或更长的病毒便可能会复活，形成疫症。科学家表示，虽然他们不知道这些病毒的生存希望，或者其再次适应地面环境的机会，但肯定不能抹杀病毒卷土重来的可能性。

（二）对人类生活的影响

1. 经济的影响

全球有超过一半人口居住在沿海100公里的范围以内，其中大部分住在海港附近的城市区域。所以，海平面的显著上升对沿岸低洼地区及海岛会造成严重的经济损害，例如：加速沿岸沙滩被海水的冲蚀、地下淡水被上升的海水推向更远的内陆地方。

2. 农业的影响

实验证明在CO_2高浓度的环境下，植物会生长得更快速和高大。但是，"全球变暖"的结果会影响大气环流，继而改变全球的雨量分布及各大洲表面土壤的含水量。由于未能清楚了解"全球变暖"对各地区性气候的影响，以致对植物生态所产生的转变亦未能确定。

3. 水循环的影响

全球降水量可能会增加。但是，地区性降水量的改变则仍未可知。

某些地区可有更多雨量，但有些地区的雨量可能会减少。此外，温度的提高会增加水分的蒸发，这对地面上水源的运用带来压力。

4. 人类健康的影响

研究认为，气温与人的死亡率之间呈U型关系，在过冷和过热条件下的死亡率都将增加，最低死亡率处于16℃—25℃的温度范围内，人类为适应预测的21世纪的气候变化将付出重大代价。

但是，温室效应也并非全是坏事。因为最寒冷的高纬度地区增温最大，因而农业区将向极地大幅度推进。CO_2增加也有利于植物光合作用而直接提高有机物产量。

自1975年以来，地球表面的平均温度已经上升了0.9华氏度，由温室效应导致的全球变暖已成了引起世人关注的焦点问题。学术界一直被公认的学说认为由于燃烧煤、石油、天然气等产生的二氧化碳是导致全球变暖的罪魁祸首。温室效应会导致许多的可怕的后果，包括南北极冰川融化、全球海平面上升等一系列严重的后果。全球海平面的上升将直接淹没人口密集、工农业发达的大陆沿海低地地区，因此后果十分严重。1995年11月在柏林召开的联合国《气候变化框架公约》缔约方第二次会议上，44个小岛国组成了小岛国联盟，为他们的生存权而呼吁。

此外，研究结果还指出，CO_2增加不仅使全球变暖，还将造成全球大气环流调整和气候带向极地扩展。包括中国北方在内的中纬度地区降水将减少，加上升温使蒸发加大，因此气候将趋干旱化。大气环流的调整，除了中纬度干旱化之外，还可能造成世界其他地区气候异常和灾害。例如，低纬度台风强度将增强，台风源地将向北扩展等。气温升高还会引起和加剧传染病流行等。以疟疾为例，过去5年中世界疟疾发病率已翻了两番，现在全世界每年约有5亿人得疟疾，其中200多万人死亡。所以说温室效应已是当今世界公认的环境危机，减少温室气体的排放、改善全球的环境需要每一个国家的努力。相信大家携起手来一定能创造一个更加和谐、更加美好的家园。

第二节 臭氧层破坏

一、臭氧层概述

人类真正认识臭氧是在150多年以前，德国化学家先贝因（Schanbein）博士首次提出，在水电解及火花放电中产生的臭味，同在自然界闪电后产生的气味相同，先贝因博士认为其气味难闻，由此将其命名为臭氧。臭氧层顾名思义，带有微臭，在闪电的时候，有可能会闻到一股怪味，这便是闪电带下来的。

臭氧层是指大气层的平流层中臭氧浓度相对较高的部分，主要作用是吸收短波紫外线。臭氧层密度不是很高，如果它被压缩到对流层的密度，它会只有几毫米厚了。大气层的臭氧主要是以紫外线打击双原子的氧气，把它分为两个原子，然后每个原子和没有分裂的O_2合并成臭氧。臭氧分子不稳定，紫外线照射之后又分为氧气分子和氧原子，形成一个继续的臭氧氧气循环过程，如此产生臭氧层。

臭氧层能够吸收太阳光中的波长306.3nm以下的紫外线，主要是一部分UV-B(波长290—300nm)和全部的UV-C(波长<290nm)，保护地球上的人类和动植物免遭短波紫外线的伤害。只有长波紫外线UV-A和少量的中波紫外线UV-B能够辐射到地面，长波紫外线对生物细胞的伤害要比中波紫外线轻微得多。所以臭氧层犹如一把保护伞保护地球上的生物得以生存繁衍。臭氧吸收太阳光中的紫外线并将其转换为热能加热大气，由于这种作用大气温度结构在高度50km左右有一个峰，地球上空15—50km存在着升温层。正是由于存在着臭氧才有平流层的存在。而地球以外的星球因不存在臭氧和氧气，所以也就不存在平流层。大气的温度结构对于大气的循环具有重要的影响，这一现象的起因也来自臭氧的高度分布。在对流层上部和平流层底部，即在气温很低的这一高度，臭氧的作用同

样非常重要。如果这一高度的臭氧减少，则会产生使地面气温下降的动力。因此，臭氧的高度分布及变化是极其重要的。

二、臭氧层破坏的原因

关于臭氧层变化及破坏的原因，一般认为，太阳活动引起的太阳辐射强度变化，大气运动引起的大气温度场和压力场的变化以及与臭氧生成有关的化学成分的移动、输送都将对臭氧的光化学平衡产生影响，从而影响臭氧的浓度和分布。而化学反应物的引入，则将直接地参与反应而对臭氧浓度产生更大的影响。人类活动的影响，主要表现为对消耗臭氧层物质的生产、消费和排放方面。

大气中的臭氧可以与许多物质起反应而被消耗和破坏。在所有与臭氧起反应的物质中，最简单而又最活泼的是含碳、氢、氯和氮几种元素的化学物质，如氧化亚氮（N_2O）、水蒸气（H_2O）、四氯化碳（CCl_4）、甲烷（CH_4）和现在最受重视的氯氟烃（CFC）等。这些物质在低层大气层正常情况下是稳定的，但在平流层受紫外线照射活化之后，就变成了臭氧消耗物质。这种反应消耗掉平流层中的臭氧，打破了臭氧的平衡，导致地面紫外线辐射的增加。

在自然状态下，大气层中的臭氧是处于动态平衡状态的，当大气层中没有其他化学物质存在时，臭氧的形成和破坏速度几乎是相同的。然而大气中有一些气体，例如亚硝酸、甲基氧、甲烷、四氯化碳，以及同时含有氯与氟（或溴）的化学物质，如CFC和哈龙等，它们能长期滞留在大气层中，并最终从对流层进入平流层，在紫外线辐射下，形成含氟、氯、氮、氢、溴的活性基因，剧烈地与臭氧起反应而破坏臭氧。这类物质进入平流层的量虽然很少，但因起催化剂作用，自身消耗甚少，而对臭氧的破坏作用十分严重，导致臭氧平衡被打破，浓度下降。

氯氟烷烃与臭氧层氯氟烷烃是一类化学性质稳定的人工源物质，在大气对流层中不易分解，寿命可长达几十年甚至上百年。但它进入平流层后，受到强烈的紫外线照射，就会分解产生氯游离基Cl·，氯游离基与臭氧分子O_3作用生成氧化氯游离基。$ClO·$和氧分子O_2消耗掉臭氧进而氧化氮游离基再与臭氧分子作用生成氯游离基，如此，氯游离基不断产生，又不断与臭氧分子作用，使一个CFC分子可以消耗掉成千上万个臭氧分子。其主要反应式如下（以CFC-11为例）：$CFCl_3 \rightarrow ·CFCl_2 + Cl· Cl· + O_3 \rightarrow ClO· + O_2 ClO· + O_3 \rightarrow Cl· + 2O_3$。作为臭氧层破坏元凶而被人们高度重视的CFC，有5种物质为"特定氟里昂"，它们主要用作制冷剂、发泡剂、清洗剂等。世界气象组织认为，溴比氯对整个平流层中臭氧的催化破坏作用可能更大。南极地区臭氧的减少至少有2％是溴的作用所致。有人指出，在对极地臭氧的破坏中，BrO与ClO反应可能起重要作用：$BrO + ClO \rightarrow Cl· + O_2 Br· + O_3 \rightarrow BrO + O_2 Cl· + O_3 \rightarrow ClO + O_2$，整个反应使 $2O \rightarrow 3O_2$。对极地平流层的BrO和ClO的观察支持这种观点，并由此认为南极地区臭氧破坏的20％—30％是由溴引起的，而且认为，溴对北半球臭氧的破坏可能更加严重。所以溴化物的量虽少，作用却不可低估。氮氧化物与臭氧层氮氧化物系列中的N_2O（氧化亚氮），化学性质稳定，至今还不清楚它对生物的直接影响，因而还未列为大气污染物。但是，N_2O同氯氟烃一样能破坏平流层臭氧，同二氧化碳一样，也是一种温室气体，并且其单个分子的温室效应能力是CO_2分子的100倍。 关于南极臭氧洞的形成和发展，人们曾认为主要是由于CFC单个因素的破坏，但是，用CFC的光化学反应不可能解释臭氧洞。在南极地区的大规模大气物理和化学综合观测以及相应的化学动力学理论和实验研究，较好地回答了为什么主要在北半球中纬度地区排放的CFC对南极地区臭氧的破坏最大这一问题。在南极地区，每年4月—10月盛行很强的南极环极涡旋，它经常把冷气团阻塞在南极达几个星期，使南极平流层极冷（$-84℃$以下），因而形成了平流层冰晶云。实验证明，在这种特定的条件下，破坏臭氧的两个过程（即$Cl + O_3 \rightarrow ClO + O_2$和$ClO + O \rightarrow Cl + O_2$）将因原子氯的活性大大增加而变得更为有效，这就使南极春天平流层臭氧浓度大幅度下降。在北极地区，虽然也存在环极涡旋，但其强度较弱，且持续时间较短，不能有效地阻止极地气团与中纬度气团的交换，再加上气体交换造成的臭氧向极区输送便使北极臭氧洞不像南极明显。

三、臭氧层破坏的危害

臭氧层被大量损耗后，吸收紫外辐射的能力大大减弱，导致到达地球表面的紫外线明显增加，给人类健康和生态环境带来多方面的危害，目前已受到人们普遍关注的主要有对人体健康、陆生植物、水生生态系统、生物化学循环、材料以及对流层大气组成和空气质量等方面的影响。

（一）对人体健康的影响

阳光紫外线UV-B的增加对人类健康有严重的危害作用。潜在的危险包括引发和加剧眼部疾病、皮肤癌和传染性疾病。对有些危险如皮肤癌已有定量的评价，但其他影响如传染病等目前仍存在很大的不确定性。

实验证明紫外线会损伤角膜和眼晶体，如引起白内障、眼球晶体变形等。据分析，平流层臭氧减少1%，全球白内障的发病率将增加0.6%—0.8%，全世界由于白内障而引起失明的人数将增加1万到1.5万人；如果不对紫外线的增加采取措施，从现在到2075年，UV-B辐射的增加将导致大约1800万例白内障病例的发生，如图2-4所示。

紫外线UV-B段的增加能明显地诱发人类常患的三种皮肤疾病。这三种皮肤疾病中，巴塞尔皮肤瘤和鳞状皮肤瘤是非恶性的。利用动物实验和人类流行病学的数据资料得到的最新的研究结果显示，若臭氧浓度下降10%，非恶性皮肤瘤的发病率将会增加26%。另外的一种恶性黑瘤是非常危险的皮肤病，科学研究也揭示了UV-B段紫外线与恶性黑瘤发病率的内在联系，这种危害对浅肤色的人群特别是儿童尤其严重。

人体免疫系统中的一部分存在于皮肤内，使得免疫系统可直接接触紫外线照射。动物实验发现紫外线照射会减少人体对皮肤癌、传染病及其他抗原体的免疫反应，进而导致对重复的外界刺激丧失免疫反应。人体研究结果也表明暴露于紫外线中会抑制免疫反应，人体中这些对传染性疾病的免疫反应的重要性目前还不十分清楚。但在世界上一些传染病对人体健康影响较大的地区以及免疫功能不完善的人群中，增加的UV-B辐射对免疫反应的抑制影响相当大。

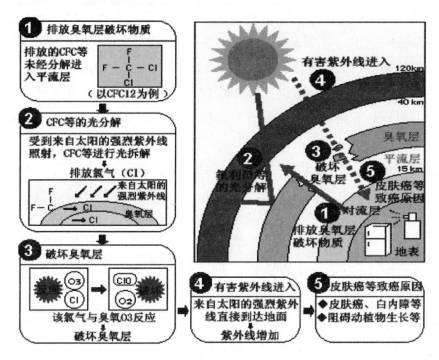

图2-4 臭氧层破坏对人体健康的影响

已有研究表明，长期暴露于强紫外线的辐射下，会导致细胞内的DNA改变，人体免疫系统的机能减退，人体抵抗疾病的能力下降。这将使许多发展中国家本来就不好的健康状况更加恶化，大量疾病的发病率和严重程度都会增加，尤其是包括麻疹、水痘、疱疹等病毒性疾病，疟疾等通过皮肤传染的寄生虫病，肺结核和麻风病等细菌感染以及真菌感染疾病等。

（二）对陆生植物的影响

臭氧层损耗对植物的危害的机制目前尚不如其对人体健康的影响清楚，但研究表明，在已经研究过的植物品种中，超过50%的植物有来自

UV-B的负影响，比如豆类、瓜类等作物，另外某些作物如土豆、番茄、甜菜等的质量将会下降；植物的生理和进化过程都受到UV-B辐射的影响，甚至与当前阳光中UV-B辐射的量有关。

植物也具有一些缓解和修补这些影响的机制，在一定程度上可适应UV-B辐射的变化。不管怎样，植物的生长直接受UV-B辐射的影响，不同种类的植物，甚至同一种类不同栽培品种的植物对UV-B的反应都是不一样的。在农业生产中，就需要种植耐受UV-B辐射的品种，并同时培养新品种。对森林和草地，可能会改变物种的组成，进而影响不同生态系统的生物多样性分布。

UV-B带来的间接影响，例如，植物形态的改变，植物各部位生物质的分配，各发育阶段的时间及二级新陈代谢等可能跟UV-B造成的破坏作用同样大，甚至更为严重。这些对植物的竞争平衡、食草动物、植物致病菌和生物地球化学循环等都有潜在影响。

（三）对水生态系统的影响

世界上30%以上的动物蛋白质来自海洋，满足人类的各种需求。在许多国家，尤其是发展中国家，这个百分比往往还要高。海洋浮游植物并非均匀分布在世界各大洋中，通常高纬度地区的密度较大，热带和亚热带地区的密度要低10到100倍。除可获取的营养物、温度、盐度和光外，在热带和亚热带地区普遍存在的阳光UV-B的含量过高的现象也在浮游植物的分布中起着重要作用。

浮游植物的生长局限在光照区，即水体表层有足够光照的区域，生物在光照区的分布地点受到风力和波浪等作用的影响。另外，许多浮游植物也能够自由运动，以提高生产力，以保证其生存。暴露于阳光UV-B下会影响浮游植物的定向分布和移动，因而减少这些生物的存活率。

研究人员已经测定了南极地区UV-B辐射及其穿透水体的量的增加，有足够证据证实天然浮游植物群落与臭氧的变化直接相关。对臭氧洞范围内和臭氧洞以外地区的浮游植物生产力进行比较的结果表明，浮游植物生产力下降与臭氧减少造成的UV-B辐射增加直接有关。一项研究表明，在冰川边缘地区的生产力下降了6%—12%。由于浮游生物是海洋食物链的基础，浮游生物种类和数量的减少还会影响鱼类和贝类生物的产量。据另一项科学研究的结果，如果平流层臭氧减少25%，浮游生物的初级生产力将下降10%，这将导致水面附近的生物减少35%。

研究发现，阳光中的UV-B辐射对鱼、虾、蟹、两栖动物和其他动物的早期发育阶段都有危害作用，最严重的影响是繁殖力下降和幼体发育不全。即使在现有的水平下，阳光紫外线UV-B已是限制因子。紫外线UV-B的照射量很少量的增加就会导致消费者生物的显著减少。

（四）对生物化学循环的影响

阳光紫外线的增加会影响陆地和水体的生物地球化学循环，从而改变地球—大气这一巨系统中一些重要物质在地球各圈层中的循环，如温室气体和对化学反应具有重要作用的其他微量气体的排放和去除过程，包括二氧化碳（CO_2）、一氧化碳（CO）、氧硫化碳（COS）及臭氧（O_3）等。这些潜在的变化将对生物圈和大气圈之间的相互作用产生影响。

对陆生生态系统，增加的紫外线会改变植物的生成和分解，进而改变大气中重要气体的吸收和释放。当紫外线UV-B光降解地表的落叶层时，这些生物质的降解过程被加速；而当主要作用是对生物组织的化学反应而导致埋在下面的落叶层光降解过程减慢时，降解过程被阻滞。植物的初级生产力随着UV-B辐射的增加而减少，但对不同物种和某些作物的不同栽培品种来说影响程度是不一样的。

在水生生态系统中阳光紫外线也有显著的作用。这些作用直接造成UV-B对水生生态系统中碳循环、氮循环和硫循环的影响。UV-B对水生生态系统中碳循环的影响主要体现于UV-B对初级生产力的抑制。在几个地区的研究结果表明，现有UV-B辐射的减少可使初级生产力增加，由南极臭氧洞的发生导致全球UV-B辐射增加后，水生生态系统的初级生产力受到损害。除对初级生产力的影响外，阳光紫外辐射还会抑制海洋表层浮游细菌的生长，从而对海洋生物地球化学循环产生重要的潜在影响。阳光紫外线促进水中的溶解有机质（DOM）的降解，使得所吸收的紫外辐射被消耗，同时形成溶解无机碳（DIC）、CO以及可进一步矿化或被水中微生物利用的简单有机质等。UV-B增加对水中的氮循环也有影响，它们不仅抑制硝化细菌的作用，而且可直接光降解像硝酸盐这样的简单无机物种。UV-B对海洋中硫循环的影响可能会改变COS和二甲基硫（DMS）的海—气释放，这两种气体可分别在平流层和对流层中被降解为硫酸盐气溶胶。

（五）对材料的影响

因平流层臭氧损耗导致阳光紫外辐射的增加会加速建筑、喷涂、包装及电线电缆等所用材料，尤其是高分子材料的降解和老化变质。特别是在高温和阳光充足的热带地区，这种破坏作用更为严重。由于这一破坏作用造成的损失估计全球每年达到数十亿美元。

无论是人工聚合物，还是天然聚合物以及其他材料都会受到不良影响。当这些材料尤其是塑料用于一些不得不承受日光照射的场所时，只能靠加入光稳定剂或进行表面处理以保护其不受日光破坏。阳光中UV-B辐射的增加会加速这些材料的光降解，从而限制了它们的使用寿命。研究结果已证实短波UV-B辐射对材料的变色和机械完整性的损失有直接的影响。在聚合物的组成中增加现有光稳定剂的用量可能缓解上述影响，但需要满足下面三个条件：①在阳光的照射光谱发生了变化即UV-B辐射增加后，该光稳定剂仍然有效；②该光稳定剂自身不会随着UV-B辐射的增加被分解掉；③经济可行。目前，利用光稳定性更好的塑料或其他材料替代现有材料是一个正在研究中的问题。然而，这些方法无疑将增加产品的成本。而对于许多正处在用塑料替代传统材料阶段的发展中国家来说，解决这一问题更为重要和迫切。

（六）对对流层空气质量的影响

平流层臭氧的变化对对流层的影响是一个十分复杂的科学问题。一般认为平流层臭氧的减少的一个直接结果是使到达低层大气的UV-B辐射增加。由于UV-B的高能量，这一变化将导致对流层的大气化学更加活跃。

首先，在污染地区如工业和人口稠密的城市，即氮氧化物浓度较高的地区，UV-B的增加会促进对流层臭氧和其他相关的氧化剂如过氧化氢（H_2O_2）等的生成，使得一些城市地区臭氧超标率大大增加。而与这些氧化剂的直接接触会对人体健康、陆生植物和室外材料等产生各种不良影响。在那些较偏远的地区，即NO_x的浓度较低的地区，臭氧的增加较少甚至还可能出现臭氧减少的情况。但不论是污染较严重的地区还是清洁地区，H_2O_2和OH自由基等氧化剂的浓度都会增加。其中H_2O_2浓度的变化可能会对酸沉降的地理分布带来影响，结果是污染向郊区蔓延，清洁地区的面积越来越少。

其次，对流层中一些控制着大气化学反应活性的重要微量气体的光解速率将提高，其直接的结果是导致大气中重要自由基浓度如OH基的增加。OH自由基浓度的增加意味着整个大气氧化能力的增强。由于OH自由基浓度的增加会使甲烷和CFC替代物如HCFCs和HFCs的浓度成比例的下降，从而对这些温室气体的气候效应产生影响。

而且对流层反应活性的增加还会导致颗粒物生成的变化，例如云的凝结核，由来自人为源和天然源的硫（如氧硫化碳和二甲基硫）的氧化和凝聚形成。尽管目前对这些过程了解得还不十分清楚，但平流层臭氧的减少与对流层大气化学及气候变化之间复杂的相互关系正逐步被揭示。

如何保护臭氧层，最方便有效的方法就是尽快停止生产和使用氟氯烃和哈龙。目前此类物质在全世界的消耗量，美国占28.6%，欧洲共同体占30.6%，日本占7%，前苏联和东欧占14%，发展中国家总量占14%，其中中国消费量尚不足2%。因此，保护臭氧层使人类健康免受危害，发达国家应尽更多义务。从人口意义上讲，臭氧层破坏受害最多的是发展中国家，尤其是中国。1985年8月，美国、前苏联、日本、加拿大等20多个国家签署了《保护臭氧层国际公约》，并且目前有30多个国家批准了该公约的《关于臭氧层物质的蒙特利尔协议书》，该协议书规定签字国在20世纪末把氯氟烃使用量减少到1986年的一半。欧洲共同体12国已同意20世纪末完全停止使用氯氟烃，而比利时、葡萄牙则宣布禁止生产。然而，在当今世界上，从冷冻机、冰箱、汽车到硬质薄膜、软垫家具，从计算机到灭火器，都离不开氯氟烃。因此，必须研究新的代用品和技术。这不仅是资金问题，而且涉及有关工业结构的改变。第三世界国家对停止生产和使用氯氟烃仍持冷淡态度，人类对臭氧层的保护还将是一项十分艰巨的任务。当代的地球人为保护臭氧层而联合行动的时候到了！

第三节　酸雨问题

一、酸雨概述

酸雨（Acid Rain）是指pH值小于5.6的雨、雪或其他形式的降水。雨、雪等在形成和降落过程中，吸收并溶解了空气中的二氧化硫、氮氧化物等物质，形成了pH低于5.6的酸性降水。酸雨主要是人为地向大气中排放大量酸性物质造成的，中国的酸雨主要是因大量燃烧含硫量高的煤而形成的，多为硫酸雨，少为硝酸雨。此外，各种机动车排放的尾气也是形成酸雨的重要原因。中国一些地区已经成为酸雨多发区，酸雨污染的范围和程度已经引起人们的密切关注。

什么是酸？纯水是中性的，没有味道；柠檬水，橙汁有酸味，醋的酸味较大，它们都是弱酸；小苏打水有略涩的碱性，而苛性钠水就涩涩的，碱味较大，苛性钠是碱，小苏打虽显碱性但属于盐类。科学家发现酸味大小与水溶液中氢离子浓度有关；而碱味与水溶液中羟基离子浓度有关；然后建立了一个指标：氢离子浓度对数的负值，叫pH。于是，纯水（蒸馏水）的pH为7；酸性越大，pH越低；碱性越大，pH越高。（pH一般为0—14之间)未被污染的雨雪是中性的，pH近于7；当它为大气中二氧化碳饱和时，略呈酸性（水和二氧化碳结合为碳酸），pH为5.65。pH小于5.65的雨叫酸雨；pH小于5.65的雪叫酸雪；在高空或高山(如峨眉山)上弥漫的雾，pH值小于5.65时叫酸雾。检验水的酸碱度一般可以用几个工具：石蕊试剂、酚酞试液、pH试纸（精确率高，能检验pH）、pH计（能测出更精确的pH值）。

一年之内可降若干次雨，有的是酸雨，有的不是酸雨，因此一般称某地区的酸雨率为该地区酸雨次数除以降雨的总次数。其最低值为0%；最高值为100%。如果有降雪，当以降雨视之。

有时，一个降雨过程可能持续几天，所以酸雨率应以一个降水全过程为单位，即酸雨率为一年出现酸雨的降水过程次数除以全年降水过程的总次数。

除了年均降水pH之外，酸雨率是判别某地区是否为酸雨区的又一重要指标。

某地收集到酸雨样品，还不能算是酸雨区，因为一年可有数十场雨，某场雨可能是酸雨，某场雨可能不是酸雨，所以要看年均值。目前中国定义酸雨区的科学标准尚在讨论之中，但一般认为：年均降水pH高于5.65，酸雨率是0—20%，为非酸雨区；pH在5.30—5.60之间，酸雨率是10%—40%，为轻酸雨区；pH在5.00—5.30之间，酸雨率是30%—60%，为中度酸雨区；pH在4.70—5.00之间，酸雨率是50%—80%，为较重酸雨区；pH小于4.70，酸雨率是70%—100%，为重酸雨区。这就是所谓的五级标准。其实，北京、拉萨、西宁、兰州和乌鲁木齐等市也收集到几场酸雨，但年均pH和酸雨率都在非酸雨区标准内，故为非酸雨区。

中国酸雨主要是硫酸型，中国三大酸雨区分别为：

1.西南酸雨区：是仅次于华中酸雨区的降水污染严重区域。

2.华中酸雨区：目前它已成为全国酸雨污染范围最大，中心强度最高的酸雨污染区。

3.华东沿海酸雨区：它的污染强度低于华中、西南酸雨区。

近代工业革命从蒸汽机开始，锅炉烧煤，产生蒸汽，推动机器；而后火力电厂星罗棋布，燃煤数量日益猛增。遗憾的是，煤含杂质硫，在燃烧中约百分之一将排放酸性气体SO_2；燃烧产生的高温还能促使助燃的空气发生部分化学变化，氧气与氮气化合，也排放酸性气体NO_x。它们在高空中为雨雪冲刷，溶解，雨就成为了酸雨；这些酸性气体成为雨水中杂质硫酸根、硝酸根和铵离子。1872年英国科学家史密斯分析了伦敦市雨水成分，发现它呈酸性，且农村雨水中含碳酸铵，酸性不大；郊区雨水含硫酸铵，略呈酸性；市区雨水含硫酸或酸性的硫酸盐，呈酸性。于是史密斯最先在他的著作《空气和降雨：化学气候学的开端》中提出"酸雨"这一专有名词。

二、酸雨成因

酸雨的成因是一种复杂的大气化学和大气物理的现象。酸雨中含有多种无机酸和有机酸，绝大部分是硫酸和硝酸，还有少量灰尘。

酸雨是工业高度发展而出现的副产物，由于人类大量使用煤、石油、天然气等化石燃料，燃烧后产生的硫氧化物或氮氧化物，在大气中经过复杂的化学反应，形成硫酸或硝酸气溶胶，或为云、雨、雪、雾捕捉吸收，降到地面成为酸雨。

（一） 空中酸碱物质与酸雨

现代工业、农业和交通运输业的排放量增大，种类更多的污染物(包括酸碱性物质)与尘埃一起升到高空，通过扩散、迁移、转化而后重力沉降到地面，或经雨雪冲刷到达地面。酸性物质可破坏植被、酸化土壤、酸化水域、造成水生和陆地生态失衡，加速岩石风化和金属腐蚀。

自然活动和人类活动向大气排放若干物质形成酸雨。其中有的物质是中性的，如风吹浪沫漂向空中的海盐，$NaCl$，KCl等；有的物质是酸性的，如SO_x和NO_x及酸性尘埃(火山灰)等；有的是碱性的，如NH_3及来自风扫沙漠和碱性土壤扬起的颗粒；有的本身并无酸碱性，但在酸碱物质的迁移转化中可起催化作用，如CO和臭氧；降水的pH值是它们在雨水冲刷过程中相互作用和彼此中和的结果。自然活动和人类活动的排放规律完全不同：在较长时间内，如一个世纪以至几个世纪，前者的排放量大致不变；而后者，在某些经济正在腾飞的地区几十年甚至十年内就会有明显的增加。

（二）酸性物质SOx的排放

酸性物质SOx 有四类天然排放源：海洋雾沫，它们会夹带一些硫酸到空中；土壤中某些机体，如动物死尸和植物败叶在细菌作用下可分解某些硫化物，继而转化为SOx；火山爆发，也将喷出可观量的SOx气体；雷电和干热引起的森林火灾也是一种天然SOx排放源，因为树木也含有微量硫。

中国浙江省衢州市常山县某地地下蕴藏含高硫量的石煤，开采价值不大，但原因不明地在地下自燃数年，通过洞穴和岩缝，每年逸出大量SOx。既是自燃，也归属于天然排放源。

中国安徽省铜陵市铜山铜矿的矿石为富硫的硫化铜矿石，其含硫量平均为20%，最高为41.3%，世间罕见。高硫矿石遇空气可自燃，即：$2CuS + 3O_2 = 2CuO + 2SO_2$。因此在开采过程中，能自燃，形成火灾，并释放出大量热的SOx，腐蚀性极大，污染周边环境。

（三）酸性物质NOx的排放

酸性物质NOx排放有两大类天然源：闪电，高空雨云闪电，有很强的能量，能使空气中的氮气和氧气部分化合生成NO，继而在对流层中被氧化为NO_2，NOx即为NO和NO_2之和；土壤硝酸盐分解，即使是未施过肥的土壤也含有微量的硝酸盐，在土壤细菌的帮助下可分解出NO，NO_2和N_2O等气体。

（四）化石燃料与酸雨

酸性物质SOx、NOx排放人工源之一，是煤、石油和天然气等化石燃料燃烧，无论是煤，或石油，或天然气都是在地下埋藏多少亿年，由古代的动植物化石转化而来，故称作化石燃料。科学家粗略估计，1990年中国化石燃料约消耗近700万吨，仅占世界消耗总量的12%，人均相比并不惊人；但是中国近几十年来，化石燃料消耗的增加速度实在太快，大约增加了30倍左右，不能不引起足够重视。

（五）工业过程与酸雨

酸性物质SOx、NOx排放人工源之二是工业过程，如金属冶炼：某些有色金属的矿石是硫化物，铜，铅，锌便是如此。将铜，铅，锌硫化物矿石还原为金属的过程中将逸出大量SOx气体，部分回收为硫酸，部分进入大气。再如化工生产，特别是硫酸生产和硝酸生产可分别跑冒滴漏掉可观量的SOx和NOx，由于NO_2带有淡棕的黄色，因此，工厂尾气所排出的带有NOx的废气像一条"黄龙"，在空中飘荡。

（六）交通运输与酸雨

酸性物质SOx、NOx排放人工源之三是交通运输，如汽车尾气。在发动机内，活塞频繁打出火花，像天空中闪电，N_2变成NOx。不同的车型，尾气中NOx的浓度有多有少，机械性能较差的或使用寿命已较长的发动机的尾气中NOx浓度较高。汽车停在十字路口，不熄火等待通过时，要比正常行车尾气中的NOx浓度要高。近年来，中国各种汽车数量猛增，它的尾气对酸雨的贡献正在逐年上升，不能掉以轻心。人们常说车祸猛于虎，因为车祸看得见摸得着，血肉模糊，容易引起震动；污染是无形的，影响短时间看不出来，容易被人忽视。

（七）土壤—扬沙—酸雨

土地耕作、交通运输、建筑工地都会常见平地扬沙。中国古代诗词中所描述的"黄尘古道"，形象地描述了中国北方平地扬沙的景观。特别在北方植被发育不全的冬春两季，土地裸露，现象更为严重。大致上北方土壤偏碱性，被风吹起的扬尘也偏碱性，会中和雨中酸性物质；南方土壤偏酸性，扬尘也偏酸性，使雨中酸性物质增加，会促成酸雨。扬尘中的粗颗粒，近似于土壤成分，含钙的硅酸盐和碳酸盐，呈碱性，可中和酸雨；细颗粒，在高空会吸附酸性气体，总体呈酸性，会促进酸雨。中国北方干旱少雨，雨量集中，大雨或暴雨有较大缓冲酸的能力，大气中同样数量的酸性物质，一次成雨，雨量大，pH值未必低；北方多风沙，来自沙漠的沙粒偏碱性；北方土壤也偏碱性，飘尘也偏碱性，都会中和大气中某些酸性物质。经过监测得知北方雨水含碳酸氢根离子和粘土矿物较多，对酸性物质有较强缓冲能力。这些因素都决定中国北方目前不可能成为酸雨地区，短期内也不会扩展成为酸雨地区，虽然中国北方某些地区SOx和NOx排放并不比中国南方低。

三、酸雨的危害

酸雨给地球生态环境，人类社会生活和全球经济发展带来了严重的影响和破坏。研究表明，目前备受人们关注的酸雨对人类健康、陆生生态系统、建筑材料、水生生物等均带来严重危害，不仅造成重大经济损失，更危及生存和发展。

在酸雨区，酸雨造成的破坏比比皆是，触目惊心。如瑞典的9万多个湖泊中，已有2万多个遭到酸雨破坏，4000多个成为无鱼湖。美国和加拿大的许多湖泊成为死水，鱼类、浮游生物，甚至水草和藻类均一扫而光。而北美的酸雨区已发现有大片森林死于酸雨。德、法、瑞典、丹麦等国已有700多万公顷森林正在衰亡，中国四川、广西等省有10多万公顷森林也正在衰亡，如图2-5所示。世界上许多古建筑和石雕艺术品遭酸雨腐蚀而严重损坏，如图2-6中国的乐山大佛、加拿大的议会大厦等。最近发现，北京卢沟桥的石狮和附近的石碑，五塔寺的金刚宝塔等均遭酸雨浸蚀而严重损坏。

图2-5 树木枯死　　　图2-6 乐山大佛伤痕累累

（一）　酸雨对人类的影响

1.酸雨对人体的直接危害

人体耐酸能力高于耐碱能力，如果经常用弱碱性洗衣粉洗衣服，不带手套，手就会变得粗糙，皮革工人，经常接触碱液，也有类似情况；但皮肤角质层遇酸就好一些。可是，眼角膜和呼吸道黏膜对酸类却十分敏感，酸雨或酸雾对这些器官有明显刺激作用，导致红眼病和支气管炎、咳嗽不止甚至可诱发肺病。

而且酸雨对正在成长发育的儿童、青少年的体质危害很大。调查发现：与清洁地区相比，酸雨污染区儿童血压有下降的趋势，红细胞及血红蛋白偏低，而白细胞数较高。一些呼吸道疾病症状如咳嗽、胸闷、鼻塞、鼻出血的发生率增高，儿童哮喘发病率增加尤为突出，甚至有6个月的婴儿患哮喘病的病例，酸雨污染区调查表明，成年人人均患病次数、天数、医疗费用等都明显高于清洁区，其中患呼吸疾病是清洁区的4.4倍，患哮喘病为清洁区的2.6倍，患心脏病为1.7倍。实验室研究表明，酸雨对呼吸道中起主要防御功能的细胞有重要损伤作用，其后果将会使呼吸道感染，肺肿瘤的发生机会大大增加，甚至会诱发癌症，这是酸雨对人类的直接影响。

2.酸雨对人体的间接危害

对人类而言，酸雨的一个间接影响是溶解在水中的有毒金属被水果、蔬菜和动物的组织吸收。虽然这些有毒金属不直接影响这些动物，但是食用这些动物会对人类产生严重影响。例如，累积在动物器官和组织中的汞是与脑损伤和神经混乱有关联的。同样地，农田土壤酸化，使本来固定在土壤矿化物中的有害重金属如汞、铝等再溶出，继而为粮食、蔬菜吸收和富集，人类摄取后会中毒得病，这是酸雨对人类的间接危害。

（二）对陆地生态系统的危害

酸雨可使土壤的性质发生变化，加速土壤矿物如硅（Si）、镁（Mg）的风化、释放，使植物的营养元素特别是 钾、钠、钙、镁等流失，降低土壤的饱和度，导致植物营养不良。

酸雨可使土壤微生物种群变化，细菌个体生长变小，生长繁殖速度降低。如分解有机质及其蛋白质的主要微生物类群牙孢杆菌，极毛杆菌和有关真菌数量降低，影响营养元素的良性循环，造成农业减产。特别是酸雨可降低土壤中氨化细菌和固氮细菌的数量，使土壤微生物的氨化作用和硝化作用能力下降，对农作物大为不利。

2004年科学家试验后估计中国南方七省大豆因酸雨受灾面积达2380万亩，减产达20万吨，减产幅度约6%，每年经济损失1400万元。如图2-7所示：火力发电厂周围的粮地稻、麦等禾本科作物叶面积小，蜡质层厚，可湿性差，对酸雨敏感性弱，但强酸雨仍将导致叶面扭曲，褐黄或褐红伤斑，大麦减产。重庆电厂附近酸雨区域受害粮地4.1%。

图2-7 火力发电厂周围植物

（三） 酸雨对建筑材料的危害

酸雨地区的混凝土桥梁、大坝和道路以及高压线钢架、电视塔等土木建筑基础设施都是直接暴露在大气中，遭受酸雨的腐蚀。酸雨与这些基础设施的构筑材料发生化学的或电化学的反应，造成诸如金属的锈蚀、水泥、混凝土的剥蚀疏松、矿物岩石表面的粉化侵蚀以及塑料、涂料侵蚀等。砂浆混凝土墙面经酸雨侵蚀后，出现"白霜"，经分析此种白霜就是石膏（硫酸钙）。建筑材料变脏、变黑，影响城市市容质量和城市景观，被人们称之为"黑壳"效应。

中国雾都重庆"黑壳"效应相当明显。天然大理石俗称汉白玉，三年之后，经酸雨淋洗，完全变色；失去光泽的时间为3至8年。据报道，仅美国因酸雨对建筑物和材料的腐蚀每年损失达20亿美元。

（四） 酸雨对水生物的危害

一旦酸雨降落至水中，它会给水生生物造成巨大的损害。首先，酸雨降落至水中，会使水体酸化。

湖水pH值在9.0—6.5之间的中性范围时，对鱼类无害；在5.0—6.5之间的弱酸性时，鱼卵难已孵化，鱼苗数量减少；当湖水pH值低于5.0时，大多数鱼类不能生存。因此，湖泊酸化会引起鱼类死亡。相对于忍耐湖水酸化的能力而言，虾类比鱼类更差，在已酸化的湖泊中，虾类要比鱼类提前灭绝。

草本植物是一些鱼虾类赖以生活的基础。湖水酸化，水生生物将减少，例如，某湖泊酸化后，绿藻从原来的26种降到5种，金藻从22种降到5种，蓝藻从22种减至10种。俗话说大鱼吃小鱼，小鱼吃虾米，虾米吃污泥，其实污泥中含有大量水生生物，鱼虾离开了水草和水生生物，好比鸟兽离开森林，如图2-8所示。因此，从生物食物链角度来看，湖泊酸化，也将使鱼虾难以生存，如图2-9所示。酸雨是青蛙和鸟类的天敌，鸟穿过酸雾，酸对角膜有刺激性，而鸟和青蛙对酸又十分敏感，即患红眼病，如图2-10所示。美国到1979年因水体酸化导致的渔业损失每年达2.5亿美元。20世纪以来，加拿大的30万个湖泊中已有近5万个湖水酸化使生物完全灭绝。

 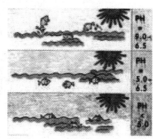 

图2-8 湖泊中的水生物　　图2-9 pH对鱼类的影响　　图2-10 患红眼病的青蛙

世界上酸雨最严重的欧洲和北美在遭受多年的酸雨危害之后，许多国家终于都认识到，大气无国界，防治酸雨是一个国际性的环境问题，不能依靠一个国家单独解决，必须共同采取对策，减少硫氧化物和氮氧化物的排放量。经过多次协商，1979年11月在日内瓦举行的联合国欧洲经济委员会的环境部长会议上，通过了《控制长距离越境空气污染公约》，并于1983年生效。《公约》规定，到1993年底，缔约国必须把二氧化硫排放量削减为1980年排放量的70％。欧洲和北美(包括美国和加拿大)等32个国家都在公约上签了字。为了实现许诺，多数国家都已经采取了积极的对策，制定了减少致酸物排放量的法规。例如，美国的《酸雨法》规定，密西西比河以东地区，二氧化硫排放量要由1983年的2000万吨/年，经过10年减少到1000万吨/年；加拿大二氧化硫排放量由1983年的470万吨/年，到2004年减少到160万吨/年，等等。目前世界上减少二氧化硫排放量的主要措施有：

1．订定严格管制标准，以迫使污染源地区采用排烟脱硫及排烟脱硝之设备。

2．引进最佳可行控制技术，以减少硫氧化物及氮氧化物之排放。

3．改善汽、机车引擎及防污设备，并加严排放标准，以减少氮氧化物之排放。

4．优先使用低硫燃料，如含硫较低的低硫煤和天然气等。

5．改进燃煤技术，减少燃煤过程中二氧化硫和氮氧化物的排放量。例如，液态化燃煤技术是受到各国欢迎的新技术之一。它主要是利用加进石灰石和白云石，与二氧化硫发生反应，生成硫酸钙随灰渣排出。

6．对煤燃烧后形成的烟气在排放到大气中之前进行烟气脱硫。目前主要用石灰法，可以除去烟气中85％—90％的二氧化硫气体。不过，脱硫效果虽好但十分费钱。例如，在火力发电厂安装烟气脱硫装置的费用，要达电厂总投资的25％之多。这也是治理酸雨的主要困难之一。

7．在火电、钢铁、电解铝、水泥等大气污染重点行业实施排污许可证制度，明确重点企业主要污染物允许排污问题和削减量，强制安装在线监测装置，严格监督管理。

8．开展以控制燃烧污染为主的大气污染综合防治，政府工程规划是高污染燃烧禁区，禁止使用高污染设备，大力推广清洁能源，利用燃煤；大幅度提高城市气化率，减少城市燃烧量，限制高硫煤使用，加速城区空气的改善。

9．配合有关部门研究制定并尽早组织实施控制二氧化硫的经济政策；重点是将现有火电机组脱硫成本纳入上网电价，保证脱硫机组上网前制定发电环保折价标准。鼓励多渠道加大脱硫资金投入，落实国债资金和排污费对重点脱硫工程项目的补助等政策。

10．开发新能源，如氢能、太阳能、水能、潮汐能、地热能等。

但更令人担忧的是，酸雨是一种超越国境的污染物，它可以随同大气转移到1000公里以外甚至更远的地区。因此，酸雨问题已经不再是一个局部环境问题。尤其是工业发达国家，汽车排放的氮氧化物占总排放量的50%，是向其周边国家的酸雨"出口"国。中国目前二氧化硫的排放量约1800万吨，西南、华南地区已形成了世界第三大酸雨地区，并有向华中、华东、华北蔓延的趋势。具体做法是大力进行煤炭洗运，综合开发煤、硫资源；对于高硫煤和低硫煤实行分产合理使用；在煤炭燃烧过程中，采取排烟脱硫技术；回收二氧化硫，生产硫酸；发展脱硫煤，成型煤供民用；有计划地进行城市煤气化改造等。中国科学家和环保工作者经过多年研究，提出建议修改中国南方酸雨标准。研究证实，在中国南方只有当雨水pH值小于4.6时，才发现对植物生长有明显影响。如何防治酸雨呢？最根本的途径是减少人为硫氧化物和碳氧化物的排放。人为排放的二氧化硫主要是由于燃烧高硫煤造成的，因此，研究煤炭中硫资源的综合开发和利用，是防治酸雨的有效途径。

酸雨是工业高度发展而出现的副产物，由于人类大量使用煤、石油、天然气等化石燃料，燃烧后产生的硫氧化物或氮氧化物，在大气中经过复杂的化学反应，形成硫酸或硝酸气溶胶，或为云、雨、雪、雾捕捉吸收，降到地面成为酸雨。对人类的身体健康有极大危害，同时也对农作物，建筑物都有极大破坏力。人们的不顾一切造成了巨大危害，这不是我们想看到的，为了我们自身安全，也为了子孙后代，不要再过多地排放有害气体。

第四节 极端天气

一、飓风（龙卷风）

（一）飓风的概述

发生在大西洋、墨西哥湾、加勒比海和北太平洋东部的热带气旋称为飓风，如图2-11所示。飓风通常发生在夏季和早秋，它来临时常常电闪雷鸣。在仅仅一天内，飓风就能够释放出大量的能量，而这些能量足以满足整个美国约六个月电的需要量。

英文Hurricane一词源自加勒比海语言中恶魔一词Hurican，亦有说它是玛雅人神话中创世众神的其中一位，就是雷暴与旋风之神Hurakan。而台风一词则源自希腊神话中大地之母盖亚之子Typhon，它是一头长有一百个龙头的魔物，传说其孩子就是可怕的大风。至于中文"台风"一词，有人说源于日语，亦有人说来自中国。以前，中国东南沿海经常有风暴，当地渔民统称其为"大风"，后来变成台风。

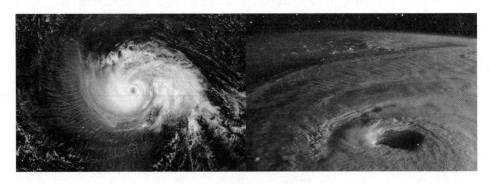

图2-11 飓风卫星云图

世界气象组织对热带气旋的定义和分类标准是，按热带气旋中心附近最大平均风力将热带气旋划分为四级：风力＜8级为热带低压；风力8—9级为热带风暴；风力10—11级为强热带风暴；风力12级为台风或飓风。飓风和台风都是指风速达到33米/秒以上的热带气旋，只是因发生的地域不同，才有了不同名称。出现在北太平洋西部和中国南海的强热带气旋被称为"台风"；发生在大西洋、墨西哥湾、加勒比海和北太平洋东部的强热带气旋则称"飓风"。飓风在一天之内就能释放出惊人的能量。

飓风与龙卷风也不能混淆。后者的时间很短暂，属于瞬间爆发，最长也不超过数小时。此外，龙卷风一般是伴随着飓风而产生。龙卷风最大的特征在于它出现时，往往有一个或数个如同"大象鼻子"样的漏斗状云柱，同时伴随狂风暴雨、雷电或冰雹。龙卷风经过水面时，能吸水上升形成水柱，然后同云相接，俗称"龙取水"。经过陆地时，常会卷倒房屋，甚至把人吸卷到空中。

（二）飓风的成因

飓风形成需要三个条件：温暖的水域；潮湿的大气；海洋洋面上的风能够将空气变成向内旋转流动。

在多数风暴结构中，空气会变得越来越暖并且会越升越高，最后流向外界大气。如果在这些较高层次中的风比较轻，那么这种风暴结构就会维持并且发展。在飓风眼（即飓风中心）中相对来说天空比较平静。最猛烈的天气现象发生在靠近飓风眼的周围大气中，称之为（飓风）眼墙。在眼墙的高层，大多数空气向外流出，从而加剧大气的上升运动。

飓风产生于热带海洋的一个原因是因为温暖的海水是它的动力"燃料"。由此，一些科学家就开始研究是否变暖的地球会带来更强烈的、更具危害性的热带风暴。科学家们认为，迄今为止，历史上的飓风资料还没能提供证据表明地球变暖和飓风之间有什么联系。美国国家飓风中心的Edward Rappaport说，"在1995年前的4到5年的时间里，飓风活动相当活跃。尽管其后的两三年是飓风活动的间歇期，然而现在我们又面临飓风比较活跃的年份。至少从这一点上，就很难说明在全球变暖和飓风之间有关系了。"有一项研究指出，21世纪的飓风将比20世纪的飓风强度强20个百分点。一些研究结果还表明，诸如"拉尼娜"和其他一些大的天气系统给人类所带来的影响将会超过全球变暖带来的任何影响。

图 2-12 飓风掠过后的街道　　图2-13 飓风带来的洪水淹没

（三）飓风的危害

2005年8月25日，"卡特里娜"飓风在佛罗里达州登陆，8月29日破晓时分，再次以每小时233公里的风速在墨西哥湾沿岸新奥尔良外海岸登陆。登陆超过12小时后，才减弱为强热带风暴。至少有1800人在灾难中死亡，上百万人无家可归。整个受灾范围几乎与英国国土面积相当，被认为是美国历史上造成损失最大的自然灾害之一，如图2-13所示。

2011年8月25日，飓风"艾琳"在巴哈马附近移动。飓风中心预计在27日接近美国东海岸，贴着海岸线向北移动，并将在28日对东北部的新英格兰与纽约长岛等地造成威胁，如图2-15所示，"艾琳"正逼近美国东海岸。8月23日，在多米尼加共和国北部普拉塔港市郊海滩上，飓风"艾琳"引发巨大海浪。当日，多米尼加遭受飓风"艾琳"和强暴雨袭击，1万多人流离失所，一些建筑物受到不同程度损坏，45个村庄被洪水淹没，数人失踪，如图 2-14所示。8月27日 飓风"艾琳"袭击美国，飓风"艾琳"登陆美国本土前夕，北卡罗来纳州海岸风雨交加。由于美国气象部门警告说将于27日袭击东海岸的飓风"艾琳"可能带来严重灾害，如图2-15所示。截至26日美东部沿海已有10个州先后宣布进入紧急状态，并下令将约230万居民进行紧急疏散。这是美国历史上第一次因自然灾害进行如此大规模的疏散行动。

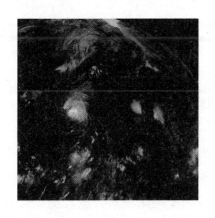

图2-14 飓风"艾琳"掠过多米尼加

图2-15 飓风"艾琳"逼近美国东海岸卫星照片

2012年10月31日，万圣节即将来临，上帝送上了一份让美洲人消受不起的恐怖大礼，那就是飓风"桑迪"。28日桑迪从加勒比海地区北上，直指美国东海岸。根据美国国家飓风中心当地时间29日晚的最新消息，"桑迪"目前已在美国东海岸新泽西州南部登陆，中心持续风速达每小时129公里。飓风"桑迪"不仅使美国纽约37万居民被迫转移，逼停了纽约、波士顿等地的城市公共交通，也使美国东部地区部分铁路运输停止。飓风"桑迪"带来的强风暴雨也重创了美国航空运输业。西弗吉尼亚等内陆州则引发了大降雪。联邦应急部门官员表示，大约5000万至6000万人可能受"桑迪"影响，经济损失可能超过10亿美元。

二、特大泥石流

（一）泥石流概述

泥石流是山区常见的一种自然灾害现象，是由泥沙、石块等松散固体物质和水混合组成的一种特殊流体。它暴发时，山谷轰鸣，地面震动，浓稠的流体汹涌澎湃，沿着山谷或坡面顺势而下，冲向山外或坡脚，往往在顷刻之间造成人员伤亡和财产损失。

泥石流是介于流水与滑坡之间的一种地质作用。典型的泥石流由悬浮着粗大固体碎屑物并富含粉砂及黏土的粘稠泥浆组成。在适当的地形条件下，大量的水体浸透山坡或沟床中的固体堆积物质，使其稳定性降低，饱含水分的固体堆积物质在自身重力作用下发生运动，就形成了泥石流。泥石流是一种灾害性的地质现象。泥石流经常突然暴发，来势凶猛，可携带巨大的石块，并以高速前进，具有强大的能量，因而破坏性极大。

（二）泥石流成因

泥石流流动的全过程一般只有几个小时，短的只有几分钟。泥石流是一种广泛分布于世界各国一些具有特殊地形、地貌状况地区的自然灾害，是山区沟谷或山地坡面上，由暴雨、冰雪融化等水源激发的、含有大量泥沙石块的介于挟沙水流和滑坡之间的土、水、气混合流。泥石流大多伴随山区洪水而发生，它与一般洪水的区别是洪流中含有足够数量的泥、沙、石等固体碎屑物，其体积含量最少为15%，因此比洪水更具有破坏力。

（三）泥石流危害

泥石流的主要危害是冲毁城镇、企事业单位、工厂、矿山、乡村，造成人畜伤亡，破坏房屋及其他工程设施，破坏农作物、林木及耕地。此外，泥石流有时也会淤塞河道，不但阻断航运，还可能引起水灾。影响泥石流强度的因素较多，如泥石流容量、流速、流量等，其中泥石流流量对泥石流成灾程度的影响最为主要。此外，多种人为活动也在多方面加剧上述因素的作用，促进泥石流的形成。

泥石流活动频繁，来势凶猛，常使人猝不及防。从世界范围来看，泥石流经常发生在峡谷地区、地震与火山多发区。它瞬间暴发，是山区最严重的自然灾害之一。

世界泥石流多发地带为环太平洋褶皱带（山系）、阿尔卑斯-喜马拉雅褶皱带、欧亚大陆内部的一些褶皱山区。据统计，近50多个国家存在泥石流的潜在威胁，其中比较严重的有哥伦比亚、秘鲁、瑞士、中国、日本等。其中日本的泥石流沟有62000条之多，春夏两季经常暴发泥石流。

1970年5月，秘鲁发生7.8级地震，引发瓦斯卡蓝山泥石流，使容加依城全部被毁，近7万人丧生。1985年11月，哥伦比亚鲁伊斯火山爆发，火山喷发物夹带着碎屑、火山泥石流奔腾而下，距火山50公里以外的阿美罗镇瞬间被吞没，造成23万人死亡，13万人无家可归。1998年意大利那不勒斯等地突遭泥石流袭击，造成100多人死亡，2000人无家可归。

进入21世纪，全球泥石流暴发频率急剧增加。仅2011年，就先后在乌干达、秘鲁、加拿大等多个国家发生严重的泥石流灾害。

2010年8月7日夜，中国甘肃甘南藏族自治州舟曲县发生特大泥石流，致使1434人遇难，失踪331人；舟曲5公里长、500米宽区域被夷为平地，如图2-16所示泥石流袭击舟曲县城。时隔一周，2010年8月12日，龙门山脉区域沿线连降暴雨，四川都江堰、绵竹等地发生泥石流、滑坡等地质灾害。13日夜间至14日凌晨，汶川县境内又突降暴雨，映秀、漩口等多个乡镇发生泥石流，震中生命线213国道汶川段多处中断。

图2-16 卫星拍摄舟曲泥石流全域景象图

图2-17 里约热内卢泥石流后一名
被压的男子

巴西东南部的里约热内卢州从2011年1月5日开始就遭遇40年不遇的暴雨袭击，该州多个城市共发生200多起泥石流灾害，致使50多座房屋被泥石流吞没，数千人流离失所，另有1万多间房屋成为危房。被泥石流冲毁和淹没的房屋主要位于当地的难民营中，而这些难民营中聚集了里约热内卢州近1/5的人口。灾害造成1350人死亡，如图2-17所示一名男子在救援人的帮助下试图摆脱危机。这是2011年上半年仅次于东日本地震海啸的第二大自然灾害，被联合国灾害管理机构列为111年以来世界十大泥石流灾害之一。

（四）泥石流预防措施

减轻或避防泥石流的工程措施主要有：跨越工程，是指修建桥梁、涵洞，从泥石流沟的上方跨越通过，让泥石流在其下方排泄，用以避防泥石流。这是中国铁道和公路交通部门为了保障交通安全常用的措施；穿过工程，指修隧道、明硐或渡槽，从泥石流的下方通过，而让泥石流从其上方排泄。这是中国铁路和公路通过泥石流地区的又一主要工程形式；防护工程，指对泥石流地区的桥梁、隧道、路基及泥石流集中的山区变迁型河流的沿河线路或其他主要工程措施，做一定的防护建筑物，用以抵御或消除泥石流对主体建筑物的冲刷、冲击、侧蚀和淤埋等的危害。防护工程主要有：护坡、挡墙、顺坝和丁坝等。排导工程，其作用是改善泥石流流势，增大桥梁等建筑物的排泄能力，使泥石流按设计意图顺利排泄；排导工程，包括导流堤、急流槽、束流堤等；拦挡工程，用以控制泥石流的固体物质和暴雨、洪水径流，削弱泥石流的流量、下泄量和能量，以减少泥石流对下游建筑工程的冲刷、撞击和淤埋等危害的工程措施。拦挡措施有：栏渣坝、储淤场、支挡工程、截洪工程等。

对于防治泥石流，常采用多种措施相结合。泥石流沟口通常是发生灾害的重要地段。在应急调查时，应该加强对沟口的调查。仔细了解沟口堆积区和两侧建筑物的分布位置，特别是新建在沟边的建筑物；调查了解沟上游物源区和行洪区的变化情况。应注意采矿排渣、修路弃土、生活垃圾等的分布，在暴雨期间可能会形成新的泥石流物源；民居建于泥石流沟边，特别是上游滑坡堵沟溃决时，非常危险，地质灾害高发区房屋的调查要按照"以人为本"的原则，针对地质灾害高发区点多面广的难题，集中力量对有灾害隐患的居民点或村庄的房屋和房前屋后开展调查。

三、特大洪涝灾害

（一）洪涝灾害概述

洪涝灾害是指暴雨、急剧融化的冰雪、风暴潮等自然因素引起的江河湖海水量迅速增加或水位迅猛上涨的自然现象。一般包括洪灾和涝渍灾。

洪灾一般是指河流上游的降雨量或降雨强度过大、急骤融冰化雪或水库垮坝等导致的河流突然水位上涨和径流量增大，超过河道正常行水能力，在短时间内排泄不畅，或暴雨引起山洪暴发、河流暴涨漫溢或堤防溃决，形成洪水泛滥造成的灾害。涝渍灾是由于大量降水汇集在低洼处长时间无法排除（涝），或者是地下水位持续过高（渍），使土壤孔隙中的空气含量降低，影响根的呼吸作用，使得作物减产、烂根、甚至死亡。

洪涝灾害四季都可能发生。中国主要发生在长江、黄河、淮河、海河的中下游地区。按时间可分为：春涝：主要发生在华南、长江中下游、沿海地区。夏涝：中国的主要涝害，主要发生在长江流域、东南沿海、黄淮平原。秋涝：多为台风雨造成，主要发生在东南沿海和华南。

（二）洪涝灾害的成因

洪涝灾害具有双重属性，既有自然属性，又有社会经济属性，所以洪涝灾害的发生条件可以分为自然条件和社会经济条件。自然条件主要是气候异常，降水集中、量大。中国降水的年际变化和季节变化大，一般年份雨季集中在七八两个月，中国是世界上多暴雨的国家之一，这是产生洪涝灾害的主要原因。洪水是形成洪水灾害的直接原因。只有当洪水自然变异强度达到一定标准，才可能出现灾害。主要影响因素有地理位置、气候条件和地形地势。社会经济条件是指只有当洪水发生在有人类活动的地方才能成灾。受洪水威胁最大的地区往往是江河中下游地区，而中下游地区水源丰富、土地平坦，又常常是经济发达地区。

从气候因素看，洪涝集中在中低纬度地区，主要是亚热带季风气候区、亚热带湿润气候区、温带海洋性气候区（降水季节变化明显）。从地形因素看，洪涝多发生在江河的两岸，特别是河流的中下游和地势低洼地区。就全球范围来说，洪涝灾害主要发生在多台风暴雨的地区。这些地区主要包括：孟加拉北部及沿海地区；中国东南沿海；日本和东南亚国家；加勒比海地区和美国东部近海岸地区。此外，在一些国家的内陆大江大河流域，也容易出现洪涝灾害。中国主要的雨涝区分布在大兴安岭—太行山—武陵山以东，这个地区又被南岭、大别山—秦岭、阴山分割为4个多发区。

从洪涝灾害的发生机制来看，洪涝具有明显的季节性、区域性和可重复性。如中国长江中下游地区的洪涝几乎全部都发生在夏季，并且成因也基本上相同。同时，洪涝灾害具有很大的破坏性和普遍性。洪涝灾害不仅对社会有害，甚至能够严重危害相邻流域，造成水系变迁。但是，洪涝仍具有可防御性。人类不可能根治洪水灾害，但通过各种努力，可以尽可能地缩小灾害的影响。

（三）洪涝灾害的危害

受气候地理条件和社会经济因素的影响，中国的洪涝灾害具有范围广、发生频繁、突发性强、损失大的特点。据《明史》和《清史稿》资料统计，明清两代（1368—1911年）的543年中，范围涉及数州县到30州县的水灾共有424次，平均每4年发生3次，其中范围超过30州县的共有190年次，平均每3年1次。新中国成立以来，洪涝灾害年年都有发生，只是大小有所不同而已。特别是50年代，10年中就发生大洪水11次。

1991年，中国淮河、太湖、松花江等部分江河发生了较大的洪水，全国洪涝受灾面积达3.68亿亩，直接经济损失高达779亿元。1998年中国的"世纪洪水"，在中国大地到处肆虐，29个省受灾，农田受灾面积3.18亿亩，成灾面积1.96亿亩，受灾人口2.23亿人，死亡3000多人，房屋倒塌497万间，经济损失达1666亿元。这次长江流域发生特大洪涝灾害是由于降水量过大造成的，同时也与长江中上游流域的森林砍伐过量，水土流失有关。

2008年6月11至16日，广西宜州市遭遇了70年一遇的洪灾，洪水漫入乡政府，学校被迫停课；道路塌方或被洪水冲毁，通信、交通、电力中断，龙头乡成为"孤岛"。大批房屋被淹，1.5万人和1.6万亩作物受灾，直接经济损失6300多万元，如图2-18所示，洪水淹没了大部分住房。2012年7月30日晚23时至31日6时，中国云南省景谷县境内突降暴雨，引发特大泥石流洪涝灾害，造成3人死亡、11人失踪、重伤3人、轻伤84人，如图2-19所示。

图2-18 广西宜州市洪灾　　　　图2-19 云南景谷发生特大洪涝灾害

四、特大雨雪天气

（一）特大雨雪天气概述

2008年1月中旬至2月上旬在中国南方地区发生的特大雨雪灾害，是1954年以来发生的影响面积最大、受灾人数最多、持续时间最长、经济损失最重的冰雪灾害事件。由于对灾害的估计不足、对冰灾的介入不及时、部门间信息不畅以及紧急应对措施不到位等因素的影响，导致出现较大的社会困难和公共危机。大面积、较长时间的断电断水，铁路、公路和航空运输的严重中断，大量返乡人口的长时间滞留，能源物资的紧缺，物价的上涨，等等，远较SARS引发的公共危机严重。类似的雨雪灾害近期在全球范围内多有出现，不能忽视偶然现象中的必然因素。

雨雪灾害是一种由极端天气因素影响而导致的自然灾害，是指一定地区长时间受低温天气的影响发生的异常冰霜雨雪及冻雨灾害，并给当地生产、生活带来严重负面影响。

（二）特大雨雪天气成因

据气象学家研究，中国南方冰雪灾害天气的发生具有三个基本条件：一是该地区出现持续低温（0℃以下）异常天气；二是强冷空气遇上强暖湿气流后在一定的地理条件下在该地区上空相持不下；三是导致出现上层暖湿、下层干冷的"逆温"现象，因此，暖湿气流中的水汽在凝结并降落的过程中，穿过0℃以下的冷气流层后，便形成持续的冰雪和冻雨天气，从而引发罕见的冰雪灾害。与北方的冰雪天气相比，所不同的是：北方冰雪天气干冷、水汽少，因此北方冬季积雪、结冰厚度相比之下不易出现异常，也在正常的承受能力范围内；而南方水汽多，一遇持续低温的冰雪天气，很容易造成积雪量、结冰量的猛增，一旦超过正常的承受力，便会导致大型冰雪灾害的发生。

（三）特大雨雪天气危害

这次中国南方地区发生大面积、高强度的冰雪灾害，并不是一个简单的偶然事件，与全球气候变化的结果有关。专家们指出，近年来全球气候普遍变暖，容易引发两种不同后果：一是导致高纬度地区受更暖的暖流的影响而发生温度升高从而引起沿途生物物种的变化；二是导致冬季来自热带海洋的暖湿气流一旦与来自北方的干冷气流相遇，更易产生冰雪，时间一长，便导致冰雪天气的出现，比如：2008年中国南方发生的高强度的雨雪灾害，就是因为来自印度洋的西南暖湿气流气温更高、湿度更大，在与中国南方上空的冬季干冷气流汇合时，出现2008年这样高强度的持续雨雪冻雨天气，从而引发严重的冰雪灾害。这种类似的雨雪灾害天气最近在北半球的其他地方时有发生，如：从2008年2月14日开始，日本受强寒流和低气压的影响，大部分地区受到强风大雪的侵袭，部分地区降雪量超过60毫米，并且持续在一星期左右。又如：从1月30日开始到2月2日，欧洲和北美地区出现普遍的暴雪和冰雪灾害天气。2月9日，玻利维亚出现大雪。2月18日，土耳其暴雪。由此可见，随着全球气候变化的加剧，异常性的冰雪灾害天气不仅在中国出现，而且在全球其他地区同时出现，且频率加强，这不是一个简单的偶然事件，而是预示着更多类似灾害性天气的出现，这不能不引起各国政府和专家们的警觉。

（四）特大雨雪天气预防

长期以来，国际社会一直关注减灾防灾研究。联合国成立了国际减灾署，其中也包括对雨雪灾害的救助和研究，每年举行一次国际减灾研讨会。俄罗斯设立了"俄罗斯联邦民防、紧急情况与消除自然灾害后果部"，雨雪灾害的研究主要集中在灾害形成机理和灾害预防方面。新加坡实行的是全民救助减灾机制。英国政府各个部门根据自己的工作职责制定了不同的预警防灾体系。日本成立了专门的"防灾省"，中央政府设有防灾担当大臣，建立了从中央到地方的防灾信息系统及应急反应系统，并制定了《防灾基本计划》、《地区防灾计划》、《灾难对策基本法》等法律，在冰雪灾害预警系统的研究方面走在前列。瑞士建立了从预报到技术装备的冰雪防灾体系，寻求技术帮助减少雪崩、暴风雪等自然灾害可能带来的损失，对公路风吹雪的研究很有特色。美国各地方政府也建立了全套的暴风雪防灾机制。在德国，建立突发灾害联动防范体系，并重视普及、加强公众防灾意识，在中小学开展灾害预防教育，并重视环境管理与生态保护工作。总结国际上冰雪防灾减灾研究的状况，可以概括为三方面特点，如表2-1。

表2-1 国际上冰雪防灾减灾研究的状况

主要特点	代表国家
对冰雪灾害形成机理的研究较为成熟	如德国、美国等国
对冰雪灾害预警系统的研究较为重视，成果显著	如巴西、日本、瑞士等国
强调冰雪减灾信息协调系统和应急预案的研究	如美国、日本、俄罗斯、英国等国

但是，以往国内外关于雨雪灾害关注的重点主要集中在寒冷和较寒冷地区，在中国主要是集中在秦岭—淮河一线以北的传统北方地区而对南方地区冰雪灾害研究极少关注。而且国家关于突发事件的紧急预案也主要是地震、公共卫生等方面的，针对冰灾尤其是雨灾的紧急预案尚未出台，以致在2008年1月中旬至2月上旬初中国南方地区发生高强度雨雪灾害之时，让中国的政府和专家在第一时间都感到很突然，甚至束手无策。因此，中国有必要在以往研究减灾防灾尤其是北方冰雪减灾防灾工作的基础上，总结这次南方特大冰雪灾害防御中遇到的各种问题，结合南方冰雪灾害防御的具体情况，探索中国南方地区冰雪灾害安全防御体系的建设之路，为南方地区的冰雪防灾减灾提供科学的决策参考。

考虑到灾害应急工作可能涉及的部门和领域，拟构建一个多方协作、反应及时、科学合理的综合安全防灾减灾体系，寻找科学有效的应急预案。为个案研究需要，中国假设以南方某地区为例，分为城市和乡村两个层面，构建某地区灾害应急救灾实施流程。对于其具体的指挥部门，可以从综合防灾减灾决策部门、信息协调部门、信息处理部门3类部门入手，落实气象、电力、交通、城建、农业、交警、商务、卫生、财政、安全、民政、通讯、旅游、保险、督查、宣传、技术以及其他等18个部门的具体职责，构建某地区冰雪灾害应急指挥体系、初步框架。总之，南方冰雪灾害的应急预案除了遵循常规的冰雪灾害应急方案之外，还应该充分考虑南方冰雪灾害的特殊性和复杂性，有针对性地拟定相应的冰雪灾害应急预案，并在应急预案的基础上，出台相应的紧急实施流程和指挥协调框架，以便相关部门明确职责，及早准备，尽可能制定本部门的应急预案，以便在发生类似冰灾事件的时候能及时应对并解决问题，化解矛盾，减少经济损失，保障社会稳定与安全，真正达到减灾防灾的目的。

五、特大冰雹

（一）特大冰雹概述

冰雹，俗称雹子，有的地区叫"冷子"，夏季或春夏之交最为常见。它是一些小如绿豆、黄豆，大似栗子或鸡蛋的冰粒，特大的冰雹比柚子还大。冰雹直径一般为5—50毫米，大的有时可达10厘米以上。冰雹常砸坏庄稼，威胁人畜安全，是一种严重的气象灾害。

（二）特大冰雹成因

冰雹的形成需要以下几个条件：一是大气中必须有相当厚的不稳定层存在；二是积雨云必须发展到能使个别大水滴冻结的高度；三是要有强的风切变；四是云的垂直厚度不能小于6—8千米；五是积雨云内含水量丰富；六是云内应有倾斜的、强烈而不均匀的上升气流。雹块越大，破坏力就越大。特别是大冰雹，多是在一支很强的斜升气流、液态水的含量很充沛的雷暴云中产生。每次降雹的范围都很小，一般宽度为几米到几千米，长度为20—30千米，所以民间有"雹打一条线"的说法。

冰雹活动具有三大特性：冰雹的活动是否有规律？回答是肯定的。调查结果和资料统计分析显示，冰雹的活动有明显的地区性、时间性和季节性等特征。

地区性主要表现在：主要发生在中纬度大陆地区，通常北方多于南方，山区多于平原，内陆多于沿海。这种分布特征和大规模冷空气活动及地形有关。中国雹灾严重的区域有甘肃南部、陇东地区、阴山山脉、太行山区和川滇两省的西部地区。

时间性主要表现在：从每天出现的时间看，在下午到傍晚为最多，因为这段时间的对流作用最强。降雹的持续时间都不长，一般仅几分钟，也有持续十几分钟的。

季节性主要表现在：冰雹大多出现在4月—10月。在这段时期暖空气活跃，冷空气活动频繁，冰雹容易产生。一般而言，中国的降雹多发生在春、夏、秋3季。

（三）特大冰雹危害

冰雹灾害是由强对流天气系统引起的一种剧烈的气象灾害，常常伴随着强雷电、暴雨和大风，严重危害着人类的生命和财产安全，同时还可能对城市的基础设施造成极大的破坏，导致城市电力的中断。

图2-20（a）冰雹　　　　图2-20（b）冰雹　　　图2-20（c）受损蔬菜大棚

2012年4月10日晚，贵州台江县遭遇特大冰雹灾害袭击。冰雹最大的有乒乓球大小，直径达35毫米，平均重量18克，如图2-20（a、b）所示。降雹时间持续10分钟左右。冰雹灾害造成市政路灯、电信设施及部分房屋受损，电力设施严重损坏，台江县城大范围停电，台拱、台盘、方召等4个乡镇的农作物和林木等受到不同程度损失，如图2-20（c）所示。

冰雹防治重在预报和干预。中国是冰雹灾害频繁发生的国家，冰雹每年都给农业、建筑、通信、电力、交通以及人民生命财产带来巨大损失。据有关资料统计，中国每年因冰雹造成的经济损失达几亿元甚至几十亿元。20世纪80年代以来，随着天气雷达、卫星云图接收、计算机和通信传输等先进设备以及多种数值预报模式在气象业务中大量使用，大大提高了对冰雹活动的跟踪监测预报能力。

（四）特大冰雹预防

中国是世界上人工防雹较早的国家之一。目前常用的人工防雹方法有：用火箭、高炮或飞机直接把碘化银、碘化铅、干冰等催化剂送到云里去；在地面上把碘化银、碘化铅、干冰等催化剂在积雨云形成以前送到自由大气里，让这些物质在雹云里起雹胚作用，使雹胚增多，冰雹变小；在地面上向雹云放火箭、打高炮，或在飞机上对雹云放火箭、投炸弹，以破坏对雹云的水分输送；用火箭、高炮向暖云部分撒凝结核，使云形成降水，以减少云中的水分；在冷云部分撒冰核，以抑制雹胚增长。

在农业防雹方面常采取的措施有：在多雹地带种植牧草和树木，增加森林面积，改善地貌环境，破坏雹云条件，达到减少雹灾的目的；增种抗雹和恢复能力强的农作物；成熟的作物及时抢收；多雹灾地区降雹季节，农民下地随身携带防雹工具，如竹篮、柳条筐等，以减少人身伤亡。

六、特大干旱

（一）特大干旱概述

干旱从古至今都是人类面临的主要自然灾害。即使在科学技术如此发达的今天，它造成的灾难性后果仍然比比皆是。尤其值得注意的是，随着人类的经济发展和人口膨胀，水资源短缺现象日趋严重，这也直接导致了干旱地区的扩大与干旱化程度的加重，干旱化趋势已成为全球关注的问题。

干旱通常指淡水总量少，不足以满足人的生存和经济发展的气候现象，一般是长期的现象。干旱与人类活动所造成的植物系统分布，温度平衡分布，大气循环状态改变，化学元素分布改变等有直接的关系。

（二）特大干旱成因

1. 人为因素

水利建设缓慢。许多农业水利基础设施维修不够及时，水坝老化程度高，库容量由于淤积在急剧减少，造成了涝时分洪能力不行、旱时储水量不足的现象。

过度抽取地下水。长期透支地下水，导致部分地区出现区域地下水位下降。最终形成区域地下水位的降落漏斗。目前华北平原深层地下水已经形成了跨京、津、冀、鲁的区域地下水降落漏斗。很多地方的地下水位已低于海平面。从而导致了地表植被枯死破坏，导致生态环境退化。

绿色植被减少。由于人类的活动，许多地表森林及植被遭到严重破坏，致使生态环境遭到严重破坏，直接导致水雾蒸发量不足，因而严重影响降水。草原退化严重，土地沙化面积扩大等问题也成了干旱问题的诱发首因。

2.大气环流异常与"拉尼娜"现象

自2008年11月以来。北方冷空气较强，暖湿气流偏弱，没有输送到长江以北地区，降水明显偏少，因此造成干旱。近期，中东赤道太平洋海温偏低0.5℃以上，并且这种状态维持了3个月。这表明，"拉尼娜"现象正在太平洋附近地区作怪。2008年9月份，中东太平洋海温又有所降低，"拉尼娜"状态继续维持。

"拉尼娜"现象是指赤道太平洋东部和中部海面温度持续异常偏冷的现象(与"厄尔尼诺"现象正好相反)。一般"拉尼娜"现象会随着"厄尔尼诺"现象而来。出现"厄尔尼诺"现象的第二年都会出现"拉尼娜"现象。有时"拉尼娜"现象会持续两三年。同样"拉尼娜"现象发生后也会接着发生"厄尔尼诺"。例如，中国海洋学家认为，中国在1998年遭受的特大洪涝灾害，就是由"厄尔尼诺—拉尼娜现象"和长江流域生态恶化两大成因共同引发的。其被认为是一种厄尔尼诺之后的矫正过度现象。这种水文特征将使太平洋东部水温下降。出现干旱，与此相反的是西部水温上升，降水量比正常年份明显偏多。

法国和美国曾在2007年发表文章声明因全球气候变暖。"厄尔尼诺"现象会在未来占主导因素，而"拉尼娜"现象则会一点点衰退。而从2008年年初我国南方的特大雪灾可以看出，"拉尼娜"仍未消失，并且日益趋于强烈。此理论已经被推翻。通常情况下，"厄尔尼诺"和"拉尼娜"两种现象会相互各持续一年左右，可是近期"拉尼娜"现象已经出现并将持续延长至两年甚至更久。

2009年初"拉尼娜"现象又开始增强，冬季，西太平洋副热带高压位置偏东、强度偏弱，使得太平洋西侧水汽输送较弱，同时。全球大气环流异常造成青藏高原空气偏暖，南支槽不活跃，造成印度洋水汽输送也很少，东南、西南的两条路线水汽输送都较弱，这也直接导致我国北方的干旱。

（三）特大干旱危害

干旱所造成的危害不仅会导致人体免疫力下降，还是危害农牧业生产的第一灾害，干旱所造成的地表干裂严重影响农业生产。气象条件影响作物的分布、生长发育、产量及品质的形成，而水分条件是决定农业发展类型的主要条件。干旱由于其发生频率高、持续时间长，影响范围广、后延影响大，成为影响中国农业生产最严重的气象灾害；干旱是中国主要畜牧气象灾害，主要表现在影响牧草、畜产品和加剧草场退化和沙漠化。干旱还促使生态环境进一步恶化。气候变暖造成湖泊、河流水位下降，部分干涸和断流，如图2-21所示，水库干涸造成大量鱼类死亡。由于干旱缺水造成地表水源补给不足，只能依靠大量超采地下水来维持居民生活和工农业生产，然而超采地下水又导致了地下水位下降、漏斗区面积扩大、地面沉降、海水入侵等一系列的生态环境问题。

图2-21　水库干涸

干旱导致草场植被退化。中国大部分地区处于干旱半干旱和亚湿润的生态脆弱地带，气候特点为夏季盛行东南季风，雨热同季，降水主要发生在每年的4—9月。北方地区雨季虽然也是每年的4—9月，但存在着很大的空间异质性，有十年九旱的特点。由于气候环境的变迁和不合理的人为干扰活动，导致了植被严重退化，进入21世纪以后，连续几年，干旱有加重的趋势，而且是春夏秋连旱，对脆弱生态系统非常不利。

气候干旱还引发其他自然灾害发生，冬春季的干旱易引发森林火灾和草原火灾。2000年以来，由于全球气温的不断升高，导致北方地区气候偏旱，林地地温偏高，草地枯草期长，森林地下火和草原火灾有增长的趋势。2009年秋季以来一直到2010年初，中国西南地区遭受严重旱情，如图2-22所示。特别是云南发生自有气象记录以来最严重的秋、冬、春连旱，全省综合气象干旱重现期为80年以上一遇；贵州秋冬连旱总体为80年一遇的严重干旱，省中部以西以南地区旱情达百年一遇。损失十分严重。截至3月23日，旱灾致使广西、重庆、四川、贵州、云南5省(区) 受灾人口6130.6万人，饮水困难人口1807.1万人，饮水困难大牲畜1172.4万头，农作物受灾面积503.4万公顷，直接经济损失达 236.6亿元。

2010年冬至2011年春，冬麦区发生严重干旱。2月上旬旱情高峰期，河北、山西、江苏、安徽、山东、河南、陕西、甘肃8省有1.12亿亩耕地受旱，有246万人、106万头大牲畜因旱饮水困难。春夏之交，长江中下游湖北、湖南、江西、安徽、江苏5省出现了严重旱情。6月初旱情高峰时5省耕地受旱面积达5695万亩，有383万人因旱饮水困难。受干旱影响，鄱阳湖、洞庭湖5月初的水域面积一度只有301和652平方公里，较多年同期分别偏小85% 和24% 。

图2-22 2010年中国的西南旱

夏秋季节，西南大部降雨持续偏少，江河来水不断减少，水利工程蓄水严重不足，发生了严重的伏秋旱。9月上中旬旱情高峰时，贵州、云南、四川、重庆、广西等西南5省（区、市）耕地受旱面积5118万亩，有

1405万人、682万头大牲畜因旱饮水困难。贵州和云南旱情尤为严重，两省耕地受旱面积为3701万亩，因旱饮水困难人口和大牲畜分别达977万和436万。

自然界的干旱是否造成灾害，受多种因素影响，对农业生产的危害程度则取决于人为措施。世界范围各国防止干旱的主要措施有：兴修水利，发展农田灌溉事业；改进耕作制度，改变作物构成，选育耐旱品种，充分利用有限的降雨；植树造林，改善区域气候，减少蒸发，降低干旱风的危害；研究应用现代技术和节水措施，例如人工降雨，喷滴灌、地膜覆盖、保墒，以及暂时利用质量较差的水源，包括劣质地下水以至海水等。

参考文献

1.黄勇，李崇银.温室气体浓度增加情景下北太平洋热带气旋变化的模拟[J].气候与环境研究，2010，15：506-526.

2.郑斯中，冯丽文.全球气候变暖及其对我国的影响[J].灾害学，1987，1:23-35.

3.周雅清，任国玉.中国大陆1956—2008年极端气温事件变化特征分析[J].气候与环境研究，2010，15（4）：405-417.

4.陈隆勋，周秀骥，李维亮.中国近80年来气候变化特征及其形成机制[J].气象学报，2004，62（5）：212-225.

5.胡少峰，张洁清.国际保护臭氧层合作的发展与展望[J].环境保护，2000(9):45-48.

6.姜言丽，臭氧层破坏与紫外线增加的影响[J].中国科教创新导刊，1997(5):29-30.

7.王云采，臭氧层变薄威胁人类的健康与生命[J].生活与健康，2005(9):25-27.

8.OUYANG X J，ZHOU G Y，HUANG Z L，et al. Effect of simulated acid rain on potential carbon and nitrogen mineralization in forest soils [J]. Pedosphere，2008，18(4):5032-5141.

9.赵艳霞，侯青.1993—2000年中国区域酸雨变化特征及成因分析[J].气象学报，2008，66(6):1032-10421.

10.汪家权，关劲兵，李如忠，等.酸雨研究进展与问题探讨[J].水科学进展，2004，115(14):526-530.

11.丁一汇，王遵娅，宋亚芳，张锦.中国南方2008年1月罕见低温雨雪冰冻灾害发生的原因及其与气候变暖的关系[J].气象学报，2008，66（5）：111-121..

12.黄道友，王克林，黄敏，等.我国中亚热带典型红壤丘陵区季节性干旱[J].生态学报，2004，24(11)：2516-2523.

13.代立芹，李春强，魏瑞江，郭淑静.河北省冬小麦生长和产量对气候变化的响应[J].干旱区研究，2011，28（2）：89-101.

第三章 气候变化监测和预警

第一节 全球气候监测系统

长期、完整的全球气候观测系统资料是年代际和长期气候变化等方面监测的重要保证。最近十多年来，全球气候变暖问题受到国际社会的高度重视，许多重要的国际组织和重大国际项目都围绕与人类活动有关的全球气候变化问题。要确定人类活动对全球气候变化的影响，必须在气候系统本身具备的自然变化的背景基础上监测出这一信号，并对未来气候变化趋势及其可能影响做出评估，这需要拥有全球气候系统长期连续的、较高质量的观测资料，并对不同气候变量进行综合监测。

气候监测是进行洪涝等异常天气气候预测的基础。目前，已经对全球大气温度和降水、冰雪覆盖、海平面、大气化学气体等进行了长期的监测和分析，并且开始重视海洋和大气环流型变化以及极端天气和气候事件变化等问题。全球气候变化和监测需要具备完整的、准确的和均一的观测资料。在区分自然变率的基础上监测人为原因的气候变化的信号，需要长期系统性的资料积累。

一、全球气候观测系统

全球气候观测系统（GCOS）是由气象—气候基础观测系统、全球海洋观测系统和全球陆地观测系统构成的。它包括广泛的、已经存在的业务和研究观测、资料管理和信息分发系统。现存的观测包括：世界天气监测（WWW）系统，全球大气监测与之有关的成分观测系统，全球海洋观测系统与物理、化学和生物的测量相联系，全球陆地观测系统与陆地生态系统、水圈和冰冻圈测量相联系。这里还包括很多研究计划的内容，如国际地圈—生物圈计划（IGBP）对气候系统关键要素的监测，世界气候研究计划（WCRP）对云、水文循环、地球辐射收支、海洋冰盖和海洋降水的观测，世界气候影响、评估和响应战略计划中的气候变化对物理、化学和生态影响方面的观测。资料通信和其他的架构支撑业务气候预测，如世界气候资料和监测计划（WC-DMP）与气候信息和预测服务（CLIPS）。

全球气候观测系统是1992年建立的。它是为了要回答与气候相关的问题和尽可能地满足所有使用者的需求而从事的观测与信息交流业务。这一系统是由世界气象组织（WMO）、国际政府间海洋委员会（IC）、联合国环境署（UNEP）和国际科联（ICSU）共同组织的。长期的综合观测是对气候系统进行广泛的监测，通过对气候变化及其原因的分析，对气候变化和变率的评估，提高对气候变化的认识能力以及模拟、预测的能力。整个气候系统中的观测内容，涉及物理、化学、生物特征和大气、海洋、水文、冰冻圈及陆地过程等各方面。这一观测系统并不直接进行观测并产生资料产品，而是鼓励通过国家和国际组织间的合作来满足自己和大家共同的需求。它为参与国家和组织进行集成的、增强的观测提供了一个平台，满足气候问题研究的需要。全球气候观测系统的目标是对气候系统、气候变化进行监测，跟踪观测气候变化的影响和响应，特别是监测陆地生态系统和平均海平面的变化。全球气候观测系统得到的气候资料对国家经济发展，提高对气候系统认识、模拟和预测的水平等方面有十分重要的作用。全球气候系统观测优先考虑季节到年际的气候预测，人类活动对气候变化趋势和气候变化的影响。

图3-1是全球气候观测系统组成的示意图。在这个系统中，静止气象卫星和计算机是整个系统的核心部分。现代观测是完全自动化的。静止气象卫星收集自身的观测信息以及由空中飞行的飞机、极轨气象卫星直接发送的观测信息。自动气象站观测、船舶观测、海洋浮标观测，甚至

天气雷达的观测信息都可以发送到静止气象卫星上。卫星地面站可把静止气象卫星上的信息接收下来送到地面计算机中心进行处理和分发。常规的地面和高空观测信息也通过电信网络传送到计算机中心。计算机中心在获取信息后要进行资料的处理，后续的工作包括资料的客观分析、存储与分发等。

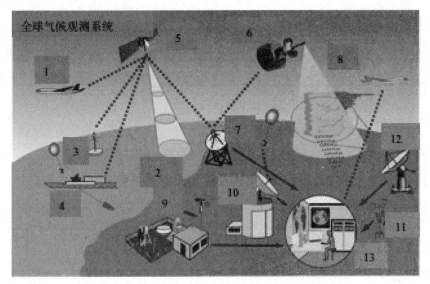

图3-1 全球气候观测系统组成示意图

（1.飞机；2.卫星探测水深；3.海洋浮标；4.天气船；5.极轨气象卫星；6.静止气象卫星；7.卫星地面站；8.卫星投像；9.地面站；10.高空探测站；11.自动站；12.天气雷达；13.计算机中心）

二、气候模式与气候模拟

气候模式是由一组特定的热力学和动力学方程组成的具有一定的边界条件和初始条件的"数学—物理模型"，是用数学方法对某些特定时空尺度的气候系统演变的物理描述。气候模式不仅可用于模拟当代气候，而且可用于模拟某些"外部"条件（如地球大气所接受的太阳能量，大气中CO_2含量等）的改变所引起的气候变化。如果说人类能够用实验方法来研究气候及其变化的话，那么最重要的实验设备就是气候模式。一般国际上使用的是可以描述气候系统中主要过程的3D气候模式（表3-1）。

表3-1 国际上使用的主要气候模式

模式	配置方式
3D大气模式	大气、陆地
3D海洋模式	海洋
AGCMs	大气、陆地、海洋
大气化学	大气
C循环	陆地、海洋
大气-海洋耦合模式	大气、陆地、海洋
区域气候模式	大气、陆地

简单的气候模式可用于对气候系统行为的主要特征进行物理描述，也可以对CO_2及其他温室气体的释放范围进行预测。

（1）全球大气环流模式

全球大气环流模式（AGCMs）包括耦合的陆地表面与冰冻圈的3D描述，AGCMs类似于用于数值天气预报的模式，但是由于它主要用于几十年甚至上百年而不是几天的预测，其中表达的物理过程相对比较粗糙。AGCMs可用于研究大气过程、气候的可变性以及大气对海平面气压变化反应的研究。

（2）大洋环流模式

大洋环流模式（OGCM）对海洋和海冰过程进行了3D描述，对研究海洋环流、海洋的内部过程及可变性比较有效。在20世纪80年代初，中科院大气物理研究所设计了我国的大洋环流模式，即IAP OGCM。受计算机条件的限制，IAP OGCM大洋环流模式在垂直方向只分为4层，但用它们做出的模拟结果，已表明有很好的模拟能力。例如，在给定实测海洋表面上的气温和风应力气候场情况下，能够很好地模拟出实测的当代大洋海面温度和高度的分布、海流分布以及"厄尔尼诺"（El Nino）和"拉尼娜"（La Nina）的演变过程等。20世纪90年代末，该海洋模式有了很大改进，得到现今中科院大气所短期数值气候预测系统（IAP DCP—II）中使用的垂直分为14层的第二代海洋环流模式（IAP TOGCM—II）、热带海洋和全球大气耦合模式（IAPTOGA）和ENSO预测系统，主要用于预测海表温度距平（SSTA）的方法。在IAP OGCM的基础上，还开发了IAP/LASG全球海洋环流模式，这是一个20层模式，这个模式合理地模拟出了以北大西洋深水为主要特征的热盐环流，还引进了热力学海冰过程，因而被分别用于同IAP两层大气环流模式和9层R15截谱大气模式耦合，以研究更长时间尺度的气候振荡和气候变化问题。后者发展成IAP/LASG的全球海洋—大气—陆地系统（GOALS）模式。IAP/LASG还实现了海洋模式L30T63和NCAR的大气环流模式CCM3耦合，推出了一个新的全球海气耦合模式FGCM-0（flexible coupled cean-atmosphere general circulation model），该模式被用于热带海气相互作用的研究以及古海洋和古气候的研究。

（3）大气—海洋耦合模式

大气—海洋耦合模式（CGCM）是最复杂的气候模式，包括AGCM与OGCM的结合。一些最新的大气海洋耦合模式还包括生物圈、C循环及大气化学过程。CGCM可用来预报未来气候的变化，也可用来研究气候的可变性和耦合的气候系统中的物理过程。典型的全球气候模式的空间分辨率为几百千米，加入了C循环的CGCM模式可直接用来预报大气中CO_2的浓度。加入了大气化学过程的CGCM模式则可以预报影响气候变化的大气中其他成分的浓度变化。

（4）气候模拟

气候模拟是利用气候模式对气候与气候变化的事实、规律及未来可能发生的变化进行研究，目前已经用气候模式模拟出许多已被证实的气候事件。气候模拟常用来检测气候变化的敏感性，如海洋、冰雪覆盖、云等在气候变化中的反馈作用，温室气体变化引起的气候变化，太阳活动和地球轨道参数变化对气候变化的影响，"厄尔尼诺"和南方涛动、气候年际变率、季风现象的成因机制等。气候模拟的方法也是预测未来气候的重要手段。根据给定的气候系统外的强迫变化，如太阳活动、温室效应、火山活动等，利用气候模式可以模拟出相应的气候状态，如CO_2加倍时的全球气候。

三、气候监测存在的问题

地表和海表的热和湿能量，是各种长度和时间尺度大气运动的基本能源；许多大气痕量成分有很重要的气候效应，缺少地表能量的测量，就无法认识它们在大气中的分布。但是，复杂地面的陆气交换和强风浪海面的海气交换测量，以及大面积的陆面温度和土壤湿度等精确测量，仍是极大的技术难题。除发展单点的高灵敏度和快时间响应的实地直接能量测量新技术外，同时要研发能够测量一定面积上能量的新技术，尤其是在复杂天气和海洋环境条件下能够工作的测量技术。可以在边界层或小尺度天气系统中人工释放无害的示踪物，进行大气或对流云动力过程的研究。

现在大气观测技术几乎是独立于数值天气和空气质量模式发展的。未来需要加强探测技术与数值模式的结合，实现观测与模式的双向作用，即一方面观测为模式提供初值或边界条件，另一方面模式也为观测和技术发展提供指导，例如模式的（资料否定）结果要求对敏感或目标区进行适当的加密或补充观测。需要研制数值大气探测与大气遥感设备模拟器，这在大型仪器设备的研制和改进中有重要的应用，对于探测技术与预报模式的耦合也不可缺少。

目前的技术很难处理卫星遥感以及地基传感器产生的海量资料，这个问题将在未来十多年变得更加突出。需要研发自动系统和新的技术来日常分析这些卫星与地基系统产生的遥感资料，生成定量结果，其中包含一定范围的误差，但比我们目前反演地球物理参数的能力强。

四、气候变化监测主要成果

（一）温度的变化

1. 近千年温度的变化

根据冰川长度的变化，1850—1990年温度上升0.6℃，而在此之前的3个世纪持续偏冷，且在1950—1980年期间也略为偏冷。这种温度变化趋势与近150年温度观测和其他温度代用指数所揭示的温度变化非常一致。

钻孔温度是另一种不需经过温度观测的标定，而能直接给出地面温度变化的代用资料。当地面温度变化时，其下层的温度也会因热量扩散和垂直平流而改变。因此，地面下各层的垂直温度分布包含着过去地面温度变化的信息。所以，钻孔中测得的温度剖面可以用来重建地面温度变化的历史。根据北美、欧洲、澳洲、南非、南美及亚洲的钻孔温度资料得到1850—1990年地面温度平均上升（0.7±0.2）℃，1850年之前到1600年地面温度持续偏冷。但是愈向前延伸时间分辨率愈低。

2. 20世纪气候变暖期

近100多年全球地面温度有3个序列：（1）NOAA序列。这是美国气候资料中心（NCDC）用海陆观测记录得到的，海面温度按 2°×2°经纬度格点，陆地按5°×5°经纬度格点，覆盖全球；（2）NASA戈达德空间科学研究所（GISS）建立的全球温度序列。该序列对城市热岛效应作了订正，且其陆地观测在1982年之后增加了卫星观测资料；（3）HadCRUT2v英国气象局Hadley中心的序列。全球温度用5°×5°经纬度格点，每个格点考虑了随时间变化的测站数。这3个序列之间稍有差异，例如 1979—2004 年的温度变化趋势不同，前两个序列为0.16℃/10年，第3个为0.17 ℃ /10年。根据前两个序列，2005年是有观测记录以来最暖的一年，但是根据第3个序列 2005年的温度则低于1998年，属于第2个最暖年。但是这3个序列20世纪最后的30年（或者25年）都是有观测记录以来温度上升最激烈的时期（表3-2）。

表3-2 20世纪后期的全球温度变化（单位：℃/10a）

层次	1958—2004年	1979—2004年
-986	0.12	0.16
对流层探空观测	0.14	0.10～0.12
对流层卫星观测	—	0.12～0.19
平流层探空观测	-0.37	-0.65
平流层卫星观测	—	-0.33～-0.45

根据 HadCRUT2v序列，1856—1910年温度微降，1910—1945年上升0.4℃，1945—1975年又微降，1975年之后上升 0.5℃，20世纪上升0.6℃，21世纪最初的5 年又上升0.1℃。

（二）降水的变化

全球气候变暖有可能影响大气环流和水循环，气候变暖将可能导致更活跃的水循环并同时增强大气的持水能力，因此，在气候变化监测的同时必须注重全球降水和大气水分的变化监测。

许多学者曾经试图建立全球陆面长期的观测降水序列。20世纪以来，全球陆面降水增加了大约1%。从不同纬度带陆地的降水量变化的监测结果来看，在北半球30°—85°N年降水量增长了7%—12%，在南半球5°—50°S增长了2%—3%。北半球中高纬度降水的增长主要发生在秋冬季。相反，在北半球的副热带地区在80年代中期到90年代中期降水明显偏少，使得该地区降水呈减少趋势。

近年来，利用卫星观测手段监测海洋降水变化进展很快，但由于在70年代以前没有卫星观测资料，因此，目前对海洋降水的监测主要限于年际变化监测。

（三）冰雪覆盖的变化

冰雪圈的变化直接与温度变化关联，如冰川的进退、湖泊与河流结冰，雪盖面积变化等都是气候变暖的重要指标。

对全球陆面冰雪状况缺乏长期均一的观测资料。为研究大尺度雪盖气候变化，美国国家海洋大气局（NOAA）根据卫星观测的图像资料整理了北半球1966以来的逐周雪盖资料，反映出了在1966年以来北半球雪盖面积减少了10%，雪盖减少主要发生在80年代以来的春季和夏季。

卫星携带的高分辨率辐射计对积雪覆盖的监测可以产生常规高分辨率的及综合的图形化观察数据，但是这些数据存在许多缺点。首先，云量和低光照条件会损害可见光谱的卫星观测。其次，常常低估森林密集地区的积雪覆盖面。山区的积雪覆盖和植被覆盖率较低地区也会因云与雪的区分问题产生困难。而且积雪覆盖的卫星监侧也没有关于雪的厚度的信息。据目前认为，低估了在NOAA图上的早期的积雪覆盖的监测，尤其是秋季。从20世纪70年代早期，数据测量和处理技术才有所改进，提高了数据的可靠性。

虽然积雪覆盖记录太短，以致不可能区分温室气体效应和自然的变化，但是仍可注意到积雪覆盖面和地表空气温度偏差之间存在有趣的相关性。北半球积雪覆盖面最低为1990年3月，这正好与北半球反常温暖时期相一致，陆基温度记录表明西伯利亚部分地区温度比正常高10℃。一般认为在1990年3月反常无雪地区的暖空气的平流对北半球相对变暖有影响。

（四）海平面高度的变化

海洋变暖将导致水密度变小，即使海水质量不变，海洋体积也将增加。这种热膨胀引起的海平面上升也叫静态上升；另一方面，全球气候变暖将导致冰雪融化。海平面高度的变化是全球气候变化的结果，并直接影响人类的居住环境。因此，海平面变化的监测在全球气候变化监测中具有十分重要的意义。根据过去100-150年的海平面高度监测，全球海平面平均升高数值约为2.1毫米。

（五）大气化学气体与海平面的变化

二氧化碳是大气中最重要的温室气体，它对辐射强迫的影响占到所有温室气体的60%。美国夏威夷的冒纳罗亚观象台位于海拔3400米的高度，从50年代以来长期监测大气二氧化碳浓度的监测，当时观测到的浓度为315ppm。40多年的监测结果表明，大气中二氧化碳浓度以1.5ppm/年的速度迅速上升。甲烷是仅次于二氧化碳的温室气体，80年代以来的甲烷浓度的监测结果表明，甲烷浓度也在持续增长。

IPCC指出，如果按照通常排放方案，到2030年因温室气体辐射作用增加而引起全球海平面上升量为8—29厘米（最佳估计为18厘米）。预计到2070年海平面上升范围为21—71厘米，最佳估计为44厘米。

相对于其他海洋变量来说，海平面比较容易监测，目前大约有1300个潮汐测量器的全球网络提供海平面的数据。实际上潮汐测量器测量的是"相对海平面"，也就是说，它们测量的海平面高度是相对于一个固定的水准基点，因此记录的海平面高度的变化是由海洋水平面的升降和陆基的垂直移动共同引起的，为了得出全球的海平面变化净趋势，必须将非气候影响从海平面的观察记录中剔除出去。但剔除工作比较困难，从而限制了其结果的可靠性。

现在可以得到的海平面记录，有些可上溯至19世纪80年代，在英国彼德森观察中心的平均海平面永久观测站（PSMSL）得以归档，保存了世界范围内将近800个监测站的记录。但是，这些记录很多是不连续的，而且时间上少于20年。此外，海平面记录多偏于欧洲、北美和日本沿海地区，而非洲、亚洲的部分地区和极地特别缺乏。这些缺点限制了现有潮汐测量器所得数据库在决定全球海平面变化趋势上的应用。在全球海洋观测系统（GOOS）的监督下，通过扩大政府间海洋学委员会（IC）和全球海平面观测系统（GLOSS），海平面的监测可得到改进。

PSMSL的数据系列为确定100多年来全球海平面变化率的计划建立了基础。发表的数据为过去50—100年全球平均海平面的上升，修正了陆基垂直运动后，变化范围为每年1—3毫米，正常不确定范围为每年0.15—0.90毫米。结果的分散归因于分析原始数据采用方法的不同，特别是站址的选择、地质分类和各站记录的平均及对陆基运动的校正。

（六）海洋和大气环境型的变化

在全球平均温度距平图和经过滤波后的距平变化图上反映出气候变化还存在着十分明显的年际和年代际变化特点。大气和海洋环流型的变化虽然可能是尺度的变化，但对全球气候系统影响巨大。ENSO信号是年际气候变化的最强信号，其强度的频率存在十分显著的变化特征。最近，具有类似ENSO的太平洋年代际振荡（PDO）引起重视。

（七）南北两极地冰层

极地冰帽占地球淡水资源的96%以上，它们对全球变暖的反应十几年来已成为关注的热点问题。由于海平面上升造成不可忽视的影响，南极西部冰层的潜在不稳定问题已引起了特别的关注。在20世纪80年代早期曾预计海平面会上升5米，随着冰层的融化，这种预测后来得到了修正。

根据目前情况考虑，典型的温室气体变暖效应将在未来100-200年使流量增加，南极西部冰层的影响将在200年后使海平面上升40厘米，300年后使海平面上升30厘米。关于气候变化对南极冰层的影响，科学研究一致认为至少在短期内，是逐渐积累的，而且对海平面上升有影响。

通过对氧同位素变化率和冰壳地层情况的季节变化的仔细研究，摩根等人重新建立了四个地区年均积雪率的时间系列。在劳·杜姆地区，记录可上溯至1806年，表明到目前为止积雪率是上升的，但年内变化率较大。记录的后半部分表明，1955年积雪率下降很快，至1960年达到最小值，以后又较快地上升到现在的数值，即记录中的最高值。摩根等人在他们观察的基础上得出结论，自从20世纪60年代以来，南极处于一种正的不平衡状态（即得到质量）。在这之前南极冰层接近于平衡状态。

（八）高山冰川融化

格陵兰和南极洲较大冰层的质量对温度和气候变化反应较慢，与此相比，高山冰川对环境变化的反应每年或每十年都比较明显。实际上，高山冰川对地球表面辐照平衡的综合变化非常敏感。为此，冰川参数的变化被广泛认为是温室气体引起变暖效应的潜在的有用的指示物。

在冰川与气候的复杂联系过程中，最直接与大气状况变化相连的是冰川质量的平衡。冰川质量平衡，即三个给定年份每单位面积冰川表面得到（或失去）的净冰质量，它对气候变化的监测研究有特殊意义。

冰川质量平衡数据的直接测量可回溯至19世纪后半叶对某些欧洲高山冰川的测量。这些数据及地下和大气数据表明现在高山冰川比一个世纪前显著减少。对其他大陆冰山质量平衡的时间和空间变化的统计分析表明，高山冰川通常都呈缩小的特征。

100多年以来，世界范围内高山冰川缩小这一发现为20世纪以来地球表面能量平衡的变化提供了清楚的证据。它也为从温度记录得到的全球变暖的结论提供了独立证据。此外，据估算，当20世纪长期的冰川质量损失率表示为能量通量时，与估算的人为的温室作用相一致。

世界其他地区，特别是中国和巴塔哥尼亚的证据表明欧洲冰川的这种趋势从总体上来说是有代表性的。虽然这种长期而普遍的冰川波动趋势也存在例外。一些海洋冰川，尤其是位于中高纬度潮湿沿海地区的冰川（如新西兰的Franz Josef冰川和阿拉斯加的Wolverine冰川）自从20世纪70年代中期和80年代早期以来质量有增加的趋势。

（九）极端天气事件的变化

极端天气和气候事件是小概率事件，但对人类环境和经济社会影响很大。近几年来，越来越丰富的气候资料使我们有可能监测有关极端天气和气候事件的变化特点。研究指出，全球在气候变暖的背景下，极端寒冷的日数趋于减少，但强降水事件可能增多。极端天气和气候事件的变化监测对资料的要求更高，目前其监测工作还主要集中在区域尺度上。

　　全球气候变化的监测需要具备完整的、准确的和均一的观测资料。在区分自然变率的基础上监测人为原因的气候变化的信号，需要长期系统性的资料积累。在现有条件下，通过全球气候观测系统收集观测资料的历史记录，形成比较完整的资料集，克服资料观测误差，研究和订正序列的不均一性，对气候变化研究具有十分重要的现实意义。全球历史气候网资料集（GHCN）、全球综合海洋—大气资料集（COADS）、全球综合大气参照资料集（CARDS）等长期的全球性资料集的形成为近代气候变化观测研究作出了重要贡献。一些再分析资料产品，虽然在长期气候变化中应用还存在一些问题，但已经为年际气候变化研究起到了十分重要的作用。

第二节　气候变化预警系统

　　国际科学联合会理事会（简称国际科联）有关报告显示，从1900—2000年的这段时间里，每10年所记录到的自然灾害从100宗增加到2800宗，而其中大部分都与气候变化有关。气候变化与人类活动及生态环境之间是相互影响的。以气象监测系统为基础，充分发挥现有的站网、卫星、通讯、业务系统等优势，通过扩大监测领域，逐步建立气候生态环境综合监测、评估和预警服务系统，对有效防治自然灾害具有重要的意义。本节介绍了气候变化预警信息系统的组建以及发达国家的气候灾难预警实例。

一、气候变化预警系统的组建

　　可通过应用现有的计算机网络、无线通信网络、卫星通信等成熟技术，建立预警信息发布软件、多种气象预警信息接收终端等气象信息预警信息发布系统。建立的系统一方面实现气候变化引起的突发气象灾害预警信息的快速传递，另一方面还扩大了气象预警信息覆盖面。

（一）建立气候预警信息系统

1.信息管理平台

（1）气象预警信息系统

该系统包含两个方面：一是文字信息，如预报结论、实况信息和一周天气趋势等，主要用于手机短信、各LED显示终端和广播网；一是图像视频信息，如卫星云图、雷达图、台风路径图以及自动站相关信息等，主要用于网站、手机上网。

（2）建立信息发布管理平台

能建立统一预警信息的发布平台，对不同的预警信息采用不同的发布预案；对各种预警信息发布方式和设备进行管理，如声讯平台、短信平台、各个显示终端等；能对信息的收集、下发进行入库管理。

（3）建立数据通信服务器

主要是将入库的信息通过专有的网络发送到各预警终端、手机通信设备以及相关媒体等。

2.网络和终端建设规划

信息的发布需要建立一个稳定、可靠的数据传输的网络环境。采用以移动无线通信网络GPRS网和宽带网为信息传输的主要通信传输网，以信息接入农村有线广播网为信息发布的主要方式，并以信息显示终端为信息发布的主要媒介。

图3-2中的网络架构是以市气象局为中心，各县气象局为分中心为例的应急预警信息发送和灾害信息收集的预警网络。建立以地市级气象应急信息发布中心、各县气象局建立分中心的应急信息发布网络，整个预警信息发布网络由市局应急信息发布中心统一协调和管理信息的发布以及灾害信息的收集。

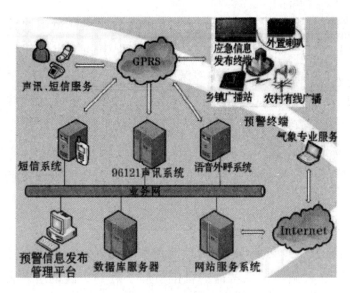

图3-2 气象预警信息系统网络结构构图

信息终端的分布在社区、公共场所、广场、码头、车站、学校;在乡镇和农村，信息接入乡镇和农村的现有的广播网。

3. 基于GPRS的通信方式

虽然网站、电视、手机会提供丰富的气象信息，如果手机用户处于手机信号不能覆盖的地方，那么手机就不能接收信息；手机网络在信息量大时还会引起网络拥堵，信息会无法及时发出去；在网络不发达的乡村或没有网络的地方就不能通过上网方式获取气象信息，所以这些方式都会有一定的局限性。如果人们处于一个公共场所或居民小区或学校或广场或路上等，在这些情况下，人们想获取实时气象信息的话，就可以通过一种能显示气象信息的终端——LED电子屏幕或信息亭来获取实时气象信息。

（1）GPRS无线通信技术特点

这些终端设备是基于GPRS无线通信技术，GPRS采用分组交换技术，它可以让多个用户共享某些固定的信道资源，具有"永远在线"

的特点；GPRS能够在20000bps至170000bps的速率范围内传送数据，采用的是TCP/IP点对点通信方式，传输过程中间不出现任何延时，这样可以保证信息发布的实时性；保密性好，安全可靠:在安全性方面，GPRS为将要进入无线环境的用户数据进行加密，并在无线终端和网络之间建立一条高度可靠并且加密的逻辑链路，保证了数据在无线环境中传输的安全；容量大、实时性好：无线终端与监控中心之间采用全程TCP连接，保证数据传输稳定可靠。即使有大量的终端连接也不影响数据的实时传输。

(2)终端部署方便

GPRS覆盖广，只要GPRS信号能覆盖的地方都能部署气象信息终端设备，这样气象预警信息覆盖的范围就广，近到市区的所有公共场所、交通要道和交通工具，远到机场、高速路口等地方可以部署，即使GPRS能覆盖的偏远的乡镇也可以部署，从而能在第一时间直接将气象预警信息发布给尽可能大的范围的公众，以增强预警能力，可以最大限度地减轻重大天气过程而造成的生命及财产损失。

(3)费用低

运营及网络维护成本低：由于使用GPRS费用低廉，且通信网络的维护和升级由各移动通信公司实行，用户无须支付额外的费用，因此使用GPRS网络传输数据极大地降低了用户的通信成本。目前中国已有不少地市引入或开发气象预警终端产品，在防汛减灾中发挥重要的作用。

4.预警终端

预警终端是基于GPRS移动通信网络而开发的一种声光结合的信息发布媒介，它采用智能化芯片控制，它由气象信息预警管理平台来控制并显示各种实时的气象信息。主要具有的功能有：文本显示、语音报警、预警信号显示等。

（二）其他预警方式的应用

1. 电视气象频道

当前的电视频道播出的气象节目和气象信息是定时定量的，在重大天气过程中所起到预警作用有限，但由于电视的信息量大，如果建立专业服务的电视气象频道，提供气象直播节目，那么气象预警的效果会大大增加，当然建立专业服务的电视气象频道需要大量的资金投入。中国气象局已于2006年5月18日开通了中国气象频道，这是一个全天候提供权威、实用、细分的各类气象信息和其他相关生活服务信息以及对自然灾害预测、预警、现场追踪报道的专业化气象服务电视频道，观众只要打开电视机，每隔10分钟就可以收看到最新天气预报。

由于各地方经济发展不平衡，气象频道落地、现场直播或实时连线等电视方式还需要一个过程，毕竟这方面的投入不是一个小数目，但相关信息的发布和传输的预警响应机制可以建立起来，并加强与广播电台、电视台的协调和合作，建立实时插播紧急气象预警信息机制，加强灾害性天气预警信号播出密度，以确保灾害天气来临之前的气象预警预报信息及时向公众发布，使公众提高安全防范意识，并有足够的时间做出预警响应，并能自觉地配合当地政府科学地防灾、减灾、抗灾，降低灾害损失。

2. 卫星广播技术

卫星通信是地球站之间或航天器与地球站之间利用卫星转发器进行的无线电通信，其主要特点是：覆盖面大、频带宽、容量大、适用于多种业务、性能稳定可靠、机动灵活，不受地理环境、气候条件和时间的限制，所以已广泛用于应急救灾工作中。许多发达国家都已通过卫星系统建立完善的防灾通信网络。尤其在地面通信设施被台风或地震等自然灾害破坏时，卫星通信的作用就显得重要了。气象系统已建立了以VSAT卫星通信为主、地面通信线路为辅的新一代气象通信网络系统，主要用于气象数据传输。

3.无线传感器网络技术

许多地区每年都遭受不同的自然灾害的威胁，无线传感器网络可以适用于山洪、泥石流等气候灾害的多发区，很好地对气候灾害进行预测等，如图3-3。

图3-3 山体滑坡监测

在无线传感器网络中，由用来监测水文、气象和山脉活动情况三类传感器节点构成。监测水文方面的节点沿着河流两岸进行布置，用来采集河流水位和水流方面的数据；监测气象方面的节点放置在河流的附近地区，用来采集和感知光线、温度、湿度、大气气压、风向和风速等数据；监测山脉活动情况的节点布置在山脉的一些特定区域，用来监测地震波、土壤湿度和移动情况。这些传感器节点由于要处理比较多的数据，从而采用太阳能技术。传感器节点通过汇聚节点把数据发送到城区的预警指挥中心，预警指挥中心根据相关专家系统和GIS系统对数据进行分析，对警告信号进行分级和对可能发生灾难的地区位置通过GIS的数字地图显示出来，同时预警中心可以把这些相关分析的结果放到因特网供用户浏览。预警系统就根据分析的结果，通过在电视、广播电台中发布预警信息，包括可能发生灾害的位置和严重程度等。所收集到的数据可以存储到系统中，以便将来进行参考使用。该方案可以预先知道可能发生的灾害，为预防灾难做很好的准备，大大减少了因灾害所带来的人员伤亡和经济损失。

二、发达国家气候灾害预警

近年来，在全球变暖背景下世界范围的极端气象灾害有增多趋势，各国都在寻求有效进行气象灾害预警的手段方法。一个完整的天气灾害预警系统，应包括监测、预警、信息传输等部分。下文介绍美国和日本的气象灾害预警相关工作。

（一）美国气候灾害预警措施

美国是气象灾害频发的国家，飓风、龙卷风、旱灾、洪涝灾害、雪灾等气象灾害造成的损失年均十亿美元以上。 美国气象防灾减灾工作基本理念是软件重于硬件、平时重于灾时、地方重于中央。

美国政府非常重视气象灾害预警，气象部门的全部支出与投入经费都由国家保障，在全美已经建立形成了比较完备的现代化气象灾害预警预报体系，全国可以及时获得气象预报和警报信息，气象灾害信息通过Internet网、电视、广播等新闻媒介随时向社会公布，指导公众防灾减灾。美国电视台设有专门气象服务频道，全天候24小时不间断播放气象服务信息。用于气象灾害预警发布系统主要有：国家与海洋大气局（NOAA）天气警报广播系统、NOAA天气有线服务系统、家庭气象服务系统、应急管理气象信息网络服务系统。近年来，美国天气预报的准确率不断提高，对短期内天气预报的误差更是微乎其微。尤其是美国国家气象局启用超级计算机，提前预报飓风路线的能力已从以往的3天提高到5天，整体天气预报的准确率也达90%以上。

早在20年前，美国政府根据《美国联邦灾害紧急救援法案》设立了总统直接领导的美国紧急事务管理局，它直接对总统负责，专事国家灾害和突发事件管理，负责大型灾害的预防、监测、响应、救援和恢复工作。一旦突发大的气象灾害，可以调动美国所有人力、物力进行紧急救援，最大限度地降低灾害损失。美国的气象灾害实行统一领导和分两级管理，灾害行政管理对策的第一责任者是灾害发生地区所在的州，气象灾害急救主要是由所在州紧急救援管理局组织实施，当超出该州能力时，州长向总统提出救援请求，政府提供支持。政府支持主要有两个方面，一是约70%资金用于公共项目支援；二是约30%用于灾民家庭和个人支援。

美国国家天气局（NWS）负责各种气象灾害监测预警和相关管理工作。按照属地及责任区原则，各种灾害性天气预警的制作、发布由NWS和121个气象台负责。美国的气象灾害预警系统包括防灾法律体系、专用警报系统和洪水预警系统，其灾害性天气预警通过遍布全国的广播电台及时发送信息，即便在偏远山区，当地农民也能通过收音机接收，这种收音机就算处于关闭状态，一旦接收预警信息就能自动开启播放。美国政府在气象防灾减灾中注重应用先进的技术设备，美国的地球气象卫星、资源卫星的遥感技术早已用于气象灾害监测、预警。

美国政府在人类与自然协调发展的前提下，不断改善防灾工程措施，同时强调非工程措施，采取工程措施和非工程措施相结合的方式，强化其气象防灾减灾。在对暴风雪、龙卷风和飓风等极端天气的预警方面，NOAA的国家强风暴实验室（NSSL）具有世界一流的研究能力。NSSL的职责就是调查和研究灾害性天气的原因，致力于提高灾害性天气预警水平，拯救人民生命财产免遭损失。

NOAA气象数据和卫星监测系统是美国对气象灾害进行有效预防和控制的重要依据。依靠卫星提供的数据，NOAA实现了24小时的实时气候监测与分析，对龙卷风、飓风、暴风雪以及其他极端天气进行预警，NOAA具有气象预警分析优势，依靠直属研究机构和科学家的研究分析能力，及时提供有可能引发灾害的边界气象条件，并应用模型分析预测灾害的严重程度。其预报系统实验室（FSL）通过应用超级计算机和其他前沿技术开展应用研究，不断改进短期天气预报和预警系统、模型以及观测技术；FSL把自己的科学和技术成果及时传送到其用户手中。

为气象防灾减灾，美国加强生态系统研究。如气象与洪水、干旱等自然灾害之间的关系等研究。美国重视气象防灾减灾的科研和宣传教育，不惜花费巨资对国民进行宣传教育。宣传教育特点：网络化，建立相关网站约700个；公众参与普及化，要求全社会参与气象防灾减灾活动。

1. 龙卷风预警信息

美国龙卷风的预警系统处于世界领先地位。能提前10多分钟至-30分钟发出预警，例如2010年美国龙卷风的预报提前量是19分钟，预警命中率为78%。龙卷风预警分为两个层面：一是国家级的预警中心，发布1至8天的预警。二是在美国各地大约有100多个地区预报台，一旦监测出龙卷风，就发布预警。近几十年来，美国气象部门运用了静止卫星、多普勒天气雷达，包括部分军用气象雷达，自动气象站等先进手段监测龙卷风。

图3-4 2005年6月5日，堪萨斯州中南部发生的一次龙卷风

2. 旱灾预警

旱灾是美国最频发的气象灾害，据美国联邦应急管理局测算，平均

每年发生的旱灾给美国造成的经济损失多达60亿—80亿美元，远远超过了其他气象灾害（图3-5）。

图3-5 2011年8月3日，美国得克萨斯州费舍湖的河床已经干涸开裂，鱼类死亡。高温干燥的天气笼罩美国得克萨斯州，造成部分地区干旱严重。

美国政府早在20世纪70年代就开始从法律上为抗旱减灾提供支持。1970年美国国会通过了《环境保护法》、禁止任何人不经国家批准破坏植被和水源。1997年通过了《土壤和资源保护法》、再次将环保措施细化。1998年通过了《国家干旱政策法》。2002年通过了《国家干旱预防法》，从法律上为美国防御旱灾提供了依据。

旱灾防灾减灾是一个系统工程，涉及干旱监测、土地利用、作物结构、自然、经济、科学技术、水资源开发、利用和保护政策、立法等各个领域。美国应对旱灾政策的指导原则是"预防重于保险，保险重于救灾，经济手段重于行政措施"，将工作重点放在防灾减灾工作上。

为防御旱灾，美国建立健全国家旱灾理事会和国家干旱预防办公室。负责制定干旱防灾减灾计划。计划包括监测和早期预警、风险分析、减灾和应变。美国各级政府通过实施干旱防灾减灾计划来减少干旱风险。美国的旱灾防灾减灾计划包括三个要素即监测和早期预警、风险分析、减灾和应变。在旱灾防灾减灾工作中，美国政府注重科学与政策相结合。

一旦发生旱灾，从美国联邦政府到相关各州政府、各县均会按照相关法律进入抗旱状态，相关的应急预案逐级展开。在信息预报上，美国建立了全面的旱灾国家信息综合系统。这个系统是以使用者为主的干旱信息系统。系统结合了气象数据、旱灾预报及其他信息。对潜在的旱灾发展进行预报和评估，并为减轻旱灾提供详尽的数据和建议，以降低旱灾的破坏。

随着旱灾在全球造成的影响越来越大，旱灾的风险管理日益受到关注，它强调旱灾发生前的预防、预测和早期预警，旨在降低旱灾发生之后的影响。目前在全美范围内所遵循的应对干旱"十步规划程序"所关注的重点也已从注重组织、协调和应对能力的危机管理转向风险管理。

在技术上，美国重点是工程抗旱，注重水资源的利用与开发。一方面大力开展水利建设，建库蓄水，跨流域调水，开发地下水，弥补地表水源不足，扩大灌溉面积。另一方面提高灌溉技术，发展节水农业，通过发展喷灌、滴灌、改良沟灌等措施，使灌溉效率提高。美国农业部下属的农业灌溉技术研究单位有200多个。各研究单位都有农业灌溉技术咨询专家。为农民进行技术服务，负责为农民搞灌溉设计、提供设备、指导技术、检测土壤含水量、指导喷滴灌的时间和灌水量等。美国政府在人类与自然协调发展的前提下，不断改善防灾工程措施，同时强调非工程措施，采取工程措施和非工程措施相结合的方式。美国还利用生物抗旱，已经培育出能够在极端干旱条件下存活并生长的转基因作物。

为有效缓解干旱造成的影响，美国采取了一系列的旱灾减灾措施，应对旱灾的短期应急措施主要是通过政府应急资金对相关计划予以援助。长期应对措施建立干旱指数。美国已经建立的干旱指标体系包括正常降雨百分率指标、Palmer干旱指数、标准化降水指标、作物水分指数、地表水供应指数、垦殖干旱指数和Deciles指数。旱灾预测和评估。

美国国家干旱减轻中心、国家海洋大气局气候预测中心和农业部世界农业展望委员会合作开发了干旱分类系统；NOAA等机构持续开展干旱监测产品的研发，追踪和分析全美干旱的程度、空间分布及其影响。

　　3.洪涝预警

　　洪涝灾害是美国最严重的气象灾害。美国国土面积的7%受到洪水威胁，每年有960个家庭、3900亿美元财产受到洪水威胁。

图3-6 美国地区的洪涝灾害

　　在20世纪60年代以前，美国的防洪工作主要是采取工程措施，在修建了大量防洪工程，仍然没有减少联邦政府的救灾负担。在这种情况下，采取非工程措施逐渐引起了人们的高度重视。因为非工程性措施能更有效地保证在灾害发生时减轻灾害损失，保护群众生命安全，特别是泛洪区灾害保险、泛洪区规划、气象水文预警预报、防灾教育、防灾应急管理和防御灾害法制建设等措施，能更有效地建立形成社会性的气象灾害防御体系，从而使防御灾害的工程性设施发挥更大效益。

　　基于以上认识，美国对防御气象灾害的非工程性措施进行了系统部署。在管理方面，美国加强了洪泛区管理，制止洪泛区无序开发，指导洪泛区居民建设等措施，增强了公众的水患意识；组织制作了洪水风险图，为民众和开发商指明了危险区和安全区。在防洪保险方面，多次修改《联邦洪水保险法案》，制定合理的保费和有利于投保人的各项优惠政策，并投入了大量洪水保险基金。经过近30年的努力，已经实现保费收支平衡，实施洪水保险制度，大大减轻了美国联邦政府的救灾负担。

洪水预警是美国防洪减灾非工程措施的核心内容之一。预测洪水并及时发出预警对于防洪减灾意义重大。美国的做法是：把全国划分为13个流域，每个流域均建立了洪水预警系统，每天进行一次洪水预报，最长的洪水预报是3个月。短期预报由国家海洋与大气管理局向社会发布，中长期预报一般不向社会发布，仅限于联邦政府内部公布。在全美2万多个洪水多发区域中，其中3000个在国家海洋与大气管理局的预报范围内，1000个由当地的洪水预警系统预报，其余由县一级系统预报。此外，美国还利用先进的专业技术和现代信息技术，对洪水可能造成的灾害进行及时、准确的预测，发布警示信息，并逐步建立以地理信息系统（GIS）、遥感系统（RS）、全球卫星定位系统（GPS）为核心的"3S"洪水预警系统。为了防御洪涝灾害，美国有关部门根据历史洪水资料绘制洪水风险图，用于确定洪水风险区域。

近几十年来，美国除大力推行非工程防洪减灾措施外还致力于以雨水直接回收为重点的工程措施。美国的雨水利用以提供天然渗透能力为目的。这项措施已经在美国一些城市推广。美国政府还致力于以雨水直接回收工程。一些州新开发区实行强制性的"就地滞洪蓄水"。

（二）日本气候灾害预警信息发布

作为世界领先的经济、科技发达国家，日本在自然灾害预警系统建设方面无疑走在了国际的前列，其所取得的成绩和所积累的经验对世界各国，特别是发展中国家必然有着重要的指导作用和借鉴意义。日本灾害警报的发布如图3-7所示。

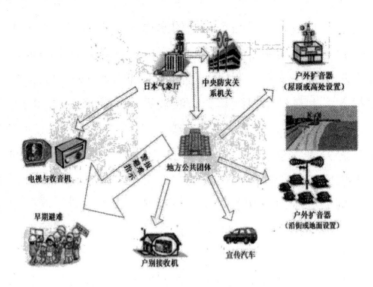

图3-7 灾害警报发布示意图

1. 台风、降雨及降雪预警信息

（1）天气警报与警告

当判定大雨或者暴风雨会造成损害时，日本气象厅会发布"通报"；而"警报"会在可能产生巨大的损失时发布，一共有7 种类型的恶劣天气警报和16 种类型的天气通报。恶劣气候警报与警告能够对预测的天气情况采取的对应预防措施做出简短的描述，可预测的天气情况描述包括了预期天气事件开始时间、结束时间、峰值时间和最高值的量。日本气象厅也提供了图形气象信息，可以形象地描绘出诸如大雨等气象条件，它们预计会在哪里发生，以及在哪里需要采取预防措施等，所有的一切都以一种简单易懂的视觉形式表现出来。

（2）巩固特大暴雨政策与降雨实时报告系统

在近几年，局部地区的特大暴雨在日本频繁发生。在2004 年，据报道有多达 400 次强烈的特大暴雨（降雨量每小时50毫米 或以上），超过了有记录以来所报告的最大数值。因此，让预报员能更加准确地预报特大暴雨变得相当重要。

日本气象厅会每隔30分钟发布小范围的降雨预报，以测算 1 公里范围内下 6 小时内每小时的雨量；为了减少由于特大暴雨对城市区域内的降雨损失，日本气象厅每隔10 分钟就进行雨量实时报告的发布，推测 1 公里范围内下一小时每10分钟时段内的降雨量。

日本气象厅正在积极努力，提高自身对特大暴雨预报的准确度，目前，已装备了一台气象多普勒雷达，能以3D的形式不间断地展现出风雨的动态；另外，日本气象厅还大大提升了自身拥有的超级计算机的处理能力。

2. 洪水预警信息发布

（1）为洪水监控观测降雨与水位线

日本国土、建设与运输省（MLIT）和地方政府对由他们管理用来减灾监控目的的河流进行降雨与水位线的观测。MLIT 通过全国26个雷达降雨观测站，对整个日本的中央政府控制的河流进行降雨状况（分布与强度）估测，还通过分布在全日本大约2500个降雨观测站和大约2000个水位线观测点收集观测数据。对这些数据的观测使用到了可视化观测方法，通过机械化的观测设备和一个无线遥测系统，自动从远端发回观测数据。

（2）洪水预报

那些被认为需要重点减灾河流的危险地带已经标注出来。无论是MLIT 或者地方政府谁掌管哪一条河流，都要同日本气象厅协作，共同发布关于洪水的预报。

日本气象厅掌握着水的自然条件（降雨、融雪），而MLIT 或者当地政府把握着水的现状（河水水位线和流量）。通过密切合作，他们会发布洪水的预报，包括对未来降雨、水位线和流量的预测，这些信息经由进行防洪行动的市政防洪管理实体（防洪团）以及媒体，传递给当地的居民。

（3）防洪警报

防洪警报的发布，主要是为了让河流的管理者给市政防洪管理实体、参与防洪的其他组织开展准备活动以及部署提供指南。

当预测到严重的洪涝灾害会沿着河流发生时，MLIT 或者当地政府会负责对指定的河流危险地带进行管理，当水位线达到预先指示的水位线（采取防洪行动预防措施的水位线）或者警戒水位线（实行防洪行动的水位线）时，就会发布防洪警报。基于这些警报，市政的防洪管理实体以及其他参与防洪的组织，都会采取必要的灾害响应措施，或者开展相应的备灾行动。

参考文献

1.钱维宏编著. 全球气候观测系统.北京：北京大学出版社，2009.

2.伯勒斯著；李宁主译.气候变化多学科方法.北京：高等教育出版社，2010.

3.王绍武主编.现代气候学研究进展.北京：气象出版社，2001.

4.吴孟春，吴启满，马奇蔚等.浅论气象灾害预警信息系统的组建.成都信息工程学院学报，2010：25(6)：652-655.

5.Early Warning Sub-Committee of the Inter-Ministerial Committeeon International Cooperation for Disaster Reduction. Japan's Natural Disaster Early Warning Systems and International Cooperative Efforts[R]，2006.

第四章 气候变化的影响

第一节 气候变化对生态系统的影响

一、气候变化对森林生态系统影响

森林生态系统（图4-1）是以乔木为主体的生物群落（包括植物、动物和微生物）及其非生物环境（光、热、水、气、土壤等）综合组成的生态系统。

图4-1 森林生态系统

近200多年来，人类活动，尤其是工业化进程的迅速发展，所排放的温室气体，如二氧化碳、甲烷、氧化亚氮、臭氧和氟氯碳化物（CFC）等造成大气温室效应而导致全球增温，这种增暖效果会在不同尺度下导致森林的变化。森林生态系统中包含着众多的物种，虽然这些物种生长在同一气候条件下，但对气候变化的适应能力却不同。在剧烈的气候变化条件下，某些物种可能会因完全不能适应而死亡，另一些则仍然能够生存，变化后的条件还有可能更适合区域物种的入侵，从而导致森林生态系统的结构发生变化。

由于森林对气候变化的适应性比较迟缓，因而可能是最易受到气候变化不利影响的生态系统之一。气候变化会导致森林系统不稳定性的增加。由于气温上升，植被带北移，使本土林种失去原有的生长环境，引起森林结构和布局调整，从而影响生态系统的稳定性；气候变暖导致森林群落的适宜分布范围发生改变，从而打破了原有的森林格局，破坏森林生物群落，进而威胁到生物多样性的安全，还可能导致野生动植物种类多样性逐步降低，部分种类可能灭绝；随着繁衍栖息、越冬地环境变化，国家重点保护的一些野生动物群落可能迁徙离开原居地。

由于气候变化所产生的"暖冬"现象会降低害虫的越冬死亡率，将加剧有害生物对森林生态系统的危害与威胁。除此之外，高温干旱和强雷电天气增多，可能使森林火灾的发生更加频繁、火灾损失增大。本节主要探索了气候变化对森林生态系统分布、生产力、土壤生态系统、树种物候、生态系统结构和物种组成及自然灾害的影响等角度，分析气候变化对森林生态系统的影响。

（一）气候变化对森林生态系统的影响

气候是决定森林类型（或物种）分布的主要因素，影响森林生态系统特点和分布的最为显著的气候因子是温度的总量和变量以及降雨量。植被（物种）分布规律与气候之间的关系早就被人们所认知，并由此而提出一系列气候—植被分类系统（如Holdridge生命带、Thornthwaite水分平衡及Kira温暖指数和寒冷指数等）。当前，人们正是基于气候与植被（或物种）间的关系来描绘未来气候变化下物种和森林分布的情形。而另一个有利于气候变化对物种和森林分布影响的证据是来自于全新世大暖期物种的迁移和灭绝。但是与全新世相比，未来全球温度升高的速率更大，全球自然景观也因人类活动的影响而发生了巨大的变化。因此，未来气候变化将给物种和森林的分布带来更为严重的影响。

目前，大多数有关气候变化对森林类型分布影响的预测都是根据模拟所预测的未来气候情形下森林类型分布图与现有气候条件下森林分布图的比较而得到，其结果都认为各森林类型将发生大范围的转移。例如Smith等人利用Holdridge模型，根据GCMS对气候变化的估测结果来预测未来植被分布的变化，他们发现森林类型的分布将发生相当大的转移，例如北方森林转化为寒温带森林、寒温带森林转化为暖温带森林等，寒温带和热带森林的面积趋于增加，北方森林、暖温带森林和亚热带森林的面积则将减少。Neilson同样发现森林覆盖的显著转移。然而需要指出的是这仅仅考虑了气候因素对森林分布的影响，而其他环境因子在森林的分布中实际上也起着很大的作用。此外，他们通常把某一森林类型作为一个整体（如温带森林等），而且认为它与气候之间是一种平衡关系，但实际情况并非如此。因为不同物种对气候变化的响应以及迁移能力等差异很大，因此，森林类型的转移（如从北方森林转化为寒温带森林）在很大程度上取决于不同物种通过景观的运动和新物种侵入现有群落中的能力。

对于大多数物种来说，其迁移的时间尺度或许是几个世纪。由于在不同的区域其未来气候变化的情形不一致，而不同的森林类型也有其独特的结构和功能等特点。因此，气候变化对各个森林类型的影响是不同的。每类生态系统中都包含着众多的物种，虽然这些物种生长在同一气候条件下，但对气候变化的适应能力却不同。在剧烈的气候变化条件下，某些物种可能会因完全不能适应而死亡，另一些则仍然能够生存，变化后的条件还有可能更适合于区域物种的入侵，从而导致森林生态系统的结构发生变化。

（二）气候变化对森林生产力的影响

森林生产力是衡量树木生长状况和生态系统功能的主要指标之一。大气中二氧化碳浓度上升及由此而引起的气候变化被认为将改变森林的生产力。这主要表现在二氧化碳浓度升高的直接作用和气候变化的间接作用两个方面。一般认为，二氧化碳浓度上升对植物将起着"肥效"作用。因为，在植物的光合作用过程中二氧化碳作为植物生长所必需的资源，其浓度的增加有利于植物通过光合作用将其转化为可利用的化学物质，从而促进植物和生态系统的生长和发育。

目前，大部分在人工控制环境下的模拟实验结果也表明二氧化碳浓度上升将使植物生长的速度加快从而对植物生产力和生物量的增加起着促进作用，尤其是对于C3类植物。但是，并不是所有的植物都对二氧化碳浓度升高表现出一定的敏感性。也有一些研究表明，即使在水平营养供给下，同样还有许多物种对二氧化碳浓度的升高没有反应。此外，二氧化碳浓度升高对植物的影响因其所在的生物群区、光合作用方式和生长形式的不同而存在较大差异。来自热带和温带生物群区的植物比来自极地生物群区的植物对二氧化碳升高的响应大；来自温带森林的物种比来自温带草原的物种对二氧化碳的响应大；落叶树比常绿树对二氧化碳的升高更为敏感。简言之，生长速率快的物种比生长速率慢的物种对二氧化碳升高的响应更大。然而需要指出的是，所有这些实验几乎都是在人工气室中的盆栽实验，其实验时间相对较短（从数天到几年），而且有充足的养分和水分供给。

此外，对于那些生长在野外的植物如何受二氧化碳浓度升高的长期影响还不是很清楚，尤其是有关木本植物影响的研究，在盆栽实验中往往选择幼苗作为对象，而其成熟个体所受的影响是否与其幼苗一样也不清楚。一般认为，二氧化碳浓度升高对森林生产力和生物量的增加在短期内能起到促进作用，但是不能保证其长期持续地增加后会如何，因为在竞争环境中生长的树木对二氧化碳升高的反应常常表现出比单个生长的树木的反应要小，而森林物种组成的长期变化也能间接地影响森林生产力。此外，二氧化碳浓度的升高将使植物叶片和冠层的温度增加以及气孔传导率下降，从而使植物受到热量的胁迫，使其生长被抑制。

二氧化碳所引起的温度升高似乎对植物的生长将进一步产生负面作用，因为大气环流模型对气候的预测结果认为，晚上的增温幅度将比白天高，这样就可能使植物在晚上的暗呼吸作用加大，从而白白"耗费"大部分初级生产力；其次，温度的升高将增加土壤水分蒸发量，导致土壤水分下降，从而可能引起植物的"生理干旱"，限制植物的光合作用和生长速度；此外，温度的升高还会增加土壤微生物的活性，加速有机质的分解速率和其他物质循环，改变土壤中的碳氮比，使植物的生长受到氮素缺乏的制约。因此，要准确评估二氧化碳浓度上升对森林生产力和生物量的影响还存在很大的困难，这不仅需要综合考虑各个影响因素，而且也要求我们进行长期的野外观测和实验。除受上述各种因素影响外，森林生产力和生物量也受到气候因素（温度和降雨）的强烈影响。

由于生产力与气候（水热因子）间存在着一定的关系。因此，人们常用气候模型（如Miami模型、筑后模型等）估算大尺度生产力。对于未来气候变化对生产力的影响也常利用大气环流模型（GCMS）对未来气候预测的结果通过各种气候模型来模拟，然后与当前气候情形下所模拟的结果相比较。由于不同的GCM对未来气候预测的结果不同，因此对生产力变化的预测也表现出一定的差异。此外，气候变化对森林生产力影响的预测仅仅考虑气候与生产力的线性平衡关系，而没有考虑其他因素的影响；在预测过程中假定森林植被的分布不随气候的变化而发生改变；预测中所选用的气候因子是其年平均的年际变化，而没有考虑其季节变化。所以其预测的结果并不能准确地反映出未来的实际情况。

森林生产力分布格局主要取决于气候环境的水热条件。森林生产力是研究中国森林生态系统对全球气候变化响应很重要的一方面。中国森林的总生物量为4.0-7.1 Pg（1 Pg=1015g），总生物生产力（不包括经济林和竹林）为0.4—0.6Pg/a，二氧化碳浓度倍增后，中国森林生产力将有所增加，增加的幅度因地区不同而异，变化于12%—35%之间。中国森林生产力的分布格局主要取决于气候环境中的水热条件；气候变化并没有改变中国森林第一性生产力的地理分布格局，即从东南向西北森林生产力递减趋势不变，但不同地域的森林生产力有不同程度的增加。气候变化后中国森林生产力变化率的地理分布格局与森林第一性生产力的地理分布格局相反，呈现从东南向西北递增的趋势。

（三）气候变化对森林土壤生态系统的影响

气候变化影响着森林土壤碳氮循环过程，其中温度和降雨等是直接影响土壤碳氮循环过程（特别是土壤C库和N库及C、N微量气体排放）的直接或间接的关键因子。具体来说，气候变化对森林土壤碳氮循环过程的影响主要表现在其对森林土壤碳库和氮库、土壤呼吸以及土壤甲烷和氧化亚氮排放的影响方面。

1.气候变化对森林土壤碳库和氮库的影响

森林土壤中的碳占全球土壤有机碳的73%，是森林生态系统中最大的碳库，它每年释放68—75Pg碳到大气中。中国土壤有机碳库是陆地碳库的主要组成部分。气候变化在两个方面影响土壤碳蓄积过程：一是温度、降水变化影响植物生产力和凋落速率；二是气候变化影响微生物活性从而改变地表凋落物和土壤有机碳分解速率。碳储量与年平均温度（T）、年降水量（P）之间的相关性在不同的温度带下具有很大的差异，在T≤10℃的地区，土壤有机碳储量与温度的负相关性最强；在10℃≤T≤20℃的地区，受与降水正相关的影响，土壤有机碳储量与年平均温度表现出一种正相关性；而在T>20℃的地区，土壤有机碳储量与温度和降水的相关性都很差。全球气候变暖、平均降水量增加，会使土壤微生物和土壤动物活动加剧，土壤呼吸加快，这就必然导致土壤碳库释放二氧化碳速度的加快。森林土壤也是森林生态系统中一大重要的氮库。在无干扰的生态系统中，氮的输入和输出是平衡和稳定的。但在气候变化的情况下，植被覆盖、枯枝落叶输入量、土壤条件都会受到影响，从而影响土壤中有机质的分解和稳定，影响氮含量。随着全球气候的变化，土壤有机氮库储量将减少，但在不同的生态系统中，其变化是不平衡的。另外，气候变化可能影响土壤微生物和土壤动物的活性、数量以及分布等，从而影响土壤生物多样性，而生物多样性的变化又影响土壤碳和氮的变化。

2.气候变化对土壤呼吸的影响

土壤呼吸作用是指未受扰动的土壤中产生二氧化碳的所有代谢作用，它的变化将显著地影响大气中二氧化碳的浓度。控制土壤呼吸作用将有效地缓和大气中二氧化碳浓度的升高和全球变暖，反之气候变化也会对土壤呼吸造成重要影响，尤其是大气二氧化碳浓度升高本身将使土壤有机质增加，但其中大部分又通过微生物分解作用返回到大气圈。只有在分解作用受温度限制的地区碳才能被截留、得以聚集，使土壤成为二氧化碳的汇。温度升高可以提高土壤呼吸作用强度，地下5厘米的土壤温度比气温更能准确地反映土壤呼吸作用的动态变化。全球温度升高使分解作用受温度限制的地区（比如北方森林和苔原）减少，扩大了全球土壤呼吸的范围，加快了二氧化碳从土壤中的释放，使土壤日益成为二氧化碳进入大气的源。

大气二氧化碳和全球温度升高的联合作用使土壤呼吸加剧，加快了碳从土壤中的释放。温度与土壤呼吸速率之间有相当明显的对应关系，土壤呼吸速率与纬度关系形成指数式变化，这也是高纬度地区土壤有机碳得以积累的原因。土壤呼吸速率与同纬度温度之间有一定的相关性，也就是说，年土壤呼吸速率的差异，从全球范围上看，实质上主要是各地温度的变化造成的，那么，如果全球气温上升的话，至少可以肯定，森林土壤的二氧化碳通量将会增加。

3.气候变化对土壤甲烷排放和氧化亚氮排放的影响

甲烷和一氧化二氮是与全球气候变化密切相关的两种主要温室气

体。据报道，全球大约有40%的甲烷来自土壤，土壤是甲烷重要的源和汇。中国的甲烷排放源主要是稻田甲烷的排放，约占全国甲烷总排放量的一半。影响土壤甲烷排放的因素很多，如植物生长和全球气候变化等。在气候变暖的情况下，全球土壤甲烷的产生可能增加。由于全球温度升高，各种作物的北界要向北发展，稻田等作物面积要增加，甲烷的释放量将会加快。

土壤中的一氧化二氮形成于反硝化过程中。森林土壤作为一氧化二氮的源或汇，对大气一氧化二氮浓度有重要影响。不同地区、不同季节，森林土壤对一氧化二氮排放通量有变化。在气候变化的情况下，植被覆盖、枯枝落叶输入量、土壤条件等环境因子都会受到影响，从而影响土壤中有机质的分解和稳定，这将会影响一氧化二氮的动态变化。在气候变化的情况下，全球土壤有机氮库储量也将减少，这同土壤碳动态变化相一致。但在不同的生态系统中，其变化是不平衡的。这同样是受到有机质输入和输出量变化的影响。

4.全球气候变化对土壤生物群落的影响

地下生物群落与地上植物群落有着密切的关系。全球气候变化将改变地上植物群落结构和植被类型分布，势必会进一步对土壤生物群落的结构、功能和生物多样性产生极大影响。有研究表明，在全球变暖和冻土退化的背景下，冻土退化季节活动层发生变化，湿地萎缩变干，泥炭层和冻土的通透性等物理特性改变，有利于原本被气密性水层（和冻土冰层）封闭的一些温室气体（如一氧化二氮，甲烷）的释放。此外，湿地退化后，泥炭土的厌氧、还原特性丧失，将引起原有的微生物群落和功能发生变化。

（四）气候变化对森林树种物候的影响

物候是反映气候变化对植物发育阶段影响的综合性生物指标。随着全球气候的变化，植物的物候也将发生显著变化。冬季和早春温度的升高使春季提前到来，从而影响到植物的物候，使它们提早开花放叶，这将对那些在早春完成其生活史的林下植物产生不利的影响，甚至有可能使其无法完成生命周期而导致灭亡，从而导致森林生态系统的结构和物种组成的改变。

气温升高也将导致地面蒸散作用增加，使土壤含水量减少，植物在其生长季节中水分严重亏损，从而使其生长受到抑制，甚至出现落叶及顶梢枯死等现象而导致衰亡。但是对于一些耐旱能力强的物种来说，这种变化将会使它们在物种间竞争处于有利的地位，从而得以大量的繁殖和入侵。总之，全球气候变化影响着植物物候的变化。温度上升导致中国的木本植物春季物候期提前，20世纪80年代以后，东北、华北及长江下游等地区的物候期提前，西南东部，长江中游等地区的物候期推迟，同时物候期随纬度变化的幅度减小。

（五）气候对森林生态结构和物种的影响

森林生态系统的结构和物种组成是系统稳定性的基础，生态系统的结构越复杂、物种越丰富，则系统表现出良好的稳定性，其抗干扰能力越强；反之，其结构简单、种类单调，则系统的稳定性差，抗干扰能力相对较弱。千万年来，不同的物种为了适应不同的环境条件而形成了其各自独特的生理和生态特征，从而形成现有不同森林生态系统的结构和物种组成。由于原有系统中不同的树木物种及其不同的年龄阶段对二氧化碳浓度上升及由此引起的气候变化的响应存在着很大的差别。因此，气候变化将强烈地改变森林生态系统的结构和物种组成。气候变化可能通过以下途径使森林物种组成和结构发生改变。

1.温度胁迫：温度是物种分布的主要限制因子之一，高温限制了北方物种分布的南界，而低温则是热带和亚热带物种向北分布的限制因素。在未来气候变化的预测中，全球平均温度将升高，尤其是冬季低温的升高，对于一些嗜冷物种来说无疑是一个灾害。因为这种变化打破了它们原有的休眠节律，使其生长受到抑制；但对于嗜温性物种来说则非常有利，温度升高不仅使它们本身无须忍受漫长而寒冷的冬季，而且有利于其种子的萌发，使它们演替更新的速度加快，竞争能力提高。

2.水分胁迫：虽然现有大气环流模型预测全球降雨量将有所增加，但是由于地区和季节的不同而存在很大的差别。例如预测的结果还表明，在中纬度内陆地区其降雨会相对减少，尤其是在夏季；在一些热带地区其干旱季节也将延长。此外，气温升高也将导致地面蒸散作用增加，使土壤含水量减少，植物在其生长季节中水分严重亏损，从而使其生长受到抑制，甚至出现落叶及顶梢枯死等现象，从而导致衰亡。但是，对于一些耐旱能力强的物种（如一些旱性灌丛）来说，这种变化将会使它们在物种间的竞争中处于有利的地位，从而得以大量地繁殖和入侵。

（六）气候变化对森林病虫害的影响

气候变暖会扩大有害生物的分布范围，加重森林病虫灾害。原来不适宜某些病虫繁衍的高纬度和高海拔地区，受低温和霜冻的限制，病虫害较少发生。但随着温度的升高，可爆发新的病虫灾害。例如，在巴黎附近，松异舟蛾（Thaumetopoeapity Campa）每10年向北扩展27千米；在意大利山地南坡每10年向高海拔扩展70米，北坡30米。气候变暖使中国森林病虫害分布区系向北扩展，森林病虫害发生期提前，世代数增加，发生周期缩短，发生范围和危害程度加大，并促进了外来入侵病虫害的扩展和危害。在1961—2001年间，冬季温度偏高的年份，病虫害发生严重，二者具有极显著的线性相关关系。油松毛虫（Dendrolimustabulaeformis）原分布在辽西、北京、河北、陕西、山西、山东等省，现已向北、向西水平扩展。白蚁原是热带和亚热带地区特有的害虫，在20世纪五六十年代，白蚁只在广东危害严重，随后扩散到福州、杭州、上海、武汉、南京、合肥、蚌埠等地区。70年代扩散到徐州一带，2000—2001年又相继在天津、北京发现有白蚁危害。近年来在西安和山西晋城等地的林木也遭到白蚁的危害，向北蔓延趋势明显。东南丘陵地区松树上常见的松瘤象（HyposipalusgigasL）、松褐天牛（MonchamusalternatusHope）、横坑切梢小蠹（TomicusminorHartig）、

纵坑切梢小蠹（rpiniperdaL）已在辽宁、吉林危害严重。粗鞘杉天牛
（SemanotussinoausterGressitti）逐渐向北扩散至河北、山东和辽宁。

二、气候变化对海洋生态系统影响

　　气候变化影响着整个地球，但是我们对海洋系统（图4-2）的认识远
远落后于陆地系统，部分原因在于海洋系统的覆盖范围和复杂程度，测
量难度大也是原因之一。我们在对海洋气候变化进行长期研究时，很少
与陆地气候的变化进行比较。人类活动造成的气候变化影响着全球的海
洋系统，海洋的生态系统往往随着气候变化而发生快速改变，这种突发
性、非线性的改变所带来的风险也不断增加。海洋系统对地球上的生命
具有举足轻重的影响作用，所以全人类必须立即采取行动限制温室气体
的进一步排放，以降低气候变化所带来风险的严重程度。下文主要介绍
气候变化对海洋理化性质、海洋生物、浮游生物、海鸟、基岩海岸生态
系统和珊瑚礁生态系统的影响。

图4-2 海洋生态系统

（一）气候变化对海洋理化性质的影响

1. 温度升高的影响

全球平均海水表层温度上升的速率约为陆地的50%。从1979年开始，地表温度平均每10年上升0.27℃，海水表层温度每10年平均上升0.13℃。温度的改变能够影响一些海洋生物的生理学过程和海水流体物理过程：温度每上升10℃，生化反应速率提高1倍；海水的密度与温度之间具有非线性的关系，海水表层温度升高能够导致冷水的下沉和海冰漂浮。此外，温度还能够影响海洋生物的生理速率和物理耐受限度。一些海洋生物的物种分布会因温度的变化而改变；而对于一些定栖性生物和一些狭温性的地方种（例如珊瑚），温度升高对它们的影响可能是致命的。

虽然全球平均气温整体上呈上升趋势，同时还伴随着其他一些物理因子的改变，但是气候变化对世界各海区的影响不尽相同。20世纪50年代以来，北冰洋一些地区的水温升高了4℃以上，而南极洲一些地区呈变暖的趋势，另一些地区则变冷（威德尔海海水表面温度下降2℃，而南佐治亚州却上升了2℃）。在过去的60年里，东澳大利亚流向南推移了约360公里，这导致其周边区域平均气温上升了2℃以上。从而引起海洋生物群落的分布格局发生变化。

大洋底部是地球上热量最为稳定的区域之一，那里的生物最不容易受到全球变暖的直接影响；但是，即使现在立即停止二氧化碳的排放，由于热惯性，海洋内部也将持续升温数十年。另外，表层和深层水的温度变化也并非同步，在过去的30年里，德雷克海峡700米深处的海水温度上升了0.6℃，而表层海水的温度下降了2.1℃。潮间带是最容易受气候变化影响的区域，退潮后潮间带生物直接暴露于空气中，气温的升高可能会威胁到这些生物的生存。

2. *海水酸化的影响*

海水中二氧化碳的分压与海水pH值直接相关：二氧化碳分压升高，pH值下降；这对一些海洋生物和生态系统构成了严重的威胁。在过去的200年里，人类活动排放的二氧化碳导致海水pH下降了0.1；据推测到2100年，pH值将可能下降0.3—0.5。海洋吸收大气二氧化碳的速率，受到风强和温度的影响；越冷的水体，酸化越明显。在低纬度海区，海水中二氧化碳的质量浓度可能已经达到饱和，这意味着低纬度区域更多的二氧化碳将停留在空气中，温室效应更为显著。海洋变暖，可能会部分减轻海水酸化的程度，但并不能减缓二氧化碳质量浓度长期升高带来的影响。一些海洋生物，如球石藻、部分软体动物、海星、海胆以及珊瑚等，碳酸钙是构成其骨骼的重要成分，海水酸化将影响这些生物结构的完整性、威胁其生存。近岸海域碳酸盐离子一般处于饱和状态，其溶解度随着深度的增加而增加，溶解面（碳酸盐开始溶解的深度）可能会因为海洋的酸化而变浅，这将导致这些具有钙质结构的海洋生物的栖息地缩小。对于近岸水域来说，二氧化碳质量浓度大于490 mg/m³将会影响珊瑚骨骼的钙化，威胁其生存。

3. 溶解氧质量浓度减少的影响

低溶解氧质量浓度将威胁海洋生物的生存，导致海洋荒漠化。从20世纪50年代开始，由于全球气候变暖，海洋的溶解氧质量浓度呈下降趋势。海水中溶解氧的含量与温度呈线性关系。温度每升高1℃，溶解氧质量浓度下降6%；如果温度和二氧化碳质量浓度继续上升，那么低氧区的范围将会扩大，到21世纪末低氧区的范围将会增加50%，这将会对渔业生产等多方面造成消极影响。

此外，陆源营养盐的输入导致的沿岸富营养化、海平面上升等都将致使颗粒有机物的进一步累积和微生物的活动增加，这将进一步消耗海水中的溶解氧。一些生物体可能会躲避低氧区，而那些定栖性种类则会因无法耐受低氧而死亡；不同种类生物耐受低氧的能力不同，这可能会导致海洋生物群落结构的改变。

4. 海平面上升的影响

全球气温升高，将导致极地海冰的融化，进而引发海平面高度上升，威胁到沿海海洋生物栖息地和生态系统。与1990年相比，到2100年海平面将上升0.5—1.4米。一方面，海平面的改变会影响海洋的栖息地，威胁海洋生物多样性并且改变局部的营养盐循环通量；另一方面，海平面的上升也意味着一些岛国的消失，这会导致渔业压力的下降，从而缓解珊瑚礁生态系统等所面临的环境压力。

5. 气候变化和其他因子的综合影响

大多数海洋物种和生态系统同时面对着多种影响的威胁；除气候变化的影响外，还包括捕捞活动、紫外线辐射的增加、人为污染、外来种入侵和疾病等。在面对众多压力因子的综合作用时，物种对单一环境因子压力的抵抗力也会下降，生态系统因扰动而多样性下降，生态系统的功能以及抵御扰动的能力降低。例如，pH值的下降会影响离子的交换，干扰新陈代谢，使生物体的耐热范围变窄。持续的捕捞压力造成了黑海生态系统的演替，水母暴发、水体富营养化加剧；一些珊瑚礁面临着水温上升、酸化、疾病、渔业压力、旅游压力、河口径流带来的泥沙淤积以及营养物过量的影响。对大西洋一些鱼类现存量的分析研究表明，仅仅捕捞压力并不能很好地解释渔业资源下降的原因，气候变化的影响也能够造成鱼类种群补充量的下降。目前，越来越多的人都意识到：采用生态系统的方法进行海洋渔业和环境管理的必要性，既要考虑人为因素的影响，也要考虑气候变化等自然因素对海洋生态系统的影响。

（二）气候变化对海洋生物的影响

1. 气候变化对海洋生物从基因水平到生态系统水平的影响

评价生物有机体和生态系统对气候变化的脆弱性，需要考虑生物组织所有水平的潜在影响，包括基因表达、细胞和整个有机体的生理学特征、骨骼结构、个体行为、种群动力学、群落和生态系统的结构和营养功能；从生态位理论的角度讲，物种耐受力的范围同时反映了其生理特征、环境因子、种间竞争和分布。不同物种对气候变化的敏感性有所不同，这可能会打破原有的竞争关系，引发生物群落对气候变化的响应。具有较高抵抗力（Resistant）的系统能够抵御外界的干扰：从生理学的角度来看，这些生物能够耐受一个较宽范围的温度和盐度变化；从生态学的角度来看，具有较高抵抗力的物种能够适应多变的栖息地环境。相比之下，具有较好弹性（Resilient）的系统，一旦外界压力消失之后，能够恢复到扰动前的状态。生物多样性能够影响生态系统的功能，并且拥有复杂功能的生态系统（关键种不止一种的生态系统）具有较好的弹性。

温度是影响生物功能的重要因子之一，不同温度区系即便是同一物种，其基因表达也有所不同。环境压力下的基因选择，可能导致寿命较短的生物种群的等位基因频率发生快速的改变。例如，肌肉的发育随温度的改变而改变，温度升高对那些能运动的生物的肌肉发育产生不利影响，运动速度的减慢可能造成其被捕食的概率大大增加。同时，温度的改变，可能导致群落粒级结构和生物量的改变。繁殖的时间、产量和幼体的存活率容易受环境因素的影响，海洋生物的幼体尤其容易受到温度、盐度、pH改变的影响。即便是一些生物的成体能够成功应对温度变化的影响，但它们的幼虫却很可能因温度的改变而存活率大大降低。

卵的孵化时间能够影响幼体的存活率；对于幼体而言，此时食物的可利用性是影响其存活率的重要因素。温度变化驱动浮游生物繁殖高峰的改变，可能导致浮游食物网的破坏，从而影响一些经济鱼类的产量。一些鱼类可以通过改变栖息地来应对气候变化，但这并不意味着鱼类群落的衰退：20世纪80年代以来，随着气候变暖，北海鱼类物种丰富度有所增加。这与"低纬度区域，物种的丰富度较高"这一基本规律是一致的；温度升高的影响等同于纬度降低的后果。

2.气候变化对浮游生物的影响

1）气候变化对浮游植物的影响

（1）表层海水升温的影响

全球变暖导致表层海水升温，浮游植物的种类会随之分布发生改变，一些暖水种向两极扩布，或者在海区中出现的时间提前。表层海水变暖、层化加剧，也可能导致一些赤潮藻类丰度异常增加，甚至发生藻华。相关研究表明，20世纪50年代以来，挪威沿岸海域有害藻华的增加与气候变化密切相关。

（2）降雨、沿岸径流和盐度改变的影响

降水量的增加，会导致海水盐度变化和营养盐的补充，从而也可能导致沿岸水中浮游植物的群落结构和生产力发生改变。径流量的增加，不仅能够改变沿岸水的盐度，还能改变水体层化程度，从而减少深层水营养盐向表层水的补充。随着含营养盐浓度较低的淡水大量进入沿岸水体，沿岸水营养盐浓度下降，硅藻等一些藻类的丰度随之下降，而甲藻等藻类却会因层化加剧和腐殖质可利用度增加而呈增加的趋势。

（3）UV辐射增加的影响

因气候变化而导致的混合层深度变浅、水体扰动增加，使浮游植物暴露于UV-R的辐射程度增加，导致浮游植物的生理学和形态学的变化，使其细胞碳含量增加、叶绿素a含量降低、细胞分裂次数减少、细胞个体增大。最近的研究表明：UV-R辐射能够影响浮游植物群落的粒径大小，因为小细胞更容易受UV-R的影响，它们应对UV-R损伤的代谢消耗更高。

（4）混合层深度变浅和层化加剧的影响

模型研究结果表明，气候变化会导致混合层深度变浅、海水层化加剧。这将造成深层水营养盐向表层水的输送减少，表层水中浮游蓝细菌、鞭毛藻和浮游甲藻的丰度增加，"微生物环"逐渐取代"经典食物链"。而春季甲藻藻华的时间提前，也是部分归因于海水层化加剧、时间提前。

2）气候变化对浮游动物的影响

（1）表层海水升温的影响

表层海水温度升高，对不同种类浮游动物生长的影响有所不同，这包括促进和抑制作用，从而使浮游动物的种群数量和群落结构发生改变。海水温度的改变会导致浮游动物个体大小的变化，有些种类的体长会因为水温的升高而显著缩小；也有些种类情况与之正好相反。

海水温度的改变还会导致浮游动物的空间分布发生改变。虽然浮游动物本身的运动能力较弱，但是借助海流的运动，它们可以进行大尺度的迁移。已有研究发现：在过去的50年里，大西洋东北部的一种暖水种的桡足类种群向北迁移的距离已超过1000公里。许多浮游生物都会对气候变暖产生响应，但是不同群落受到气候变暖的影响程度不同，这就会致使浮游生物群落乃至整个浮游生态系统的结构和功能发生改变。

（2）海水层化加剧的影响

海水层化加剧，可能导致浮游动物丰度下降、水母暴发频率增加，对更高营养级的海洋生物和人类生产、生活产生影响。相关的模型研究结果表明：世界海洋海水层化加剧将导致海洋初级生产力和次级生产力整体水平的下降。

（3）国内外的研究进展

到目前为止，英国已经累积了40多年英国附近海域浮游动物的调查数据，建立了至少4个浮游生物数据系统，在浮游动物长时间序列的观测方面处于世界领先地位。此外，智利、爱沙尼亚、希腊、哈萨克斯坦、拉脱维亚、土耳其、乌克兰等30多个国家也积累了20多年的浮游动物海区连续监测数据。

而中国在这方面与上述几个国家相比还有一定的距离，目前为止，尚未进行系统的浮游动物长时间序列观测。但中国在近50年来主要开展了3次大规模的近海域范围的综合调查，这几次大规模的调查项目均包含浮游动物的调查，这为我们今后的研究提供了宝贵的历史参考资料。

（三）气候变化对海鸟生存的影响

1. 气候变化对鸟类分布的影响

近年来大量的研究发现，许多鸟类的分布区在向北扩展，而且这一趋势正逐年增强。其原因可能是因为气候变化导致了这些地区气候带的普遍北移，引起了鸟类分布区的北移，这一变化可能会对鸟类的生活产生许多潜在的和负面的影响。鸟类能否及时适应原栖息地和新分布区生态环境和物种组成的变化，这一变化对入侵及土著鸟类的影响究竟有多大，这些问题都有待我们去进一步研究。另外，气候变化对于高纬度和高海拔地区的鸟类造成的影响可能会更大，因为鸟类向极地和山地顶部迁徙的距离是非常有限的。

2.气候变化对鸟类生存环境的影响

气候变化对鸟类生存环境的影响是多方面的。首先，它会影响植物群落的组成和结构。增温和二氧化碳质量浓度的增加对不同植物影响的差异会导致各种植物因耐受性不同而引起其竞争平衡被打破，植物群落的组成和结构会因此而发生改变。这种变化进而会影响到以这些植物和昆虫为食的鸟类。另外，气候变化往往还会加剧极端天气出现的频率，雷雨、大风、森林大火，干旱引起的森林、草原、荒漠及湿地面积的变化都会影响到鸟类的生存环境。

3.气候变化对鸟类迁徙的影响

气候变化对鸟类越冬影响的一个方面就是改变鸟类迁徙的时间、路线以及迁徙距离。例如，灰鹤在俄罗斯及中国东北繁殖，历史上它的越冬地在中国华南地区，而现在它们不仅在从前只是旅鸟的黄河三角洲越冬，而且在辽宁省瓦房店地区也发现了灰鹤的越冬种群。气候变化不仅影响鸟类大范围的水平运动，也同样影响山地居留鸟类的垂直运动，这种影响是气候变暖与其所引起的植物群落沿海拔变化共同作用的结果。

（四）气候对基岩海岸生态系统的影响

1.温度变化的影响

生活在基岩海岸潮间带的生物，由于周期性的暴露于空气中和水环境中，其生长发育等生命过程中必然受到气温和水温两种温度介质的影响，暴露在空气中的生物所处的环境通常比较恶劣，极端的高温或低温会对生活在该环境中的生物产生明显的筛选作用，对物种的存活率、生态分布起着决定作用。与气温相比，水环境要温和得多，且其对生物个体的大小以及物候期的长短和早晚起着重要作用。但近岸水域水深较浅，水温的波动主要受气候影响，因此，与近海以及大洋生态系统相比，气候变化对基岩海岸潮间带的环境以及生物的影响最直接，生物的响应幅度也更明显。

2.降雨、风力和水动力的影响

气候变化可能引起降水量发生改变，通过陆源径流流量的变化影响沿岸海水的盐度和浊度，进而对潮间带的植物和动物产生影响，导致沿岸生态系统的物流和能流发生改变。而气候变化引起的风暴潮发生频率和强度的改变，可能导致基岩海岸生物的丰度和群落结构发生重大变化。例如，喜欢平静条件的墨角藻目前在新西兰东北部大量分布，估计和这一地区由于气候变化引起的风暴潮发生频率和强度的减弱有直接的关系。

3.UV辐射增加的影响

众所周知，紫外线辐射强度的增加会抑制光合作用，破坏DNA。部分潮间带生物由于长期暴露于高强度的紫外线照射环境而建立了光保护机制，然而那些对UV抵抗能力较弱的种类在UV辐射强度增加的情况下可能会从潮间带消失，另外，藻类和动物的受精卵或幼体比较脆弱，对UV更敏感，因此，UV强度增加，可能引起幼体大量死亡或导致个体发生变异。

（五）气候对珊瑚礁生态系统的影响

1.海水表面温度（SST）升高对珊瑚礁生态系统的影响

全球气候变化造成了SST升高，这一变化会使珊瑚更为接近其耐热极限。如果在这一进程中出现极端气候，气温升高超过均值（厄尔尼诺现象），那么珊瑚就会超过其耐热极限，产生白化。珊瑚的白化可以看作是对外界胁迫的一种响应。在过去的30年里，广泛的珊瑚白化事件，已经影响了世界上大部分地区，自1979年有科学文献记载以来，一些珊瑚白化事件及范围达几百甚至几千平方公里，这些事件是由比正常状态高的升温所引发的，并且可通过卫星监测海水表面温度的异常来预测。

2. 海水酸化对珊瑚礁生态系统的影响

海洋每年吸收了人类活动产生的33%的二氧化碳，并且从工业革命时期开始，海洋表面海水pH值下降了0.1，海水中的二氧化碳质量浓度的急剧增加可能引起海洋环境的巨大改变，尤其是对那些具有碳酸钙骨骼的生物。已有的研究显示了海水酸化的增加明显地降低了珊瑚有效钙化的能力，从而影响珊瑚个体的生长，使珊瑚在面对侵蚀时更加脆弱。而一些河口研究的数据则显示了目前那里的二氧化碳质量浓度是前工业时期的2—3倍，这一质量浓度所导致的海洋酸化会使得珊瑚在面对疾病、白化和风暴等灾害时更加难以恢复，而且酸化还可能会影响到珊瑚以及那些以珊瑚礁为主要栖息地的生物的生存能力。

3. 海平面上升、风暴强度变化对珊瑚礁生态系统的影响

目前，海平面的升高率对于珊瑚生长率的影响相对来说是较低的，因而对珊瑚种群的健康没有大的威胁。但是在因海水温度升高和酸化所导致的低生长率的作用下，如果珊瑚群落的增长一旦低于海平面上升的速率，那对珊瑚种群的状况则会发生质的变化。而风暴则可以通过直接的机械作用影响珊瑚礁，同时也通过影响河流来改变流向珊瑚的泥沙量。另外，较频繁的强风暴对珊瑚的影响也会加强，同时也会与其他因素（如海水温度升高和酸度）共同作用，进一步减少珊瑚群落、改变礁产物向净分解的平衡。

三、气候变化对湿地生态系统影响

大气中二氧化碳及其他温室气体（甲烷、一氧化二氮等）浓度的增加而导致全球变暖已成为世界各国政府、科学界及社会公众所关切的问题。全球变暖不仅使全球大气环流、气候带、洋流、风、降水、气温等气象气候因子出现明显的变化，而且对全球的生态系统、作物产量、社会经济乃至政治过程等都会产生一系列的影响。湿地作为地球上一种重要生态系统，其组成、结构、分布和功能等都与气候因子相关。因而，

全球变暖必将会影响到湿地生态系统（图4-3）。

图4-3　湿地生态系统

（一）气候变化对湿地功能的影响

气候是控制湿地消长的最根本的动力因素，气候变化对湿地生态系统的物质循环、能量循环、湿地生产力、湿地动植物、湿地的面积、分布和功能均会产生重大影响；同时，湿地消长会改变湿地生态系统，进而加快气候变化的速度，其中气温升高和降水变化是影响湿地分布和功能的主要气候变化因素。湿地因水循环的变化而受到不同的影响，其中包括降水、蒸发、散发、径流和地下水补充与流动的变化。这些变化影响到地表水系统和地下水系统，也影响到湿地需求、家庭供水、灌溉、水力发电、工业用途、航运和观水旅游。

气候变化预计将加剧全球水循环，影响到地区和季节的水分分布和水供给。最脆弱的地区之一是降水主要依赖冬季降雪、而河流多半来自春夏季融化雪水的地区。在这些地区，温度上升可能导致冬季径流增加，春季水流减少。在有些这类地区，意味着晚冬时节水灾可能增加，需求高峰期灌溉用水减少。然而径流的变化不仅取决于降水的变化，也取决于集水区的自然条件和生物条件。水流和水位的变化对内陆湿地有着严重影响。干旱和半干旱地区对降水变化尤其敏感，因而降水减少可以大大改变湿地面积。

湿地最为基本的功能之一是为动物提供终年的居住环境，还是一些候鸟越冬的生境（取决于湿地的地理位置），因而湿地生物多样性也将受到全球变化的影响。但是，由于气候和水文要素的时空变异性，地质地貌的区域差异，湿地中的生物群落存在着极为明显的时空分异性，各地湿地生态系统功能对全球变化的响应也表现出极大的区域性。在一些湿地，气候变化引起的生物群落的变化，可能导致一些种群的变化（如有的种群可能会逐渐消失，有的种群则会产生新的变种）。例如，在塞舌尔，小面积湿地的丧失，可能造成当地爬行类和小型鸟类的灭绝。在半干旱地区，鸟类对于湿地的依存程度存在着明显的年际变化，这主要取决于区域年降水量。如果塞舌尔西部的湿地变干，一些依赖湿地生存，而且相对容易迁移的鸟类将会东移，例如迁移至尼日尔、尼日利亚、喀麦隆、乍得等国。由于湿地，尤其是温暖地区的季节性湿地，为许多严重疾病，如疟疾、丝虫病、血吸虫病等的病媒的繁殖和生长提供了栖息地，所以温度的升高和季节湿地分布的变化将改变这些疾病的时空分布。全球温度升高可能使湖泊和河流水温变暖，影响最大的是高纬度地区，那里的繁殖率将增加；还有低纬度冻冷物种交界地带，那里的物种灭绝数量将最多。对微小的温度变化都十分敏感的稀有、濒危植物和动物，常常找不到其他的替代生境，在山区湿地的隔绝带尤其如此。

预计亚洲北部大规模土层减少，可能会导致北部覆盖泥炭地的减少，从而造成大量的二氧化碳和甲烷不断释放到大气中。同样，预计蒸发量的增加和降雨量的变化也可能对热带泥炭地产生不利影响。冻原和极地地区温度上升预计将导致永久冰冻层融化，造成其面积和深度缩减。这将引起生物残体分解量增加，使更多的二氧化碳流入大气层，并可诱发促使湿地排放甲烷的变化过程。此外，冻原湿地的变化预计导致植被区向北移动。

与湿地相关的农业生产也会受到气候变化的影响。在亚洲的热带地区，微小的升温就会对水稻产生不利影响，而印度水资源短缺将可能超过二氧化碳增加的效益，可以预料水稻产量收益下降。亚洲水稻面积的变化将相应地改变甲烷的释放，这对水稻的生长具有重要的影响。

（二）气候对湿地面积和分布的影响

虽然目前科学家还无法精确估算未来气候变化情景下全球湿地面积和空间分布的变化，但确信气候变化一定会造成全球湿地面积及其时空分布的变化。Brock和VanVierssen曾经研究欧洲南部半干旱地区，水生植物为主的湿地生态系统对气候变化的响应，结果表明，气温升高3℃—4℃，适应于水生植物生长的湿地面积在五年之内将减少70%—80%，这说明干旱半干旱地区的湿地对全球变暖是极为敏感的。Poiani和Johnson曾经研制了一个水文和植被的响应模型，来分析美国大平原地区半永久性湿地范围对全球变化的响应，他们利用GISS（Goddard In stitute for Space Studies）、GCM 模型的输出结果（即气温升高3℃—6℃，降雨从减少17% 到增加29%），进行11 年模拟，结果表明，在目前的气候状态下，湿地面积将增加3%；但在温室气体气候情景下，湿地面积将减少12%，开放水域的面积也由模拟初期的51%，降至第四年的0。张翼等曾经研究气候变化对东北地区植被分布的可能影响，在六种气候情景下，东北地区草本沼泽的面积都在减少。气候变化对北方泥炭影响的另一种可能是高温将使永久冻土融化。如果温度增加2℃左右，北半球冻土的南部边界将北移。这不仅改变区域的水文和地貌特征，而且与碳循环的过程和速率有关，特别是在极地、亚极地区域，因为冻土是维持此地区生态系统中水位的重要因子。

在遭受气候变化影响的同时，湿地也面临着日益严重的人类活动威胁。中国湿地面积大约有$710×10^7 hm^2$，占国土面积的216%，其中包括$111×10^7 hm^2$沼泽，$112×10^7 hm^2$湖泊（自然及人工），$211×10^6 hm^2$滩涂和盐沼地，以及$312×10^7 hm^2$的稻田。受人类活动和气候变化等各种因素的影响，湿地面积已大大缩小。Scott 等人收集的资料显示，中国71% 的湿地都已经受到人类活动的威胁，39%的湿地将受到日益严重的威胁。农业开垦和城市开发是中国湿地面积减少的主要原因，珠江三角洲、长江中下游平原的湿地，自古以来就是开垦种植水稻的对象；三江平原的湿地目前正是开垦的对象。据估计，中国天然的湖泊已从50年代的2800个下降到80年代的2350个，其面积减少了11%。水土流失引起河床和湖泊的泥沙淤塞，也造成湿地面积的减小，这不仅仅发生在中国北方，而且在南方地区也非常严重，如洞庭湖每年约有$112×10^7hm^2$的泥沙沉积湖泊，致使这个原为中国最大的淡水湖由20世纪初的4350平方公里萎缩到现在的2500平方公里左右。水污染也是人类活动对湿地影响的一个重要方面，快速的工业发展意味着污染的不断加剧，对湿地质量的威胁也就越来越大。对湿地生物资源的过度利用和不合理开发，严重破坏了湿地生态系统的平衡和湿地生物多样性，许多湿地的生物量因此大幅度下降。

（三）气候对水文和浅水湖、内陆湖的影响

全球气候变化不仅使得降水、气温、云量等气候参数发生明显变化，而且会对全球水文循环过程和区域水文情势产生深刻的影响。最近国内外的研究都表明，区域水资源状况与降雨、气温等之间是一种非线性的关系，也就是说相对较小的降雨和气温变化将导致水资源状况的较大变化，例如若降水量减少10%，气温增加2℃，河川径流量一般要减少15%—35%左右。施雅风等人的研究表明，自50年代以来，中国西北地区的内陆湖绝大部分均向萎缩的方向发展，有的甚至干涸。除人类活动影响外，暖干化的气候是重要的原因。如果未来气候变暖，而河川径流变化不大的情景下，平原湖泊由于水体蒸发加剧，将会加快萎缩，并逐渐转化为盐湖。湿地生态系统水文情势的改变，也将会对湿地生态系统的生物、生化、水文等功能产生影响，继而影响湿地生态系统的社会和经济功能。但是，由于湿地类型复杂，各种类型湿地水分状况存在明显差异，各地区区域水资源情势对全球变暖的响应亦明显不同等原因，湿地生态系统对全球气候变化不仅表现出明显的区域性，而且在同一区域，

不同湿地类型的响应也不尽相同。许多研究都表明，水文参数是控制湿地生态系统结构和功能的关键因子，因此湿地水文情势的变化必然会影响到湿地生态系统结构和功能的时空格局。

（四）海平面上升对沿海湿地的影响

全球变暖将会影响到海洋的热量收支状况，从而导致海平面上升，极地和高寒地带冰川由于全球变暖而加大融化的力度。海平面上升，将会对沿海岸地带产生极大的影响，例如有的地带可能会被淹没，一大批城市、农田、道路等将全遭到破坏，海水倒灌将会引起严重的环境污染等。沿海地带的湿地系统，无论其分布和面积，还是其结构与功能都将会随之发生很大的变化。海平面升高有可能使沿海湿地分布状况发生极大变化。咸及微咸的滩地、红树林和其他沼泽会在水淹和冲蚀中消失；其他湿地将会变性或向内陆移动。这些沿海湿地作为野生动物栖息地的价值将削弱，生物多样性也会减少。

湿地对沿海地区的生态和经济是至关重要的，它们的生产率等于或超过任何自然或农业系统。湿地还起到净化污染物和一定程度上阻拦洪水、风暴和高潮的作用。无疑沿海湿地的变化必然影响人类社会和经济的发展。气候变化和海平面上升，以及风暴和风暴潮的变化会侵蚀河岸、增加港湾和淡水区的盐度、改变河流和海湾的潮汐范围、影响沉积和营养物的输送并增大沿岸洪涝灾害的频率。一些沿海湿地，如咸水沼泽、河口三角洲等目前和未来正受到特别的风险，而这些系统的变化又会对旅游业、淡水供应、渔业、生物多样性产生重大的负面影响。

（五）气候对湿地土地利用格局的影响

气候变化可以改变湿地景观的外观特征。大尺度上的气候因素为景观格局提供了物理模板，气候因素通常决定景观在大范围内的空间一致性。气候变暖引起的海平面上升可能使得沿海地区的湿地景观被海水淹没，同时气候变化会对土壤的发育过程及土地利用格局产生影响。

湿地的土地利用覆盖类型间的斑块、廊道或基质的空间结构受到了较多的关注。赵锐锋等研究得出位于干旱区的塔里木河中下游地区湿地随来水量的变化剧烈变化，由于下游来水量的减少造成了湿地的萎缩，原来大面积的湿地被分割成许多较小的斑块。刘宏娟等应用CGCM3未来气候模型与fragstats软件计算了气候变化对大兴安岭北部沼泽景观格局的影响，结果表明沼泽在气候变化的影响下分布趋于破碎化，由边缘向中心收缩，斑块的形状趋向于简单化。Xiao等选择Shannon指数、Simpson指数、Contag指数和Ai指数研究了1990—2007年若尔盖湿地景观格局的变化，认为在气候及人为的共同作用下若尔盖整体的陆地化过程呈现加速的趋势。

此外，不同的湿地景观的土壤有机质成分不同，由于湿地土壤碳的高积累性和还原性，使其具有物质"源汇"功能、"养分库"功能、"净化器"功能等，在大气调节和污染物净化方面发挥着重要作用。因此在气候变化对湿地土地利用格局产生影响之后，碳循环将随之改变。许多研究表明，由于冻土可以将大量的温室气体束缚其中，随着气候变化的影响，寒区湿地已成为重要的温室气体排放源。

衡涛等以野外控制试验方法分析高寒草甸土壤碳和氮及微生物生物量碳和氮对温度与降水量变化的响应趋势，结果表明高寒草甸土壤碳、氮及微生物生物量碳、氮对温度和降水量变化的响应，不仅受温度和降水量变化交互作用的影响，同时与土层有关。张文菊等采用室内模拟试验研究了5个水分梯度下两种湿地沉积物有机碳的矿化特征，结果表明泥炭沼泽湿地积水环境的减弱将会加速其有机碳的矿化，造成湿地有机碳的大量损失。葛振鸣等从"土壤—植被—大气"连续体碳流过程监测、涡度相关法碳通量监测、植物生长控制实验、"湿地碳循环—气候变化"生态过程模型构建、多方数据源校正等方面，总结了全球气候变化条件下长江河口湿地碳库动态的研究方法。

湿地土地利用格局改变将影响许多生态过程，如动物迁徙、地表水的流动、侵蚀、入渗、地下水NO_3含量、土壤P素水平、盐渍状况、物种多样性以及干扰传播或边缘效应等，湿地生态系统的初级生产力水平也会随之变化。葛振鸣等根据对九段沙湿地食物资源调查，计算了迁徙期鸻形目鸟类的环境容纳量，指出有效栖息地的缺乏可能是限制鸟类数量达到估计上限的主要原因。

四、气候变化对微观生态系统影响

（一）气候对土壤微生物群落的影响

1. 二氧化碳浓度升高使土壤有机质更难分解

二氧化碳浓度的增加可能使土壤有机质更加难于分解，因此，一方面，微生物会通过增加酶的分泌，例如多酚氧化酶和过氧化酶，以降解这些相对更难分解的土壤有机质；另一方面，微生物可能会因为受到环境中可摄取有机质来源的胁迫而改变群落结构及多样性。一般认为，微生物群落中真菌是土壤难分解有机质的主要降解者，因此，二氧化碳浓度增加将会导致微生物群落真菌优势度的提高。Carney等研究表明，大气二氧化碳浓度增加提高了土壤多酚氧化酶含量和真菌/细菌比值，且土壤多酚氧化酶含量与真菌的丰度正相关。Kandeler等的实验结果也表明，真菌的特征脂肪酸含量从二氧化碳浓度升高的第三年开始增加，到第五年增加了60%左右。

2. 二氧化碳浓度增加使草地植被的地上和地下生物量及根系分泌物增加，土壤易分解有机质含量增加，而这有利于细菌，特别是革兰氏阴性细菌的生长。Drigo等利用RNA稳定同位素探针等分子技术手段进行研究表明，在生物界和大气碳氮循环中起到重要调节作用的丛枝菌根真菌对大气二氧化碳浓度增加的响应与根际真菌和细菌群落的变化密切关联，二氧化碳浓度增加使土壤中能够利用根系分泌物的微生物种群迅速增加。Drissner等的研究表明，二氧化碳浓度升高促进土壤细菌香农指数（Shannon-Wiener指数）升高，并使革兰氏阴性细菌比例显著增加。Montealegre 等对土壤微生物PLFA结果分析也得到了相似的研究结论。另外，二氧化碳浓度增加会使黑麦草（Lolium）地上部分从土壤有机质中获取矿质氮的比例增加，土壤环境中的C/N比值得到改善，这将利于细菌，特别是革兰氏阴性细菌的生长。

二氧化碳浓度升高还可能通过植物间接改变土壤理化环境，对在碳氮循环中起到重要作用的功能菌群产生影响。如在相对湿润的草地中，二氧化碳浓度升高促进植物生物量及根际沉积物与分泌物的增加，微生物则需要消耗更多氧气分解这些有机质，形成缺氧环境。与此同时，有机质增加能够提供更多自由电子，这些都十分有利于促进反硝化作用及反硝化细菌的增加，而不利于氨氧化细菌及氨氧化古菌的生长。

此外，二氧化碳浓度升高能够改变植物种群丰富度，进一步对土壤微生物产生间接影响。其主要机制可能是，高二氧化碳浓度利于高纤维低氮植物生长而不利于低纤高氮植物，导致土壤中凋落物的C/N比升高。而高C/N比有利于真菌生长，低C/N比有利于细菌生长。

3. 二氧化碳浓度升高对于微生物群落多样性的直接影响

鉴于IPCC（政府间气候变化专门委员会）曾经提出利用地壳可以大量存储二氧化碳这种可能性来储存人类排放在大气中的二氧化碳，较大幅度的二氧化碳浓度升高有可能对土壤微生物群落多样性产生直接影响。Oppermann等从土壤中增加二氧化碳浓度这一独特角度研究了土壤二氧化碳浓度较大幅度升高对土壤微生物的直接影响。研究发现，土壤高二氧化碳浓度使土壤古菌和细菌大量减少，而在对照土壤中不多见的产甲烷古菌、地杆菌及硫酸盐还原细菌则显著增加。在长期的高浓度二氧化碳条件下，土壤微生物群落向厌氧和嗜酸的群落组成方向转变。

然而，另一些研究结果显示，在草地生态系统中，二氧化碳浓度升高未对土壤微生物群落多样性产生显著影响。造成不同结果的可能原因主要是由于试验设计、试验土壤理化性质以及植物种类不同等的影响。地表植被的不同导致凋落物质量、根生物量、有机质转化率、根系分泌物、植物对土壤氮素质和量的需求等的差异进而对土壤微生物产生重要影响，进而导致土壤微生物群落多样性对二氧化碳浓度升高的响应不一致。

（二）气候对湿地微生物群落的影响

IPCC 第四次评估报告指出：1906—2005 年的近100 年来全球变暖的增幅为 0.74 ℃，全球变暖的趋势并没有得到有效控制。据预测，21世纪全球气温很可能继续攀升1.4℃—5.8℃。水热条件是生物生长和土壤肥力的基本因素，气温上升会改变微生物的生存环境条件，进而对土壤微生物群落多样性产生重要影响。

1.气温上升改变土壤微生物的水热环境条件

气温上升会提高地表土壤温度，加速地表水分蒸发和植物蒸腾作用，使土壤水分流失增加，降低土壤含水量。Niu等运用红外加热方法使土壤温度增加了1.39 ℃，土壤体积含水量则下降了1.34%—1.72%。气温上升直接改变了土壤水分温度条件，可能会进一步使土壤微生物群落多样性发生改变。由于真菌本身的丝状结构特性等，真菌比细菌对增温造成的温度和水分胁迫具有更强的抵抗能力，因此，气温上升可能会利于真菌生长而抑制细菌生长。然而，也有研究认为，微生物生长代谢的最佳温度范围较广，而未来全球平均气温上升幅度相对较小，其影响有可能被微生物自身的调解能力所缓冲而消失，对微生物本身也不会产生很大的影响。

2.气温上升改变与土壤微生物密切相关

气温上升能够改变植物群落组成和植物的生长速率，从而影响到土壤有机质的质和量以及土壤养分状况，进而对土壤微生物群落多样性产生影响。气温上升能够促进植物的生长，然而这种促进作用对土壤微生物可能会出现两种截然不同的影响。首先，气温促进植物生长，使凋落物、根系分泌物和细根周转率提高，土壤碳输入增加，利于细菌生长；其次，气温上升也将加速植物对矿质养分特别是氮素的吸收，降低土壤中可利用氮素的含量，加剧植物与土壤微生物之间对氮素的竞争，土壤环境C/N比值较高，利于真菌生长。Zhang等通过对收获与不收获地表生物量的高草草地分别进行外部加温试验发现，增温使未收获处理土壤中细菌/真菌的磷脂脂肪酸（PLFA）比值降低，提高了土壤微生物群落中真菌的优势度。然而，在收获处理的土壤中，地表裸露使其受到增温的影响更大，却未发现微生物群落结构显著改变。这表明增温带来的温度和水分胁迫对土壤微生物的直接影响比增温通过植物间接作用于土壤微生物产生的影响小得多。

3. 气温上升改变草地土壤功能菌群多样性

针对在物质循环不同阶段中执行特定功能的主要功能菌群对气温上升的响应也开展了一定的研究。例如Pankratov等的研究发现，环境温度升高有选择性地使哈氏噬纤维菌（Cytophaga hutchin-sonii）优势度增加，而哈氏噬纤维菌主要分解纤维素中的微纤维部分。Malchair等指出气温升高3℃导致土壤中氨氧化细菌群落结构发生转移，其丰富度下降，然而研究结果未能证明这种变化是来自温度的直接影响，还是通过影响植物带来的间接影响。Horz等对加利福尼亚北部一年生草地的甲烷氧化菌（Methanotrophs）研究发现，气温升高显著增加了甲烷氧化菌Ⅰ型菌群的相对丰度。目前，有关气温升高与土壤功能菌群间关系的研究还不多见，且对碳氮循环过程中不同功能菌群的系统研究不足，应在未来的研究中加强这方面的工作。

此外，也有研究表明气温升高对土壤微生物群落多样性无显著影响。Kandeler等研究指出，气温升高使细菌PLFA的生物量仅仅在试验后期增加，而真菌PLFA生物量从开始阶段就有显著提高，但是研究却未发现温度对细菌/真菌 PLFA比值的显著影响。Bardgett等也发现气温升高虽然使微生物的PLFA生物量增加，却未显著改变细菌/真菌PLFA 比值，其主要原因可能是地下微生物群落结构的变化不受到大气温度升高的直接影响，而气温上升也未在试验期内对根生物量和土壤易分解有机碳产生显著影响。

有研究表明气温上升对土壤微生物群落结构及多样性的影响可能会受到实验地点纬度的影响。Wu等对具有不同成土历史条件的土壤在不同温度下培养后发现，温度升高使土壤中PLFA总量减少，土壤微生物群落结构发生改变，且位于最高纬度的土壤发生的改变最大，最低纬度的最小。米亮等也发现温度对土壤微生物群落结构影响受纬度影响，但认为较低纬度的土壤微生物群落结构对温度的响应比高纬度更加敏感。

（三）气候对草地微生物群落的影响

近几年来，全球变化导致区域性降水增加，极端降水事件频发。尽管未来气候变化研究存在较多争议，预测结果并不完全一致，但是大多数气候预测模型预估中国21世纪气候将会变湿。

1. 降水变化对草地微生物群落的短期影响

降水对土壤微生物群落多样性的影响主要包括短期影响和长期影响。降水在短时间内形成干湿交替，可能会使不能适应环境中水势快速变化的微生物种群迅速减少，从而导致微生物群落中某一或某些微生物种群的消失。微生物对干湿胁迫的适应性主要是由微生物本身的细胞壁特征所决定的。细胞壁厚实坚固且原生质对外界环境变化适应性强的微生物类群，例如，革兰氏阳性细菌及真菌具有较强的渗透压调节能力和适应能力，因此可以适应土壤水势的快速变化。而革兰氏阴性细菌则更适合生长在水分管理更好的条件下。如Bapiri等研究表明，干湿交替循环对土壤真菌没有显著影响，而显著降低细菌生物量，导致细菌/真菌比值降低。然而，也有研究表明，频繁的干湿交替环境还可能会选择那些生长快速的微生物存活下来，这些微生物能够利用水分变化之后所释放的活性有机质得以迅速生长。与上文所述结论不同的是这些微生物通常属于革兰氏阴性细菌。Thomson等对草地土壤进行干湿处理后发现 α -变形菌（Alphaproteobacteria）和 γ -变形菌（Gammapro-teobacteria）相对丰度增加，而变形菌门细菌均属于革兰氏阴性细菌。

此外，降水增加降低了土壤气相比例，使土壤中氧气等气体减少从而对某些功能菌群产生直接影响。例如，Horz等指出，土壤水分增加较多的情况下不利于氧气在土壤中的扩散，从而降低氨氧化细菌的丰度，而Horz等在加利福尼亚的另一项研究同样发现降水增加后使甲烷在土壤中的扩散受到抑制，降低甲烷氧化菌的相对丰度。但也有研究表明，降水发生后的短时间内未发现草地土壤微生物群落结构的显著变化。Fierer等对草地土壤在两个月内进行的15次干湿交替循环处理研究发现，草地土壤微生物群落结构未受到干湿交替处理的显著影响，其主要原因是试验土壤经常受到干湿胁迫，土壤微生物群落能够较好地适应干湿交替的环境。

2.降水变化对草地微生物群落的长期影响

降水对土壤微生物的长期影响主要是通过引起地上植被的多样性和生长状态以及土壤理化性质发生改变，促使微生物生长环境发生变化，进而影响到微生物种群结构的稳定性。当前有关降水的长期影响的研究不多，且未达成一致的结论。Castro 等研究表明，降水变化改变了变形菌（Pro-teobacteria）和酸杆菌（Acidobacteria）的丰度，降水的增加使酸杆菌丰度降低。酸杆菌适宜生长在养分较贫乏的生态环境中，因此降水增加使地上植被初级净生产力（NPP）上升，向土壤中输入的有机质增加，从而使酸杆菌丰度下降。而Cruz-Martinez等则指出，在进行了连续5年的降水试验后，降水增加使地上的植物区系和无脊椎动物发生了显著变化，却未对土壤细菌和古菌（Archaea）群落产生显著影响，接下来的两年延续试验也显示了同样的结果。这可能是由于土壤中微生物受到当地环境影响，本身产生了一定的对环境变化和植物变化的适应能力。

（四）氮沉降增加对土壤微生物群落的影响

近年来，由于化石燃料燃烧、含氮化肥的大量生产等人类活动的增强使得向大气中排放的含氮化合物激增，引起大气氮沉降大幅增加。据估计，过去一个世纪人为原因输入到陆地氮循环中的氮增加了约一倍。亚洲（中国、印度）、西欧、北美已成为世界三大氮沉降集中区，预计到2050年全球人为活性氮年排放量将达到2.0×10^8t。国内外关于土壤微生物对氮沉降变化响应研究起步较晚，且大多数研究集中于森林和农田生态系统，关于草地生态系统的研究相对较少，土壤微生物对氮沉降增加的响应机制也尚不明确。

1. 氮沉降增加对土壤微生物群落的影响机制

氮沉降带来的微生物群落的改变可能是由于氮输入增加导致土壤pH值降低造成的。Smolan-der等认为，施氮后尽管土壤有机质有所增加，但不易被土壤微生物分解利用，且土壤pH值下降，因而影响了微生物量的形成或导致微生物群落结构的改变。Kennedy等研究表明，添加氮使酸性草地土壤pH值（pH=4）平均下降了0.4，且添加氮使土壤中核糖体型显著减少。很多研究已经证明，土壤pH值显著改变微生物群落多样性，因此该研究中添加氮降低了土壤pH很可能是使土壤微生物群落多样性降低的原因之一。

此外，土壤微生物对氮沉降的响应与植物生产力及碳供应变化相关。在草地土壤氮素未达到饱和的状态下，植被生物量和凋落物通常随着氮沉降的增加而增加，土壤有机质含量和碳氮比升高，利于细菌生长。Bardgett等在草地不同植被下研究施氮对土壤微生物影响时发现，土壤微生物群落结构与多样性不仅与植被群落结构显著相关，也受到施氮的显著影响，与对照相比，施氮使土壤细菌/真菌比值升高。Frey等也指出施氮使土壤真菌生物量比对照组低27%—69%，施氮显著提高了细菌/真菌生物量比率。

2. 土壤微生物群落对不同水平及不同形态氮的差异

不同的氮输入水平和土壤氮水平背景对微生物群落多样性的影响存在差异。刘蔚秋等运用PLFA方法连续2年研究了氮沉降对土壤微生物群落结构变化的影响结果表明，在环境氮饱和的状态下，细菌会受到氮沉降的抑制，且真菌数量同样明显下降，总体土壤微生物丰富度下降。薛璟花等的研究则表明，施氮处理会促进土壤微生物数量增加，但这种提高作用仅发生在一定的氮素处理水平以下，施氮增加过多则表现为抑制作用。这可能是由于大气氮沉降对土壤 C/N比值产生影响，从而间接带来了土壤微生物群落组成的改变。此外，Yev-dokimov等研究发现，随着氮添加量的升高，代表真菌部分的相对丰富度增加，细菌/真菌PLFA比率显著下降；革兰氏阳性细菌受到高氮处理的显著影响，却没有发现革兰氏阴性细菌不同氮水平间的显著差异，随着施氮水平的提高，革兰氏阳性细菌/革兰氏阴性细菌（G^+/G^-）比率下降。另外，作为硝化过程中起到关键作用的氨氧化细菌和氨氧化古菌，在不同的土壤NH_4^+-N 输入水平下，各自的相对丰度也会不同，氨氧化细菌更于在高NH_4^+-N 的环境条件下生长，反之，氨氧化古菌则在低NH_4^+-N 环境条件下相对丰度较高。

氮沉降以不同形态输入到土壤中也会对微生物产生不同的影响。研究表明，多数丛枝菌根对土壤中氮素的利用以NH_4^+-N 为主，NO_3^--N 则对其表现出一定的抑制作用，因此不同形态的氮输入必然对草地土壤菌根菌产生不同的影响。Yoshida和Allen在加利福尼亚南部灌木草原的研究表明，大气氮沉降不利于丛枝菌根的生长，而在荷兰的研究则表明，大气氮沉降有利于丛枝菌根的生长，原因是前者大气氮沉降以 NO_3^--N为主，后者则以NH_4^+-N为主。DeForest等连续8年模拟大气氮沉降的田间试验结果表明，NO_3^--N沉降不仅会减少木质素分解菌的数量，而且会显著减少所有微生物的生物量，但不会影响细菌、放线菌、真菌的相对丰度，这与前面阐述的大气氮沉降会改变真菌/细菌比值的研究结论有所不同。

（五）气候多因素交互作用对微生物的影响

全球变化的各个因素在影响陆地生态系统过程中也存在着很强的耦合交互作用，这种耦合交互作用表现为协同或拮抗作用，它们对各个因素的生态效应共同产生复杂的影响。一般情况下，作为温室气体的重要组成部分，二氧化碳浓度升高造成气温上升；同时，二氧化碳浓度提高通常也会降低植物气孔导度，减少植物蒸腾作用，增加土壤含水量。土壤水分和温度是土壤环境中关系密切的两大因素：①土壤水分条件能够调节土壤温度，水分增加有效缓冲土壤中温度的剧烈变化；②土壤温度亦可以调节土壤水分条件，温度升高促进水分蒸发，减少土壤水分含量，反之亦然。大气氮沉降由于有相当部分是伴随降水而进行的（湿氮沉降），因此氮沉降过程势必受到降水的影响。总之，二氧化碳浓度、温度、水分及氮沉降间密切联系、相互影响，实际研究中应充分考虑不同因素间的交互作用。

在草地生态系统中，全球变化各因素间的交互作用可能会对土壤微生物群落多样性产生重要影响。Castro等研究温度、二氧化碳浓度和降水3个因素对土壤微生物群落的影响时发现，真菌丰度受到温度的影响，而细菌丰度受二氧化碳和温度的交互影响。

第二节 气候变化对可持续发展影响

一、气候变化对自然资源的影响

（一）对矿产资源的影响

由于矿业是一个依赖水资源的产业，特别容易受不断加剧的气候变化的影响。气候变化的负面影响可能引起生产停滞，效益损失和成本增加。此外，考虑到随着开采矿石的品位逐渐下降，开采和加工矿石对能源和水资源等相关资源的需求将会增大。而在很多边远地区，能源和水资源供给已经呈现短缺的趋势。这些影响很有可能导致矿产企业生产效率的降低。一些对中国投资拉美矿产资源有潜在影响的气候变化因素包括：气候变化对供水的影响：冰川融化是首要的考虑。以秘鲁矿产行业为例，接近90%的水消耗来自淡水，而绝大多数的淡水来自冰川。冰川提供秘鲁旱季（持续五到六个月）70%的淡水资源。冰川融化引起的水资源供给的不稳定性增加会对矿产生产的不同过程构成威胁。对Blanca山脉的研究显示这里的冰川已经从1930年的800—850平方公里退化到2000年的600平方公里。同时，降雨的改变也可以影响水资源的供给以及矿产企业的生产。比如，一场大型降雨和严重的水短缺都可以导致矿产企业生产生活的暂时关停，造成企业的重大经济损失。

气候变化对能源供给的影响：矿产企业的生产依赖于安全的能源供给。而由气候变化导致的能源安全风险在拉美地区显得格外重要，因为水电资源提供超过50%的拉美电力需求。在秘鲁，70%的能源供给依赖于水电资源。气候变化对于水电资源的负面影响是比较明显的：水流的改变可以直接影响到水电站的设计和运行；由温度升高导致的蒸发加强，使得水资源短缺的现象增加，从而进一步降低水电站的运行能力。

气候变化对矿产的影响：矿产运输贯穿整个矿产企业的生产链及销售链。从矿石的采选到商品的运输，由气候变化引起的极端天气的频率增加（如厄尔尼诺现象）都会对矿产运输带来不同程度的影响。港口管理对于在拉美的矿产企业生产很重要，因为大部分的拉美矿产品经由水路出口到亚洲、欧洲和北美。当遇到强风暴的时候，港口将不得不关闭。同欧亚港口相比，拉美港口相对较小，技术装备相对落后，抵御风暴的能力更低，风暴对其影响会更严重。2004年的IVAN飓风导致中国对牙买加铁矿的进口停滞了两个月。2008年的古巴IKE飓风也对中国从古巴进口镍矿产生了极大的影响。

（二）对水资源安全的影响

（1）气候变化对径流的影响

扣除重复计算量，中国多年平均年水资源总量为28124亿立方米，其中河川径流为主要部分，约占94.4%（图4-4）。气候变暖可能使北方江河径流量减少，南方径流量增大，导致旱涝灾害出现频率增加，并加剧水资源的不稳定性与供需矛盾。

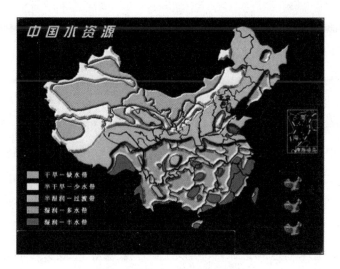

图4-4 中国水资源分布图

20世纪50年代以来，中国六大江河的实测径流量都呈下降趋势，北方部分河流发生断流，下降幅度最大的是海河流域，部分流段每10年递减率达36.64％，其次为淮河的三河闸，每10年递减率为26.95％；下降趋势最小的是珠江0.96％，另外长江宜昌下降1.01％、汉口下降1.46％、松花江下降1.65％。从地表和地下总径流量来看，除珠江流域和松花江流域呈总体上升趋势外，其他皆下降；其中海河流域下降幅度最大，每10年下降22.5％—23.4％；其次为淮河的三河闸，下降19.34％。

与此同时，局部地区洪涝灾害频繁发生，特别是1990年以来，长江、珠江、松花江、淮河、太湖、黄河均连续发生多次大洪水，洪灾损失日趋严重。预计未来50—100年，北方地区的部分省份年平均径流深度将减少2％—10％，而南方地区平均增幅却将达到24％，北方水资源短缺状况还将继续。

最近20多年来，北方干旱缺水与南方洪涝灾害同时出现，形成了北旱南涝的局面。进入20世纪90年代，干旱区向西南方向转移，黄河中上游地区(陕、甘、宁)、汉江流域、淮河上游、四川盆地1990—1998年的平均年降水量较多年平均偏少，气温偏高。同时，海滦河和淮河的年径流量也都明显偏少。北方缺水地区持续枯水期的出现，以及黄河、淮河、海河和汉江同时遭遇枯水期等不利因素的影响，加剧了北方水资源供需失衡的矛盾。

（2）气候变化对蒸发的影响

蒸发是水循环中的重要组成部分，它与降水、径流一起决定着一个地区的水量平衡。在降水量变化不大的情况下，气温升高将直接造成蒸发量加大。气温一般是通过蒸发间接影响区域水量平衡。当全球平均气温升高时，陆面水体的蒸发量也会增加。但研究结果表明，近50年来黄淮海流域蒸发量的减少十分显著，其变化速率一般在50毫米/10年，平原地区最大变化速率达80毫米/10年以上。蒸发量下降最明显的季节是春季和夏季，其中春季减少最大区域主要在海河流域的东南部和黄河下游，而夏季减少最大区域主要在淮河流域。中国年平均蒸发皿蒸发量约为1629毫米，四季均表现出显著的下降趋势，其中夏季最为显著。蒸发量的变化趋势及变幅随季节及地区的不同而不同。造成蒸发量下降的主要原因是辐射、气温日较差、风速及饱和差的减小。其中气温的升高使蒸发量增加，风速、实际水汽压及日照时数的减小使蒸发量下降，四个因子共同作用使平均年总蒸发量以34毫米/10年的速度下降

（3）气候变化对雨量分布的影响

受气候变暖影响，与水资源有关的气候变量也将发生显著变化，尤其是降水变化对水资源有着重要影响。IPCCAR4最新模式预估表明，中国地区未来降水变化较为复杂。在2040年以前，中国地区年平均降水主要呈波动起伏变化，在某些年份甚至会出现减少的趋势；但2040年以后，降水开始持续增加，到21世纪末降水将增加8％—10％。

从地理分布上看，2040年以前，中国地区总降水虽无明显的增加趋势，但降水分布可能发生重要变化，主要表现为北方降水增加，南方降水减少，这预示着未来几十年中国降水分布可能向北方移动，中国目前夏季降水的"南涝北旱"形势可能随着气候变暖向"北涝南旱"转变。

从整个21世纪来看，中国降水整体上将呈增加趋势，降水增加幅度华北地区最大，东北地区次之，华南地区最小，其中华北、东北和西北地区的降水增加大于全国的平均值，华南和西南地区降水的增加低于全国平均值。

强降水的变化和局地旱涝密切相关。在全球变暖背景下，总降水量增大的区域其强降水事件极可能有明显增加的趋势，即使平均总降水量减少或不变，也存在着强降水量及其频次的增加现象。区域模式模拟表明，未来中国地区北方降水日数将显著增加，在南方部分地区也将显著增多；21世纪后期(2071—2100年)≥40mm/d的降水发生频率有显著的上升趋势，而<40mm/d的降水频率变化不大，暴雨和大暴雨等强降水事件发生频率的上升趋势尤为显著。总的说来，气候变暖可能会导致中国地区局地尺度强降水事件增加。

未来气候变化将对中国水资源产生较大影响：一是未来50—100年，全国多年平均径流量在北方的宁夏、甘肃等部分省(自治区)可能明显减少，在南方的湖北、湖南等部分省份可能显著增加，这表明气候变化将可能增加中国洪涝和干旱灾害发生概率；二是未来50—100年，中国北方地区水资源短缺形势更趋严峻，特别是宁夏、甘肃等省(自治区)的人均水资源短缺矛盾可能加剧；三是在水资源可持续开发利用的情境下，未来50—100年，全国大部分省份水资源供需基本平衡，但内蒙古、新疆、甘肃、宁夏等省(自治区)水资源供需矛盾可能进一步加大；四是径流平衡矛盾可能更加突出，预计未来50—100年，北方地区的部分省份年平均径流深减少2%—10%，而南方地区平均增幅达24%，北方水资源短缺状况还将继续。预计2050年西部冰川面积将比20世纪中期减少27%，冰川融水将使河川径流季节调节能力大大降低。

（三）对土地资源的影响

（1）全球气候变化与土地利用及覆被

国际地圈—生物圈计划(IGBP)的核心研究项目"全球变化与陆地生

态系统（GCTE）"以及"土地利用/土地覆盖变化（LUCC）"，已成为当前国际上全球变化研究中最为活跃和不断扩展的项目。土地利用的变化能够直接改变地表覆盖状况，影响与气候直接相关的地表与大气之间的能量和水分交换，土地利用变化还通过土地覆盖的改变而直接影响生物多样性和区域的水分循环特征，改变生态系统的结构、组成并影响生态系统的功能。

中国是世界上人均耕地资源较少的国家，而且耕地资源数量日渐减少，土地质量不断退化。近些年来，关于全球变化对陆地生态系统的影响已经进行了大量的研究，但是有关土地利用和土地覆盖的变化对全球气候变化的反馈作用研究则甚少。土地利用和土地覆盖在很大程度上取决于地表植被状况，由地表植被组成的生态系统在全球变化的生物地球化学过程中起着非常重要的作用。全球环境的变化必将影响地表植被分布，从而影响到土地利用和土地覆盖，最终导致该地区水分循环和热量循环的改变。而气候，甚至于地球上的植物和动物都是水分循环与热量循环的结果。可见土地利用和土地覆盖的变化也反作用于气候系统。土地利用和土地覆盖的变化对于气候的反馈可能加快或减缓全球气候的变化。

（2）气候变化与中国的荒漠化

气候变化加速中国国土质量的下降。一个国家的领土如果减少了，无论出于何种原因，毫无疑问属于国家安全问题，因为国民的生存空间减少了。一个国家的领土即使没有减少，但如果土地质量严重下降，变得不适宜人类生活和生产了，同样意味着国民的生存空间被压缩，实质上等同于领土面积的减少，也应被视为国家安全问题。中国的荒漠化（图4-5）就属于这类问题。

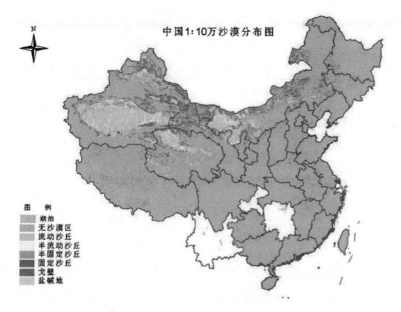

图4-5 中国沙漠分布示意图

　　研究表明，影响中国荒漠化发生和发展的因素很多，其中气候变化是影响荒漠化的主要因子之一。尤其是水分平衡变化会对荒漠生态系统产生一定的影响，主要通过气候变化对旱地土壤、植被、水文循环的影响，进而改变荒漠植被、荒漠化的范围、发展速度和强度等，在大范围内控制着荒漠化的扩展与逆转过程。当降水量减少，地表土壤干燥，原生植被退化，风沙活动强烈，长期积累的有机物质、水分和粘粒物质逐步降低，土壤受侵蚀，则荒漠化扩展；降水量增多，地表土壤含水量增加，沙漠化土地逐步向生草化、成土作用过程发展，植被生长繁衍，植被种类增多和盖度提高，使地表侵蚀速率降低以致消失，有机质、养分和粘粒物质逐步增多，并形成积累，则荒漠化逆转。

　　有关研究显示，中国西北干旱区沙区沙漠化面积在扩大。沙区人口稀少，受人类活动的影响比较少，自然气候变化对沙漠化起着决定性的作用。即使未发生气候变化，在现有的气候条件和没有人为干扰的情况下，沙区沙漠化进程也不会停止，人为干预只能调节其进程的速度。从沙漠化的主导因素来看：沙区以自然因素为主，由于主风的作用，沙漠前移也不可避免。西北干旱区气温都有增加趋势，而降水量除了河西走廊变化不大外，其他地区都有增加趋势，虽然降水量增加，但是温度升高明显使干旱加强，荒漠边缘流沙面积明显扩大，这必然导致沙漠化的易发和其进程的加速。

近年来古尔班通古特沙漠流动沙丘年均增长430.8平方公里。塔克拉玛干沙漠1999年沙漠化面积较1994年增加了1667平方公里，年均增长333.8平方公里。近50年来，由于塔克拉玛干沙漠、河西走廊沙漠区和柴达木沙漠区气候变暖，蒸发量增大，使干旱危害加剧，这必然导致沙漠化的易发和其进程的加速。

自20世纪50年代以来，中国内蒙古的毛乌素地区沙质荒漠化面积不断扩大，其原因正是由于降水量减少，气候干旱频率增加引起。自1956—2004年以来，环青海湖地区的年均气温呈缓慢升高趋势，年均增温率为0.262℃/10年，明显高于全国年平均增温率（0.208℃/10年），而年降水量没有明显的变化趋势。受暖干气候的影响，1956—2000年，环青海湖地区土地沙漠化趋势加剧，沙漠化土地净增面积1194.92平方公里，平均年净增27.15平方公里。而且，随着时间的推移，年增长率逐渐升高，到20世纪90年代末，年增长率已从50年代至70年代的0.60%升至3.92%。此阶段土地沙漠化已处于强烈发展阶段。

依据荒漠化现状和中国未来年平均气温升高的趋势及多年来的气候资料，有学者对全球气候变暖对中国沙区荒漠化的发展趋势做了预测。慈龙骏等人的研究结果表明，20世纪90年代，中国荒漠化气候类型区（包括极干旱、干旱、半干旱和亚湿润干旱区）的面积为325.55943万平方公里，预测到2030年时，二氧化碳倍增，气温升高1.15度时，荒漠化气候类型区面积净增加18.4023万平方公里，年均增加4600平方公里，到2056年则又新增加17.50243万平方公里，年均增加6731.7平方公里。这意味着随着全球气候变暖，中国未来荒漠化气候类型区和荒漠化面积将继续扩大，区域干旱化程度仍将进一步加剧。董光荣等学者则做了更长时段的预测。他们根据中国北方沙区气象台站降水、气温变化以及气温与降水之间的关系，通过冰芯、树轮等资料的订正，建立了沙区降水、气温回归统计预报模型，对未来80年自然荒漠化发展趋势进行了预测，认为温室气体增暖效应与各沙区气温、降水之间存在相关性。其中温室气体增暖效应与北方沙区、西北部沙区、东部沙区气温变化呈正相关，与中部沙区气温变化呈反相关，与西部沙区气温变化关系不明显。增暖效应与北方沙区、西北部沙区降水呈负相关，与其余沙区降水呈正相关。尽管各沙区气温、降水变化趋势有一定差异，但就整个北方沙区来讲，气温升高，降水减少，未来80年自然荒漠化仍有扩展趋势。

二、气候变化对现代农业的影响

（一）气候变化与食品安全

气候变化将直接影响种植业、畜牧业，并通过病菌和病毒传播影响食品加工、运输、储藏，将对人类和健康构成潜在威胁。

（1）对种植业的影响

就种植业而言，食品生产系统，包括土壤质量、作物产量以及相关的生物环境，气候变化对任何一个因素的影响可能引起整个系统的变化。根据目前的认知来推断，未来一些地域因年降雨量的减少而降低作物产量；气候变化通过对作物品种的地域适应性以及植物害虫波动的影响，将改变栽培作物的生物地理适应性，并对种植业构成主要以负面为主的影响；干旱期延长和温度的升高也许将引起作物生长期和生命周期缩短；对于一个特定局域来讲，作物种植期和收获期都可能改变，导致已有作物品种的变异；同时，海平面上升和沙漠化也会使作物种植面积下降。

从土壤质量方面分析，气候变化引起的泥石流和侵蚀将使土壤质量恶化。温度升高和强降雨事件都可能导致土壤矿物质，尤其是土壤侵蚀强度增大，也许会大幅度降低矿质元素的植物有效性。但由于植物生长与矿物学、理化反应、微生物、降雨和温度之间的复杂关系和不确定性，评价气候变化对植物生长的影响具有很大的挑战性，更深层次上的理解还需深究土壤矿物质的构成与各种气候因素、水文因素之间的交互作用，以及次级矿物特征与侵蚀产物、土壤微生物的分布与土壤理化性质相关性。

在土壤中，营养成分和痕量元素的浓度和组成，以及在土壤中的移动性，一定程度上受到各种气候和水文因素的制约，植物吸收这些营养和痕量元素的数量是土壤性质和生物因素共同作用的结果，例如铁，是植物必需元素，但由于其较低的水溶性常常限制了植物的利用度，迫使植物从进化策略上，比如根区释放含铁细胞流出液进行适应。微生物对植物吸收痕量元素也发挥着关键的作用，它们以各种方式对土壤中元素浓度的高低变化做出反应。气候变化对土壤微生物的影响，直接关系到植物对矿质营养元素的利用度，最终间接地影响到植物的生长和发育。

从种植业的生物环境分析，温度升高和趋强趋多的极端天气事件，对作物病虫害的发生有利，一定程度上将导致作物系统和产量的重大改变，引起农业产量加速下降。因此，近年来的研究着重强调降雨模式的改变对农业生产的影响，认为年降雨量的增加可能加重农作物病虫害的受灾程度。并且温度升高也将使作物发育早期受害虫危害的风险增加，不同纬度冬季和夜晚温度不成比例升高不仅影响作物的发育，而且还会改变作物与其相关害虫的生态平衡。气候变化尤其影响昆虫的越冬、地理分布，以及农业系统中的繁殖次数和丰富度。Petzoldt认为气候变化对一些昆虫和病原菌生长发育可能是有益的，但对少数昆虫和病原菌的发育和生长会起到抑制作用。气候变化还可能提高外来种的传播速度，例如新西兰吉斯伯恩的一项研究发现，冬季气候变暖的情况下，暖风帮助昆虫长距离迁徙，从而提高了外来种入侵的概率。

由此来看，随着全球气候变化，作物种植系统，包括土壤质量、作物对矿质元素的利用度，以及作物病虫害等方面都将发生新的变化，最终导致作物产量下降，不利于人类食品安全保障。

（2）对畜牧业的影响

依据局域和环境方面的观测和模型预测，气候变化对家畜同样有有益和负面的潜在影响。有益的方面，主流观点认为温度升高和湿度增加将提高局域畜产品产量，而且许多研究充分肯定了暖冬对畜牧业的积极意义，并被认为是一个好的农业实践，因为暖冬对减少家畜的寒冷胁迫、降低家畜饲养取暖设施建设费用方面具有不可忽视的经济优越性。另一方面，温度升高将使病原菌更加适合寄主生活环境，有可能提高家畜发病率（例如疯牛病），对畜产品生产构成负面影响。气候及环境变化促使动物迁徙，将导致病原菌在更大范围内传播，可能增加家畜流行病的风险(如禽流感等)。从季节性分析，估计畜产品的产量在夏季会受到热浪的负面影响，但是冬季变暖的正面效应有可能平衡负面影响。

从已有的观察资料来看，气候变化对畜牧业生产的影响总体以负面为主，例如我国牧区在一般年份牲畜死亡率在5%左右，但在极端气候条件下如寒潮、暴风雪、急剧降温等灾害年份的死亡率可高达24%，气候变化背景下的极端天气虽然现在存在很大不确定性，但不排除对畜牧业生产产生严重影响的极端天气事件发生的可能性。

与作物相比，动物以其灵活的移动性能够更好地应对气候的变化，适应不同环境和饲养条件。并且人工通风和制冷技术也容易控制温度的升高，从而减轻温度升高对家畜的负面影响。一般情况下，气候变化对家畜的直接影响可能是一些因素（例如高温）胁迫对其消化功能影响，而间接影响则表现为草料质量的变化引起的畜产品质量的下降，这可能与一些未确定的因素和限制因子有关。

（二）气候变化与粮食安全

在人类赖以生存的各种自然社会系统中，农业系统是受气候变化影响最直接、最脆弱的部门之一。气候变化对中国粮食安全的影响具有两重性，既有利也不利，但以不利为主，主要表现在：第一，农业生产的不稳定性增加，作物产量波动加大，将是困扰农业发展的重要因素；第二，农业生产结构与布局将因气候变化而发生重大调整，种植制度、作物种类和品种布局等都会发生重大变化；第三，农业生产成本改变，农业成本和投资大幅度增加。另外，局部干旱高温危害加剧，气象灾害造成的农牧业损失加大。

据研究，如不采取适应措施，到2030年，中国种植业生产能力在总体上因气候变暖可能下降5%—10%，其中小麦、水稻和玉米三大作物均以减产为主。2050年后受到的冲击更大。气候变化同时也会对农作物品质产生影响。在二氧化碳加倍的情况下，大豆、冬小麦和玉米的氨基酸和粗蛋白含量均呈下降趋势。虽然气候变化使部分地区（如东北）的粮食生产得到了发展和提高，但气候变化及其引起的极端天气气候事件增多会对农业生产产生更大的不利影响。据统计，中国每年由于农业气象灾害造成的农业直接经济损失达1000多亿元，约占国民生产总值的3%—6%，其中干旱和洪涝灾害影响最大。据1950—2001年的旱灾资料，中国年均受旱面积2000多万公顷，其中成灾930万公顷。全国每年因旱灾损失粮食1400万吨，占同期全国粮食产量的4.7%。2001—2003年，中国连续3年遭遇旱灾，受灾面积8562万公顷，成灾面积5147万公顷，绝收1197万公顷，损失粮食近1.17亿吨，直接经济损失1526亿元。

2007年，中国东北及其他部分地区发生大旱，近4000万公顷农作物受灾，绝收近350万公顷，损失粮食3700多万吨。2009年入夏以后，中国北方遭遇旱灾。截至2009年8月27日统计，全国农作物受旱面积为1.45亿亩，超过多年同期均值300万亩，其中重旱6107万亩，干枯2975万亩。1998年，由于受到世界性强厄尔尼诺现象的影响，中国东北、黄淮海和长江中下游三大粮食主产区遭受严重的洪涝灾害，受灾面积2100多公顷，成灾面积1300多万公顷，绝收300多万公顷。

中国的干旱灾害区主要集中分布在北方的黄淮海平原、河套平原和南方的江南丘陵、西南云贵高原。受气候变化影响，20世纪80年代以来，东北地区热量不足的状况有所改善，这固然对粮食生产有利，但与气候变暖相伴发生的气候变率的增加，则明显增加了干旱、洪涝和低温冷害等灾害性天气的发生几率，致使该地区成为中国粮食单产波动最大的区域之一。显而易见，气候变化正在危及中国的粮食安全。

（三）气候变化与生物多样性

气候变化是威胁生态系统和生物多样性的主要因素之一。由于气候变化，一些脆弱的生态系统正逐渐退化甚至消失，栖息于其中的物种正受到生存威胁。气候变化可能恶化某些本已濒临灭绝的物种的生存环境，对野生动植物的分布、数量、密度和行为产生直接的影响。同时，气候变暖也迫使许多物种向更高的纬度和海拔迁移，当这些物种无法再迁移时，就会造成地方性的甚至是全球性的灭绝。世界自然基金会的报告指出，如果全球变暖的趋势得不到有效遏制，到2100年，全世界将有1/3的动植物栖息地发生根本性的改变，这将导致大量物种灭绝。此外，由于人类社会对土地的占用，生态系统无法进行自然的迁移，将致使原生态系统内的物种出现重大损失。

（1）海温长高对生物多样性的影响

气候波动对海洋生物的丰度和地理分布有明显的影响，尤其是海水升温对海洋生物生态的影响，海洋生态系统对海气相互作用在长时间尺度上有明显的响应。

近几十年来，中国近海区域增暖明显，特别是从长江口到台湾海峡海域的显著升温，使得中国近海海洋生物的地理分布发生变化。1992年以来，台湾海峡渔获物组成中暖温性鱼种比例下降了10％—20％，暖水性鱼种比例则同比升高。长江口和东海区的浮游动物暖水种类丰度增加，暖温性种类下降。

温度因素（主要为最冷月气温、最冷月水温和霜冻频率等）对中国红树林树种组成和群落结构的纬度分布都具有宏观调控作用。温度太高不利其叶的形成和光合作用，温度的累积作用会有相当大的影响。同时，由海南岛向北，随着纬度增高，红树林分布面积及树种均显著降低，嗜热性树种消失，耐寒性树种占优势，树高降低，林相也由乔木变为灌林。

受海温上升等因素的影响，中国热带海域出现珊瑚白化和死亡的现象。2000年以来开展的珊瑚礁状况普查表明，中国南部和东南沿海均发现了不同程度的珊瑚白化和死亡现象，南海北部湾涠洲岛珊瑚礁白化严重。珊瑚礁白化可能是海温上升与人类活动影响等综合作用的产物。

近几十年来，除了人为因素之外，气候变暖和海温上升对中国近海的海洋生物生态有明显的影响，中国近海的海洋生物特别是鱼类出现物种北移、红树林人工栽培范围北扩和热带海域珊瑚白化等现象。

（2）赤潮的发生及其对生物多样性的影响

近三十年来，赤潮已经成为中国沿海地区主要的海洋生态灾害之一。赤潮发生的规模不断扩大，且日益频繁，仅在1991—1992年就发生了78次。1997年11月中旬至12月底发生了从福建泉州湾至广东汕尾数千平方公里海域的棕囊藻赤潮。2008年5—7月，黄海中部局部海区浒苔大范围迅速增殖，形成绿潮，对社会经济活动和生态环境带来严重影响。

赤潮的发生对海洋生物多样性造成了较大的影响。此外，有害赤潮发生时能降低微型浮游动物的种群数量和群落多样性指数。有害赤潮会影响浮游动物的摄食方式，有害赤潮对浮游动物多样性直至对海洋生态系统的结构与功能都有明显的影响。

（3）海平面上升对生物多样性的影响

随着全球气候变暖、海平面上升，海岸带环境和生态面临多种威胁，湿地面临淹没和侵蚀加剧、生物栖息地退化与消失、生物多样性降低等。海平面上升使山东沿岸的海水入侵和土壤盐渍化灾害较为严重，莱州湾南侧海水入侵最远距离达45公里，沿岸环境与生态受到严重影响。近10年来，由于海平面上升和人为破坏等原因，广西的红树林面积减少了10%。江苏拥有中国最广阔的滨海湿地资源，分布着4处重要的国家级海洋自然保护区和特别保护区，海平面上升将侵蚀湿地，导致湿地植被退化，珍稀濒危鸟类栖息地丧失，降低生物多样性。

（4）生物界对气候的回应

面对环境的变化，物种可能以3种方式回应：

适应：个体仍留在原来的地点，但根据新的环境条件改变它们的特征。这种适应只能以纯表象的方式进行（也就是说不改变基因遗传，但通过环境对于个体生长、生理、形态的直接影响）或通过选择过程（个体拥有在新的环境中最有利的遗传特征变成主导）；

移动：个体通过移动来找到适合它们的环境，分散的现象可能是积极的，也可能是消极的（例如，被风吹散的种子），物种分布的面积改变了；

消失：个体既不能适应新的环境，也不能移动来找到它们适合的环境。群体的数目减少直到物种在当地消失。我们将会看到最近几十年温度上升，地球上不同地方的动植物已经对温度上升产生了这种类型的反应。

（5）物候学移动的几种直接或间接牵连

不是所有的物种都对气候变化做出相同幅度的反应，气候变化会在生态系统内部造成功能障碍（一个"生态系统"是由植物、动物、微生物构成并在特定环境中互动的活跃整体，例如：湖、泥炭沼、山毛榉林等）。某些物种能从中获益，其他物种可能处于不利。自1970年起，在地中海盆地，春天蜜蜂越来越早地从蜂巢中出来。但这段时期很少有花开放，因为植被提前时间比昆虫短。结果在这段微妙的时期，只有很少的食物供蜜蜂生存，植物与起传粉作用的昆虫间的互动被改变。

食物链研究同样证明了由于气候变化造成的猎物和捕食者之间的互动变化。尺蛾是一种温带的蝴蝶，它生活在森林的树上或葡萄树上。尺蛾的食叶毛虫优先食用具柄的橡树嫩叶，有时会对树造成极大的损失。蓝山雀和黑头山雀是尺蛾毛虫的捕食者，毛虫是春天里小鸟的食物。橡树、尺蛾和山雀是同一条食物链上的3个链环。在英国，这条链经过好几年的研究后表明，这3个物种在春天同步生长：毛虫孵化在橡树发芽时发生，山雀下蛋的日期和毛虫出现相关。小鸟的生长因此和毛虫的生产高峰平行。

最近几年，由于气温上升，橡树发芽提前，树叶长势更快。尺蛾毛虫也更早孵化，生长加快。因此，温度上升不改变橡树和尺蛾之间的互动。山雀也更早下蛋（和较早出现的毛虫相关），但是小鸟在鸟蛋中的生长没有加速（下蛋和孵化之间的天数固定），而毛虫生长更快。因此，毛虫的生产高峰和小鸟的生长之间存在不一致。小鸡的食物不太丰富且质量较差（"老"毛虫不太容易消化），从而导致了更多小鸟死亡。气候的变化能够改变山雀群的活力使之处于不利，但却有利于尺蛾（对于橡树更为不幸）（图4-6）。

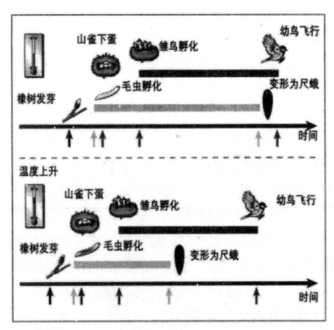

图4-6 橡树、尺蛾和山雀的物候学移动

由于物候学现象移动在物种间产生互动变化的例子同时表明，气候变化在目前的生态系统中造成的功能不良，并难以预料从中产生的所有后果。

三、气候变化对人类健康的影响

（一）洛杉矶光化学烟雾，伦敦型烟雾，中国雾霾天气

（1）洛杉矶光化学烟雾

洛杉矶位于美国西南海岸，气候温暖，风景宜人。早期金矿、石油和运河的开发，加之得天独厚的地理位置，使它很快成为了一个商业、旅游业都很发达的港口城市。然而从20世纪40年代初开始，每年从夏季至早秋，只要是晴朗的日子，城市上空就会出现一种弥漫天空的浅蓝色烟雾，使整座城市上空变得浑浊不清。这种烟雾使人眼睛发红、咽喉疼痛、呼吸憋闷、头昏、头痛。1943年以后，烟雾更加肆虐，以致远离城市100千米以外的海拔2000米高山上的大片松林也因此枯死，柑橘减产。仅1950—1951年，美国因大气污染造成的损失就达15亿美元。1955年，因呼吸系统衰竭死亡的65岁以上的老人达400多人；1970年，约有75％以上的市民患上了红眼病。这就是最早出现的新型大气污染事件——光化学烟雾污染事件（图4-7）。

图4-7 美国洛杉矶有人在街头叫卖空气

　　光化学烟雾是由于汽车尾气和工业废气排放造成的，此外还需要具备有利于其形成的气象条件。光化学烟雾一般发生在湿度低、气温在24℃—32℃的夏季晴天的中午或午后。汽车尾气中的烯烃类碳氢化合物和二氧化氮（NO_2）被排放到大气中后，在强烈的阳光紫外线照射下，原有的化学键遭到破坏，形成新的物质。这种化学反应被称为光化学反应，其产物为含剧毒的光化学烟雾。光化学烟雾具有光化学氧化型大气污染的各种典型特征，即大气中氧化剂浓度增高，使人产生眼、鼻、喉的刺激症状，引起红眼病，造成农作物和其他植物的损害以及降低大气的能见度。随着工业发展，汽车数目的增多，以及其他燃烧过程中石油使用的不断增长，光化学氧化型大气污染将成为城市空气污染的一个严重问题。

　　根据这些前体物排放源的不同，大致可分为城市型光化学烟雾、工业区型光化学烟雾和区域型光化学烟雾。城市型光化学烟雾多见于人口密集的较大城市及其下风向，主要由大城市内居民以及工业源排放引起。工业区型光化学烟雾多见于大型工业排放源（例如火电厂、炼油厂、化工厂等）下风向地区，光化学前体物主要来自上风向工业排放源。区域性光化学烟雾多见于人口密集和工业发达的城市群和城乡复合体构成的较大区域。

　　（2）伦敦型烟雾

　　1952年伦敦烟雾事件的直接原因是燃煤产生的二氧化硫和粉尘污染，间接原因是开始于12月4日的逆温层所造成的大气污染物蓄积。燃煤产生的粉尘表面会大量吸附水，成为形成烟雾的凝聚核，这样便形成了浓雾。另外燃煤粉尘中含有三氧化二铁成分，可以催化另一种来自燃煤的污染物二氧化硫氧化生成三氧化硫，进而与吸附在粉尘表面的水化合生成硫酸雾滴。这些硫酸雾滴吸入呼吸系统后会产生强烈的刺激作用，使体弱者发病甚至死亡。

　　伦敦烟雾事件（图4-8）属于煤烟型污染。由于伦敦居民当时都用烟煤取暖，烟煤中不仅硫含量高，而且一吨家庭用煤排放的飘尘要比工业用煤高3至4倍。在当时的气象条件下，导致伦敦上空烟尘蓄积，经久不散，大气中烟尘最高浓度达每立方米4.5毫米，二氧化硫达3.8毫克，造成了震惊一时的烟雾事件。

图4-8 1952年伦敦烟雾事件

伦敦巨大烟雾的发生是因为潮湿有雾的空气在城市上空停滞不动，温度逆增，逆温层在40—150米低空，大量的烟喷入其中，使烟雾不断积聚。伦敦上空的大气成了堆置工厂和住户烟筒里出来的粉碎了的废物的垃圾场。

伦敦市政府对目前的城市大气污染问题予以了相当的重视，在伦敦建设一个战略性的大气监测、分析系统，不仅监测伦敦市各种污染物的排放和大气浓度，而且要统计、评价伦敦市公众健康、交通效能的状况，经综合分析后供政府决策参考。而长期内，伦敦市一方面参考联合国欧洲经济委员会的可持续发展计划，谋求治理污染和经济发展协调的出路，另一方面决定对大气污染的治理措施作长期的评估，以检验措施的成效。

（3）中国大范围雾霾天气

2013年，严重的雾霾席卷了中国中东部地区（图4-9）。据悉，入冬以来，河北南部、北京、山西东部、山东、河南、安徽、江苏、上海、浙江、福建、湖北、湖南、江西大部、广东西部、广西东部及四川和云南局部等地有10—20天，其中江苏大部在20天以上。相比于常年同期，河北南部、北京、天津、山东、河南北部、安徽、江苏、上海、浙江、广东、广西东部等地偏多在1天以上，其中北京、天津、安徽大部、上海等地偏多3—8天，山东北部、安徽东北部、江苏大部、浙江北部及广东南部偏多超过8天。华北南部及江苏中部、四川东部、重庆西南部、贵州西部等地有8—15天能见度不足1000米，河北南部、山东西北部、四川东部等地部分地区有5—12天能见度不足500米。北京一个月份的雾霾天气天数多达25天(图4-9)。

图4-9 北京雾霾

气候条件是造成北京这种雾霾天气的原因之一。9月以来，影响中国中东部地区的冷空气活动偏少，且强度偏弱，地面风速小，有利于水汽在大气低层积聚，对雾霾的形成较为有利；另外，青藏高原南侧暖湿空气活动偏强，使得来自印度洋的西南暖湿气流输送极其活跃，这股暖湿气流沿西南路径将丰沛的水汽输送到中国中东部地区，并且能到达北京附近，使这些地区湿度明显增加，同时也有利于形成低层逆温，非常有利于雾霾天气形成。除了气象条件，工业生产、机动车尾气排放、冬季取暖烧煤等导致的大气中颗粒物（包括粗颗粒物PM10和细颗粒物PM2.5）浓度增加，是雾霾产生的重要因素。目前很多城市的污染物排放水平已处于临界点，对气象条件非常敏感，空气质量在扩散条件较好时能达标，一旦遭遇不利天气条件，空气质量和能见度就会迅速下滑。

（二）流行性传染病

食源性病原菌生长和繁殖与气候参数存在一定的关系。温度升高、洪水和环境湿度变化引起水和食品病原菌污染，导致水和食源性传染病蔓延的事件已有报道，如出血性结肠炎、溶血性尿毒症综合症（Escherichia coliO157:H7）和脑膜炎（Listeriamon Cytogenes）。因此，现在预估全球气候变化可能会影响传染病的发生模式。

病原菌在环境、食品和饲料中生存、繁殖或传播，特别受到温度、洪水和环境湿度的影响，其他因素如风，一定程度上对病原菌的传播起到媒介作用。研究发现，许多病原菌在农田和水环境中普遍存在。饮水和食品传播的大多数病毒、细菌和原生动物喜好在温水和温暖的气候中繁殖，因此水温和空气温度的升高可能会加重环境其他生物的受害程度。不仅如此，水和食品中病原菌季节性暴发直接导致人类和动物疾病的季节性流行。几个研究也证明了大多数细菌性和病毒性疾病，具有非常明显的季节性流行趋势，例如，水传播的弧菌属类细菌（Vibrio vulnificus）与气候参数，尤其是温度显著相关，常常呈现季节性分布。其他病原菌如奶牛和猪易感的沙门氏菌（Salmonella spp.）、家禽易感的 E.coliO157:H7，它们的暴发和疾病流行都依赖于气象参数。分析流行病流行的特点，一些研究认为气候变化引起的强降雨事件加大了病原菌污染风险，例如，洪水泛滥将加重水和食品传播疾病的流行趋势。依此推论，气候变化通过对病原菌传播的影响，也将对食品的生产、运输、销售和储藏全过程构成污染威胁，影响食品的生产和安全，最终将导致人类传染病的流行。

全球变暖将引起疾病肆虐。美国的一些生态学家指出，全球变暖会使植物、鸟类、昆虫、海洋生物以及人类都可能遭到流行病的袭击。疾病将向北方、纬度更高的地方蔓延。气候变暖正以多种更适合传染病蔓延的方式扰乱自然生态系统。例如，冬天本来可使很多病菌受到抑制，但暖冬会使病菌及其宿主依然活跃，使以前寒冷的地区也受到病菌的侵袭；气候变化病原体还可能通过变暖的水传播到生活在不同气候环境下的宿主中；陆地生态系统中的一些细菌、真菌、病毒、昆虫甚至啮齿类动物对温度及湿度极其敏感，由于气温升高，它们到了新的区域后，可能对以前未受侵害的野生动植物种群带来毁灭性的灾难。

冬季变暖还会使很多野生生物种群抑制病原体的能力下降或消失。夏季延长，高温使疾病传播的时间变长，有些疾病是人类和某些动物共患的，使人类面临危险增大，同时也可能使一些物种灭绝。无论是目前正在肆虐的禽流感，还是新近在西非暴发的高致命性马堡病毒，全球气候变暖对于各种新生疾病"难辞其咎"。泰国研究发展所Gonzalez（2005）表示，候鸟已成为禽流感病毒的主要病媒，而它们的生活习性与气候息息相关。因此科学家需要建立一个气候变化引起病媒活动范围变化的系统，通过了解病媒范围来预知疾病的威胁程度。气候变化造成的新生传染性疾病的发生和传播的原因极其复杂，除了新认识的传染性疾病以外，还包括一些"旧病复发"的病毒，这些都将受到气象学家和生物学家的双重关注。

（三）极端贫困与地区冲突

（1）气候变化与极端贫困

贫困人口受气候变化影响的趋势越来越明显，因为气候变化将直接或间接加剧贫困。直接的影响是指极端气候事件对农业、居民的生命财产、生计、基础设施等造成的损失。这体现在气象灾害发生的频次增加、强度增大，极端气候事件不仅在灾害发生时期对生产活动产生巨大影响，而且会因自然环境和基础设施的损坏，给灾后恢复和发展带来严重的后果。间接影响来自于对经济增长和社会发展的长期影响。发展中国家和人口最容易受到气候变化的威胁，因为他们的农业和生活更依赖于自然降水，对水资源变化和自然灾害的适应力更弱，适应气候变化的财政、技术和制度的能力也不强。而且很多不良环境问题，如污染、气候变暖等是发达国家造成的，这又是一种对发展中国家变相的掠夺。

叙利亚、伊拉克、加沙地带等频繁受到恐怖袭击的侵扰，已经陷入了长期政治动荡的泥沼。而日益凸显的气候变化使这些本来就严重缺水的地区前景更加黯淡。受气候变化影响，这些地区未来水资源总量将持续减少，人口增长和生活水平提高所带来的水资源需求量的增加将使情况更加恶化。

联合国开发计划署2010年发布了一份报告预计，埃及、约旦、黎巴嫩和被占巴勒斯坦领土等地区降水将会减少，同时地表水供给量和地下水储量将维持一直以来的萎缩态势。此外，摩洛哥等其他国家则将迎来反复的干旱和洪水。在这样的背景下，粮食安全问题严重威胁该地区。多项相关研究表明，温度升高、降水减少和季节周期变化将严重影响粮食产量。连番干旱和洪水导致的农作物歉收可能反过来造成营养不良和饥荒。此外，阿拉伯环境与发展论坛2009年发布的一份报告认为，海平面上升或将淹没沿海地区，加剧土壤盐碱化，并破坏这一地区总计3.4万公里沿海地带的大部分地下蓄水层。

（2）气候变化与地区冲突

各国对稀缺的水资源日益激烈的争夺将使目前及今后的和平谈判更加复杂。预计到2050年，世界存在的潜在安全威胁包括：使被占领土归还问题更加复杂的严峻粮食安全问题，以及"被迫迁移和现有难民人口处境恶化"等。

全球气候变化在叙利亚暴动中起到了一定的作用。在低效的农业治理和自然资源管理的共同作用下，叙利亚遭遇21世纪以来最严重的干旱。黎巴嫩曾因前数场天气事件造成的粮价上涨引发暴动，超过150万人从农村流向城市，影响到政府人员安排，政府之间的关系以及一系列其他问题，给政府造成了很大困扰。而极端组织从经济困难中获益，促进了原教旨主义的传播。对于那些已经容纳了超过200万巴勒斯坦和伊拉克难民的城市来说，新的难民涌入使贫困不堪的难民生活更加艰难。

诸如中国沙尘暴、加拿大创纪录的春季降雨量、俄罗斯和邻国的干旱和森林火灾等天气事件造成粮食产量和出口量锐减，进而推高了粮食价格。气候变化并非粮食价格升高背后的唯一因素，抗议者也并非（仅仅）因为粮食价格问题。但在分析造成如此复杂环境的成因时，气候变化已经越来越成为一个难以忽视的因素。国际战略研究院的萨拉·约翰斯通和杰弗里·梅佐指出"阿拉伯之春究竟将走向何方目前还不明朗，但其发生的背景却值得我们注意。全球变暖或许不是引发阿拉伯之春的直接原因，但却可能让这场运动提早发生"。

在安全框架下对气候变化问题的讨论已经越来越多地引起了决策者的重视。尽管如此，一些学者还是警告说结果可能是事与愿违。国际环境与发展研究所的科琳娜·肖赫认为"气候变化充满了不确定性，同其他高度政治化的辩论一样，不确定性往往会造成人们的焦虑不安，而这或将进一步导致恐惧，带来了一系列单纯迎合耸人听闻的学术研究和新闻头条的不理性政策"。此外，将气候变化问题安全化可能会分散各方的注意力，造成人道主义救助和保护弱势群体等事业投入不足。

参考文献

1.王守荣主编.气候变化对中国经济社会可持续发展的影响与应对.北京：科学出版社，2011.

2.翟盘茂，李茂松，高学杰等.气候变化与灾害.北京：气象出版社，2009.

3.李裕，张强，王润元等.气候变化对食品安全的影响.干旱气象，2009，27(4)：367-372.

4.孙良杰，齐玉春，董云社等.全球变化对草地土壤微生物群落多样性的影响研究进展.地理科学进展，2012，31(12)：1715-1723.

5.吕宪国主编.湿地生态系统保护与管理.北京：化学工业出版社，2004.

第五章 各国应对气候变化的措施

第一节 俄罗斯应对全球变化的措施

适当的气候变化评估对俄罗斯经济的影响是切合实际的，即使因为俄罗斯领导在不久前宣布承担，并将持续接受各种抑制气候变暖的责任，在没有可靠数据为支持的情况下，变暖的结果对于俄罗斯来讲有可能有利、也有可能有害。

俄罗斯的气候在俄罗斯广阔的领土上具有多样性，在全球变暖的背景下，俄罗斯区域气候变化将不会是单一性的，气候变化的结果会影响一系列经济活动，有可能出现有利的一面，同时也可能出现灾难。气候条件缓和，有可能会使北部地区成为生存舒适区，并且有可能在采暖区减少对电能的消耗。从另一个角度，气候变暖使生物物种之间发生相互排挤，导致物种灭亡，并且在某些区域发生干旱或者洪灾的几率增加。与此同时未来气候变化的不确定性会对俄罗斯的农业、水资源、动植物世界、人口带来巨大的影响。模式运算得出，在21世纪内与全球规模相比，俄罗斯领土（北极与亚北极地区）将位于显著变暖的区域中。到21世纪中期，与20世纪末（1980—1999）相比，年平均气温将上升2.6±0.7摄氏度。冬季温度上升较为明显，特别是在西伯利亚和北极地区到2040—2060年俄罗斯境内平均降水量会增加8.2%±2.5%冬季降水量出现明显上升（特别是在东部和北部地区），而夏季雨水增长量在这些地区会少一些。周期降水量发生改变（雨或者雪），有可能会影响到冬季水流和春天冰雪融化强度。在俄罗斯欧洲领土上，由于降雨量增加使降水总量上升。与此同时，在西西伯利亚与东西伯利亚地区，会由于降雪量的增大而使降水总量上升。这表明，在西伯利亚地区，冬季冰雪存储量上升，而春天融化时，有可能使西伯利亚河流集水区受到洪灾的威胁。在俄罗斯西南地区，降水量将会减少。有些地区，特别是农业成熟区（北高加索，伏尔加河地区等），可能会出现土壤层中与集水区水量明显减少的情况。模式运算得出，在一些地区冰雪覆盖面减少，导致春季就会出现土壤水量减少的趋势，并且在夏季这一情况会加重。这将使南部地区干旱程度进一步加重。以上结论是由俄罗斯及世界其他国家科学家、专家们，在研究全球气候变暖问题时得出。关于气候变化以及气候变化对俄罗斯所带来后果更为详细的预测图，在2002—2003年，针对京都议定书与联合国气候变化框架协议，由俄罗斯经济发展部准备的气候变化行动纲要中明确指出。俄罗斯水文气象、俄罗斯能源部、俄罗斯自然资源部、俄罗斯外交部、俄罗斯交通部、俄罗斯农业部、俄罗斯国家建设委员会、俄罗斯国家统计委员会参与了编写。

一、俄罗斯气候变化所带来的后果

在地球历史上对上个温暖时期，进行空气温度与降水量变化的现代测量，得出的数据能够为俄罗斯气候变化预测几十年。根据这一预测，到21世纪中期，年平均气温可能会出现明显增长。在西西伯利亚温度会上升3—4度，在欧洲领土部分的北部、雅库特和北极沿岸上升2—3度。在远东地区有可能适当地上升1—2度，在其他地区气温上升还不明确。21世纪中期俄罗斯主要区域年平均气温变化，预计地区预测年平均气温上升（单位：℃）：

中心地区 0.5—1.0

西—北地区 0—1

欧洲部分北部 2—3

北极沿岸地区 2—3

西西伯利亚 3—4

雅库特地区 2—3

远东地区 1—2

阿尔泰、图瓦 0.5—1.0

现有数据表明，气温上升的速度有可能加快，在这种情况下，冬季气温变暖将变得更强，而在温暖的季节气候变化有可能很弱。俄罗斯温室气体组成与排放预测：在俄罗斯温室气体排放组成上，二氧化碳气体含量大约80%(包括转换为二氧化碳)，甲烷16%，氧化氮1.8%，氟化物2.2%。大约99%的二氧化碳排放与矿产燃料燃烧有关。甲烷主要是通过开采，运输，加工石油与天然气，煤矿释放瓦斯，畜牧业，加工与储存固、液态垃圾，森林火灾等形式排放。氧化氮排放主要来自于农业，大约占80%（使用有机、矿物质化肥），大约10%与液态垃圾有关，9%使用矿产燃料。氟化物的主要排放者（四氟乙烷——HFC，全氟化碳——PFC，六氟化硫——FS6）——与生产制冷剂，溶剂，推进剂（气体中的悬浮物）相关的工业行业。在工业加工矿物质（萤石）时释放CF6与SF6，在使用高压能源时，铝融化会释放出大量CF4（PFC）。

2000年俄罗斯温室气体排放总量占1990年排放水平的69.2%（二氧化碳排放量由1990年的30.4亿吨缩减到2000年的20亿吨）。俄罗斯经济加重，与1990年相比，21世纪初动力耗量大的制造行业定向出口量上升（钢铁，能源燃料等），收入超过国民生产总值的15%—20%，低效住房与社区服务对能源的高需求量，导致二氧化碳排放量增加。俄罗斯未来温室气体排放动态，取决于国家经济的发展、机构改革、工业政策、控制燃料能源的措施、税率、创新和投资政策，自然保护管理和其他因素。在俄罗斯，以下几点因素，决定了温室气体排放在不同条件下的动态：

——国民生产总值动态；

——按照经济部门改变国民生产总值结构；

——改变工业行业结构；

——改变能源价格；

——先进技术推广的程度与固定资产投资更新程度。

考虑到这一点，在预测温室气体排放量的报告中，有可能出现以下几种情况：

——当年国民生产总值的增长速度大约为6%时，国民生产总值的结构向高科技行业增长方面发生改变，将使能源年有效利用率上升到3%；

——当国民生产总值的增长速度平缓时（3%—4%/年），保持国民生产总值的结构不变，能源年有效利用率处于最低水平1%。

现实中的排放量将在这两种设想的情景之间。这表明，俄罗斯在2013年之前温室排放总量不会超过1990年水平。

二氧化碳排放量预测（排放指标，1990年=23.7亿吨/年=100%）

2005年 74.6%、72.0%、78.4%。

2008年 78.0%、73.8%、84.5%。

2010年 80.4%、75.0%、88.9%。

2012年 82.8%、76.2%、93.4%。

2015年 86.7%、78.0%、100.7%。

2020年 93.4%、81.2%、114.1%。

主要的排放源，由工业部门向能源部门转移大约45%，冶金业11%，交通10%，建材生产部门与化工行业7%。将来，在二氧化碳排放的总量中，家庭排放比例有所增长。

对俄罗斯气候变化产生主要影响的评估：在俄罗斯，气候变化使自然、经济和社会方面面临遭受重大影响，其中最主要的是农业气候将发生变化，北方海洋中冰川减少，减少采暖单位能源消耗，永久冻土面积将减少或者逐渐缩小，在西伯利亚河流或流域中水文状态发生改变等。如今，永久冻土地带表层开始融化，夏季从北极圈附近到永久冻土地带的南边界，融化的深度由0.1—0.2米至2米。50年后，气候变暖的结果会使永久冻土地带的南边界上，融化的深度再增长0.6米，到世纪末将增长

1米。在高加索中心，通过一个世纪对热度与湿度状态检测证明，平均气温正在以0.6摄氏度上升，四月份温度上升了1.0—1.6摄氏度。冬季减少了16—20天，春季延长了6—10天，冬季没有变化，而秋季延长了10天。据观测，在缩短了降水天数后，降水量和湿度呈增长趋势，同时异常温度出现的频率升高。气候变暖给俄罗斯社会经济发展带来的反面影响可以从以下方面来看：永久冻土地区面积缩小，气候区域发生偏移，河流汇集区水量增长，饮用地下水量增长，冷暖时期降水量分布不均，荒漠化程度增长等。尤其是永久冻土地带面积缩减12%—15%，地带的边界将向东北移动150—200公里；季节性融化深度将平均增长20%—30%，而在北极沿岸和西西伯利亚个别地区达到50%。人为变暖导致问题加剧，永久冻土地带建筑物的稳定性与可靠性受到破坏。据现有评估观察，在雅库特、沃尔库塔等地区，始建于1950—1970年的5层住宅楼中有超过四成，可能在近10—20年间成为不适合使用的建筑。与变暖相关的短期不利现象的出现频率上升（出现异常炎热或者寒冷，强风，降雪），由于春季和夏季的降水量减少，在伏尔加河汇集区、里海、涅瓦河、拉多加湖、叶尼塞、列娜河等流域，发生干旱的可能性增加，并且会使卡尔梅克共和国、阿斯特拉罕、伏尔加格勒、罗斯托夫等地区荒漠化程度加大。大气层中臭氧含量持续减少，与此相对应的紫外射线的强度增强（在西伯利亚地区，臭氧的浓度减少15%—30%）这将恶化居民的健康状况。气候变暖有利的一面表现为：节约能源，农业产量增加，在建筑业与交通业上减少开支，北海航道航行期延长等。据现有评估，到21世纪中期在俄罗斯中部地区，取暖周期可以缩短1—2周，而在北部地区可能缩短3周或者更长。在暖冬效应下，对热能的需求量将减少10%—15%。在报告中就气候变化对农业的影响给予特别关注。针对俄罗斯农业，在自然环境与气候发生改变时，如果能够提前将农业进行改型，则会对其起到积极有利的作用。大气层中二氧化碳效应，对谷物作物，以及畜牧业的发展都起到积极作用。除此之外，气候变化也可能会对种植业带来积极的影响：

——植物生长周期的持续性增长；

——喜温作物的范围将向北部地区推进；

——田间与园中作物的过冬条件得到改善。

据初步预测，如果大气层中温室气体含量加倍，则俄罗斯可种植面积将增加1.5倍，而谷物产量可平均增长34%。在21世纪，每过10年，植物生长周期的持久性就将延长3.5天。但是，在局部地区，例如西伯利亚，由于干旱度上升，导致谷物减产20%，并且可能成为经济危机地区。报告中大量章节用于国家在减少温室气体排放和增大对温室气体吸收方面的政策与措施上。减少温室气体排放的途径主要是提高能源有效利用率，减少能量消耗。在该国如果采用节能技术可以降低能源排放48%，或者每年减少3.6亿—4.3亿吨二氧化碳气体。其中大约有1/3的节能潜力来自于燃料与能源综合行业，工业行业与建筑业占1/3，居住生活部分超过1/4，交通业占6%—7%，而农业占3%。节能方针推广可以通过以下措施实现：

——提高燃料能源的价格直到实施有效节能措施；

——实现国家促进节能的措施；

——制订更为严格的环保标准等。

减少温室气体向大气层排放的问题，不能不考虑植物与土壤有机物质中二氧化碳的存放（吸收）量，应该考虑到，储存中二氧化碳的含量是大气层中含量的好几倍。通过禁止砍伐，自1990年起，减少二氧化碳排放量每年由2亿—3亿吨成为5亿吨。在俄罗斯领土上，1990—1999年间，每年森林火灾所排放的二氧化碳大约在0.1亿—2亿吨之间。

达到减少温室气体排放与增加林业对温室气体吸收的目标，可以通过以下措施实现：

——加大对最终记录在案的砍伐，防止成熟和过熟林面积积累；

——将森林中的腐朽物覆盖面变薄；

——在造林区内所有土地上种植森林；

——采用现代化方式防御森林火灾、害虫及疾病；

——增加森林面积较少地区的森林面积等。

在森林与农业范围内，有效落实控制二氧化碳的草案，可以使俄罗斯每年额外吸收2亿—6亿吨二氧化碳。报告中就俄罗斯接受京都议定书相关重点问题的讨论给予特别关注。事实上，报告成为在此问题上俄罗斯国家立场唯一官方文件。在未来落实减少温室气体方面，俄罗斯已经列出详细清单与实施方案。灵活接受京都议定书对俄罗斯有以下几点好处：

——批准接受京都议定书，从政治方面有重要的意义与明显的利益；

——可以将京都议定书中灵活结构运用在提高有效生产和降低能源需求的国家计划中；

——京都议定书框架下的市场机制，有可能成为制定自然保护机制一致认可的模型。

接受京都议定书也会对俄罗斯带来以下几方面的不利因素：

——减少温室气体排放势必将减少矿产能源的需求，例如煤炭、石油等，而这是俄罗斯主要经济来源之一；

——在京都议定书的框架下，俄罗斯天然气在未来的15年间大规模使用，受使用天然气增加温室气体排放的影响，而不得不改变策略，改为发展核能；

——俄罗斯作为投资接收国，各类投资项目将接受国际专家就应对温室排放方面实施的政策，措施，项目等进行审核；

——与美国和澳大利亚所做出的决定相比，在履行联合国气候变化框架公约和京都议定书中，俄罗斯加大了经济开销。整体上，对于俄罗斯，改变气候条件可以表述为：伴随着气候变暖，干旱度加强。气候变化对俄罗斯农业带来的主要负面影响：延长了干旱持续度，并且在局部地区，干旱的区域面积扩大。在这种气候变化的趋势下，谷物的平均产量可能会减少。虽然大气层中二氧化碳浓度升高会增加谷物的产量，但是受土壤腐殖质影响，土壤肥沃度降低，并最终导致农作物减产。在评估气候变化对俄罗斯农业的影响是有利还是有害时，最终得出有利的结论，但是为了实现有利的环境，农业结构就必须从应对气候变化方面出发进行适应气候变化的改进。耕种地区向北部水分充足地区推进是改进的主要方向之一。耕种地区向北部推进，符合国家对加强非黑土地区耕种的规划，同样也是国家在农业与草原森林地区，实施对抗干旱和掌握水分节能技术复杂措施的结果，提高生产力和可持续性的主要途径。

森林生态系统

在森林生态系统中假设气候变化在物种生长条件允许的变化范围内可以延迟30—40年，但是预期的气候变化可能会破坏树木物种间，受砍伐或发生火灾后森林恢复的进程。在被砍伐地区，保护当地物种，通过自然或人工种植针叶林树木，成为重要的改进措施。出现极端气候的频率上升，气候变化对树木品种产生间接的影响，（强降雪，冰雹，暴风雨，干旱，后期春季霜冻等）在这种情况下，需要采取具体的适应措施来应对，加强森林病虫害控制，进一步建立健全森林病虫害监测预警、检疫御灾及防灾减灾体系，加强综合防治，扩大生物防治。

水资源与海平面

气候变化将会对俄罗斯的水文特征带来显著影响。预计，当年平均气温上升3—5度时，伏尔加河流域，年降水量将会增加10%—20%，第聂伯河流域降水量增加25%—40%，叶尼塞河降水量增加15%—20%，汇入北冰洋的河水量大约增加15%—20%；在俄罗斯冰雪融化地区有可能会发生水灾或者河道变形，最主要的负面影响为：地下水层上升，北方地区大量土地将变成沼泽地，农业受到冲击。海平面上升有可能导致岸边的地区受到被淹没的威胁，并且海岸受侵蚀度增加，三角洲将发生改变，河流中的水会被盐化，导致不适合人类应用。全球气候变暖，对俄罗斯主要经济行业与居民健康产生影响。俄科学院环境及居民健康预测实验室副主任认为，由于气温升高，积雪覆盖地面时间减少，这对传染病的蔓延极为有利。俄罗斯全球化问题研究所所长杰利亚金则提出，全球变暖导致的永冻土融化问题对俄威胁很大。俄一半以上领土被永冻土覆盖，众多能源开采设施都建在永冻土上，一旦气温上升2摄氏度，永冻土就会融化，地表的各种设施及配套的房屋、道路都要重建，这将给俄罗斯造成巨大经济损失。俄联邦水文气象与环境监测署全球气候及生态研究所副所长纳胡金也认为，目前断言全球变暖将对地球生态系统造成消极影响还缺乏可信证据，尽管它会产生某种影响，但其规模目前无法确定，人类有充分的时间和能力来应对自然界出现的变化。例如，一旦俄境内广阔的永冻土开始融化，人们只需20年时间就能重建所有受影响的道路等基础设施。

二、俄罗斯的环境状况

俄罗斯联邦目前的环境状况的突出问题是大气、土壤、地表水和地下水的大范围污染。每年周围环境的污染和退化越来越对人的健康产生影响。出现了环境综合污染与导致死亡的某些疾病之间的对应关系，目前恶性疾病的发病率在上升，如血液病、造血器官疾病、心理障碍、肿瘤疾病、食物消化器官和呼吸器官疾病等。俄罗斯大约有1/6的国土是生态不良地区，那里居住着6000万人。1999年以前，向市场经济转轨的加剧恶化了俄罗斯的生态环境，俄罗斯许多地区的自然环境处于危机状态。

（一）俄罗斯空气的状况

俄罗斯有关权威部门的监测结果显示，俄罗斯大多数城市和居民点的空气早已经不符合卫生保健标准，原因在于俄罗斯经营活动的活跃和发达的运输体系的形成造成了空气污染，空气中的污染物增多，如悬浮颗粒、氧化硫、氮、碳、碳氢化合物、硫醇、苯酚、氯化氢和氟化氢、甲醛、二硫化碳、氨、汽车尾气、铅以及其他有机和无机物质，等等。

1999年有195座城市(人口合计达6450万，占俄人口的44%)空气中的一种或几种杂质含量超过允许值。31座城市(人口合计达1750万)空气中的污染物超过最大允许值的9倍。奥姆斯克的空气状况最差，乙醛含量为最大允许值的72倍，乙苯含量为最大允许值的55倍，氯化氢含量为最大允许值的34倍。有22个居民点(人口总数达1300万)空气中的污染物含量最高。尽管1990—1999年工业排放减少，空气中的有害物质含量下降，1999年空气污染的程度仍到了难以容忍的地步。

一直以来，进入空气污染指数最高的城市名单的有克拉斯诺亚尔斯克、利别茨克、马格尼托戈尔斯克、莫斯科、下塔吉尔、哈巴罗夫斯克、新库兹涅茨克、(顿河)罗斯托夫、萨拉托夫、斯塔夫罗波尔、赤塔和南萨哈林斯克等。有些城市6次被列入空气污染指数最高的城市名单之中，如安加尔斯克、阿尔汉格尔斯克、布拉茨克、伊尔库茨克、克拉斯诺达尔、马加丹、鄂木斯克、色楞金斯克、陶里亚蒂和乌兰乌德。伏尔加斯基、叶卡捷琳堡、济马、库尔干、新德文斯克、新西伯利亚、乌里扬诺夫斯克和舍列霍夫等城市5次进入此名单。毕伊斯克、克孜勒、新罗西斯克、新切尔卡斯克、(西伯利亚)乌索利耶和车里亚宾斯克等城市4次榜上有名。

俄罗斯工业企业的生产经营活动对环境造成了极大的影响。据统计，从1991年到1998年，俄罗斯生产企业排放的污染物总量达1870万吨。对空气造成污染的大户是燃料动力企业，首当其冲是电能和冶金企业。这些企业排放的主要有悬浮颗粒、氧化硫、碳化物和氧化氮，仅1998年排放量就分别达到290万吨、568万吨、456万吨和175万吨，分别占总排放量的15.5%、30.4%、24.4%和9.4%。遗憾的是，到目前为止，仅有77%排放的污染物经过专门的清洁装置处理过。

1999年俄罗斯经济恢复好转，生产出现增长，与此同时，工业企业、热电站和国有地方电站的污染物排放量增多，这样使空气质量恶化较为严重，从而导致居民的患病率和死亡率升高。

（二）俄罗斯水的状况

水是最重要的自然资源，没有水，任何经济活动都无法进行，任何生物都无法生存。目前，俄罗斯著名的大河，如伏尔加河、顿河、库班河、鄂毕河、叶尼塞河、勒拿河、伯朝拉河及阿穆尔河(黑龙江)等，经过有关机构评估已经受到"污染"，而这些河流的支流，如奥卡河、卡马河、托米河、额尔齐斯河、托博尔河、米阿斯河、伊谢季河和图拉河等已经"污染程度很重"。一些小的河流，尤其是工业区、农业生产活动活跃的地区以及大规模进行别墅建设的地方的河流，也不同程度地受到了污染。

在俄罗斯的许多地方，地表水是生活饮用水和满足其他经济活动需要的基本来源，地表水的污染殃及地下水，导致地下水水质下降。对俄罗斯的供水管道饮用水的质量进行检测的结果显示 (1998年)，有20％以上不符合卫生保健标准。此外，在至少25％的使用水的地方，用水设施不符合一级和二级水体标准的卫生流行病预防规则。

(三)俄罗斯土地的状况

俄罗斯国家有关机构的数据显示，截至2000年1月1日，俄罗斯联邦可耕地总面积达17.098亿公顷。农业用地为4.55亿公顷，占土地总额的12.9％，与1998年相比减少了1.05万公顷，实际可利用的农耕土地为2.21亿公顷。可耕地面积减少的主要原因在于能产型的土地未被合理利用和受到不良影响，如水和风的侵蚀、变成沼泽等。据俄罗斯国家统计，0.35亿公顷农业耕地土壤含水量过多或成为沼泽，有近0.163亿公顷土地盐渍化，约0.95亿公顷腐殖质含量太低。此外，在适合农耕的土地中，1.1亿多公顷面临风蚀和侵蚀危险，其中已经风蚀和侵蚀的约有0.51亿公顷。俄罗斯已经荒漠化或蕴藏着潜在危险的土地总面积达0.5亿公顷。在农业用地中，至少有140万公顷受到重金属盐污染，其中24万公顷受到高危险物质污染。

目前，俄罗斯居民点所占的土地约0.21亿公顷，占俄罗斯国家土地总额的1.2％。在几乎人口超过100万的所有城市中，土壤和土地的污染程度"高"或"很高"，而人口在50万的城市中至少有60％的城市属于生态形势严峻。对城市土壤和土地构成污染的主要是重金属(如铜、铅、镍、镉、钴、锰、汞和铬等)、石油产品、多环芳香族化合物等。矿产开采对土地的破坏与开采量成正相关关系，黑色和有色金属、煤炭等的开采对生态环境产生了负面影响，主要进行露天开采的库兹涅茨煤矿、东西伯利亚和远东煤矿对土地的破坏较为严重。

(四)俄罗斯的核辐射污染状况

核辐射对空气、水体、土壤和土地的污染主要源于1946—1991年10个核大国进行的核武器试验。美国进行了958次核爆炸，前苏联在其境内52个试验场进行了715次。由于地球表面大气的运动，核试验的尘埃在风的作用下进行垂直和平行扩散，从而对生态环境造成污染。俄罗斯领土上各种有关活动(如核工业、能源和舰队等)积累的放射性废物数量已经达到$5.5×10$贝尔。据俄罗斯有关权威机构的调查结果显示，最近几年，俄罗斯境内的辐射情况平稳。在前苏联几乎所有的居民点地表空气年均辐射物含量低于允许值很多倍，在水体表面辐射物平均含量低于卫生规则允许值。在20世纪70年代，在苏联内进行了约120次旨在解决国民问题的地下核爆炸。这些爆炸产生的后果在于，辐射物对地下水产生影响并传播很远。有时会到达地表。

三、对俄罗斯自然环境产生影响的因素

导致俄罗斯自然环境退化的主要因素有：(1)在经济结构中资源开采和资源型部门迅速消耗自然资源和使自然环境退化；(2)自然资源利用和环境保护机制效率低下，包括缺乏利用资源的地租付费；(3)自然资源利用和环境保护领域国家的管理职能，首先是监督职能急剧弱化；(4)自然资源利用方面"影子经济"的比例很高；(5)经济的工艺和组织水平低，固定基金消耗太多；(6)居民的生态意识和生态文化水准不高。在俄罗斯，生态状况业已形成的严重态势是各种内外部因素共同造成的。

(一)内部因素

1.生态安全领域自然环境保护法不完善和相互矛盾；

2.燃料动力行业优先发展；

3.工业技术设备严重磨损，使用已经陈旧的工艺和效率低下的自然环境保护设备；

4.在新的经济条件下，调节自然环境保护活动的现有机制成效不高；

5.出现了生态经济犯罪和生态恐怖威胁行为；

6.自然环境保护活动的法律基础薄弱，自然环境保护工艺运用有限，生态文化水平低；

7.生态教育未受到应有的重视。俄罗斯监察实践证明，由公民造成的大多数破坏生态的问题，其原因在于公民缺乏生态知识，对权力机构、监督机构和经营主体的领导人员培训不够。

为了保护俄罗斯的国家利益(包括生态利益)必须确保生态安全。生态安全作为国家发展的关键条件之一，确保其安全是俄罗斯国家政策优先方向之一。通过改善公众对生态的认识、全社会的价值体系、对生态的实质性理解和参与生态建设的方式，那么实现生态安全是可能的。

（二）外部因素

1.一些工业发达国家竭力将"肮脏"的生产工艺，以及原材料生产和消费后的危险废料转移到俄罗斯境内；

2.一些工业高度发达国家以生态安全为借口，施加压力，以俄罗斯产品缺乏生态认证为由拒绝购买俄罗斯联邦的产品；

3.一些国家竭力巩固自己在世界地缘政治和经济中的主导地位，给俄罗斯国家利益带来损失。

四、俄罗斯环境污染对生态安全的影响

（一）环境污染对居民健康产生的影响

环境污染的加剧导致人类的免疫力和健康状况恶化，不断出现新的疾病。

据俄罗斯统计数据显示，在俄罗斯生态状况不好的地区，居民总体发病率要比经济活动相对少的地区高出0.5—4倍。空气或饮用水的污染程度越高，在食物中异生物体的残留越会引起多种疾病的发病率上升，如内分泌系统和新陈代谢被破坏、呼吸和消化器官受损、免疫力下降、支气管性气喘病、胆结石病、过敏性鼻炎、胆管炎、肾结石和输尿管结

石、癌症、先天性畸形等。重金属对人类的生存环境影响很大。骨组织中的铅沉积越多，肾病的发病概率越高。另外，铅和钙相互排斥，导致骨质疏松。锰具有保持骨头、一系列酶、荷尔蒙和维生素的功能再现和形成的作用，一旦它积聚增多，就会使贫血症和上呼吸道传染和骨疽发病率增高。铁是肌体氧化恢复反应的必要元素，如果其含量过剩，就具有毒性。铬能够对免疫系统产生影响，并引起过敏性反应，钴可以破坏胰岛素的合成。

对车里雅宾斯克州的车里雅宾斯克、马格尼托戈尔斯克、卡拉巴什、上乌法列伊、普拉斯特、萨特卡、兹拉托乌斯特、克什德什、米尼亚尔等城市的空气污染与居民健康状况之间相互关系进行分析，某些物质的致病率是明显的，如铅为11.6%—42.3%，苯芘为19.4%—33.6%，二氧化氮为6.2%—26.0%，氨为17.6%—38.4%，苯酚为9.6%—16.8%，二氧化硫和二氧化氮为8%—32.5%。对克麦罗沃州新库兹涅茨克市的空气污染对儿童患病产生的影响进行同样的分析表明，38.9%的慢性肺炎，24.5%的支气管炎，28.8%的急性呼吸疾病，21.8%的气喘都是由空气污染导致的。世界卫生组织确认，人的健康25%—30%取决于周围环境状况，70%—75%取决于其他因素。在诺里尔斯克，因患肿瘤病导致的死亡率要比俄罗斯平均高出1.5倍。

在叶卡捷琳堡布满了冶金、化学和机器制造企业，该市的上伊谢特区居民的发病率较高，那里有一家炼钢厂。这个区的儿童呼吸器官疾病要比受监控的城市高出30%，神经系统和感觉器官疾病要高出1.1倍，消化器官疾病要高出1.5倍。俄罗斯北德维纳河河水中矿物盐、苯酚和硫化物含量升高，在使用这条河的水作饮用水的居民中内分泌系统失调的要比使用地下水源作饮用水的居民患此病的几率几乎高1倍。北极地带的海洋是各种污染物的过滤器和存储器，包括各条大河流入的污水，结果导致北部居民经常食用的鱼类、食鱼动物的肉和鹿肉等含有氧化物、含氯杀虫剂和重金属等有害物质，要比居住在略南一些的居民的食物中这些污染物的含量高很多。这意味着，俄罗斯北部地区的居民的平均寿命要短一些，大约少活4—5年的时间。俄罗斯北部当地的土著居民数量很少，他们的食物在很大程度上依靠狩猎和捕捞获得，其寿命一般要比俄罗斯平均寿命短，最多可以达到10—12年。对当地的人类和动物进行的研究结果表明，有害物质能够以各种方式对机体产生影响，最严重的是伤肝、影响胎儿发育、破坏免疫系统、导致罹患癌变肿瘤。

（二）环境污染对俄罗斯造成的损失

俄罗斯每年因环境污染造成的损失估计为2300亿—2500亿卢布，因此环境利用者为污染要付出25亿卢布的代价。仅2002年，俄罗斯收缴环境保护费16亿卢布，联邦预算环境保护措施支出达12亿—13亿卢布，环境保护收支之间的差额达3亿—4亿卢布。人们在解决生态问题上的短视损害了国家的活力和居民的健康，对国家安全造成了威胁。在俄罗斯联邦，无论是国家，还是造成生态事故的企业还没有防止生态事故发生和消除其负面影响，以及对受害方给予损失补偿的手段。

五、俄罗斯实施生态保护的具体措施

俄罗斯联邦有1／3的领土(欧洲部分的中心和南部、中乌拉尔和南乌拉尔、西西伯利亚和伏尔加沿岸)居住着全俄60％以上的居民，是受生态灾害威胁较多的地区。如果任凭这种消极态势持续下去，那么局面可能无法掌控。因此，俄罗斯正在积极采取措施，扭转生态和环境恶化的被动局面，保护国家生态安全，构建生态安全格局。

（一）提高认识

提高全民的生态安全与环境保护认识，直接取决于经济状况和全社会对这一问题全球性和重要性的认识程度。

确保国家生态安全在社会方面形成一个目标，即：生态文明。生态文明是人类行为的导向，是人类社会与自然环境相互作用和精神成果的总和，其目的是实现人与人、人与社会、人与自然和谐发展。因此对公民开展生态教育，尤其是对正在成长的青少年开展生态教育具有极为重要的意义。公民的生态权利是当代俄罗斯生态法的核心内容。对公民生态权利的承认，可以视为俄罗斯生态法的一个最实质性的发展趋势。《俄罗斯联邦宪法》第42条巩固了每个公民享有良好生态环境的权利，吸引公民参与到保护环境机制之中，保证对国家机关和企业环境保护活动进行社会监督。为了落实每个公民享有良好周围环境的宪法权利，2002年的《俄罗斯环境保护法》规定了在环境保护领域公民和生态联合组织应有一系列权利。然而在实践中，公民的生态权利常常被政府忽视，因为俄罗斯护法机关和环境保护机关对此没有给予应有的重视。至于俄罗斯公民，他们大多数都不知道自己有此权利，因此提高俄罗斯全民的生态和环境保护意识是十分必要的。

（二）完善法律法规

完善生态安全与环境保护法律法规，生态安全与环境保护最重要的工具是以法律巩固宪法规定的基本原则、机制、保障和标准以及对生态与环境的评估。

俄罗斯国家生态政策致力于建立制度体系和实施保障公民生态安全的措施，保持生物圈维持生命活动的功能。国家生态安全政策建立在科学的生态原则基础之上，其中包括：自然环境保护必要性原则、自然资源可持续利用和恢复原则、生态安全和灾害预防原则，必须通过生态鉴定保持生物多样性原则，国家对自然资源监控的独立性原则，培养生态价值观原则等。目前俄罗斯生态学家已经达成共识，人类的生存不能受环境保护措施的局限，全社会应明确生态法律研究的对象，要形成确保生态法律秩序的法规体系。

生态法律包括调节社会和自然环境规范的法律法规，俄罗斯生态法律体系主要由以下相关法律法规构成：如俄罗斯联邦宪法，俄罗斯联邦条约，俄罗斯联邦国际条约和国际法公认的原则，俄罗斯宪法法律和联邦法律，俄罗斯联邦总统令和指示，俄罗斯联邦政府令和指示，俄罗斯联邦主体宪法、法规、法律和其他法律法规，各部委的法令以及地方自治政府的法律法规等。俄罗斯在自然环境保护和保障国家安全领域存在的法律调节和管理分为3个层次：俄罗斯联邦级、俄罗斯联邦主体级、俄罗斯地方自治级。

（三）加强职能

加强相应的国家管理机关职能，俄罗斯保障生态安全国家管理机关拥有的基本职能包括：国家生态鉴定；国家生态监督；向造成自然环境污染和使用自然资源的单位收缴费用；给环境保护领域某些活动发放许可证；生态检查证。前两项是其中最有效的，建立在完善的法律法规和组织结构基础上。

1. 对环境造成影响的机构进行评估和生态鉴定；对环境造成的影响机构进行评估；对生态有害的项目的负责人，要在计划实施项目初期(拟定可行性研究报告阶段) 提出改进意见，其目的是搞清楚该项目对环境产生影响的类型和层次；在实施项目活动及可能产生的社会和经济后果的情况下，预测自然环境和状况的变化；按照俄罗斯环境保护法要求，制订环境安全措施。

《俄罗斯联邦自然环境保护法》和《俄罗斯联邦国家生态环境法》规定，任何经济活动都可能对自然环境产生消极影响，都应对其进行初步鉴定，确定这种影响是否与自然环境要求相背离。生态安全鉴定旨在清除存在生态安全隐患的经济决定。

从《俄罗斯联邦自然环境保护法》生效日起，开始有方法、有组织的国家生态安全监督，所有拥有专项全权的环境保护机关都参与其中。国家生态安全监督的主要意义在于检查企业和生产是否遵守自然保护法律法规，对违反规定的给予罚款，停止乃至关闭具有生态安全危险的生产活动。针对生态安全评估结果，对有害生态活动的进行听证，然后将所有材料提交供国家生态安全鉴定之用。

2. 俄罗斯的生态安全监督以国家和地方为主，以生产和社会等形式展开。国家生态安全监督通过联邦权力机关和俄罗斯联邦各主体权力机关，并按照俄罗斯联邦政府规定的程序进行。俄罗斯国家生态安全监督负责人通过的决定，各部委、企业、有关人士和公民应全力执行。在这些决定基础上，相应的银行机构应在国家生态安全监督机关作出决定之前，停止向禁止的活动的机构和项目注入资金。国家生态安全监督机关和有关人士可以就破坏生态的行为决定向法庭或仲裁法庭提起诉讼。按照俄罗斯联邦法律和地方自治法律法规规定的程序，地方生态安全监督通过地方自治或全权机构来实施。

3．建立生态规范、自然资源利用、环境保护规范就是确定自然环境质量、经济活动对自然环境的影响标准、环境保护领域的国家标准和其他规范性文件。环境保护领域规范和实施的目的在于，国家调节经济对自然环境的影响，确保良好的自然环境和生态安全。在俄罗斯环境保护与生态安全实践中，生态安全的规范管理是自然环境保护的一项基本措施。按照生态法规定，环境质量标准在全俄罗斯境内都是一致的，是人为活动对自然环境最大的影响标准，用于评估自然环境状况，保持生态安全体系和动植物的遗传基因。确定农业使用农药最大剂量对自然环境影响的额度，已经成为俄罗斯生态法律的新任务。以前使用矿物肥料和农药主要依据经济需要来确定。《俄罗斯联邦环境保护法》中规定，矿物肥料、植物保护剂和增长剂等农用药剂的最大允许量，应以保证和遵守食品中最大残留量、保护人体健康和遗传基因及动植物的剂量来确定。研究生态安全标准是俄罗斯以法律调节环境保护和自然资源利用的重要发展方向，《俄罗斯联邦标准化法》(1993年6月10日)确定了基本要求。该法将标准分为俄罗斯联邦国家标准，按照规定程序使用国际和地区标准、规则、规范，行业标准和企业标准。

4．为自然资源利用和环境保护办理生态安全许可证。与实施生态安全监督、生态安全鉴定和生态安全规范一样，生态安全许可证是落实自然资源利用和环境保护管理行政方法的最基本和最有效的工具。与此同时，生态安全许可证可以被视为生态法律体系中确保自然资源合理利用和环境保护的法律措施，是国家治理的重要职能。为了获得生态安全许可证，法人或自然人应向出具生态安全许可证的机关提出申请。

（四）建立环境保护的经济法律机制

《俄罗斯联邦环境保护法》(2002年)对建立环境保护的经济机制给予高度重视，其主要方法包括：在生态安全预测的基础上，研究国家社会经济发展的前景；制订俄罗斯联邦生态发展纲要和俄罗斯联邦主体环境保护专项纲要；制订和实施环境保护措施，防止给自然环境带来损害；确定对环境产生消极影响的赔付额度；确定向自然环境抛弃污染物和微生物的限额，生产和生活废弃物的处理，其他对环境产生消极影响的形式；对自然物体和自然人为物体进行经济评估；对经济活动与自然环境产生的影响进行经济评估；向采用最好的工艺、利用非传统能源和二次资源，加工废弃物等提供税收和其他优惠；支持保护自然环境的企业活动、创新活动和其他活动(包括生态保险)；按照规定程序对环境造成破坏的行为进行处罚；完善和有效实施保护环境的经济调节和其他方法。

（五）推行强制保险

在俄罗斯联邦推行生态强制保险是加强经济稳定和生态安全的有效金融工具，符合俄罗斯国家和各经济主体的利益。俄罗斯进行生态保险试点的效果表明，生态风险和保险机制可以得到40％的损失补偿。

俄罗斯联邦是个超级大国，俄罗斯联邦具有广阔的领土、独特的地理位置、多样性的气候条件、独特的经济结构，加上人口问题和地区政治利益，适应全球气候变化的新形势，需要形成全方位权衡的国家预案，该预案应当建立在对环境、经济、社会等综合因素进行科学分析的基础上，用于解决气候与其紧密相关的问题。同时，由于俄罗斯所处地理位置缘故，俄罗斯与其它国家相比，国内气候分布不均匀，所以为了使自己的居民能够适应气候变化的条件，需要投入大量的人力和物力。因此，在不同情况下有可能出现不同政策，解决气候变化问题的条件，对每个国家都将产生不同的影响，这样必须促使各国接受统一的解决方式。

第二节　欧盟应对气候变化的政策措施

欧盟一直以积极态度应对气候变化问题，是国际减排温室气体的主要推动力量，这不仅表现在言辞上，还体现在实际行动中。

当今的气候变化问题，主要是人为排放温室气体过多而产生的。解决气候变化问题的根本途径是减少温室气体的人为排放和增加温室气体的吸收率。欧洲减排温室气体的目标，首先是将温室气体的排放由增加转为减少；然后，努力达到《京都议定书》中所承诺的减排目标，即在2008年至2010年期间，欧盟温室气体总排放量比1990年减少8％。为实现此目标，欧盟成员国之间达成一项"减排量分担"协议。

协议规定：德国、英国和丹麦等国必须大幅度减排；法国等国可将排放量维持在1990年的水平；西班牙、葡萄牙和希腊等国在1990年的基础上适当增加排放量。

2002年5月31日，欧盟正式批准《京都议定书》。联合国秘书长安南发表声明说，欧盟批准《京都议定书》将极大地推动这一重大协议的生效，对全球可持续发展是福音。欧盟气候变化战略的特征是通过市场机制，尽可能降低成本，完成《京都议定书》所承诺的目标。

欧盟应对气候变化的政策、措施主要有：

1.实施"欧盟气候变化计划"。"欧盟气候变化计划"2000年6月启动，旨在具体落实《京都议定书》的减排目标。

能源是最大的温室气体排放源，占总排放量的30％。减排的主要途径是：开发清洁、新能源；提高化石燃料效率；使用低碳燃料和减缓电力需求。减排的主要措施：为各成员国电力市场引入减排要求；为分散发电提供入网条件并提高再生能源发电入网比重；增加电热联产；减少煤炭开采的甲烷排放；收集二氧化碳注入地下储存；利用高效、清洁能源技术提高能源效率。

民用和服务业减排措施：公共部门大批购买高效终端产品；加强能源审计和清洁供暖认证；改进民用和服务业基础设施等。

交通部门减排措施：采用经济手段减排；降低汽车温室气体排放和油耗；采用新技术和清洁燃料等。

工业部门减排措施：提高电机的能效标准；提高工艺过程的效率、标准；提高锅炉能效等。

2.建立欧盟内部温室气体排放贸易体系。2001年10月，欧盟委员会在应对气候变化的一揽子措施中草拟了一个欧盟内部温室气体排放体系法令，旨在建立欧盟温室气体减排贸易市场。贸易市场体系法令2005年开始生效，第一阶段（2005—2007年）减排目标是努力完成《京都议定书》所承诺目标的45％；第二阶段（2008—2010年）完成《京都议定书》全部目标。法令适用发电、钢铁、炼油、水泥制造、造纸等产业。

3.实施"综合污染防治法案"。此法案从1999年开始生效，其中心思想是在欧盟内部提出一个许可的综合性平台，控制各成员国温室气体等废气、废水、废渣的排放。

4.推进电力和天然气的市场自由化。电力：欧盟电力市场规则法令要求，在欧盟内部要逐步开放电力市场，允许消费者从多渠道买电，这一政策使整个欧盟内部供电价格在一定程度上趋于一致。天然气：大多数成员国根据欧盟的政策，对天然气市场进行改革，除法国、丹麦、葡萄牙之外，所有成员国有望在2008年之前实现天然气市场完全开放。

5.推进热电联产。欧盟推行热电联产战略，提出到2010年实现18％的热电联产发展目标。当前推进热电联产较好的成员国是奥地利、丹麦和荷兰。

6.实施第六个环境行动计划。欧盟从1973年开始实施第一个环境行动计划，至今已发布六个环境行动计划。第六个环境行动计划将气候变化作为首要、优先领域。实施的关键措施为：执行现有的环境法规，将气候变化纳入相关政策，政府、产业界、消费者携手寻找解决气候变化的办法，努力让人们更容易获得气候变化有关信息等。

7.实施征收碳税政策。欧盟已有一些成员国引入多种类型的环境税，但欧盟建议各成员国征收碳税，旨在鼓励少使用矿物燃料，尤其是少用含碳量高的燃料，从而减少二氧化碳的排放。

8.实施可再生能源政策。

9.引进《京都议定书》减排灵活运行机制。欧盟鼓励成员国采用《京都议定书》减排灵活运行机制，作为各成员国减排行动的补充。

10.交通部门的实施战略及政策、措施。欧盟制定了15年交通部门温室气体减排计划，主要措施有：与日本、韩国等国汽车制造厂家签订协定，承诺一起携手提高汽车燃料效率，在2009年前将新客车的二氧化碳减排平均值控制在140克/公里。欧盟还通过燃料税，减少汽车使用，减排温室气体。

11.建立温室气体限排制度。欧盟温室气体限排制度的建立，标志欧盟向完成《京都议定书》的承诺迈出重要一步。该制度规定，从2005年起，对能源、钢铁、水泥、造纸、制砖等产业实行二氧化碳排放限额，对超额企业罚款。

12.实施加强与发展中国家合作的政策。《欧洲联盟条约》规定，欧盟发展政策的核心目标之一是促进"发展中国家尤其是最不发达国家的可持续的经济和社会发展"。在应对气候变化问题方面，欧盟十分重视与发展中国家的合作，并为其提供援助和支持。

第三节　拉美和加勒比国家的挑战和选择

2009年末在丹麦首都哥本哈根召开的全球气候峰会给人们留下了深刻的印象。尽管会议最后没有达成具有约束力的一致协议，但是由于各国首脑亲赴峰会，讨论关系全球未来发展和人类命运的大问题，这次全球气候峰会唤起了人们对气候变化问题与自身命运的关注。尽管哥本哈根峰会早已结束，但在峰会上发展中国家与发达国家围绕气候变化的责任与义务所展开的激烈争论，至今仍使人们记忆深刻。尤其是在大会讨论最终决议的时候，在5个投票反对的国家中，来自拉美的国家就占了4个；委内瑞拉总统查维斯和玻利维亚总统莫拉莱斯在峰会上对资本主义制度的激烈抨击，给人们留下了非常深刻的印象。相反，巴西总统卢拉在峰会上提出积极主张，并且积极参与磋商，与峰会其他国家共同努力，促使峰会最终达成一个不具法律效应的协议。拉美国家围绕气候变化问题所表现出来的不同态度，引起人们的关注。

一、气候变化：拉美和加勒比国家面临的严峻挑战

拉美和加勒比国家为此次全球气候峰会的召开，做出了积极的努力和相对比较充分的准备。在哥本哈根气候峰会举行前的一个月，巴西政府专门举行了亚马逊地区气候会议，不仅卢拉总统亲自与会，而且他还邀请法国总统萨科齐和圭亚那总督参会，亚马逊地区的邻国也都派出了部长级官员，商讨亚马逊地区国家在气候峰会上的对策。以拉美左翼国家为主的美洲玻利瓦尔联盟，在古巴首都哈瓦那召开了联盟峰会，讨论成员国在哥本哈根峰会上的共同行动纲领。哥本哈根气候峰会之前，中美洲国家的环保部长也在危地马拉举行了会议。

联合国拉美经委会更是为此次峰会做了精心准备。早在2009年2月就专门组织专家进行专项研究，并就气候变化与拉美和加勒比的发展发表了专门的报告；在会议召开前一个月，拉美经委会又再次发表了《拉美和加勒比地区气候变化的经济》的专题报告，对未来百年的气候变化对拉美经济的影响进行了深入分析。从这份报告中我们可以看到，未来拉美和加勒比地区将面临气候变暖带来的一系列严重挑战。

气候变化与碳排放有密切的联系，如果不加以控制将会导致拉美和加勒比地区气温升高，并给这一地区的自然环境造成重大改变。按照联合国拉美经委会的资料统计，1850—1898年的平均气温与2001—2005年的平均气温相比增加了0.8摄氏度。近年来，这个变化过程呈现出加快

的趋势，主要表现为极端高温增高和极端低温的下降，自然灾害有所增加。在未来的百年内，如果碳排放量不加以控制，拉美和加勒比地区的平均气温将增加2℃—6℃；但如果碳排放量得到控制，平均温度则可能提高1℃—4℃。即使取中间值，气温升高3摄氏度，拉美和加勒比地区的生物多样性也会因此而减少30%—40%。所以说，气候变暖是拉美和加勒比国家必须应对的挑战。

气候变暖将对拉美和加勒比经济未来发展造成严重的后果，并使该地区国家为之付出沉重的代价。按照联合国拉美经委会的预测，在极端的情况下，到2100年，由气候变化带来的灾害所造成的损失将高达2500亿美元，这与2000—2008年该地区自然灾害损失平均86亿美元的水平形成极大反差。整个地区因气候变暖而付出的代价，将相当于目前GDP的137%。

但是，气候变化对拉美和加勒比地区各国及各次区域造成的影响存在明显的差异。即便在一国内，不同地区受气候变暖的影响结果也不尽相同。以农业为例，如果到2030—2050年气温升高1.5℃—2℃，阿根廷、智利和乌拉圭的局部地区的农业生产产量有可能会提高，但是巴拉圭的棉花和小麦，甚至大豆产量却会因气候变暖而减产。即使在智利，未来气温升高，对其南部和中北部地区农业生产的影响也有非常明显的差异。这样的变化，将会在一定程度上影响拉美和加勒比地区未来经济结构，尤其是农产品出口国的出口产品结构，亦将影响这些国家经济的长期发展，尽管这种影响将是缓慢的。

此外，拉美和加勒比国家在政治倾向上的差异，也使他们对各自的经济和社会发展采取了不同的态度，并影响他们对重大政策和国际问题的认识。这些明显的差异，使得拉美和加勒比国家以及地区内不同利益集团在涉及气候变化这样复杂的问题上展开了不同的博弈。

二、哥本哈根气候峰会：拉美和加勒比国家的不同选择

在哥本哈根气候峰会上，联合国拉美经委会公开发表了《拉美和加勒比地区气候变化的经济》报告，提出了该组织对气候问题的态度和立场。报告明确表示，应该承认各国之间存在发展的差异。因此从历史上看各国的碳排放对气候变化的影响存在差异，应对气候变化的国际战略应该承认这种差异，不应与经济发展相抵触。但是，拉美和加勒比国家在哥本哈根峰会上却表现出了明显不同的态度。

一是巴西采取了务实、积极应对的做法。在哥本哈根峰会之前，巴西成立了专门机构，囊括了多个领域和学科、政府跨部门的百位官员、专家和学者，研究和制定巴西应对气候变化的公共政策。因此，在哥本哈根峰会上，卢拉总统提出的巴西政府关于气候变化问题的主张及其政策，受到了国内外的好评。巴西政府认为，发达国家与发展中国家应该共同、但有区别地承担应对气候变化的责任及其挑战，并且应该通过认真谈判争取在峰会上达成哥本哈根协议。为此，巴西政府积极参与多方谈判，并且明确提出其减排目标，力争到2020年减排36%—39%；在资金问题上，巴西政府主张发达国家不应向发展中国家转嫁其义务，应建立绿色基金向发展中国家转移资金和技术；巴西既提出愿意为绿色基金提供部分资金，又表示在未来10年需要外部提供600亿美元的资金援助，以确保亚马逊地区的森林砍伐减少80%；在"透明度"问题上，巴西表示将主动、公开发布其减排报告；反对在对外贸易中征收"碳关税"。

二是以委内瑞拉、玻利维亚等为代表的激进的左翼制度派。委内瑞拉总统查韦斯和玻利维亚总统莫拉莱斯都亲自参加了哥本哈根气候峰会，并在会议期间利用各种场合积极宣传他们的主张。他们在气候变化问题上激烈批评资本主义制度。他们认为，气候问题的实质是政治制度问题。只有彻底结束资本主义制度，才能解决气候问题。因为是资本主义的百年发展造成了气候变暖以及由此所产生的相关问题，这是发达国家的历史欠账，应该由他们来承担。玻利维亚总统莫拉莱斯提出，应该

设立全球"气候正义"的审判法庭，对发达国家的历史"气候欠债"进行审判，并要求发达国家每年向发展中国家提供4000亿美元资金应对气候问题，其中至少将1500亿美元用于像玻利维亚这样的穷国。在哥本哈根的全体会议上，美洲玻利瓦尔联盟成员国委内瑞拉、玻利维亚、尼加拉瓜和古巴最终对大会的最后协议投了反对票。

三是墨西哥采取的中间协调立场。作为2010年全球气候大会的主办国，墨西哥在哥本哈根气候峰会上采取了积极灵活的态度，在发达国家和发展中国家之间进行协调，争取缩小双方在气候变化问题上的分歧，力争能为墨西哥气候大会达成有约束力的法律协议打下必要的基础。墨西哥主张，面对气候变化，所有国家都应该团结一致，从现在起各自采取行动。作为低排放国，墨西哥政府提出了其分三步实现减排目标的计划，即到2012年减排7.7%，2020年将减排目标提高到30%，2050年进一步提高到50%。在设立绿色基金问题上，墨西哥提出在2013年前每年为100亿美元，此后增加到年300亿美元，到2020年后达到年400亿美元的规模。在援助资金使用上，墨西哥强调资金分配应与一国GDP总量、人口和碳排放量相挂钩，重点资助气候问题上最为脆弱和经济最不发达的国家。

三、从哥本哈根到墨西哥：拉据战

哥本哈根气候峰会已经落下了帷幕，墨西哥2010年10月末在其旅游圣地坎昆举行新一届全球气候大会。

由于拉美和加勒比国家的经济结构不尽相同，各国面临政治、经济利益的差异，因此从各自需要出发，务实应对气候变化仍将是他们在未来气候问题上所持的基本立场。该地区国家出于不同的经济和政治需要采取了不同应对策略，短时间内要在他们之间进行协调不是一件容易的事情，需要拉美和加勒比各国共同做出努力。

拉美和加勒比地区的一些国家已经开始为新一届全球气候大会行动了。巴西在绿色经济方面具有相对优势，而且还拥有2014年足球世界杯和2016年奥运会主办国地位，因而在应对气候变化问题上相对比较积极和主动。在哥本哈根峰会后，卢拉总统克服了国内不同集团之间的利益之争，通过了气候法。出于2010年总统大选的政治考量，现执政党为竞选赢分争取在气候问题上能有新的作为。作为下届气候大会的主办国，墨西哥也已开始推出主动、灵活的务实外交行动，并对气候大会的形式等进行了必要的调整，力促各方达成"墨西哥条约"。另一方面，玻利维亚总统已经宣布，要在2010年4月22日"地球之日"举办"全球社会主义运动气候问题大会"。

因此，从哥本哈根到墨西哥，各方的角力还将继续进行。要在不同利益之间寻找平衡，仍需要人类的共同智慧。

第四节 加拿大与英国携手应对气候变化

加拿大国际发展研究中心（IDRC）和英国国际开发署（DFID）选择开展四个旨在应对非洲与亚洲气候变化影响的多伙伴研究计划。在为期7年、耗资7000万美元的非洲与亚洲合作性适应研究计划（简称"CARIAA"）的统一资助下，这项工作会采用最新方法来了解非洲与亚洲某些最易受影响的地区的气化变化和适应情况。

CARIAA围绕四个跨地区联合体组织起来，将重点关注全球三大"热点"，即非洲与亚洲中南部半干旱地区、非洲与南亚三角洲和喜马拉雅河流流域，希望为当地提供有效的政策和行动。这个项目跨越众多国家、地区和部门，让热点自身成为研究的"透镜"。CARIAA在非洲将会关注两大热点：东非、西非和南部非洲的半干旱地区，以及沃尔特河和尼罗河三角洲。

IDRC主席让-里贝尔表示："这项研究将为政策制定者和当地决策者带来切合实际的建议。它将帮助企业领导者、政府经济部门和地区性经济团体制定减少贫困和加强适应的政策与投资策略。举例来说，它还将指明企业如何对由半干旱地区气候变化和其它重要驱动因素引发的新的市场机遇和威胁做出回应，以及政府如何支持它们在生产链和价值链上适应气候变化影响。"英国国际发展署肯尼亚气候变化顾问 Virinder Sharma 说："在帮助全球一些最易受影响的地区游刃有余地应对极端天气现象和适应气候变化方面，哪些措施能发挥作用，哪些措施未能发挥作用，CARIAA会针对这一点建立强大的证据基础，而且非常受欢迎。看到 CARIAA从一开始就打算'四面出击'，计划让当地到国家、地区乃至国际层面的利益相关者都参与进来，我感到格外振奋。尤为重要的一点是，CARIAA侧重于对研究和政策与实践进行连接。在确保证据能够帮助到相关决策者方面，这种合作开发方法将非常重要。"于当年3月发布的政府间气候变化委员会 (IPCC) 报告预测世界上的干旱地区因全球气候日趋变暖将会变得更加干旱。这些已经非常严酷的环境将面临更加炎热的高温，水资源也将会日益短缺，这将进一步加重那些依靠自然资源进行谋生的人的压力，例如通过种植庄稼、养鱼或林业谋生的人。

报告补充表示，到21世纪中叶，非洲大部分地区的夏季平均温度可能会超过历史最高温度，这将导致水资源匮乏和农作物歉收。西非荒漠草原、南部非洲和东非部分地区的生长季节长度最多可能会缩短20%。气候变化预计也会影响尼罗河三角洲等沿海地区，尼罗河三角洲非常容易受到水平面上升和土壤盐渍化的影响，到2050年130万左右的人口可能会因此失去家园。印度和孟加拉国的主要三角洲预计也可能会受到类似影响，超过1亿人口可能会因此遭殃。已经非常脆弱的地区的发展压力正在加剧这些气候变化的重压。举例来说，肯尼亚裂谷目前降雨不稳定，忽而干旱，忽而洪水，给人类、牲畜、牧场、野生动植物和基础设施带来影响。没有计划的用地变化和不稳定的土地占有制模式正在加重气候压力。获取资金的渠道寥寥无几的农民和牧民最容易受到风险影响。但是，正在发生的气候变化将会给城市和农村人口都带来影响。如果最糟糕的气候变化预测实现的话，到21世纪下半叶这些半干旱土地上的整个生计体系可能就需要进行重大变革。

参考文献：

1.张庆阳.欧盟如何对应气候变化，中国气象报，2004.

2.吴国平.应对气候变化：拉美和加勒比国家的挑战和选择，中国国际交流协会官网，2010.

3.美通社.加拿大和英国携手应对非洲与亚洲的气候变化，2014.

第六章 气候谈判与国际合作

第一节 国际气候谈判进程

20世纪80年代以来，随着全球气候的变化，人与自然的矛盾日益加剧。为了维护人类的共同利益，发达国家与发展中国家走到了一起，围绕如何保护气候、限制温室气体排放，展开了谈判、交涉等一系列的活动。这其中有合作也有冲突，全球气候协作的国际进程有曲折也有进展。它一方面形成了各国利益的互补与联系，促成了国际合作，另一方面也引发了国际的对抗与冲突。这其间，困扰人们的是国家利益和人类共同利益之间的"囚徒困境"，体现的是国家利益至上原则。

一、气候谈判的第一阶段

《联合国气候变化框架公约》是世界上第一个为全面控制二氧化碳等温室气体排放，以应对全球气候变暖给人类经济和社会带来不利影响的国际公约，标志着国际社会朝着共同控制温室气体排放的目标迈出了一大步。该公约作为国际社会在对付全球气候变化问题上进行国际合作的一个基本框架，为以后漫长的国际气候变化谈判定下了基调，确定了原则。

（一）《联合国气候变化框架公约》的诞生

1979年第一次世界气候变化大会认识到气候变化是个严峻的问题，并呼吁各国政府予以重视，这是气候变化首次作为一个引起国际社会普遍关注的议题。对全球气候变化的认识逐步深入和大气中温室气体浓度不断增加的事实，使得联合国环境规划署（UNEP）和世界气象

组织（WMO）于1988年11月联合成立了政府间气候变化专门委员会
（IPCC），并召开了第一次大会，即成立大会。IPCC的主要任务是对与
气候变化有关的各种问题展开定期的科学、技术和社会经济评估，提供
科学和技术咨询意见。1990年IPCC发布了第一个评估报告，肯定气候变
化将对人类造成严重威胁，呼吁国际社会通过一项条约来协调处理这一
问题。IPCC的成立及其工作，为气候变化谈判提供了一定的科学基础。
联合国大会于1988年首次审议了气候变化问题，并通过题为"为了当代
人和子孙后代保护全球气候"的43/53号决议。国际社会加强了对气候变
化问题的政治关注。1989年11月，国际"大气污染和气候变化"部长级
会议在荷兰诺德韦克举行。大会通过了《关于防止大气污染与气候变化
的诺德韦克宣言》，提出人类正面临人为所致的全球气候变化的威胁，
决定召开世界环境问题会议，讨论制定防止全球气候变暖公约的问题。
《诺德韦克宣言》为启动气候变化公约国际谈判吹响了号角。联合国第
45届大会于1990年12月21日通过了第45/212号决议，决定设立气候变化
框架公约政府间谈判委员会（INC），正式启动了《联合国气候变化框架
公约》的谈判进程，并将谈判的结束期定为1992年6月里约"地球峰会"
召开之际。

　　《联合国气候变化框架公约》政府间谈判委员会于1991年2月至1992
年5月间共举行了六次会议，谈判的主要议题包括公约的法律约束力、可
测量的减排目标、减排时间表、资助机制、技术转让、责任的界定等。
谈判各方在一些关键条款上各执己见，互不相让，发达国家与发展中国
家之间，西欧、北欧国家(现欧盟)与美国之间立场相左。当时的欧共体
成员与其他发达国家主张公约应包含发达国家削减二氧化碳排放的时间
表，而美国却认为就进一步推动大气科学研究和国际信息交换，以增进
人们对气候变化问题的性质和对人类威胁的严重性的了解，坚决反对为
发达国家制定量化减排目标和时间表。以七十七国集团加中国为核心的
发展中国家认为，大气中温室气体含量的增加主要是由于发达国家的工

业化过程所致，因此发达国家应该承担温室气体减排的主要责任并率先进行实质性减排，坚决抵制一些发达国家（主要以美国为首）提出的发展中国家也要承担减排义务的要求。经过15个月的艰苦谈判，在巴西里约热内卢环境与发展大会召开在即的大背景下，各方最终妥协，于1992年5月9日在纽约通过了《联合国气候变化框架公约》，并在里约环发大会期间供与会各国签署。该公约于1994年3月21日正式生效，目前缔约方已达189个。1995年2月，《公约》"缔约方大会"成为公约的最终管理机构，每年举行一次。

（二）《联合国气候变化框架公约》的主要内容

《公约》开宗明义"承认地球气候的变化及其不利影响是人类共同关心的问题"，这在当时一些国家声称气候变化科学证据严重不足的情况下，达成这样的共识是难能可贵的。《公约》制定的目标是"将大气中温室气体的浓度稳定在防止气候系统受到危险的人为干扰的水平上，这一水平应当在足以使生态系统能够自然地适应气候变化、确保粮食生产免受威胁并使经济发展能够可持续地进行的时间范围内实现"。但没有对这个"浓度水平"进行具体量化，给日后议定书的谈判和履行留下了隐患。《公约》"注意到历史上和目前全球温室气体排放的最大部分源自发达国家，发展中国家的人均排放仍相对较低。发展中国家在全球排放中所占的份额将会增加，满足其社会和发展的需要"，在此国际共识的基础上确立了"共同但有区别的责任"的原则。"共同"责任就是各国都要根据各自的能力保护全球气候；"区别"责任即要求发达国家率先采取减排行动，使温室气体排放于2000年恢复到1990年的水平，并向发展中国家提供技术和资金支持；发展中国家的义务是编制国家信息通报，制定并执行减缓和适应气候变化的国家计划。发展中国家履行上述义务的程度取决于发达国家资金和技术转让的程度。这一原则体现了基本的国际公平与国际正义，奠定了在应对全球气候变化问题上南北合作的基础。根据这一原则，《公约》把全体缔约方分为三类："附件一缔约方"包括35个工业化国家和一个区域经济一体化组织——欧洲共同体,除了美国、加拿大、澳大利亚等24个经济合作与发展组织成员国外,还有俄罗斯、乌克兰等11个原苏联和中东欧地区的"经济转型"国家。《公约》要求"附件一缔约方"在20世纪末尽量将它们的温室气体排放控制在1990年的水平和提供相关信息。"附件二缔约方"包括"附件一缔约方"中24个OECD成员国,但不包括前苏联及中东欧的"经济转型"国家。根据《公约》规定,"附件二缔约方"有义务向发展中国家提供资金以支付发展中国家履行义务所需费用。"非附件一缔约方"是指发展中国家。《公约》除了要求发展中国家编制国家信息通报和制定并执行减缓和适应气候变化的国家计划外。没有规定任何实质性的减排义务。

二、气候谈判的第二阶段

《联合国气候变化框架公约》只是一般性地确定了温室气体的减排目标,没有就发达国家减排的具体指标做出硬性规定,缺乏约束力。为解决上述问题,在1997年召开的《公约》第三次缔约方大会通过了《京都议定书》,并于2005年2月16日正式生效。《京都议定书》为发达国家制定了明确的减排目标与时间表,从而开启了国际气候谈判的第二阶段。

(一)《柏林授权书》和《日内瓦宣言》

《联合国气候变化框架公约》第一次缔约方会议(COPI)于1995年3月28日至4月7日在德国柏林举行,此次会议是各国部长自1992年里约"地球峰会"之后参与的第一次全球气候变化会议。会议通过了《柏林授权书》等文件,成立"柏林授权特设小组",负责起草一项议定书或另一种法律文书,以便在第三届缔约国会议通过。授权书认为,现有《气候变化框架公约》所规定的义务是不充分的,同意立即开始谈判,就2000年后应该采取何种适当的行动来保护气候进行磋商,以期最迟于1997年签订一项议定书,议定书应明确规定在一定期限内发达国家所应限制和减少的温室气体排放量。授权书说,新的谈判不应增加发展中国家的义务。会议还决定，将联合国《气候变化框架公约》的办事机构——常设秘书处设在德国波恩。包括中国代表团在内的116个公约缔约方的代表出席了会议。

《公约》第二次缔约方大会（COP2）于1996年7月8日在瑞士的日内瓦召开，主要讨论如何加强各国的气候变化对话。柏林授权特设小组第四次会议也同期举行，针对议定书草案的内容进行讨论，以为各国谈判提供准备。会议通过了《日内瓦宣言》，支持IPCC第二次评估报告的科学发现与结论，要求制定具有法律约束力的减排目标，以大幅削减温室气体。宣言要求38个工业发达国家（称作附件一国家）每年必须提交国家温室气体排放清单。

《柏林授权书》和《日内瓦宣言》为规定发达国家承担强制减排义务的议定书谈判揭开了序幕。

（二）《京都议定书》的达成

1997年12月，《联合国气候变化框架公约》（UNFCCC）第三次缔约方大会（COP3)在日本京都召开，会上经过激烈争吵，达成了《京都议定书》，作为UNFCCC的附件。该议定书已于2005年2月16日正式生效。截止到2008年5月，已经获得了182个UNFCCC成员方的批准。《京都议定书》是《联合国气候变化框架公约京都议定书》的简称，是就1992年达成的联合国《气候变化框架公约》所做出的温室气体减排义务的具体实施规则。《京都议定书》的主要内容如下：

1.温室气体排放削减目标

根据《联合国气候变化框架公约》的"共同的但有区别的责任"的原则精神，《京都议定书》只给附件一国家规定了具体的温室气体二氧化碳（CO_2）、甲烷（CH_4）、氧化亚氮（N_2O）、氢氟碳化物（HFCs）、全氟化碳（PFCs）、六氟化硫（SF_6）的减排任务，要求这些发达国家在2008年至2012年的第一承诺期内将温室气体的排放量在1990年的水平上集体削减5.2%，以5年的平均值为准。考虑到各方1990

年的基线排放水平差异悬殊，据此为各方分配的减排任务量也各不相同。欧盟削减8％、美国削减7％、日本和加拿大削减6％、东欧各国削减5％至8％；新西兰、俄罗斯和乌克兰只需将排放量稳定在1990年的水平上。议定书同时允许爱尔兰、澳大利亚和挪威的排放量比1990年分别增加10％、8％和1％。欧盟成员国作为一个整体参与减排行动，通过内部谈判将议定书规定的8％的减排任务再分解到各成员国，这被称为"气泡"安排。其中德国承诺减排21％，英国减排12.5％，丹麦减排21％，荷兰减排6％，而希腊、葡萄牙的排放量分别增长25％和27％，爱尔兰的排放量也被允许增长13％。

2. 京都灵活机制

为了满足附件一国家以最低成本排放的要求，《京都议定书》中设计了"三个灵活机制"，即联合履行（JI）、排放贸易（ET）和清洁发展机制（CDM），通过把市场机制引入经济问题的解决之中，贯彻成本有效性原则，以帮助附件一国家以最大代价完成削减温室气体排放目标。

联合履行是京都议定书第6条所确立的合作机制。主要是指发达国家之间通过项目级的合作，其所实现的温室气体减排抵消额，可以转让给另一发达国家缔约方，但是同时必须在转让方的允许排放限额上扣减相应的额度。相对而言，该机制的谈判进展比清洁发展机制和排放贸易容易得多。

排放贸易是指京都议定书下第17条所确立的合作机制。该机制指的是发达国家间的合作。最开始时的排放贸易，源于美国提出的谈判案文。美国根据其国内成功实施二氧化硫排放许可证的贸易制度，试图将其国内成功的二氧化硫贸易办法引入议定书的温室气体排放贸易。该条款是三机制中谈判最困难的条款，因为它还涉及发展中国家承担义务的问题。发展中国家反对引入该项机制，美国等伞形集团国家则坚持引入该机制。在谈判的最后阶段，经过妥协，该机制只剩下一个排放贸易的概念，确立了该机制是在发达国家之间开展的缔约方对缔约方的温室气体排放贸易合作。

简而言之，国际排放贸易（IET）是指发达国家相互转让它们的部分"允许的排放量"，联合履行（JI）是在发达国家之间通过投资项目的方式获得低价的"减排单位"。国际排放贸易和联合履行是在发达国家之间进行的合作。排放量（AAU）和减排单位（ERU）不仅可以用来抵减，同时也可以进入流通市场进行金融交易。现在，国际上已经形成了一个以减排废气为商品新兴的国际碳交易市场，减排额成了投资界的热门商品。

与联合履行和排放贸易不同，清洁发展机制（CDM）则是发达国家与发展中国家之间的合作。清洁发展机制是京都议定书第12条所确立的合作机制，规定发达国家与发展中国家合作应对气候变化，以项目为合作载体，发达国家通过提供资金和技术的方式与发展中国家开展项目级的合作。通过项目所实现的"经核证的减排量"，用于发达国家缔约方完成在议定书第三条下关于减少本国温室气体排放的承诺。

清洁发展机制的提出很富有戏剧性。其源于巴西提交的关于发达国家承担温室气体排放义务案文中的"清洁发展基金"。根据巴西的提案，发达国家如果没有完成应该完成的承诺，应该受到罚款，用其所提交的罚金建立"清洁发展基金"，按照发展中国家温室气体排放的比例资助发展中国家开展清洁生产领域的项目。在就该基金进行谈判时，发达国家将"基金"改为"机制"，完全改变了出资的实质。

清洁发展机制被普遍认为是一种双赢机制：理论上看，发展中国家通过这种项目级的合作，可以获得更好的技术，获得实现减排所需的资金甚至更多的投资，从而促进国家的经济发展和环境保护，实现可持续发展的目标；发达国家通过这种合作，将可以以远低于其国内所需的成本实现在京都议定书下的减排指标，节约大量的资金，并且可以通过这种方式将技术、产品甚至观念输入发展中国家。因此，如果执行得当，这种机制确实应该是一种双赢机制。

无论是国际排放贸易（IET）、联合履行（JI）还是清洁发展机制（CDM），它们的共同特点是"境外减排"，而非在本国实施减排行动，其核心都是把二氧化碳的排放量或减排量进行量化，容许进行市场买卖和交易，引导企业获得最廉价的减排成本，对确保附件一国家完成《京都议定书》规定的减排目标意义重大。对于发达国家来讲，能源结构的调整，高耗能产业的技术改造和设备更新，以及大面积植树造林活动的推广，都需要高昂的成本，甚至付出牺牲GDP的代价，根据日本AIM经济模型测算，在日本境内减少一吨二氧化碳的边际成本为234美元，美国为153美元/吨碳，经合组织中的欧洲国家为198美元/吨碳，当日本要达到在1990年基础上减排6％温室气体的目标时，将损失GDP发展量的0.25％。而当发达国家内部实行排放贸易时，边际减排成本可降为65美元/吨碳，实施全球排放贸易时，边际减排成本又降为38美元/吨碳，实行CDM机制后，减排成本还可以进一步下降，如果是在中国进行CDM活动的话，可降到20美元/吨碳。

3. 碳汇

议定书第3条第3款规定：在自1990年以来直接由人引起的土地利用变化和森林活动——限于造林、重新造林和砍伐森林——产生的源的温室气体排放和汇的清除方面的变化，作为每个承诺期间贮存方面可核查的变化来衡量，应用来实现附件一缔约方的承诺。与这些活动相关的温室气体源的排放和汇的清除，应以透明且可核实的方式作出报告。议定书第7条规定明确了碳汇的计量方法，规定土地利用变化和林业对其构成1990年温室气体排放净源的附件一缔约方，应在它们1990年排放基准年或基准期计入各种源的认为二氧化碳当量排放总量减去1990年土地利用变化产生的各种汇的清除。

议定书关于"碳汇"的规定，使得森林资源丰富的附件一国家可以通过造林等活动产生的温室气体吸收量实现部分减排任务。该条文实际上是对美国、加拿大、日本、澳大利亚、俄罗斯等森林资源丰富的国家所做出的妥协，使得这些国无须进行任何实质性国内减排努力，就可以轻而易举地完成部分本国承担的排放控制目标，因而能大幅降低这些国家的总体减排成本。

4. 发展中国家的义务

考虑到共同但有区别的责任以及发展中国家特殊的发展优先顺序、目标和具体国情，议定书没有给发展中国家规定量化的温室气体减排目标，只规定发展中国家也需要编制和提交国家信息通报和国家清单，在力所能及的情况下制定符合成本效益的国家方案。议定书要求发达国家"采取一些实际步骤促进、便利和酌情资助"将环境友好技术、专有技术、做法和过程特别转让给发展中国家或使它们有机会获得，并为发展中国家培训气候领域的专家，以增强发展中国家的能力建设。为了进一步确保发展中国家履行上述义务，议定书第11条规定，发达国家缔约方应提供新的和额外资金，帮助发展中国家缔约方支付履行有关承诺所引起的全部增加费用，其中包括技术转让资金，并规定应考虑到资金流量必须充足和可以预测以及发达国家缔约方之间适当分摊负担的重要性。

可以说，关于发展中国家的条款考虑到了发达国家缔约方和发展中国家缔约方不同的历史责任、减排潜力和国际义务，反映了议定书的国际环境正义，确保了全球气候行动国际社会广泛的参与基础，但也为日后发达国家要求发展中国家缔约方承担更多的减排任务奠定了基础。

5. 遵约机制

对于任何一个有效的议定书来说，规定具有法律约束力的遵约机制都是必不可少的。《京都议定书》的遵约机制的核心内容之一是不遵守程序，该不遵守程序显然借鉴了《蒙特利尔议定书》的相关规定。议定书第18条规定：作为本议定书缔约方会议的《公约》缔约方会议应在第一届会议通过适当且有效的程序和机制用以断定和处理不遵守本议定书的情势，包括就后果列出一个指示性清单，同时考虑到不遵守的原因、类型、程序和次数，依本条可引起具拘束性后果的任何程序和机制应以本议定书修正案的方式通过。由此可见，议定书只构建了不遵守程序的原则性框架，并无具体的运行规则，这就是议定书的一个致命硬伤，给议定书的生效谈判和未来执行留下了隐患。

6. 生效条件

议定书第25条规定，"本议定书应在不少于55个《联合国气候变化框架公约》缔约方、包括其合计的二氧化碳排放量至少占附件一所列缔约方1990年二氧化碳排放总量55％的附件一所列缔约方已经交存其批准、接受、核准或加入的文书之日后第九十天起生效"。之所以这样规定，是为了确保议定书最低参与程度和气候有效性。而围绕着"55％"这个门槛数字，主要附件一国家为了各自的利益连横合纵，钩心斗角，上演了一场精彩的"数字游戏"。

（三）对《京都议定书》的评价

《京都议定书》是国际社会继《联合国气候变化框架公约》之后，在应对气候变化问题的国际合作方面取得的另一个具有里程碑意义的国际文件，它以国际法的形式确立了缔约国的温室气体排放控制义务。它的正式生效，必将对国际政治、经济产生一系列重大影响。

首先，气候变化是一个全球性问题，是对人类的生存与发展前所未有的重大挑战。要想消除变化对人类造成的威胁，需要国际社会的共同努力。已经有强有力的科学证据证明，人类的生产和消费活动所释放出的温室气体是导致全球变暖的罪魁祸首。作为国际社会的一员，任何一个国家，不论贫富大小，都必须担负起保护人类共同家园——地球的责任。在《联合国气候变化框架公约》的旗帜下，国际社会团结起来，签订了这个具有里程碑意义的议定书，彰显了各国致力于国际气候治理的坚强意志和难能可贵的合作精神。尽管议定书的谈判过程由于科学的政治化和政治的科学化、复杂的经济计算和微妙的政治权衡而变得异常的艰难和曲折，但最终在全球范围内达成了共识，议定书得以生效并成为国际法律，使国际社会遏制气候变化的全球行动迈出了极为重要的第一步。

其次，考虑到各国不同的经济发展水平、减排潜力和历史责任，议定书贯彻了《联合国气候变化框架公约》制定的"共同但有区别的责任"的原则，只为发达国家规定了量化的温室气体减排目标，而没有要求发展中国家承担减排。此外，议定书还设计了三种基金，完全由发达国家捐资，用于帮助发展中国家增强适应能力和加强能力建设。这种制度设计体现了基本的国际公平，并为后京都时代的国际气候谈判提供了基本的框架。可以预言，不管未来的国际气候谈判由哪些大国主导，减排义务如何分担，发展中国家都将坚定地奉行"共同但有区别的责任"的原则，坚持发达国家率先大幅减排和向发展中国家提供资金和技术援助的根本立场。

再次，为了贯彻成本效率原则，减轻各国控制温室气体排放的经济负担，议定书设计了三个"灵活机制"，即"排放贸易"、"联合履行"和"清洁发展机制"。这些"灵活机制"真可谓是"天才"的设计，它们把市场机制巧妙地引进国际气候治理这个典型的"国际公共物品"问题上来，通过制度安排把各种不同性质的市场整合起来，既减少了治理成本，又扩大了联盟基础，既实现了北北合作，又实现了南北双赢，为其他环境领域的全球合作提供了有益的参考。"限量贸易"已在欧盟、北美、加拿大、澳大利亚落地生根，"清洁发展机制"项目开发也在发展中国家进行得红红火火。在未来的国际气候治理中，这三项灵活机制必将展现出更加旺盛的生命力，"二氧化碳减排量"将作为一个崭新的贸易标的物，重新诠释各国的贸易资源禀赋。

最后，到目前为止，全球已有180多个国家批准了《京都议定书》，美国是唯一一个没有批准议定书的发达国家。美国政府以议定书缺乏科学依据、损害美国经济以及没有给发展中国家规定减排义务为由，于2001年宣布退出议定书并对后来的谈判竭力阻挠。美国原本希望它的退出将导致议定书胎死腹中，然后再由美国主导，另起炉灶，重新规划对美国有利的国际气候谈判。但经过欧盟和广大发展中国家的联合努力，争取到了其他发达国家的支持，最终扭转了局势，使历经磨难的议定书得以生效，美国则面临着在国际气候治理领域被边缘化的危险。从这个意义上讲，《京都议定书》的最终生效是国际社会联合起来，抗击美国单边主义、霸权主义的伟大胜利，这对未来的国际政治新格局的形成具有深远的影响。

应该指出的是，《京都议定书》的设计具有先天的缺陷，给自身的前途笼罩上了阴影。

第一，科学的不确定性。引起气候变化的因素是多种多样的，除了人为因素以外，还有太阳辐射、云的变化、气溶胶的双重作用等。气候变化在多大程度上由人为排放的温室气体所致，大气中温室气体含量由量变到质变的阈值是多少，自然界碳的循环机制是怎样的，对这些根本性的问题科学界目前还不能够给出准确答案。没有可靠的定性和定量分析，全球碳预算框架就缺乏科学的决策基础，人们不禁要问，把大气中温室气体的含量限定在450ppm、550ppm、750ppm的科学含义分别是什么？《京都议定书》要求附件一国家在2008年到2012年之间将温室气体排放量在1990年基础上平均削减5.2％的科学根据又是什么？这些问题没有答案，就连一直为全球限排摇旗呐喊的欧盟也语焉不详。没有坚实的科学基础就没有坚强的政治意愿，这就难怪美国当初以此为借口退出议定书，也难怪俄罗斯政府因本国科学界的反对而一再推迟批准议定书。

第二，基年设定有失公允。《京都议定书》将1990年附件一国家排放的二氧化碳量作为制定减排目标的基准，引起了很大争议。就日本而言，经过工业界多年的节能技术和工艺的强制性推广，到1990年的时候，日本的二氧化碳排放量已经大幅下降，日本企业为此负担了巨额成本，进一步减排的边际成本很高。因此，以1990年为基年分摊减排义务，对日本不公。与日本的情况形成鲜明对照的是，原苏联和东欧国家，如俄罗斯、乌克兰等国，由于1991年苏联解体后，经济急骤萎缩，工业活动大幅下降。因此，将1990年的二氧化碳排放量作为基准，使这些国家"因祸得福"，不仅无须实质性减排即可完成京都义务，还可以通过向国际碳市场出售"热空气"而大发横财，这的确让其他国家难以得到心理平衡。

第三，碳汇滥用导致议定书的环境效力大大弱化。土地利用、土地用途变化和森林碳汇（LULUCF）的采用，不但使议定书的可操作性变得更加复杂，还使一些国家所承担的减排义务的履行大打折扣。根据世界自然基金会的估算，在森林吸收（碳汇）问题上的让步，已经降低了议定书原有的效力。实际上，扣除抵消的部分，全球削减的温室气体排放总量只有1.8％，仅仅是预定数字的1/3。

第四，美国退出破坏了《京都议定书》的法律完整性。作为世界上温室气体第一排放大国，美国冒天下之大不韪，悍然退出议定书，给国际社会保护全球气候的努力带来了沉重打击，给本来就困难重重的气候谈判增加了复杂性和不确定性，对日本、加拿大和澳大利亚等发达国家产生了消极影响。虽然在欧盟和国际社会其他成员的不懈努力下，议定书最终生效，但缺乏美国参与使议定书在法律的完整性和环境实效性方面都存在着严重缺陷，使各国对履行京都义务的信心和动力严重不足。美国虽然承认气候变化的事实，并承诺采取行动，但至今仍游离于京都体制之外，并正在寻求《京都议定书》的替代方案。美国的做法对议定书及对整个国际社会减缓气候变化的共同努力构成了重大威胁。

第五，发达国家对发展中国家的资金和技术援助的承诺难以兑现。虽然《京都议定书》设立了三项基金，要求附件二国家（主要是OECD成员国）捐资，以向发展中国家提供增强减缓和适应气候变化的能力建设所必需的资金和技术，但规定向基金捐资属于自愿性质。由于对资金和技术援助没有刚性约束，很可能导致发达国家口惠而实不至，使发展中国家的愿望最终落本。从而严重损害发展中国家参与国家气候合作的积极性。

第六，遵约机制软弱无力。在波恩会议上，一些发达国家担心无法按期完成削减排放目标，以制定对不遵约国的强制性惩罚措施违反国家主权原则为由，成功阻挠了具有法律约束力的遵约机制的制定。作为政治妥协的结果，遵约机制的法律约束力问题留给《京都议定书》第一次缔约方大会解决，导致问题不了了之。缺乏强有力的不遵约处罚措施，使议定书的义务形同虚设，构成了议定书的致命缺陷。

第七，发展中国家尚未参与议定书承诺。议定书并没有给发展中国家规定量化减排目标，固然符合"共同但有区别的责任"的原则，体现了各国具体国情和历史责任上的差异，具有一定的合理性。但全球温室气体排放也快速增长。目前中国已经成为世界温室气体第二排放大国，印度也已成为第四排放大国。如果一方面发达国家努力削减本国温室气体排放，而另一方面发展中国家却肆无忌惮地大量排放温室气体，达成控制大气中温室气体浓度的目标就会变得遥遥无期，这种局面肯定会是发达国家感到气馁，国际气候合作也不会走得很远。发展中国家在2012年前不承担减排义务，事实上成了美国为自己辩解开脱的理由。

尽管《京都议定书》不尽如人意，但对于许多观察家来说，《京都议定书》的真正价值不仅在于其对限制温室气体产生的直接影响，而且在于它开创了在气候变化方面采取全球共同行动的先例。

三、气候谈判的第三阶段

虽然《京都议定书》已经生效，但由于该议定书仍然有许多悬而未决的问题，因而围绕该议定书的谈判并未结束。同时，又由于《京都议定书》所规定的附件一国家温室气体减排的第一承诺期已在2012年年底结束，所以，《京都议定书》生效只不过是国际气候谈判进入新阶段的起点。此后，国际社会就气候变化问题召开了多次会议。如2008年在波兰波兹南举行的《联合国气候变化框架公约》第十四次缔约方大会（COP14），通过了"巴厘岛路线图"，启动了新的谈判；在2009年年底举行的哥本哈根会议（即COP15）上就2012年后（又称"后京都"）

应对国际气候变化问题达成新的协议。哥本哈根会议最终达成了《哥本哈根协议》。尽管《哥本哈根协议》并不具有法律约束力，但这次会议在发达国家强制减排和发展中国家采取自主行动上取得了新的进展，在长期目标、资金和行动透明度问题上达成重要共识，被联合国秘书长潘基文认为是"不可或缺的开始"。正是后续的多次会议使得国际气候谈判进入了重要的第三阶段。

（一）COP11确立了"谈判双轨制"

经俄罗斯批准后，《京都议定书》已于2005年2月正式生效。同年12月7日，《联合国气候变化框架公约》第11次缔约方大会（COP11）暨《京都议定书》第1次缔约方大会（MOP1）部长级会议在加拿大蒙特利尔开幕。

蒙特利尔会议确定了一条双轨谈判路线：在《京都议定书》框架下，157个缔约方将启动完善议定书体制的谈判进程；在《联合国气候变化框架公约》基础上，189个缔约方就2012年后温室气体减排的长期战略和行动计划展开磋商。在开幕式上，加拿大环境部长、本届大会主席斯蒂芬·迪翁（Steven Dion）对大会提出了明确的目标和任务：执行、改进和创新，即所谓的"3I"目标和任务。

在执行方面，由于日本、俄罗斯、加拿大等发达国家强烈反对建立违约的法律责任和追究制度，坚持对违约的处置将不具有强制性的法律效力，并得到了欧盟的默许，使议定书的遵约机制被大大软化。在改进方面，中小发展中国家强烈要求简化CDM项目的审批程序和规则，并解决地区分布不平衡问题。多数发展中国家认为，CDM项目审批程序和实施规则非常冗长和复杂，不便于实际操作，要求简化。但这些建议都未被采纳。但会议决定将"气候变化适应基会"从GEF框架下转入《京都议定书》框架下进行管理。

在创新方面，大会选择了《京都议定书》第3条第9款作为启动第二承诺期（2012年以后）气候变化制度框架的谈判的基础和授权。根据决定，MOP将立即启动有关发达国家在2012年后的承诺问题的谈判程序，成立特别工作组并在2006年5月（第24届附属机构会议期间）召开第一次会议，邀请缔约方提交国家意见。

总体上，《公约》第11次缔约方大会和《京都议定书》第1次缔约方大会是成功的，各方都基本满意，在数个领域通过了若干重要决定，启动《京都议定书》的实施，开始了未来的行动，缔约方推动了适应问题的工作，推进了《公约》和《议定书》的实施计划，是气候变化国际进程中一次值得肯定和具有重要意义的大会。

（二）《内罗毕工作计划》

2006年11月6日至17日，《联合国气候变化框架公约》第12次缔约方大会暨《京都议定书》第二次缔约方会议（COP12 and COP／MOP 2）部长级会议在肯尼亚首都内罗毕召开。这次会议最为关注也最为核心的问题就是，在第一承诺期内，即2008年至2012年中，已承担二氧化碳减排任务的发达国家（也称附件一缔约方）如何继续减排，而在2008年前不承担减排义务的发展中国家如何加入减排的行列。

由于发展中国家在《京都议定书》模式下不承担减排责任，而发达国家对在第二承诺期内继续承担减排义务未表示出足够的政治意愿，因此各方分歧严重。经过两周的艰难谈判之后，各方在两个方面达成一致，气候变化议题再迈出"一小步"：一是达成包括"内罗毕工作计划"在内的几十项决定，以帮助发展中国家提高应对气候变化的能力；二是在管理"适应基金"的问题上取得一致，基金将用于支持发展中国家适应气候变化采取的具体应对措施。在最为关键的发达国家和发展中国家是否及如何承担减排义务方面，还没有看到任何值得称许的进展，其中资金机制的谈判尤为艰难。

（三）"巴厘路线图"

2007年12月3日至15日，《联合国气候变化框架公约》第13次缔约方会议暨《京都议定书》第三次缔约方会议在印度尼西亚巴厘岛举行。

其间，还举行了部长级高级别会议、公约附属履行机构和科技咨询机构第二十七次会议、议定书第三条第九款不限名额特设工作组第四次会议。此次气候大会的主要目的是为2009年年底之前的应对全球变暖谈判确立明确的议题和时间表。

欧盟、澳大利亚和南非等要求在大会决议中明确规定发达国家在2020年前将温室气体排放量比1990年减少25％至40％，广大的发展中国家支持这一立场。而作为唯一未加入《京都议定书》的发达国家，美国强烈反对设定具体的减排目标，同时要求发展中国家承诺减排，日本和加拿大等国支持美国的立场。在欧盟强硬表示可能会抵制美国计划在2008年1月召开的主要经济体气候变化会议，并做出一定妥协的背景下，美国在大会的最后一刻接受了"巴厘路线图"。

"巴厘路线图"的主要内容包括：一是在公约下启动一项新的谈判进程，2009年完成谈判任务，主要讨论减缓、适应、技术、资金等四个议题。发达国家要承担可测量、可报告和可核实的量化减排义务，发达国家间的减排义务应具有可比性。发展中国家在技术、资金和能力建设方面得到可测量、可报告和可核实的支持的条件下，也要在可持续发展框架下采取可测量、可报告和可核实的适当国内减缓行动。二是在议定书下继续谈判已批准议定书的发达国家在2012年后的减排指标，2009年应完成谈判；2008年开始对议定书进行审评并确定了审评的范围和内容；启动议定书下的适应气候变化基金，由全球环境基金（GEF）作为适应基金的临时管理机构。除"巴厘路线图"外，会议还讨论了减少发展中国家毁林、技术转让等问题。

"巴厘路线图"来之不易。它具有里程碑意义。它首次将美国纳入到旨在减缓全球变暖的未来新协议的谈判进程之中，要求所有发达国家都必须履行可测量、可报告、可核实的温室气体减排责任，这是一个可喜的进步。占全球温室气体排放总量1/4以上的美国如果不被纳入未来的谈判，控制全球变暖的努力将无法取得理想的效果。另外，"巴厘路线图"还强调必须重视适应气候变化、技术开发和转让、资金三大问题，这三个问题在以往的全球气候变化谈判中一直未能得到足够的重视。而对于大多数发展中国家而言，这些问题都是它们有效应对全球变暖和减排的关键所在。尤其在被视为发展中国家的"软肋"的技术转让和资金问题上，没有发达国家的帮助，发展中国家在很大程度上只能被动地承受全球变暖所带来的干旱、洪涝、海平面上升等灾难性后果。而这三个问题与减缓气候变化问题被提到同等重要的位置后，就如同给减缓全球变暖的未来谈判"装上了四个轮子"，使未来的谈判能够前进得更快。

然而，国际社会本来希望在此次大会的路线图中能够出现更多实质性的内容，也就是整个减排指标的确定。包括三方面的减排数字：一是2020年发达国家减排至1990年的25％—40％；二是未来10—15年内，全球排放达到最高峰值，并开始下行；三是到2050年全球减排至1990年的50％水平。由于美国等发达国家表示，2050年的长期目标可以接受，但不接受短期目标，而发展中国家则认为，这是一揽子目标，应该都接受。因此双方的分歧使得妥协没有达成。量化指标没有在路线图中得到任何体现，只是"孤独地站立"在文本脚注的一角。发达国家和发展中国家对于减排量化指标的分歧，使得接下来的谈判蒙上了阴影。

当然，正如联合国秘书长潘基文所言，"巴厘路线图"只是达成减缓全球变暖新协议的开始。希望这一"路线图"能指引未来谈判，为人类有效应对气候变化的挑战创造更为有利的条件。而2008年12月在波兹南召开的《联合国气候变化框架公约》第14次缔约方大会上，由于美国次债危机的爆发转移了国际注意力，此次会议并未达成任何实质性成果。

（四）《哥本哈根协议》

1. 哥本哈根联合国气候变化大会（COP15）

2009年12月7—19日，哥本哈根世界气候大会，即《联合国气候变化框架公约》缔约方第15次会议，在丹麦首都哥本哈根Bella会议中心召开，来自192个国家的环境部长和超过130位国家和国际组织领导人出席气候变化大会，这在联合国历史上是史无前例的。所有这些领导人都承诺应对气候变化，所有国家都表现出了要采取行动的意愿。政府首脑们商讨《京都议定书》一期承诺到期后的后续方案，就未来应对气候变化的全球行动签署新的协议，此次会议被喻为"拯救人类的最后一次机会"。

经过两周的艰苦谈判，未取得任何重大进展。最终美国总统奥巴马与中国总理温家宝、印度总理辛格、南非总统祖玛以及巴西总统卢拉等4个国家的领导人举行了会谈，达成了一个初步协议。当地时间19日上午11时，联合国秘书长潘基文召开记者招待会，将这份美国、中国、印度、巴西和南非签订的不具约束力的多国协议作为哥本哈根会议的成果，定位为《哥本哈根协议》，但并未获得大会全面通过。在离开哥本哈根前，温家宝总理和美国总统奥巴马、来自英国等欧洲国家与部分非洲发展中国家的部分代表对上述协议表示欣慰。然而，来自小岛国与中南美洲的部分国家，包括图瓦卢、玻利维亚、古巴、苏丹等国家，认为该协议不能接受。因此，哥本哈根会议没能达成任何具有法律约束力的协议，令国际社会大为失望。

2.《哥本哈根协议》的主要内容

第一，气候变化控制目标。各方强调气候变化是当今世界面临的最重大挑战之一，为了将每年全球气温升幅控制在2摄氏度以下，各方必须从科学角度出发，大幅度减少全球碳排放。

第二，减排责任。附件一各缔约方将在2010年1月31日之前向秘书处提交经济层面量化的2020年排放目标，并承诺单独或者联合执行这些目标。附件一非缔约方将在可持续发展的情况下实行延缓气候变化举措，包括在2010年1月31日之前按照附件二所列格式向秘书处递交的举措。最不发达国家及小岛屿发展中国家可以在得到扶持的情况下，自愿采取行动。

附件一非缔约方采取的减排措施将需要对每两年通过国家间沟通进行报告结果在国内进行衡量、报告和审核。附件一非缔约方将根据那些将确保国家主权得到尊重的、明确界定的方针，通过国家间沟通，交流各国减排措施实施的相关信息，为国际会议和分析做好准备。寻求国际支持的合适的国家减排措施将与相关的技术和能力扶持一起登记在案。那些获得扶持的措施将被添加进附件二的列表中。

这些得到扶持的合适的国家减排措施将有待根据缔约方大会采纳的方针进行国际衡量、报告和审核。

第三，气候变化能力建设融资。发达国家应向发展中国家提供更多的、新的、额外的以及可预测的和充足的资金，并且令发展中国家更容易获取资金，以支持发展中国家采取延缓气候变化的举措，包括提供大量资金以减少乱砍滥伐和森林退化产生的碳排放、支持技术开发和转让、提高减排能力等，从而提高该协定的执行力。

发达国家承诺将向发展中国家提供新的额外资金，包括通过国际机构进行的林业保护和投资，在2010年至2012年期间提供300亿美元。

在实际延缓气候变化举措和实行减排措施透明的背景下，发达国家承诺在2020年以前每年筹集1000亿美元用于解决发展中国家的减排需求。此类资金中的很大一部分将通过哥本哈根绿色气候基金来发放。

第四，技术转让。为了促进技术开发与转让，各方决定建立技术机制，以加快技术研发和转让，支持适应和延缓气候变化的行动。这些行动将由各国主动实行，并基于各国国情确定优先顺序。

3.《哥本哈根协议》评价

哥本哈根会议未能达成任何具有法律约束力的条约，凸显出气候变化国际谈判的复杂性和艰巨性。虽然谈判在某些方面取得了一些进展，但在核心议题上几乎没有取得任何实质性的突破，许多重大问题仍然悬而未决。

在减排目标确定方面，按照联合国政府间气候变化专门委员会（IPCC）的建议，到2020年，发达国家至少要在1990年的基准上减排25%—40%，到2050年将全球温室气体在1990年的基础上削减50%—90%，才能确保全球气温比工业革命前升高不超过2摄氏度。但从目前发达国家所作出的承诺水平来看，距离IPCC所要求的2020年减排25％的最低目标仍然有相当大的差距。对于2012—2020年的减排目标，奥巴马政府承诺到2012年将在2005年的基础上减排17％，欧盟的承诺仍然是2012年将在1990年的基础上减排20％，如果其他国家承担相当的承诺，可以将减排目标提高到30％。日本承诺在1990年的水平上削减25％，但前提条件是美国和发展中大国都进行有效减排。而加拿大方面，到目前为止，仍然没有作出任何承诺。这表明在减排责任承担方面谈判没有取得任何突破。

在资金援助和技术转让方面，根据联合国政府间气候变化专门程序的建议，要将气温上升控制在2摄氏度内，就要求发达国家拿出GDP的0.5％—1％，相当于一年3000亿美元来支持发展中国家的减缓气候变化能力建设。而协议中发达国家只口头承诺提供3年的快速启动资金共300亿美元，到2020年每年筹集1000亿美元，用于发展中国家的减排需要，但对发展中国家的长期融资要求没有明确的回应。在技术转让方面，各方决定建立技术转让机制，以加快技术研发和转让，支持适应和延缓气候变化的行动。但没有讨论对技术转让至关重要的知识产权问题，只是要求各国按照本国国情，主动实行技术转让行动。而发达国家一贯以知识产权为私营企业所有为借口，逃避国际责任。

在发展中国家减缓行动的透明度问题上，在哥本哈根会议前，在未得到发达国家资金和技术承诺的前提下，为了促进会议的成功，包括中国、印度、巴西等国在内的发展中大国都作出了自己的减缓承诺。但西方国家为了极力促使发展中国家作出更大努力，提出发展中国家的减缓承诺要参与"三可"（MRV，可报告、可检测、可核实），接受国际社会的监督，并将发展中国家接受"三可"要求与获得发达国家提供的资金支持挂钩。由于发展中国家减排接受国际"三可"，相当于将自己的自主减排行动置于与发达国家为了偿还历史排放债务而应承担的减排义务同样的标准之下，并且会限制自身为了发展和脱贫而必需的排放空间，发展中国家对此难以接受。发展中国家主张，得到国际社会资金和技术支持的减排行动可以接受"三可"，但是自主采取的行动不接受"三可"。这一主张无疑是合理的，也是发展中国家的谈判底线之一。

尽管哥本哈根协议是一项不具法律约束力的政治协议，但它表达了各方共同应对气候变化的政治意愿，锁定了已经达成的共识和谈判取得的成果。推动谈判向正确方向迈出了第一步。

通过回顾国际气候谈判所走过的艰难历程，厘清每一轮谈判的核心议题及各国、各国家集团的利益主张，分析谈判各方的政治姿态和立场变化，能够帮助我们加深对气候问题的本质和现实国际关系的理解，把握气候谈判的脉络，对未来的谈判走势进行较为准确的预期。

第二节　国际气候谈判矛盾与利益

尽管在生态学上地球是一个统一的整体，但目前的国际体系仍以国家为基本单位，这使得环境外交在实践中必然遇到国家利益和人类共同利益的冲撞。环境问题的流散性和跨国性使各国在环境利益上具有共同性。这使得国际环保事业从理论上来讲有了全球同心协力的基础，世界各国乘在同一条环境之舟上，必然存在着共同的环境利益。但这种共同的利益只是各国国家利益的叠加和重合，是各国国内利益延伸的交叉部分。尽管随着全球环境危机的加深，这种共同利益的范围也在不断扩大，但由于各国的经济背景和发展水平各不相同，面临最紧迫的环境问题以及与全球环境问题的利害关系各有所异，因此，各国对自己的利益的认定也会有所差异。归根结底，人类共同利益无法完全涵盖国家的特殊利益。正是由于各国在国家利益上存在着差异，使得气候谈判在实践中步履维艰。

一、气候谈判中的南北矛盾

气候与发展的南北矛盾，即发展中国家与发达国家之间矛盾十分突出，在承担环境保护责任和义务上，发展中国家和发达国家始终存在重大分歧。

在某种意义上说，发达国家关心的是环境问题，而发展中国家关注的是发展问题。由于不同的国家处于不同的发展阶段，因而其对温室气体的排放情况和性质也存在差异。发达国家的排放是"奢侈性排放"，而发展中国家则是"生存性排放"。虽然所有国家都要承担保护气候的共同责任，但"共同"并不是"平等"和"均摊"。发达国家应该承担更大的责任。因为从历史上看，气候变化问题主要是由于发达国家长期过度消耗石化燃料排放温室气体造成的；从现实角度看，当代地球环境所承受的来自人类社会的压力大部分来自发达国家；从人均排放量来看，发达国家的人均排放量远远高于发展中国家。根据国际能源署的统计，发达国家以占世界25%的人口排放全世界75%的气体；而人口仅占世界总人口4%的美国，其排放量却高达总量的25%。美国温室气体的人均排放量是世界平均水平的5.2倍，是德国的1.9倍，英国的2.2倍，日本的2.25倍，法国的3.2倍，更是中国的8.7倍。如果要求发展中国家付出同等代价、采取同样措施为主要由发达国家造成的危机承担责任，这是不公平的。此外，发达国家有着雄厚的经济实力与先进的环保技术，有能力为解决全球环境问题承担更大的义务。

但一些发达的工业化国家尤其是美国通过对环境的恣意破坏发展起来之后，却不愿意承担相应的责任。它们由于害怕世界范围的污染和毒性升级会对他们本国的人口造成危害，于是摆出环境卫士的姿态，促使发展中国家保护环境、制止污染，以避免世界范围环境恶化危害其利益。根据共同但有区别责任的原则和公平的原则，《联合国气候变化框架公约》及其《京都议定书》规定了发达国家的温室气体控制义务。然而，它们不顾这些原则和义务，而置发展中国家最迫切的发展任务于不顾，千方百计想拉、套、压发展中国家做出承诺，"平等"参与温室气体的减排行动。

同时，发达国家以保护环境为名，设置"绿色屏障"，形成新的贸易保护主义，使本国在方兴未艾的国际环保市场竞争中处于有利地位，造成对发展中国家事实上的歧视。近年来，随着环保浪潮的兴起，发达国家越来越重视产品的环境标准，而且标准越来越高，几近苛求。从某些方面来说，这些标准和相应的限制措施就是直接针对发展中国家的。由于经济技术落后，环保行动起步晚，过高过严的环境标准直接影响着发展中国家的出口贸易及其经济的发展。

二、气候谈判与国家利益集团化

国际气候谈判长期处于合作与冲突并存的两个极端中，各利益集团分歧明显加剧。在主线呈南北斗争态势的同时，各利益集团的分歧也十分明显。欧盟与美国等国家在执行京都议定书上意见不一。欧盟希望对美国等国家保持环保产业、经济发展等方面的压力，因而在执行《联合国气候变化框架公约》及其《京都议定书》上，采取了较为强硬的立场。而美国等国家不想在执行议定书时损害其经济和降低其国民的生活水平，千方百计地减轻其温室气体的控制义务。美国最终于2001年决定放弃实施《京都议定书》所规定的义务。

俄罗斯在气候问题上有些举棋不定，直至2004年10月2日才批准了《京都议定书》。这表明俄在这一问题上采取观望态度，在与美国、欧盟、发展中国家的多元博弈中讨价还价，以寻求最佳的国家利益。发展中国家内部，因各自利益的差异，相互协调有时也十分艰难。小岛国联盟担心气候变化，担心海平面上升，很多问题同欧盟保持一致，要求采取严格的保护全球气候的行动；石油输出国担心限制温室气体排放，会减少其石油出口，进而影响其经济发展，对发达国家采取的应付气候变化政策和措施十分关心，极力争取发达国家对其经济造成的损失进行赔偿；拉美国家希望在执行《联合国气候变化框架公约》过程中利用其森林等资源优势获得短期利益，在不少方面同美国想法相同；中、印等一直把握《联合国气候变化框架公约》谈判的方向，反对发达国家给发展中国家增加任何新的义务。

尽管国际气候谈判中南北对立的基本格局得以维持，但谈判过程中国家集团分化重组的实例随处可见。气候公约相关议题所产生的利益集团主要包括：伞形国家集团、欧盟、77国加中国、小岛国联盟、石油输出国、中欧11国集团、环境完整性集团、中美洲集团、非洲国家集团等。在国际气候谈判中，以美国为首的伞形国家集团、欧盟和77国集团加中国一度呈三足鼎立之势。

伞形国家集团以美国为首，集结其他非欧盟发达国家和俄罗斯、乌克兰等组成，经常一起讨论各种议题以寻求共识。集团初期名称为JUSCANZ，为日本、美国、加拿大、澳大利亚、新西兰的国名缩写简称。在第四次缔约方会议上时瑞士（S）、挪威（N）加入，成为目前的JUSSCANNZ。后来，冰岛、俄罗斯和乌克兰加入，成为伞形集团。其中，美国以占世界4％的人口排放占世界25％的温室气体，为能源使用第一大国，在减缓全球气候变化问题上，扮演着举足轻重的角色。加拿大占世界人口的0.5％，而二氧化碳排放量占世界第八位，以人均排放量而言，为全球第一。加拿大能源使用量大，且国内资源丰富，为石油、天然气输出大国。日本也是二氧化碳排放大国，总量仅次于美国、中国、俄罗斯，居世界第四位。但日本与美国、加拿大不同，石油多依赖进口，能源效率很高，因此，未来排放增长的空间不太大。澳大利亚是煤炭输出国，挪威、冰岛两国能源以水力为主，二氧化碳排放基准量很低，未来发展需要依赖石油和天然气。而瑞士2/3的能源需要依赖进口。俄罗斯和乌克兰等国家，由于经济衰退握有大量"热空气"排放权。

总之，在这个集团内部，各国国情虽各不相同，但均赞成弹性机制，通过排放贸易和吸收汇缓解本国减排压力。看重灵活机制的作用，主张对灵活机制的运用不加任何限制，它是美、日、加、澳、新等伞形集团国家的主要利益交汇点。

欧盟是一个区域经济与政治联盟，其成员对外不可表达不同立场，发表意见或声明都保持一致。由于成员国的部分主权已转移至欧盟，欧盟本身具有参与公约的权力，并以法人身份签署及批准气候公约。欧盟的经济发展处于较成熟的阶段，人们对环境议题较为关切，对政府的监督也较积极。欧盟作为国际气候谈判的发动者，一直是全球温室气体减排的最主要的推动力量，并力图担当谈判领导者的角色。欧盟希望凝聚多年艰辛谈判而达成的《京都议定书》能够获得批准生效，而不是半途而废。当然，欧盟积极推动国际气候谈判也有抬高自身竞争力的考虑，目标主要是美国。欧盟的成员国多属于成熟乃至过熟经济，土地空间有限；人口密集，人口数量稳定甚至有下降趋势；经济增长只能以内涵为主，外延扩张的空间十分有限。欧洲联盟、统一货币、启动欧元仍然难敌美国。德、英、法等国温室气体排放有了明显下降，欧盟希望减缓全球气候变化和减少温室气体排放能够成为其增强经济发展和竞争能力的新契机。欧盟如果能够利用环境保护牵制美国，维持甚至缩小与美国之间的差距，理直气壮，何乐而不为？

当然，由于欧盟各成员国具体国情不同，在欧盟内部仍存在不同的利益子集团，不同子集团的外交策略又有差异。奥地利、英国、丹麦、芬兰、德国、荷兰和瑞典等国为第一子集团，该集团既有较强的减排能力，又有较强的政治意愿，是富有的环保主义者；比利时、法国、意大利和卢森堡属于第二子集团，该集团虽然有较强的减排能力，但政治意愿较弱；爱尔兰、葡萄牙、希腊和西班牙属于第三子集团，该集团是欧盟内较穷的国家。很显然，第一子集团不仅在欧盟内部充当倡导者和领导者角色，在国际谈判中也发挥着积极的作用。

77国集团于1967年在联合国贸易与发展会议支持下成立，属于发展中国家联盟，其宗旨和主张是：寻求对外谈判立场的一致；支持《京都议定书》中"共同但有区别责任"的原则；认为发达国家对全球变暖负有历史责任，并要求发达国家对发展中国家提供资金和技术支持。在灵活机制方面，要求设定排放贸易的上限，以"补充"国内实际减排为原则。根据《京都议定书》规定，非附件一国家的义务仅限于提交国家信息通报，制定减缓和适应气候变化的计划、加强能力建设等非核心义务，尚未承担具体的限排或减排义务。促进《京都议定书》批准生效，使发达国家确实在全球减排行动中担负率先减排的责任，并履行其在资金援助和技术转让方面的义务，是符合发展中国家一贯立场的。

其中，中国和印度是该集团排放量最高的国家，它们要求经济发展空间；阿根廷和韩国是减排目标全球化的推进者，曾经或者有意作出限排或减排自愿承诺；南美的墨西哥和巴西对清洁发展机制兴趣浓厚；石油输出国（OPEC）由于能源输出在其国民经济中占据主导地位，它们担心全球减排会引起全球能源市场的紧缩，会给本国经济带来负面影响；小岛国联盟环境脆弱，海平面低，是受气候变化影响最大的国家，且自身排放量小，它们提出的减排目标最严厉，迫切要求世界各国大力减排温室气体，当然也包括发展中国家，尤其是发展中大国。

总的看来，自第四次缔约方会议之后，发达国家和发展中国家阵营南北对立的基本格局日渐模糊，集团多样化的趋势在不断增强。如土耳其难以承担减排义务为由多次申请退出附件一国家行列，哈萨克斯坦为了参与排放贸易又要求加入附件一国家行列，阿根廷和韩国退出自愿承诺，等等。在海牙气候会议上又出现了两个新的国家集团：由波兰等国组成的中欧11国集团，由韩国、墨西哥和瑞士三国组成的"环境完整性集团"。伞形国家集团在《京都议定书》批准生效问题上因意见分歧而瓦解。美国退出《京都议定书》，澳大利亚完全追随美国，日本和加拿大批准《京都议定书》，而俄罗斯左右权衡。集团多样化趋势使国际气候谈判格局更加复杂多变。

三、气候变化与北极资源开发

伴随着全球化、气候变暖、能源紧缺的大势所趋，北极的战略地位、科研意义、潜在交通价值、资源储备、军事作用日益凸显。北极地区八国、欧盟、北半球国家乃至整个国际社会越来越注意到北极地区在全球经济、地缘政治领域的重要意义，北极地区的战略重要性不断增长。

（一）北极资源利用价值和战略地位

北极地区蕴藏着丰富的矿产资源和生物资源，它与重要的军事战略资源、航道资源、科学研究资源和旅游资源，融为一体，形成北极资源极高的利用价值，进而奠定了北极在全球经济、政治、外交战略中的重要地位。由于新技术的应用和全球变暖，北极冰雪下埋藏的能源储量所有权和新的远洋运输航线备受全球瞩目。

研究表明，北冰洋海底蕴藏着丰富的矿产资源。富饶的矿物资源中，石油、天然气、煤炭资源最重要、最丰富。据俄罗斯和挪威等国家的估计，原油储量大概为2500亿桶，相当于目前被确认的世界原油储量的1/4。天然气的储量估计为80万亿立方米，相当于全世界天然气储量的45%。煤炭资源据地质学家估计，总储量约10000亿吨或者更多，也超过全世界已探明煤炭资源总量9844亿吨。1972年，一种被称为继煤炭、石油和天然气之后的第四代能源的可燃冰，在开发北极圈内的麦雅哈天然气田第一次被人类发现。另外，北极地区还有大量的铜、铅、锌、镍、钨、磷、金、银、石棉、金刚石和其他重金属等矿产。

科学家估计北冰洋上的冰正在以每年3%的速度融化，也就是说在50到100年之间，北冰洋可能将会完全没有冰山的屏蔽，航运、渔业和石油天然气开发将畅通无阻。通过俄罗斯边境的水域如果没有冰山阻挡，欧洲到亚洲的水运航程会缩短一半。这些都为世界航运和北极的油气开采创造了有利条件。北冰洋海冰的消融和航海技术的进步，加拿大沿岸的"西北通道"和西伯利亚沿岸的"北方通道"将成为新的"大西洋—太平洋轴心航线"。欧、亚和北美洲之间的航线将因此缩短6000至8000公里。北美洲北部海岸各港口到欧亚大陆北部海岸各港口的纵向航线和北美洲北部海岸各港口之间的近岸航线以及欧亚大陆北部各港口之间的近岸航线会在北极冰层消融之后成为沟通全球的方便航道。

有评论指出："北极这个地球上最后一块大面积无管辖权的土地上最新出现的利益，在冷战结束后重又回到人们的视线之中。现在一场新的大博弈正在上演。"

（二）环北极国家对北极和资源的争夺

环北极八国对北极领土及资源的争夺早已存在。1907年加拿大参议员帕斯尤可·普瓦里耶首次提出"扇形理论"，作为加拿大对所有北极岛屿拥有主权的基础。他声称："位于两条国界线之间直至北极点的一切土地应当属于邻接这些土地的国家。""扇形理论"得到了前苏联的大力支持，1926年前苏联明确提出，凡位于前苏联北冰洋沿岸以北、在北极和东经32°4′至西经168°49′之间的所有陆地，都是苏联领土。早在斯大林时代，前苏联地图上与北极的界线就像三角形的两个边一样，划分明确简单：一边从北极到俄罗斯西部的雷巴奇半岛，一边由北极到俄罗斯东部的白令海峡，其间广阔的地域都归前苏联所有。但这些做法都遭到美国、挪威等其他北极国家的强烈反对。

从20世纪四五十年代开始，人类在北极的活动逐渐从探险转为科考，从商业转为军事；新世纪以来，北冰洋沿岸国不仅借助各自的地缘优势，即以已经占有的陆地领土为中心不断向周围的海域扩张，对领海、专属经济区200海里的界限和大陆架的划定提出对各自最有益的主张，还致力于对那些已经形成、正在形成或尚未被发现的无主岛屿的开发探索行为。新一轮北极军事争夺已经拉开了帷幕。不同于以往的主要围绕国家军事安全展开，本轮军事争夺主要是围绕北极的资源和通道等经济发展和安全问题展开。

2007年8月2日，俄罗斯北极科考队乘坐2艘"和平号"微型潜水艇潜至4千米以下的洋底成功插下俄罗斯国旗。2003年6月，丹麦军舰访问汉斯岛，在岛上插上丹麦国旗，并单方面宣布汉斯岛属于该国。加拿大则对自己一侧北冰洋沿岸岛屿的领土确认工作基本告一段落并且其北冰洋沿岸岛屿的领土主权基本得到国际公认。美国在继续保持对北冰洋军事控制的同时，以科学考察名义稳步展开争夺北极资源和航道的其他活动。美国早在20世纪70年代初，就出台了正式的北极政策。而随着北约组织的成立，美国更在从阿拉斯加到冰岛的漫长北极线建起了弹道导弹预警系统，部署了相当规模的战略核潜艇弹道导弹和截击机，并联合加拿大构筑了"北美空间防御司令部"。

除军事外交争夺外，北极国家在主权和管辖权归属上颇费心机。北极地区以北冰洋为中心，被多个国家所环绕，非常类似于地中海。而且由于北极公海、国际海底区域及其资源属于全人类共同继承的遗产，非北极国家既对北极冰层融化可能导致严重的环境后果忧心忡忡，又对分享北极利益充满期待。

（三）北极资源和利益之争的分析

北极资源权益争夺涉及的利害关系方极其复杂：不仅有北极地区国家之间的权益之争，而且还包括北极国家与北极圈外国家之间的矛盾。在北极圈外国家（区域）中，也可以按照与北极事务的联系远近作一个划分。

第一个层面是欧盟，它在很多问题上抱有北极的"半个主人"的态度，其海洋蓝皮书也重点强调了其北方海洋政策尤其是极地政策，此外欧盟还专门制定了其北极战略。但是欧盟和北极国家并不完全重合，北极更具影响力的三个大国——美国、俄罗斯和加拿大都不是欧盟成员，加之欧盟北极五国和这三国之间存在的复杂的地缘政治关系，欧盟与这三国之间在北极法律秩序上的关系也是非常微妙的。

第二个层面是可以独立开展北极考察并且参与北极国际事务的国家，其标志是参加了国际北极科学委员会或者是被北极理事会吸纳为正式观察员或特别观察员，其中主要是欧洲国家，包括法国、德国、荷兰、波兰、英国等，也包括中国、日本、韩国等国家，主要是一些北半球的经济较发达的国家。

第三个层面是在实践上没有独立开展北极考察，但是对于北极国际事务加以关注并发表主张的国家，如印度、南非等。

第四个层面是其他国家，这些国家虽然没有开展北极考察，也未参与北极国际事务，但是基于目前的海洋法体系，也拥有对北极属于全球公域的领域的相关权利，这些国家数量也是比较大的。

目前环北极国家的所有争端、争端的结果都必将对非北极沿岸国家产生影响。2011年5月在丹麦格陵兰岛首府努克召开的第七届北极理事会外长会议上，与会国家外长签署了北极理事会成立15年以来的首个正式协议《北极搜救协定》，就各成员国承担的北极地区搜救区域和责任进行了规划。丹麦外交大臣莱娜·埃斯珀森对《北极搜救协定》的签署做出的评价是："这是一个历史性的突破，它是北极理事会第一个具有法律约束力的协议。"但《北极搜救协定》产生了一个效果，即北极是北极国家的，外人不应染指。

2008年5月27日至5月29日，北极沿岸五国——加拿大、丹麦、挪威、俄罗斯、美国在格陵兰伊卢利萨特(Ilulissat)召开会议，并发布了共同宣言。宣言首先强调五个沿岸国对北极绝大部分的主权和管辖权归属持相同态度，即主权和管辖权争议只是在小范围内存在，因此可以单独解决，无须再仿照南极冻结主权来解决争议。其次，宣言强调海洋法作为适用于北极的国际法框架，对大陆架外部界限、海洋（包括冰层覆盖区）环境保护、航行自由以及海洋科研等和海洋利用相关的问题都规定了相关的权利义务，沿岸五国将这一体系以及任何权利的冲突问题留待日后解决。第三，宣言认为海洋法框架为沿岸五国以及通过国际条约等途径取得海洋利用权的其他国家提供了坚固的基础，因此没有必要再重新制定一个全面的国际性法律模式来治理北冰洋。第四，宣言认为北冰洋作为一个独特的生态环境系统，其周边五国起着保护管理的角色。第五，宣言指出目前北冰洋沿岸五国正和相关参与国紧密合作，主要合作领域包括大陆架数据收集、保护海洋环境和其他的科学研究。

综上，可以发现五国在北极国际法未来走向上的明确态度，即：充分利用现有的海洋法框架，通过改善原有规定和增加新的规定来解决北极争端，拒绝建立一个新的条约，包括在海洋环境保护领域；强调五国对北极领土及海域的既得权利与特权，排斥其他国家参与到这一问题的相关议程。

（四）北极国家法律地位的确定

冷战时代结束后，北极地区资源争夺的主要方式由军事较量转为法律上的权益争夺，而法律上的权益争夺根源在于北极的法律地位确定。北极地区在现行国际法上可以划分为环北极八国的陆地领土、领海、专属经济区和大陆架以及未被上述区域所包括的公海部分。唯一的例外是挪威所属的斯瓦尔巴群岛。北极地区的国际法地位根据现行国际法制度（领土主权和海洋法）即可确定。在《联合国海洋法公约》框架下，各国可以享有距离海岸基线200海里以内或更远距离的专属经济区，前提是其能够证明所议地区属于其自有大陆架的自然延伸。俄罗斯的主张也正基于这点，它认为罗蒙诺索夫海岭是从俄罗斯海岸延伸向格陵兰岛的。但丹麦认为该海岭是同丹麦领土格陵兰岛相连的。加拿大认为，该海岭则是其所属的埃尔斯米尔岛的延伸。

北极地区拥有领土的沿岸国在所有利益上和其他国家的冲突，应当通过《联合国海洋法公约》中领海、专属经济区和大陆架制度调整。其中的生物资源和非生物资源在专属经济区和大陆架制度中被确定为沿岸国的"主权权利"；军事、航行、科学考察等方面的利益冲突，尽管也在公约的上述制度中得以调整，但是却着墨不多、语焉不详，为有关国家的单方面行动埋下伏笔。

北冰洋地区有多大区域属于国际海底区域，目前仍未确定，要等到各个国家200海里以外的大陆架外部界限确定之后，才能确定北极地区的国际海底区域范围。专家认为，北极地区大陆架的争端，可能会持续相当一段时间。这种争端引发的结果，可能会使其他非北极沿岸国家产生一定程度的不满，甚至是争论。

对于北极法律地位主要有几种界定：

一种是北极完全划分为各国主权之下，传统的按"无主之地"或者依照"扇形原则"来确定北极的法律性质，将其瓜分后纳入各北极国家的主权管辖范围下。这种观点基本上已经为理论界和政界所摒弃。

第二种强调北极的全球性，将北极列为和海底、月球相同的"人类共同遗产"，或是同南极相仿国际法地位的区域。有些学者建议在北极普遍适用"斯瓦尔巴模式"，即北极国家对北极有主权，但将具体权益无条件让渡出来，也可以列为这类观点之中。这种观点在学界颇有影响，但是忽视了海洋法的既有理论，而且也为北极国家所排斥，在实践中很难实行。

第三种是基于现有的海洋法理论和规则对北极的法律地位按各要素分别界定，认为北冰洋沿岸国家可以主张其内水、领海、专属经济区和大陆架。除上述区域外，北冰洋的主体部分应属于公海或"国际海底区域"，根据《联合国海洋法公约》，前者实行公海自由原则，后者则作为"人类共同继承财产"由国际海底管理局负责管理和开发，它们都不能成为国家占有的对象。目前，这种观点为北冰洋国家所认可，也是学术界的主流观点。

第三种观点在现有海洋法理论和规则体系的审视下是可行的，却隐含着较大的争端隐患。因为根据目前海洋法公约的规则，北冰洋沿岸国家存在将外大陆架延至北极点从而瓜分北极海底的可能，这也是为何第二种观点虽然过于粗略甚至与海洋法有相悖之处，依然会在国际政治学界得到支持的原因。

在这种争论之中，需要注意一种趋势，就是虽然从总体上将北极定位于全球公域不可行，但是其部分公域化的趋势将十分明显。主要体现在航道、资源开发、环境保护与气候变化治理上。在资源开发上，一方面北极国家可能会发展出区域组织管理北极资源的勘探和开采工作，另一方面，北极国家可能会进一步同圈外国家合作，吸引圈外国家的技术和资金共同参与北极资源的勘探与开采。

四、气候变化与大国之间的关系

全球气候变化及其不利影响是人类共同关心的问题。工业革命以来的人类活动，尤其是发达国家在工业化过程中大量消耗能源资源，导致大气中温室气体浓度增加，引起全球气候近50年来以变暖为主要特征的显著变化，对全球自然生态系统产生了明显影响，对人类社会的生存和发展带来严重挑战。

（一）气候变化对俄罗斯的影响

俄罗斯是经济转型国家，由于经济转型时，"休克疗法"严重破坏经济发展，导致工业停滞，农业发展迟缓，加之人口增长减慢。1990年以来，俄罗斯碳排放量不断减少，1999年达到最低点，而后略有增加。1999年碳排放量比1990年还减少了40％，2000年以后碳排放量逐步上升。

俄罗斯气候具有较之全球更为明显的变暖趋势。近几十年的观测及未来气候变化模型的预估也表明，俄罗斯气候特征的变率将会增加。俄罗斯气候变化对社会经济部门及人文环境造成不利和有利的影响，利弊各半，有些地区利大于弊。俄罗斯碳排放量现在基本维持在1990年的排放水平，承诺《京都议定书》的减排义务本身对俄罗斯压力不大。因此，面对气候变化国际公约，俄罗斯比较轻松，签署《京都议定书》也不很难，签署过程并不复杂。2004年10月，俄杜马（下院）和联邦委员会（上院）已分别通过表决批准了《京都议定书》，时任总统的普京在文件上签字不过是履行必要的手续而已。但是，俄罗斯对《京都议定书》能否生效起着举足轻重的作用。他们的温室气体排放指标为17.4％，这使得《京都议定书》达到了生效的标准。另外，俄罗斯以《京都议定书》为政治王牌，用这张牌跟欧盟、跟美国讨价还价，使俄在WTO（世界贸易组织）上获取很多宽松条件。俄罗斯1999年就在《京都议定书》上签字，作为交换，欧盟必须支持俄罗斯加入WTO。而普京的正式签字，恰恰就在他与欧盟领导人会面之前的几天，这是典型的气候政治外交手腕。

面对较之全球更为明显的气候变暖趋势，2008年俄罗斯国家高层领导及政府部门的负责人在考虑减排的同时，着力实施应对策略和制定应对气候变化的长远计划。2008年3月16日俄罗斯联邦水文气象和环境监测局局长别德利茨基在俄联邦委员会（议会上院）的一个生态政策会议上说："俄罗斯需要有自己的应对全球变暖的计划，我们的专家目前正在制订这一计划。"别德利茨基认为，虽然《联合国气候变化框架公约》以及随后出台的《京都议定书》在执行中存在不足，但俄罗斯会坚持通过国际合作来应对气候变化。他认为，《京都议定书》规定的2012年前温室气体减排目标可能无法实现，因为只有少数工业化国家在削减温室气体排放，有的工业化国家温室气体排放量甚至不减反增。2008年7月在日本北海道举行的八国集团峰会前夕，俄罗斯总统梅德韦杰夫在接受日本媒体采访时认为，"人类今天面临着非常复杂并且不可逆转的气候变化过程。对待气候问题应通盘考虑，在考虑如何减少有害气体排放、减轻温室效应的同时，更应制订应对气候变化的长远计划。"

（二）气候变化对中国的影响

中国是最易受气候变化不利影响的国家之一，其影响主要体现在农牧业、森林与自然生态系统、水资源和海岸带等。首先，气候变化对中国农牧业生产的负面影响已经显现，农业生产不稳定性增加；局部干旱高温危害严重；因气候变暖引起农作物发育期提前而加大早春冻害；草原产量和质量有所下降；气象灾害造成的农牧业损失增大。未来气候变化对农牧业的影响仍以负面影响为主。小麦、水稻和玉米三大作物均可能以减产为主。农业生产布局和结构将出现变化；土壤有机质分解加快；农作物病虫害出现的范围可能扩大；草地潜在荒漠化趋势加剧；原火灾发生频率将呈增加趋势；畜禽生产和繁殖能力可能受到影响，畜禽疫情发生风险加大。其次，气候变化对中国森林和其他生态系统产生影响，主要表现在：东部亚热带、温带北界北移，物候期提前；部分地区林带下限上升；山地冻土海拔下限升高，冻土面积减少；全国动植物病虫害发生频率上升，且分布变化显著；西北冰川面积减少，呈全面退缩的趋势，冰川和积雪的加速融化使绿洲生态系统受到威胁。再次，气候变化将使生态系统脆弱性进一步增加；主要造林树种和一些珍稀树种分布区缩小，森林病虫害的爆发范围扩大，森林火灾发生频率和受灾面积增加；内陆湖泊将进一步萎缩，湿地资源减少且功能退化；冰川和冻土面积加速缩减，青藏高原生态系统多年冻土空间分布格局将发生较大变化；生物多样性减少。

中国气候变化已经引起了中国水资源分布的变化。近20年来，北方黄河、淮河、海河、辽河水资源总量明显减少，南方河流水资源总量略有增加。洪涝灾害更加频繁，干旱灾害更加严重，极端气候现象明显增多。预计未来气候变化将对中国水资源时空分布产生较大的影响，加大水资源年内和年际变化，增加洪涝和干旱等极端自然灾害发生的概率，特别是气候变暖将导致西部地区的冰川加速融化，冰川面积和冰储量将进一步减少，对以冰川融水为主要来源的河川径流将产生较大影响。气候变暖可能将增加北方地区干旱化趋势，进一步加剧水资源短缺形势和水资源供需矛盾。近30年来，中国海平面上升趋势加剧。海平面上升引发海水入侵、土壤盐渍化、海岸侵蚀，损害了滨海湿地、红树林和珊瑚礁等典型生态系统，降低了海岸带生态系统的服务功能和海岸带生物多样性；气候变化引起的海温升高、海水酸化使局部海域形成贫氧区，海洋渔业资源和珍稀濒危生物资源衰退。据预测，未来中国沿海海平面将继续升高。海平面上升还将造成沿海城市市政排水工程的排水能力降低，港口功能减弱。

气候变化对社会经济等其他领域也将产生深远影响，给国民经济带来巨大损失，应对气候变化需要付出相应的经济和社会成本。气候变化将增加疾病发生和传播的机会，危害人类健康；增加地质灾害和气象灾害的形成概率，对重大工程的安全造成威胁；影响自然保护区和国家公园的生态环境和物种多样性，对自然和人文旅游资源产生影响；增加对公众生命财产的威胁，影响社会正常生活秩序和安定。

中国应对气候变化的指导思想是：全面贯彻落实科学发展观，坚持节约资源和保护环境的基本国策，以控制温室气体排放、增强可持续发展能力为目标，以保障经济发展为核心，加快经济发展方式转变，以节约能源、优化能源结构、加强生态保护和建设为重点，以科学技术进步为支撑，增进国际合作，不断提高应对气候变化的能力，为保护全球气候作出新的贡献。

中国应对气候变化坚持如下原则：

——在可持续发展的框架下应对气候变化。气候变化是在发展中产生的，也必须在发展过程中解决。要在应对气候变化过程中促进可持续发展，努力实现发展经济和应对气候变化的双赢。

——"共同但有区别的责任"的原则。这是《气候公约》的核心原则。不论发达国家还是发展中国家都有采取减缓和适应气候变化措施的责任，但是由于各国历史责任、发展水平、发展阶段、能力大小和贡献方式不同，发达国家要对其历史累计排放和当前高人均排放承担责任，率先减少排放，同时要向发展中国家提供资金、转让技术；发展中国家要在发展经济、消除贫困的过程中，采取积极的适应和减缓措施，尽可能少排放，为共同应对气候变化作出贡献。

——减缓和适应并重。减缓和适应气候变化是应对气候变化的两个有机组成部分。减缓是一项相对长期、艰巨的任务，而适应则更为现实、紧迫，对发展中国家尤为重要。减缓与适应必须统筹兼顾、协调平衡、同举并重。

——公约和议定书是应对气候变化的主渠道。《气候公约》和《议定书》奠定了应对气候变化国际合作的法律基础，凝聚了国际社会的共识，是目前最具权威性、普遍性、全面性的应对气候变化国际框架。应当坚定不移地维护《气候公约》和《议定书》作为应对气候变化核心机制和主渠道的地位。其他多边和双边的合作，都应该是《气候公约》和

《议定书》的补充和辅助。

——依靠科技创新和技术转让。应对气候变化要靠技术，技术创新和技术转让是应对气候变化的基础和支撑。发达国家有义务在推动本国开发和应用先进技术的同时，促进国际技术合作与转让，切实履行向发展中国家提供资金和转让技术的承诺，使发展中国家拿得到所需资金，用得上气候友好技术，提高减缓和适应气候变化能力。

——全民参与和广泛国际合作。应对气候变化需要转变传统生产方式和消费方式，需要全社会的广泛参与。中国努力建设资源节约型、环境友好型社会，营造政府引导、企业参加和公众自愿行动的社会氛围，增强企业的社会责任感和公众的全球环境意识。气候变化是全球共同面临的挑战，必须通过全球的广泛合作和共同努力才能解决，中国将一如既往地积极开展和参与一切有利于应对气候变化的国际合作。

2007年6月中国政府发布《应对气候变化国家方案》，提出了到2010年中国应对气候变化的总体目标，即：控制温室气体排放政策措施取得明显成效，适应气候变化的能力不断增强，气候变化相关研究水平不断提高，气候变化科学研究取得新的进展，公众的气候变化意识得到较大提高，应对气候变化领域的体制机制进一步加强。

针对气候变化可能导致流行病疫区的扩大，国家将进一步加强监测、监控网络，建立和完善健康保障体系。编制城市防洪排涝计划，提高城市防洪工程设计规范的标准。在重大工程的设计、建设和运行中考虑气候变化的因素，相应制定新的标准，适应未来气候变化的影响。

（三）气候变化对美国的影响

2009年6月美国政府公布了气候变化评估报告。这份名为《全球气候变化对美国的影响》的报告是在美国国家海洋和大气管理局的领导下，由美国13家政府机构及相关大学和研究机构的科学家合作完成的，其重点是研究气候变化对美国的农业、卫生、水资源以及能源部门的影响。这也是美国总统奥巴马上台以来，美国政府部门公布的首个气候变化评估报告。

报告指出，与气候相关的变化包括：空气和水的温度上升；霜冻减少；暴雨的频度和强度增加；海平面上升；积雪、冰川、永久冻土及海水的减少；湖泊和河流的无冰期更长，作物生长季节的延长；大气中的水蒸气也随之日益增多。在过去30年里，冬季的气温上升要比任何其他季节都快，美国中西部和北部平原的冬季平均气温上升了约4℃。某些变化要比以前评估所认为的快得多。这些与气候相关的变化预计还会持续，新的变化也会不断出现。这些变化将影响到人类健康、饮水供应、农业生产、沿海地区以及社会生活和自然环境的其他诸多方面。此份报告还综合了各种最新科学评估报告的内容，这些报告总结了气候变化的已知观察结果并预测了对美国的影响。同时，该报告也汇总了各个部门（如能源、水利、运输等）所进行的气候变化对某些特定区域产生重大影响的国家级评估成果。如，海平面上升将使沿海地区增加侵蚀、风暴潮及水灾的风险，尤其是在美国东南部和阿拉斯加部分地区。积雪的减少和过早融雪将改变水供应的时间和数量，加剧西部地区的水资源短缺。

报告认为，社会和生态系统虽能适应某些气候变化，但这需要一定的时间。预计，21世纪气候变化的速度之快和影响之大将给社会和自然系统的适应带来极大挑战。比如，为适应持续不断或突然的气候变化，在数十年的时间里不断地改变或更换基础设施（如建筑物、桥梁、道路、机场、水库及港口等）是难以做到的，而且耗费巨大。报告称，作为美国重要的石油和天然气来源，墨西哥湾地区未来可能会发生更强的飓风活动，从而使沿海相关基础设施更加脆弱，进而影响到美国的能源生产。

随着暖化的加剧，许多人口和地区将遭受到越来越严重的影响。变暖的加速将对自然生态系统及其给人类造成极大影响。气候变化的一些影响将是不可逆的，如物种灭绝和海平面上升导致的沿海土地的消失。

二氧化碳增加和气候变化带来的意想不到的后果已经发生，并将继续在未来造成更多的后果。例如，最近的观察发现，大气中二氧化碳浓度的增加导致了海洋酸度的增加，降低了珊瑚和其他海洋生物建造其骨骼和甲壳的能力。在未来产生的影响可能源于气候系统或生态系统不可预知的变化，如海洋或风暴的重大变化，大规模的物种消失或虫害暴发。其影响还会涵盖社会或经济的未知变化，包括财富、技术和社会优先事项的重大转移也将影响人类应对气候变化的能力。

报告同时提出了应对气候变化的具体措施。报告指出讨论气候变化带来的影响时，如果不提及全社会应对气候变化挑战可以采取的措施，那将是不完整的。这些措施可归结为"缓解"和"适应"两类。缓解指的是，减少二氧化碳、甲烷、一氧化氮和卤化碳等温室气体的排放，或是从大气中去除一些温室气体。适应指的是，必须作出变化以更好地应对目前或未来的气候和其他环境条件，从而抓住机会、减少损失。有效的缓解措施可降低适应的需要。缓解和适应两者都是全面应对气候变化战略的重要组成部分。

二氧化碳排放是缓解战略的首要目标。相关措施包括：提高能源使用效率、使用不产生或少产生二氧化碳的能源、捕获和储存化石燃料使用中产生的二氧化碳等。从现在起作出降低排放的选择将对气候变化具有深远的影响。在报告关于高排放和低排放情境造成的影响比较中，缓解措施的重要性是显而易见的。从长远看，低排放量将降低气候变化影响的程度和产生影响的速度。来得更为缓慢的小量气候变化将使适应措施更加得心应手。

2001年3月，美国布什政府宣布退出《京都议定书》，理由是温室气体对气候变化的贡献存在不确定性、温室气体减排行动将对美国经济产生消极影响、发展中国家（如中国、印度）没有承担减排义务。客观上讲，美国宣布退出《京都议定书》除了有霸权主义的一面，它也有值得借鉴的一面，即：尊重科学、维护国家利益。

尊重科学。美国是世界科技大国，引领着全球气候变化的研究。据不完全统计，美国每年投入到全球变化的研究经费达数十亿美元。在全球变化研究中，美国不仅是最大的投资者，而且拥有最大最强的科研团队，一直发挥着主导作用。美国对气候变化事实、原因、机理，特别是其中的不确定性有着深刻的认识；同时，它也是系统开展气候变化影响研究的少数几个国家之一，对全球气候变化的正面和负面影响有比较全面的分析。更为重要的是，美国有良好的科学决策机制，可以保证科学研究成果准确、迅速传递到最高决策层。

以立法的形式来维护国家利益。早在1997年7月25日，美国参议院就通过了《伯瑞德—海格尔决议》（Byrd—Hagel Resolution），从而成为美国政府制订气候变化政策的纲领性文件。该决议提出，在以下任何一种情况下，美国不得签署任何与1992年《联合国气候变化框架公约》（以下简称《公约》）有关的议定书或协定：①《公约》的发展中国家缔约方不同时承诺承担限制或者减少温室气体排放义务，却要求美国等发达国家缔约方承诺承担限制或者减少温室气体排放义务；②签署该议定书或协定将会严重危害美国经济。显然这是一份保护国家权益、赤裸裸宣传霸权主义的法律文件（The Library of Congress，1997）。

可见，美国气候变化政策主要有两张"牌"：一方面，他们对气候变化的不确定性认识和温室气体减排会严重影响美国经济发展的看法反映了其尊重科学、维护国家权益的一面，值得中国借鉴；另一方面，必须全球捆绑在一起减排的主张，则是其历来实行霸权主义的体现，必须予以抨击。

（四）气候变化对印度的影响

印度一研究机构发表报告说，如果联合国气候变化评估报告所预测的气候变暖果真发生，印度国内生产总值至少减少9%，大片沿海低洼地区将不复存在。《印度时报》援引英迪拉·甘地发展研究所的报告说，全球变暖首先可能直接导致洪水频发、农作物生长季节变化，从而严重影响印度农业的发展。报告预测，如果平均气温上升2%，降水量减少7%，印度稻米产量就可能减少15%到42%，小麦产量将减少3.4%。同时，气候变暖带来的海平面上升将使海岸线很长的印度深受其苦。报告预测，如果海平面上升1米，印度将有5764平方公里的土地被淹没，大约710万名居民将失去家园，被迫迁移。

印度气象研究所长期气候预测专家拉吉万说："最近几年我们已经注意到印度气候变化日趋极端，我们相信这与全球变暖有关，只是目前我们的研究模型还不够先进，不能将具体的气象数据与大环境变化联系起来。"2006年夏天，印度西部常年干旱的拉贾斯坦邦沙漠连降暴雨，发生百年不遇的洪水。此外，恒河上游的根戈德里冰川正以较快的速度萎缩，另外一个大冰川平达日冰川也出现了类似情况。这些冰川是南亚次大陆数条主要河流的水源。

印度有近7亿人生活在农村，直接依赖于对气候敏感的部门（如农业、林业和渔业）维持生计，城市和农村地区的贫困人口最容易受到气候变化的影响，且灾后恢复能力较低。印度的发展是基于其得天独厚的自然资源，气候变化会改变印度自然资源的分配与质量，给人民生活与经济发展带来不利影响。因此，应对气候变化也是印度不得不在发展经济的同时予以重视的问题。由于印度正在致力于经济发展和消除贫困，因此其温室气体排放量在未来一段时间内仍将持续增加。印度政府公布的《气候变化国家行动计划》也强调，保持经济的快速增长速率、提高人民生活水平是印度政府当前压倒一切的优先考虑问题。减排温室气体排放，无疑将阻碍印度的经济发展。无论是为发展经济，还是为应对气候变化，印度都希望国外资金、技术的支援，而《联合国气候变化框架公约》及其《京都议定书》下的清洁发展机制（CDM）为这一需求提供了出口条件。根据《联合国气候变化框架公约》（UNFCCC）秘书处的统计，截至2009年11月，印度的CDM项目总量全球排名第二，按照所有项目实现的减排量计算占全球的11.31％，也排名全球第二。可见，印度在参与国际社会减排过程中利弊兼有，其参与其中的主要目的是获得发达国家的资金和技术，以支持本国的经济发展。

像其他国家一样，印度也将被要求在哥本哈根会议所达成的协议上签字。印度很可能成为受即将到来的气候变化影响最严重的国家之一。眼下，印度面临的最大问题是，如何将其自身目标与建立一个有效的全球气候协议协调起来。一条可行的途径是，印度可以重申印度总理曼莫汉·辛格在2007年6月德国海利根达姆八国领导人峰会（G8）上作出的承诺：从现在到2050年，印度人均碳排放量将不会超过发达国家。印度作出的这项将人均排放量置于发达工业化国家之下的承诺意义重大：发达国家为了达到在2050年之前削减60%—80%的排放量的预定目标，需要将其排放量从目前的人均10吨—20吨左右减少到人均4吨以下。这意味着，尽管印度经济快速增长，人均收入据预测将增长16倍，在限制碳排放量上，印度却必须使其不超过目前人均2吨的两倍。实际上，印度已表明了其着力实现低碳经济增长的决心。但也不能指望印度承担超过其承诺范围之外的强制性减排任务。西方国家应当对过去一个世纪温室气体的累积效应承担责任，这才是公平的。

印度在气候谈判中还需关注的另一个公平问题是，确使发达国家向发展中国家提供资金援助和技术转让，以达到缓解和调整气候变化的目的。缓解印度的气候变化，预计将耗费的成本绝对是上千亿美金的大手笔，而这恰恰是印度谈判者长期以来所面临的痛处。西方国家所承诺的援助远远无法满足印度解决气候变化问题的需要。一位印度的外交官指出，这些援助措施不过是表表姿态而已。除了寻求资金援助，印度还必须坚持选择适合其经济发展需求的项目，包括发展碳减排技术、建立微观金融机制以及获取促进城市和产业可持续增长的专业技能等项目。对公平的强调，还意味着发达国家不能对印度的出口产品征收碳排放进口税。

2008年，印度国大党领导的联合政府实施了《气候变化国家行动计划》，该计划强调利用可再生能源、调节气候变化以及加大能源利用效率。在重新执掌政权后，政府现在有机会强化这些举措，包括采取一些低伤害性措施，如对低碳排放量的产品征收零关税，对清洁能源投资实行免税。目标更远大的政策则包括建立智能电网，使百姓能够买卖过剩能源，调剂余缺，以及设立能效和污染标准，逐渐推动行业采用更加环保的手段等。

在为实现国内生产总值增长目标做精打细算的同时，新政府也出台了针对自然资源损耗的解决方案。不过，印度在树立宏大目标以控制污染和排放采取时，总是有所保留，唯恐此举伤及经济。如此行事，印度可能会忽略重视环保政策所带来的各种机遇。减少污染的负担，不均衡地落在了穷苦大众身上。超过80%的印度农村穷人依赖退化的国家公共耕地、水源和不断衰败的森林为生。印度的立法者更加关注"扶贫"政策和收入不平等问题的解决，因而低碳发展模式应当成为他们关注的"重中之重"。

这样一种低碳发展方式并不像人们通常理解的那样会阻碍发展；通过把这些群体吸收进来，这种发展模式既能深化又能拓展印度的市场。例如，可以制定法规，要求相关行业增加绿色投入来抵偿碳密集型工程造成的负面影响，让那些依赖公用土地为生的人们参与植树护林，并以工程所得的一部分作为酬劳，这样便能将这些人吸纳到上述项目中来。这种方法，结合对那些以公用资源为生的人的产权保护，将会为这些群体创造出新的财富。

直至目前，印度在气候谈判上一直持观望态度。但是印度并不能闲坐着就让气候危机过去——无论如何，这场危机都会对印度造成影响。印度必须未雨绸缪，为即将到来的"暴风雨"构筑"堤坝"。印度新政府有着清晰的使命，与之相伴的则是契机：确定印度在未来六个月的全球气候谈判中的重要地位，以及在国内实施目标宏伟的低碳政策。

（五）气候变化对小岛屿国家的影响

面对气候变化，世界上的小岛屿发展中国家（SIDS）最为脆弱，在受危害时也首当其冲。然而它们排放的温室气体最少，对正受全世界责难的气候危机的责任也最小。岛国的国际影响远远不及主要排放国，在气候谈判中的声音最小。最终，它们的脆弱被忽视，声音被掩盖。

这些国家也最难从气候基金中获益，基金大部分都用于减缓（特别是能源项目）而不是适应。采取行动时，它们一般都会被忘在一边。

加勒比国家的情况充分体现了SIDS国家的脆弱性。据新经济基金（nef）的统计，暴风和飓风强度日益增大，引起的风暴潮让千百万人受害，造成数亿美元的损失。2004年，飓风"伊万"横扫格林纳达。这个岛国一直被认为是处于飓风带以外的，在这次灾难中，该国90%的基础设施和房屋被毁，经济损失高达8亿美元，相当于其GDP的两倍。风暴频度和强度的增加有可能是气候变化的产物，给政治、社会和经济系统带来更大的压力，并且进一步限制了加勒比地区的发展。

这些岛屿依赖于珊瑚礁这样的脆弱生态系统。全世界珊瑚礁中生活着的海洋物种，每年产生着上亿美元的纯经济效益。最近的研究估计在全世界构成礁盘的珊瑚品种中有1/3濒临灭绝。气候变化、海岸开发、过度捕捞和污染是珊瑚的主要威胁。一项新的分析表明，1998年之前在全部704个珊瑚品种中被列入濒危的只有13种，如今则已高达231种。

加勒比海在濒危度最高的珊瑚种类中所占比例最大，但印度洋和太平洋的珊瑚礁也面临着大规模灭绝的危险。海平面上升、洪水和风暴潮是太平洋和印度洋环礁的主要威胁。如果联合国政府间气候变化专门委员会（IPCC）的预测正确的话，这些岛国将在21世纪末消失。

SIDS国家的困难很多，一方面自然资源匮乏，常常缺乏淡水供应，另一方面交通和通信设施十分落后。因此，哪怕全球气候有一点小小的变化，它们也很敏感。此外，财政、技术和制度资源方面适应能力的长期缺失，也让它们在多重威胁面前不知所措。

如今，小岛屿国家正在大步迈向长期可持续发展，努力实现千年发展目标（MDGs）。但是，气候变化的影响已经让它们的努力付诸流水。

千年发展目标首先是根除极端贫困和饥荒，然而粮食生产模式的改变和生计的逐渐丧失影响了它的实现。许多岛国的经济命脉严重依赖于旅游业和自然资源，同时依靠本地的作物和野生动植物提供食品。生物多样性和珊瑚礁遭遇威胁意味着上述生存资源的减少、经济绩效的破坏，地区食品安全也受到威胁。

第二个目标是普及基础教育，极端天气事件却让它大打折扣，因为重建——毁坏——重建的怪圈减少了对长期发展的投资。热带风暴毁掉了学校、医院以及公用事业和基础设施（包括能源、供水和交通联络线），造成教育、卫生和其他公共事业资源的减少。类似灾害给国家收入带来的损失也减少了在教育上的公共投资。

第三个目标是促进性别平等，提高女性地位。由于贫困，妇女所受气候变化威胁经常最大，这一目标的实现也举步维艰。文化规范意味着妇女缺乏相应的技巧来对付层出不穷的灾害，对极端天气事件死亡情况的统计就说明了这一点。另外，随着资源的减少，妇女和女童要花更多的时间来寻找食品和水，关注自身健康和教育的时间就更少了。

另外3个关于健康事业的千年发展目标是降低儿童死亡人数、改善母亲健康和应对艾滋病、疟疾和其他疾病。世界卫生组织（WHO）和其他主要卫生机构指出，水传疾病、媒传疾病、腹泻和营养失调的增加是气候变化的结果，这会导致儿童死亡的增加、降低母亲健康，并且破坏抵抗艾滋病所需的营养健康。马尔代夫前总统穆蒙·阿卜杜勒·加尧姆是全世界第一个关注气候变化威胁的国家元首，1987年他在联合国大会上发表了一个里程碑式的演讲，警告说气候变化将导致马尔代夫和其他小岛国的消亡。20年过去了，气候变化的影响已经显现：风暴潮在海岸侵蚀毁坏民居，威胁到基础设施和公用事业，并且和战略发展争夺有限的资源。

从中期来看，海洋温度上升以及随之而来的盐化将威胁马尔代夫珊瑚礁的生存，而这正是该国经济命脉所系。马尔代夫的两大主要产业——旅游业和渔业都完全依赖于珊瑚礁，它们为该国创造了40%的经济总量和40%的就业。这两大产业共同开创了马尔代夫经济发展的辉煌，让它从70年代南亚最贫穷的国家变成今天人均财富最多的国家。

从长期来看受到威胁的不仅是经济发展，还有国家本身的生存。由于马尔代夫大部分国土海拔不足1米，目前生活在这里的人是最幸运的一代，但可能也是最后的一代。

目前大气中温室气体浓度的影响未来几十年都不会消失，某种程度的气候变化已经不可避免。因此，马尔代夫政府制订了一个全面的国内适应计划。已经开展的工作主要集中在加固关键基础设施上，特别是与交通通信相关的。从供水到发电再到医疗卫生等公共服务也得到强化以便应对气候变化威胁。该国还修建了防洪设施，并采取措施尽力控制海岸侵蚀。

"安全岛"概念的提出可能是马尔代夫最具创新性的一个措施。这项措施目的是把对气候变化的脆弱性最小化，方法是把居民从更加脆弱的较小岛屿迁到更加安全的较大岛屿重新安置。这使得政府能够用有限的资源保护更多的岛屿，同时公众服务业得到加强，并且创造了更多的经济机会。

马尔代夫和所有其他脆弱国家的国内适应行动需要的准备工作有很多：首先是巨大的工程项目和大量的财政投入；其次需要大规模的能力建设，这样才能强化制度能力，加强知识、人力和财力资源，才能制订提高觉悟的计划，帮助人民准备应对不可避免的变化。

没有减缓的适应最终不过是暂时的延缓，只是把灾难性的气候变化往后拖了一点。我们必须立刻采取彻底行动，减少温室气体排放。从一开始，小岛屿国家就积极参与达成气候变化全球共识的行动。《联合国气候变化框架公约》（UNFCCC）和《京都议定书》的签订，部分动力就来自小岛屿国家联盟（AOSIS）所推动的一项道义共识，因此该组织被称为"公约的良心"。

如今，小岛屿国家联盟在"巴厘岛进程"中同样积极。它们提出了题为"岛国共进"的谈判立场，主要的长期战略目标有以下三条：

首先，需要一个严格的温室气体长期减排目标，作为"巴厘岛进程"和其他所有进程的构成点。也就是说，如果要把长期温度上升控制在前工业化水平之上2℃，必须进行大幅度而积极的减排。

其次，需要更多的适应基金，由于SIDS国家特殊的脆弱性和能力的缺乏，应该在促进公平的基础上优先给予。

最后，需要支持和技术援助，进行能力建设并获得技术，在广泛的社会经济领域应对和适应气候变化。

小岛国联盟希望对《京都议定书》进行扩充，向希望履行议定书义务的发展中国家敞开大门，认为总体结果应该把SIDS国家所受影响作为衡量效用和成功的基准。在气候变化谈判进程中，小岛国联盟发出了合理而重要的声音，但也被自身能力限制和成员意见分歧所困扰。

目前国际气候谈判的拖拖拉拉、谨小慎微让许多国家倍感失望，它们主张立刻转变思路，引入新的方法来解决气候危机。2008年3月，马尔代夫政府和许多其他岛国密切合作，在日内瓦联合国人权委员会通过一项决议，该决议将气候变化和人权联系在一起，得到70多个国家的支持。决议呼吁联合国人权事务高级专员办公室进行一项分析性研究，探索人权与气候变化之间的接点。这项开创性的倡议试图把国际人权法在书面、规范和操作上的力量引入气候变化的话语中。

小岛屿国家努力制订迅速而彻底的减排政策，同时不断争取资金注入来支持其减排行动。一种基于权利的气候危机应对方式对它们是非常有利的。

首先，基于权利的方式与50多种国际人权法联系在一起，如生存权、健康权和相当生活水准权，有助于促进气候变化对人类影响的分析。

其次，基于权利的方式把政策偏好变成法律义务，把易受气候变化中的脆弱社区从过去气候谈判的局外人变成权利人。这将赋予脆弱者话语权，迫使主要排放国赶在小岛屿国家沦为牺牲品之前采取行动。

第三节 气候变化与国际多边合作

进入21世纪，随着全球气候环境的变化，各种极端天气如沙尘暴以及海啸、地震、飓风、旱灾等自然灾害在世界范围内频频发生，造成大量人员伤亡和财产损失。在面临气候变化这一全球性问题时，单单靠一个国家的力量是不可能完成的，加上气候问题本身就具有全球性的特点，这就需要国际社会展开积极的国际环境合作。所谓国际环境合作就是指有关国家为解决跨国环境问题，保护全球环境，减轻各自的污染排放水平所进行的双边或多边合作。对气候变化问题的研究和解决涉及整个国际社会的每个成员，只有开展广泛的、有效的合作才能够产生积极的作用，这就要求国际社会的每个成员在面对这一问题时都应该密切的配合和参与，同时也需要各个主权国家携手合作来追求共同安全。

一、携手应对沙尘暴

（一）携手应对沙尘暴的必要性

1. 沙尘暴来源具有全球性

沙尘暴是一个全球性的环境问题，其来源不受国界限制，具有全球性。许多沙尘暴往往是由境外的沙尘源与境内的沙尘源复合产生的。而全世界的沙尘暴源地广泛分布在：撒哈拉，地中海南岸，苏丹东北部，阿拉伯半岛，伏尔加河下游，高加索北部，印度西北部，阿富汗，中国西北部、北部等地，美国大平原，新墨西哥州东部，亚利桑那州西南沙漠大平原区域，南半球澳大利亚等国家。

中国沙尘暴多数都起源于蒙古境内或中蒙边界一带，蒙古是主要的沙源，内蒙古高原地区是重要的补充沙源，而单独在中国北方地区生成的次数是很少的。可见，蒙古地区是东北亚沙尘暴的一个主要源区。

所以说，中国沙尘暴既有境外源区又有境内源区，由蒙古国南部戈壁荒漠区和哈萨克斯坦东部沙漠发生并越境的沙尘一般要经过几次的迁移与飘落过程，在此过程中，由于中国北方地区地表下垫面土地沙化严重，所以，境外的沙尘源在中国得以加强，与境内的沙尘源复合，增大了沙尘暴发生的强度。而这也决定了沙尘暴的防治不能仅仅依靠对某个沙尘来源的控制，而是应该通过国际合作来减弱各种沙源的复合影响。

2. 沙尘暴影响具有全球性

随着含尘气流场的移动，沙尘的沉降往往超越国界。因此，沙尘暴对东北亚地区乃至全球环境都已带来负面影响。蒙古国几乎全境都有沙尘暴天气出现，对中国及下游的朝鲜、韩国、日本有重要影响。东边的朝鲜、韩国、日本均受到来自蒙古国、中国沙尘暴天气的影响。

2001年4月上旬中国大范围强沙尘天气过程的浮尘不仅向南飘到台湾，而且经过朝鲜半岛、日本，直至北美洲的西海岸。

据中国气象局中国沙尘暴网站介绍，撒哈拉沙漠尘埃伴随大风上升气流，能漂移到7000公里以外的大西洋和南美洲的亚马逊地区；中亚等地发生的沙尘暴，不仅能够影响中国，还能影响到朝鲜半岛、日本以及一万公里之外的夏威夷；澳大利亚中部地区的尘埃，可输送降落到3500公里外的新加坡。源于中国西北的沙尘，经长距离搬运，对周边国家造成危害，已经引起日本、韩国、美国等国家的关注。

2006年春季东北亚地区总计发生了31次沙尘暴天气过程，其中有强沙尘暴过程13次，沙尘暴过程12次，扬沙过程6次。其中，跨越国境的，有强沙尘暴11次，沙尘暴7次，扬沙4次，影响范围覆盖蒙古、中国北部、朝鲜半岛和日本列岛。

半个世纪以来，亚洲沙尘暴的强度增加了近5倍，是全球自然灾害增多的重要所在。仅在亚洲，沙尘暴每年造成的经济损失就达65亿美元左右。2002年春季韩国曾出现全国范围的扬尘天气，一度导致国内6个航线停飞。所以说，一次特强沙尘暴造成的灾害损失不亚于中等强度的地震。如不采取有效措施，地球生态环境将面临全面危机。这就要求各国联起手来，通力合作，为把沙尘暴对人类和环境的影响降到最小而努力。

3. 各国国情及发展水平不同

各国在地形地貌上存在巨大差异，因此在沙尘暴发生的原因、机理上也存在着很大的区别，更为重要的是各国经济、科技发展不平衡，发达国家与发展中国家在经济发展水平上的巨大差异，使各国特别是发展中国家防治沙尘暴困难重重。这必然要求各国在防治沙尘暴问题上相互配合。由于各国发展水平和国情不同，因而对解决沙尘暴问题又有着不同的出发点、态度和方式，承担具体责任、义务和处理具体纠纷时，各国之间必然存在差别。为了消除、避免或者减少、弥补这些差别，使各国采取协调一致的行动，就必须进行公平的国际合作，进行广泛的对话与协商，在原则问题和解决问题的方式上力求达成一致。我们知道，仅仅从防治沙尘暴的跨界污染损害的层面是不能从根本上解决荒漠化及其引起的沙尘暴问题的，因为保护和恢复这种脆弱的生态系统最终还要依赖各国政府的努力，而受影响国家在资金、技术和人力上的匮乏则大大削弱了这种努力的效果。

中国由于历史原因，承受着经济落后和人口众多的双重压力，不得不在一定程度上以牺牲环境为代价来获得经济的发展和生活水平的提高，从而导致了荒漠化的加剧和沙尘暴的频发。由于中国还未建立起完备的环保机制、环保技术，加上人们环境意识淡薄，使本国的生态环境日益恶化并影响到全球环境。近年来，中国沙尘灾害的影响范围逐渐增大，日本、韩国的一些媒体也多多少少地把本国沙尘天气的出现归罪于中国。但是，中国作为一个发展中国家，在背负着经济落后和保护环境的双重压力的情况下，要想解决经济发展与环境恶化的恶性循环而谋求可持续发展，依然是一个比较困难的课题。所以，中国要想解决沙尘暴问题，就必须积极参与到国际合作中来，以便争取更多国际援助以维护本国利益。而对于日本、韩国等发达国家来说，要想早日免受沙尘灾害，就要承担相应的责任，在科学、技术、资金、政策方面给予中国更多的援助和支持，这就更加需要国际社会的共同努力来加以实现。

（二）携手应对沙尘暴的国际法依据

1. 国际环境合作原则

现代国际法发展了一项国家的一般义务，即每个国家应与其他国家合作以解决与国际社会有关的问题。

国际环境合作原则，是指在解决环境资源问题方面，为谋求共同利益，国际社会的所有成员应当本着全球伙伴和协作精神，采取合作而非对抗的方式，协调一致的行动，进行广泛密切的合作，通过和采取共同的环境资源保护措施，以实现保护和改善地球环境的目的。正如《斯德哥尔摩宣言》第7条原则所指出的："种类越来越多的环境问题，它们在范围上是地区性或全球性的，或者它们影响着共同的国际领域，将要求国与国之间广泛合作及国际组织采取行动以谋求共同的利益。"

在防治沙尘暴问题上实行国际环境合作原则的基本含义有两个，一是沙尘暴问题的解决有赖于国际社会所有成员广泛参与国际合作；二是国际社会的所有成员都应当并且有权参与控制和防治沙尘暴的国际合作行动。

国际环境合作原则对指导沙尘暴问题的解决起着非常重要的作用。正如前面已经提到的，沙尘暴的防治和控制必须依靠广泛、有效、长期的规划与国际合作才能逐步实现。在这样的现实面前，各国唯有在国际环境合作原则的指导下才能实现这一目标。

而随着防治沙尘暴国际合作的多样化，各国在法律、科技、政策之间的国际交流和比较研究也得到加强，各国国内立法之间的相互借鉴和各国国内法与国际法的衔接、转化与相互影响，不仅为国际防治沙尘暴法的发展注入了新的活力，也终将推动各国国内防治沙尘暴法的发展。

2. 共同但有区别的责任原则

共同但有区别的责任，是指由于地球的整体性和导致全球环境退化的各种因素，各国对保护全球环境负有共同的但又是有区别的责任。

沙尘暴是一个全球性的环境问题，各国应承担共同的责任和义务，但是，这种共同责任又是有区别的。这是因为各国的情况各不相同，中国的沙尘暴既有在境内产生的，亦有从境外传播的，所以中国既是沙尘暴来源国又是受害国，而日本和韩国等主要是沙尘暴受害国，蒙古主要是沙尘暴来源国，而且各国经济发展水平不均，在防治沙尘暴问题上，所承担的责任各不相同。所以，各国之间有区别的责任是对共同责任的具体化和再分配。

共同责任要求发展中国家不应以经济发展水平低、科学技术落后、专业人员匮乏等为借口，逃避、推托本国应承担的环境责任。发达国家也应承担相应的责任，并做出积极的努力。

据此，在共同但有区别的责任原则指导下，各国应本着这项原则加强防治沙尘暴的国际合作，并探讨如何在此原则指导下对各国的责任加以明确和规范。对于中国因经济落后而导致的土地退化等问题，发达国家应给予援助，而且日本应限制并禁止从中国进口一次性木筷，以便中国从根源上解决沙尘暴问题。可以看出，在防治沙尘暴问题上，各国虽然情况不同，责任有区别，但是涉及各国利益的不平衡是小异。所以应在人类共同利益和责任的原则基础上，兼顾各国的利益，携起手来，通过广泛而有效的国际环境合作，求大同，存小异，为防治沙尘暴贡献各自的力量。

3. 国际法中关于预防跨界损害的规定

《里约宣言》原则7宣布："各国应本着全球伙伴精神，为保存、保护和恢复地球生态系统的健康和完善进行合作。鉴于导致全球环境退化的各种不同因素，各国负有共同的但是又有差别的责任"。《里约环境与发展宣言》原则14指出："应有效合作阻碍和防止任何造成环境严重退化或证实有害人类健康活动和物质迁移和转让到他国。"《里约环境与发展宣言》原则19要求在人为活动有可能产生跨越国界重大不利的环境影响时，该国有义务预先和及时地通知可能受到影响的国家，并在早期阶段同这些国家进行磋商。《国际责任条款草案（预防部分）》第4条规定："有关国家应善意合作，并在必要时寻求任何国际组织的援助以预防重大跨界损害的风险或将其减至最低程度。"

沙尘暴问题不仅仅是一国境内环境问题，更多的时候，它的影响波及了周边的国家和地区。正是因为这种跨界污染损害的存在，才更体现防治沙尘暴中开展国际合作的必要性。所以在防治沙尘暴问题中引入国际法中关于预防跨界污染损害的规定具有非常重要的意义。

4.《联合国防治荒漠化公约》

土地荒漠化所造成的生态环境退化和经济贫困，已成为21世纪人类面临最大威胁。因而，防治荒漠化不仅是关系到人类的生存与发展的生态环境问题，也是影响全球社会稳定的重大国际问题。1992年联合国环境与发展大会通过的《21世纪议程》的第11章把防治荒漠化、防治的措施以及财政资助等问题列为优先考虑的对象。《关于在发生严重干旱和/或荒漠化的国家特别是在非洲防治荒漠化的公约》于1994年6月17日在巴黎通过，于1996年12月26日式生效。正如前面提到的，沙尘暴与土地荒漠化有着紧密的联系，因此，该《公约》已成为现实中指导防治沙尘暴国际合作开展的重要国际法依据。

(三) 中国应对沙尘暴的国际合作

1. 中国为防治沙尘暴所做出的努力

自50年代以来，中国政府十分重视荒漠化防治工作，中国于1994年10月签署了《联合国防治荒漠化公约》，并于1996年12月30日经第八届全国人大委员会第23次会议批准后正式生效，从而成为该公约的缔约国之一。

1）国内防沙治沙的举措

《防沙治沙法》是中国乃至世界上第一部关于防沙治沙的专门法律，按照防沙治沙法的要求，结合中国沙化土地现状、社会经济及自然状况，中国有针对性地布设了不同类型、不同等级的防沙治沙工程。

国家林业局还多次组织开展了全国性大规模的监测工作。中国2005

年6月14日第3次荒漠化监测结果显示，1999—2004年荒漠化面积减少了37924平方公里，年均减少7585平方公里。

三北工程从1978年启动，到2005年，中央累计投资39.67亿元，工程累计完成造林保存面积2507万公顷。

2006年"第八次京津风沙源治理工程省部联席会"上提出，在过去的5年里，中国已累计投资2000多亿元用于改善西部地区的生态环境。

2）中国在国际防沙治沙方面做出的努力

中国已与众多国家开展了防治沙尘暴的合作内容和合作工程项目。

2002年，中国科学院发起一项"国际沙尘暴研究计划"，为吸引更多科学家参与国际沙尘暴研究提供一个适当的平台，也为沙尘暴的预警预报及防治提供了科学依据。

2003年，中国和蒙古合作进行了全球环境基金东北亚沙尘暴防治技术援助项目。

2006年11月20日，由中国气象科学研究院大气成分观测与服务中心研制的"亚洲沙尘暴数值预报系统"正式投入业务运行。使中国成为国际上第一个有效开展沙尘暴数值预报的国家。

自1999年中、日、韩三国环境部长会议机制建立以来，中国政府一直非常重视并积极促进三国环境部长对话，努力提倡在环境部长会议框架下就共同关心的沙尘暴等全球和区域环境问题加强国家之间的交流与合作。

中国还在中非合作论坛框架下，为非洲国家举办了多项防治荒漠化培训。近十几年来，中国先后派出专家协助非洲国家工作。2004年10月，中国承担了亚洲区域荒漠化监测和评价专题网络工作，并与荒漠化公约秘书处联合建立了防治荒漠化国际培训中心，为加强与国际社会的合作与促进区域间合作发挥了重要作用。

2. 中国已经开展的国际合作及存在问题

中国在《联合国防治荒漠化公约》的指导下，已与国际社会开展了多层次、多领域、多渠道、多方面的国际合作。

1）双边合作

中国在防沙治沙方面主要合作国家有德国、韩国、澳大利亚、加拿大、法国和荷兰等，合作方式以无偿援助的造林项目为主。

韩国政府到2005年为止，为中国内蒙古、甘肃和新疆地区共5740公顷的沙漠造林工程提供100万美元的资金援助，民间组织也发动大、中、小学生到中国植树，帮助防沙造林。

中国和意大利的环保合作已启动6年，其中的"无偿赠款"有一大部分投向阿拉善沙尘暴治理。两国在内蒙古阿拉善盟开展了沙尘暴治理等多项合作项目，大部分已顺利完成。

2006年12月20日中日两国政府在北京签署了"日本政府无偿援助中国酸雨与沙尘暴监测网络建设项目"政府换文。根据换文，日本政府为上述项目提供总额为7.93亿日元的无偿援助。

2）多边合作

2002年3月，亚行为中国甘肃省荒漠化治理方案提供了61万美元的技术经费援助。

联合国环境计划署是中国政府在多边环境领域最重要的合作伙伴之一。长期以来，中国与之在荒漠化防治等多项领域开展了卓有成效的合作。

亚洲开发银行官员在"21世纪论坛——绿色与环保加2001年会议"专题讨论会上表示，亚行、全球环境基金及其国际和双边捐助者将在未来五年内向中国提供8亿多美元，帮助中国治理西部地区的土地退化。

1992年发起的东北亚环境合作会议、1999年发起的东北亚地区的中日韩三国环境部长会议（TEMM）、2002年发起的东盟——中日韩（10+3）环境部长会议、沙尘暴监测和早期预警网络机制等都为开展防治沙尘暴的区域合作打下了基础。

三国环境部长会议还共同推动了联合国环境署领导的东北亚沙尘暴研究，使东北亚沙尘暴防治和预测预警取得了积极进展。

2006年10月，世界气象组织/国际沙尘暴计划科学指导委员会第二次会议决定，将在今后两年把项目的重点放在建立一个全球沙尘暴预警系统上。并主要由全球三大区域（地中海与北非、北美和亚洲区域）节点网站提供各区域沙尘暴数值预报和预警服务。

2006年12月，《第八次中日韩环境部长会议联合公报》表示，三国应该根据"共同但有区别的责任"及"量力而行"的原则，在提高公众意识以及技术开发、实施与转让方面加强各国国内的努力和国际合作。对沙尘暴问题有必要加强能力建设和实现监测信息共享，推动东北亚地区沙尘暴监测网络的建设，进一步讨论包括建立联合研究组等具体合作措施。

3）存在问题

虽然，各国为解决沙尘暴问题已经开展了多项合作，但是，目前还没有防治荒漠化和沙尘暴的国际区域协调机构，未建立国际区域性防治沙漠化和沙尘暴的合作机制。

从长远战略考虑，荒漠化和沙尘暴的防治，必须建立国际性的区域合作机制，制定国际区域合作战略。这就有必要建立一个完善的专门防治沙尘暴的国际公约，以便使各国的行动统一协调，既有短期计划又有长远规划，这样，才不至于使一国或几国的努力付之东流。

而且，跨国联合治理沙尘暴，不比各自国内出资执行，它的运作涉及筹措资金（包括引进国际资本运作机制）、运用先进技术、设备等很多环节，而且实施治理的各个阶段给各方带来的责任和利益可能是不同的，所以迫切需要一个统一的法律框架，以协调各国的责任和利益等问题。

而东北亚沙尘暴合作存在的主要问题是：实用性虽然突出，但内聚性不强，制度化欠缺，主要问题就是缺乏一个强有力的旨在推动地区可持续发展的地区沙尘暴合作机制。目前东北亚地区的环境合作还处在起步阶段，基本上停留在会议讨论与研究以及情报交流上，距有效的区域环境管理和制定区域性环境条约还有相当距离。因此，应尽快加强东北亚沙尘暴合作的制度化建设。

目前讨论防治沙尘暴合作的机构和会议很多，但这些机构在处理沙尘暴问题上的力量还很分散，约束力还不强，作用面单一，还缺少解决沙尘暴问题的有效的监督管理机制。因此有必要加强组织机制建设，以促进区域内各国之间的防治沙尘暴合作，促进各国政府及公众共同推进沙尘暴问题的治理和改善。

综上所述，要从根本上防治沙尘暴是一项非常艰巨的、复杂的、长期的工程。它的实施不仅需要各有关国家和邻近国家以及地区间的有效合作，而且需要国际社会的广泛支持和共同努力。

二、国际灾害救援与灾后重建

（一）国际灾害救援

进入21世纪，随着全球气候环境的变化，世界各地海啸、地震、飓风、旱灾等自然灾害频频发生，造成大量人员伤亡和财产损失。面对频发的自然灾害，各国需要加强合作，特别是有实力的国家要承担更多的人类道义的责任。

建立国际灾害救援组织是经济发展到一定水平的必然结果。因为，当一个国家经济发展到一定水平时，其海外利益也得到相应拓展，国家也必须采取措施保护自己的海外利益。当今，对一个国家海外利益构成直接威胁的，除了人为的冲突、恐怖主义等，还有非人为的自然灾害。据估计，20世纪的100年里，全球因地震死亡的人数达160万，仅中国就有约60万。国际上对包括地震灾害在内的各种大灾害的现代化应急救援始于20世纪70年代初。1971年美国费尔法克斯发生7.1级地震后，当地成立了世界上第一支现代化的专业紧急救援队。世界上很多经济较发达国家都有国际救援组织，现在拥有此类组织的国家还有法国、德国、瑞士等。

1. 日本灾害应急救援体系

日本是世界上地震多发国家之一，频繁的地震灾害促使他们不断总结抗震救灾的经验和教训，较早地建立了行之有效的紧急救援与防灾体系。这一体系是以防御地震为主的各种自然灾害为目标的。1978年2月制定了《大地震对策特别措施法》草案。

日本综合防灾工作的最高决策机关是中央防灾会议。会长由内阁总理大臣担任，下设专门委员会和事务局，主要任务是贯彻灾害对策基本法，并根据情况的变化不断制定各种决策，设立必要的行政机构，确定全国性防灾规划及体制。

中央防灾会议的办公室（事务局）是1984年在国土厅成立的防灾局。主要任务是：推进灾害对策，如大地震对策、城市防灾规划和火山对策、土砂灾害（滑坡、泥石流等）对策等的实施，负责中央防灾无线通信网及防灾费用的分配等；在灾害应急反应方面，协调各部门应急反应，设立紧急灾害指挥本部（本部长为总理大臣）、非常灾害对策本部（本部长为国务大臣），主持各省厅（部）的灾害对策联络会议，派遣中央政府调查团，设立地震灾害警戒本部等。各都、道、府、县也由地方最高行政长官挂帅，成立地方防灾会议（委员会），由地方政府的防灾局等相应行政机关来推进地震对策的实施。各级政府防灾管理部门职责任务明确，人员机构健全，工作内容丰富，工作程序清楚。日本十分重视防灾训练。1971年，中央防灾会议决定每年在关东大地震纪念日（9月1日）举行全国性综合防灾训练，目的是提高国民的地震意识，检验中央及地方政府有关机构的通信联络和救灾、救护、消防等各部门间的运转协调能力，并对各类人员进行实践训练。重点训练政府对防灾机构工作人员及各类救灾人员，包括自卫队和消防厅等的领导指挥能力。

2. 美国灾害应急救援体系

美国紧急救援管理体系分为联邦与州两级。联邦政府制订国家减灾计划、联邦政府灾害响应计划和联邦政府灾害援助计划，国会专门制定了关于授权和规定联邦政府提供灾害救援的救灾与紧急援助法规。联邦政府灾害响应计划将联邦政府机构的资源划分为12个不同的应急支援职能，对应每一个职能都指定了一个主要负责机构及若干辅助机构，制订了各机构的具体责任范围和响应步骤。实施程序是：一旦发生灾害，地方首先做出响应，县市政府进行自救；能力不足时请求州政府支援，州政府调动州内资源提供援助；当州政府的能力也不够时，州长可请求联邦援助；总统依据有关救灾救援法规宣布重大灾害或紧急状态，并指定联邦协调官；联邦协调官与州协调官联合成立灾害现场办公室，在应急响应小组的协助下，实施应急支援职能，调动和提供联邦救灾资源；协调官协调不了的问题交由国家应急支持小组和国家灾难性灾害响应小组决定。

美国紧急救援管理的最高行政机构是美国联邦紧急事务管理局（FEMA）（现已归属国土安全部）；由国家消防管理局、联邦洪水保险管理局、民防管理局、联邦灾害救济管理局和联邦防备局等机构合并而成，主要负责联邦政府对大型灾害的预防、监测、响应、救援和恢复工作。紧急事务管理局在全国常设10个区域办公室和2个地区办公室，每个区域办公室针对几个州，直接帮助各州开展救灾和减灾工作。紧急事务管理局组织建立和管理28支城市搜索与救援队，其中有2支国际救援队，分布在美国16个州和华盛顿特区。"9·11"事件后，美国政府已建立国土安全部，将海岸警卫队、海关、移民局、交通安全管理局及联邦紧急事务管理局等22个联邦机构十几万职员纳入国土安全部中，以保证对紧急情况迅速有效地做出反应。

3. 意大利灾害应急救援体系

灾害紧急救援管理体制：

1）意大利民防总局。意大利民防总局的前身是民事防卫局。1980年11月。意大利曾发生大地震，造成3000多人死伤，受灾群众1万多人。政府为了及时抢救人的生命、减轻灾害，于1981年成立了民事防卫局，并设立了独立建制的国家地震监测局。1992年，根据政府225号法令。在民事防卫局的基础上组建了意大利民防总局。民防总局直属于总理府。局长直接对总理负责。民防总局负责管理全国的民防事务和灾害管理工作。它的主要任务是：及时抢救人的生命和财产、进行灾害预防和预报、灾害的紧急救援以及对生态环境的保护和处置各种突发事件等。民防总局内设8个司。并在全国20个大区设有区域性民防机构。其从事的主要工作有：一是灾害评估预测。分析灾害起因，评估风险，预测区域发生危险程度。二是灾害预防。预防的目的是为了减少灾害引起的损失，从预测中得出科学数据。三是制定救援措施。措施主要是针对人生存所需要的基本内容。四是紧急救援。紧急救援是为了恢复重建民众正常生活的环境。五是突发事件紧急处理。主要是指：突发的洪水、泥石流。森林火灾。火山喷发。地震灾害，工业、化学及核材料的灾害。防止宇宙运行物造成的灾害以及人为的恐怖事件等突发事件的处理。

  2）国家地震监测司。意大利是欧洲发生地震灾害较严重的国家。近150年来死于地震的人数约15万人。最近25年因地震造成的损失近800亿欧元，特别是对大量列入文物保护的古建筑造成了严重破坏。为此。意大利政府组建了专门的地震监测机构（目前全世界仅有中国、朝鲜和意大利设立专门的地震监测机构）。国家地震监测司是在1992年民防总局组建时，将原国家地震监测局并入，缩小为其下属的一个司。它是一个负有监控大地构造运动、减轻地震灾害、处置地震紧急突发事件的公共行政管理部门。意大利在全国设有300多个地震监测台站，有273个强震动观测设施。国家地震监测司在地震监测和地震风险管理中的主要职责是：与有关部门共同绘制震级风险规划图。并要求建设工程按照标准进行设防和抗震加固；进行地震监测和应急管理（包括制定灾害的紧急救援实施方案）；地震灾情评估和参与灾后的重建工作（通过税收和保险上的优惠政策来鼓励灾后的重建工作）等。在意大利，地震监测台网的建设运行费用由民防总局承担。地震发生后．房屋的重建与修复费用绝大部分也由政府承担。业主只承担很少部分。

  灾害紧急救援管理的运行机制：

  民防总局为了有效地实施自己的职责，不仅组建了科学委员会。并与全国科学研究中心共同联合有关方面的科研机构和大学，形成了对民防事务、灾害管理研究工作的科学支撑力量，而且还根据政府法令授权其协调政府部门、地区、科研机构和大学、社团及包括私人机构（主要是志愿者组织）。从事民防事务、灾害管理工作的职权，在发生民防事务、各种灾害时，参与全国紧急状态的动员组织工作。这种建立在国家层次上的灾害管理运行机制（见图6-1），已成为国家处理各种突发事件和紧急救灾工作的意大利国家灾害紧急救援组织是民防总局设立的救援队伍。紧急救援队固定人员不多，针对发生的不同灾害，一般由各机构派人组成。同时也承担国际灾害救援任务。近几年来，意大利就先后向利比亚、捷克、阿尔及利亚、法国、葡萄牙等国，派遣了化学火灾、森林火灾、地震灾害等救援队。还派出了灾害评估队和医疗队，进行了国际人道主义救援工作。

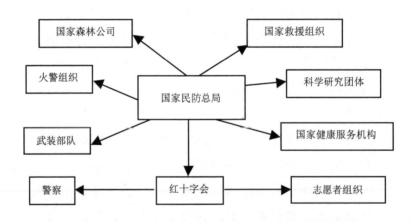

图6-1 国家层次上的灾害紧急救援管理运行机制

4. 俄罗斯应急救援体系

俄罗斯的紧急救援管理机构是民防、应急减灾部（简称紧急状态部），主要职能是在防护大规模战争攻击的同时，加强水灾、地震等自然灾害以及灾难性工业事故等人为灾害的紧急救援工作。全面负责自然灾害社会经济影响的调查统计、现场救援、恢复、重建及国际救援等工作。紧急状态部下辖联邦紧急状态行动指挥中心，并分设8个区域紧急状态行动指挥中心及8支专业救援队伍。地方的紧急救援管理机构按行政区划逐级分设。救援队伍建设实现了救援力量主体的专职化、专业化和军事化。

5. 新西兰灾害应急救援体系

新西兰灾害紧急救援管理是实行统一、综合的紧急救援管理体制，通过颁布、实施《民防法》，规范国家和民众的紧急救援行为。并随着经济和社会的发展，对紧急救援的资源进行有效整合，正在形成横向与纵向一体化的紧急救援管理体系。新西兰救援管理体系有3个层次：国家为民防与应急管理部；地区（14个）为应急管理委员会；市（86个）为应急管理委员会。3个层次的机构均隶属相应各级政府。在处理灾害时，各级政府的灾害协调小组（委员会）联合办公。

6. 中国灾害应急救援体系

目前，中国已构建了覆盖全国的救灾体系，改善了防灾减灾基础设施，初步建立了灾害应急机制，最大限度地减轻了灾害造成的损失，维护了广大人民群众的切身利益。1989年，为了响应联合国的倡议，中国政府成立了中国国际减灾十年委员会;为了配合1992年联合国在巴西里约热内卢所召开的"环境与发展大会（Conference on Environment Development）"，在1994年3月完成了《中国21世纪议程——中国21世纪人口、环境与发展白皮书》，其目的在于建立针对国情的自然灾害评估及综合减灾对策系统，确保经济与社会的持续发展，其中"防灾与减灾"被列入该书的第17章，这也是首次以政府白皮书的方式，提出了制定各级政府重大自然灾害的应急行动计划，用于指导政府、有关部门、厂矿企业及居民在重大灾害发生后作出紧急反应，协调行动，减轻灾害损失。之后，国务院在1998年通过的《中华人民共和国减灾规划（1998年——2010年）》中提到，20世纪90年代以来，自然灾害所造成的经济损失明显地呈上升趋势，已成为影响经济发展和社会安定的重要因素。

2005年1月14日，中国国际减灾委员会更名为国家减灾委员会，研究制定国家减灾工作的方针、政策和规则，协调开展重大减灾活动，推进国家灾害应急救助和减灾体系建设，指导地方开展减灾工作，进一步健全了减灾、备灾和救灾紧密结合的工作机制，增强了备灾、预警、响应和恢复重建等领域的部门协作，推进减灾国际交流与合作，这也是中国防救灾工作的重要变革。从宏观的国家整体发展战略来看，灾害可能迟滞整体的国家发展战略的实现，影响到改革发展稳定的大局。

因此，为了确保可持续发展战略的实施，建立一套健全的防灾、减灾与救灾体系已经刻不容缓。建立防救灾体系的步骤，首先要完善健全的防灾、减灾与救灾法规体系；其次要依法明确划分各级政府的权责；最后是依各项法规建立从事防灾、减灾与救灾行动组织。目前，国家制定了《突发公共事件总体应急预案》、25个专项预案和80个部门预案。截至2004年底，全国31个省（自治区、直辖市）都已制定省级应急预案，333个地市中310个、2861个县市区中的2347个也出台了本级救灾应急预案，初步建立了全国的自然灾害应急预案体系。在此基础上，正在不断完善国家应急工作机制、体制和法制建设，但是中国并没有专门的救灾法，目前已经制定了《救灾法》草案和《突发事件应对法》草案，通过《中国21世纪议程》（1994年）、《防空法》（1997年）、《消防法》（1997年）等政策性纲领、法律、条例及应急措施，逐步形成中国的防灾、减灾与救灾法规体系。

中国自然灾害应急工作的基本原则为"统一领导、分级负责、条块结合、属地管理"。并且，还建立了重大自然灾害综合协调机制，努力加强应对突发性自然灾害的快速反应、协同应对的能力，灾害发生后，可以充分动员和发挥有关部门、地方各级政府、社区、企事业单位、社会团体队伍的作用，依靠公众力量，形成统一指挥、反应灵敏、功能齐全、协调有序、运转高效的应急机制;另外，还健全了灾害应急社会动员机制，积极引导公益慈善组织在救灾行动中发挥作用。1996—2004年，社会捐助募集救灾款物折合人民币245亿元，自1996年起，民政部建立了18个省（区、市）的东西部跨省对口支持机制。

改革开放以后，中国经济发展迅速，逐渐有能力和实力在人类道义方面承担更多的国际责任。2001年4月27日，中国国际救援队由中国地震局、解放军工兵部队、武警总医院三个部门联合组建，所有的队员都接受过联合国SOS紧急救援的培训，拥有国际救援的相关资质。目前救援队队员约230人，主要任务是对国际上的地震灾害或其他突发事件造成的灾害实施援救。救援队建立之初，中国政府就一次性投入5000多万元购置了一流装备，包括现代化的生命探测仪、医疗救护等8大类360多种23400余件（套）器械，还有搜索犬20余条、车辆20余部，达到了联合国重型救援队标准，是一支"一专多能、专兼结合、军民结合、平战结合"的专业地震灾害搜索救援力量。中国国际救援队建立以后，一直活跃在国际救援的第一线，并取得了一系列骄人的成绩。

（二）灾后重建

1. 日本灾后重建体系

日本在灾后重建方面形成了一套比较完善的运作机制，通过一系列防灾对策的实施，其防震救灾能力有了显著提高，我们主要从以下几个方面探析日本灾后重建的经验：

1）完善的防震救灾的法律法规体系

日本的防灾法律制度体系由基本法、灾害预防和防灾规划、灾害紧急对应、灾后重建和复兴、灾害管理组织五大类52项法律构成。与地震灾后恢复重建及财政金融措施有直接关系的有《耐震改修促进法》、《严重灾害特别财政援助法》、《受灾市街区复兴特别法》、《地震保险法》、《公共设施灾害重建工程费国库负担法》、《有关灾害抚恤金支付的法律》等24部。这些法律详细规定了灾前应采取的各种预防措施，灾后应如何应对。健全的法律法规体系为建立良好的防灾减灾运行机制提供了法律保障和依据，使得日本灾后重建能够有条不紊地进行。

2）细致详细的重建规划体系

早在1963年，日本就制定了《防灾基本规划》，作为全国灾害对策的基本规划。各地方政府必须按照《防灾基本规划》的要求，通过对本地区可能发生的灾害进行调查研究，制定相应的地区防灾规划和防灾业务规划。该规划在阪神地震发生后重新进行一次修订，范围更加广泛，明确各级政府职责，细致划分基本规划的要求。受灾地区在设立重建规划时，必须以《防灾基本规划》为纲，统筹协调，积极推进防震业务规划和地方灾后重建科学规划，这不仅有利于灾区恢复重建，而且对灾区产业空间布局具有很强的指导作用。

3）严格的产品质量保障

日本灾后重建对房屋和公共基础设施的质量要求非常严格。阪神大地震倒塌最多的是居民木结构房屋，这也是造成人员伤亡的一个重要原因。日本政府连续三次修改《建筑基准法》，提高各类建筑的防震标准，基本要求能够抗8级地震，使用年限能够超过100年。而且日本十分重视定期给建筑物进行防震检查，因为随着时间的推移，建筑的抗震性能会有所下降。防震检查分为四类：竣工时检查、定期检查、应急检查和详细检查。尤其是定期检查，专业人员除每年检查抗震层外，在建筑竣工后第5年、第10年以及之后每10年，对建筑进行全面检查。日本同时注意对公共基础设施进行检查，建立了"特殊建筑定期调查报告制度"，专家认为，让建筑保持高的抗震性能，只有长期坚持定期检查，注意维护管理，才能经受住大地震的考验。

4）强大的财政支持能力

日本法律明确了中央和地方政府的经费支出义务，并应对灾害的财政金融支持政策措施等作出详尽的规定。日本政府每年拨出大量的财政预算进行灾害预防、灾害紧急应对及灾后复兴事业。如阪神大地震的1995年防灾财政支出高达630亿美元，占当年财政预算的9.7%。在灾后重建过程中，日本神户建立了重建基金：基本基金和投资基金。基本基金主要建设基础设施和基本的公共设施项目，而投资基金是商业性项目，在重建的过程中两种基金相互结合发生作用。

5）系统展开灾后重建风险评估

在灾后重建过程中首先展开对灾后重建的风险评估。现有的地震风险评估几乎都没有考虑防震减灾能力，日本在防震救灾以及灾后重建的过程中，对各项工作进行细致检查，全面总结经验与薄弱环节，建立了比较完善的防震减灾能力评价指标体系。风险评价体系包括地震监测预报水平、防震救灾的投入情况、防震减灾规划及实施情况、灾后重建的资金投入情况等多方面，以此评价该地方的防震减灾能力，从而在以后的工作中有针对性地改善薄弱环节。

6）强化防灾意识的教育

日本政府加强对国民防灾意识和生存能力的宣传教育力度，重视提高全民防灾意识。全国各地都要号召市民和消防队参加地震演习，电视台播放防灾节目，使得广大市民认识到灾害发生时，自主防灾是非常有效的选择。各地方消防部门设有专门的防灾教育课，由专人负责到学校、单位讲解消防知识，并指导各种防灾训练和演习，学校从小学开始进行防灾教育和安全意识的普及。

2. 美国灾后重建的经验和教训

1994年洛杉矶地震之后，美国加州成立了地震保险局（CEA）。其名称类似政府机构。CEA由17家私人保险公司联合出资设立，委托政府代表公众进行管理。该机构既直接销售地震险给普通消费者，也给保险企业提供再保险业务。除此之外，美国十分重视灾后环境隐患的排查和废物的处置，负责这些工作的主要机构有：美国环保署、社会事务部和联邦紧急事务管理署、国家农药信息中心等。

1）灾后对环境隐患的检查：为了对灾后废物进行处理，首先要进行灾后废物的检查，主要包括：对生产设施的排查；对发电机废气中含有危险物质的排查；检查烟囱有无受损；检查鸡舍及家畜养殖基地；公共设施和管道的损坏情况，化粪池系统。家庭危险废物主要检查的项目有：药品、漂白剂、易燃液体、除草剂、杀虫剂等有无泄漏；生物污染物，如霉菌等。

2）对废物进行分类处理和循环利用：灾区废物的处理，主要包括废物分选、临时储存地点选择、废物的运输和处置、废物的循环利用等，紧急废物处理和处置执行的标准是由LEAs制定的。由于灾后废物数量巨大，可能超过现有的处置能力，所以在废物处置时要重视废物的回收工作。绿色废物（例如树木和灌木等）可以通过堆肥等转化为有机物质；混凝土和沥青可以粉碎和出售，用于道路建设；金属可以被回收并出售给废金属交易商；汽车经拆解后卖给汽车废料回收商和汽车零件回收商，用于循环再造；砖可以出售，以便用于建筑或铺地；污垢可以被用来作为填埋物或卖给农民用于土壤改进。这种循环利用的方法处理灾后废物的好处有很多：首先在处理废物的同时就进行了灾后恢复重建，将恢复计划提前了，缩短灾区的恢复时间；其次，使大量短缺材料得到循环再利用；再次，使损害人体健康和环境的废物得到清理；最后，可以节省资金。在废物处理时应注意的事项有：必须对灾害废物跟踪，为每个灾害废物储存场收到的废物做记录，并显示其来源；相关司法机关可以对灾区进行一定照顾，这样才不至于在废物转移问题上发生矛盾。

3. 世界银行在减灾活动中的作用

世界银行并非赈灾救济机构，但它提供恢复重建支持，主要的例子包括某些防洪抗旱的灌溉工程或者旨在防火灾的植树造林工程。另一个业务量最大的部门是环境保护部门，主要是具有抗灾功能的自然资源管理。在大约100个积极减灾项目中，农业部门约占了1/3，而这些项目的绝大多数（36个项目中的33个项目）是标准防灾减灾贷款，典型的是某些防洪和抗旱工程（图6-2）。

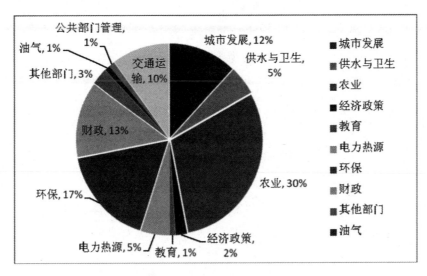

图6-2 世界银行减灾项目支出

1998年夏天，中国遭受了严重的洪灾，据估计，湖北、湖南、江西的经济损失达152亿美元。第二年，世界银行就批准向中国提供8000万美元贷款（包括4000万美元贷款和4000万美元硬贷款），用于湖北、湖南、江西三省遭受洪灾破坏的地区重建学校、道路、供水系统、医院等设施，恢复基本服务。

参考文献

1.刘惠荣.谁可以在北极分一杯羹.经济参考报，2011.

2.国务院.中国应对气候变化的政策与行动白皮书.2011.

3.丁一汇主编.气候变化.北京:气象出版社，2010.

4.翟盘茂主编.气候变化与灾害.北京:气象出版社，2009.

5.陈泮勤主编.气候变化应对战略之国别研究.北京:气象出版社，2010.

6.何一鸣主编.国际气候谈判研究.北京:中国经济出版社，2012.

第七章 气候变化与科技创新

气候变化成为世界最热门话题有其深刻而复杂的原因，气候变化作为环境问题与其说是工业化问题，不如说是发达国家经济活动的历史发展效应问题和发展中国家现行发展模式问题。在应对气候变化形势的推动下，越来越多的国家认识到改变传统经济发展模式的重要性，认识到发展低碳经济、绿色经济和循环经济是全世界在气候变化背景下发展经济、创造未来，发展新优势的必然选择。

科学技术创新作为提高资源利用效率的主要途径、促进经济增长取之不尽的源泉以及优化产业结构的主导力量，成为发展低碳经济、绿色经济和循环经济的关键对策。科学技术创新是新型经济发展模式的核心要素，能够为经济发展提供根本性推动作用及强有力的技术支撑，成为世界主要国家应对气候变化的战略重点所在。应对气候变化，需要对现有工业化的物资技术基础，包括能源工艺基础进行结构性的替代和创新，以及由此决定的经济社会组织（包括政府、企业和家庭组织）进行系统性的调整和创新。

第一节 低碳经济与产业发展

一、低碳经济

（一）低碳经济的含义

"低碳"是指在生产和消费的各个环节尽可能减少温室气体的排放。低碳经济，是指在可持续发展理念指导下，通过技术创新、制度创新、产业转型、新能源开发等多种手段，尽可能地减少煤炭石油等高碳能源消耗，减少温室气体排放，达到经济社会发展与生态环境保护双赢的一种经济发展形态。

低碳经济是以低碳能源系统、低碳技术体系和低碳产业结构为基础的一种经济模式，其实质是能源的高效利用与清洁能源的开发，其核心是能源技术和减排技术创新、产业结构和制度创新以及人类生存发展观念的根本性转变，其目标是减缓气候变化，实现经济社会与资源环境的协调和可持续发展。

低碳经济是为了应对全球气候变暖问题而提出的一种经济发展模式，涉及生产、消费、服务和社会观念等各个方面，其中，产业发展方式的改变是实现低碳经济最为重要的方面。因此，发展低碳经济必然涉及产业模式的创新，即以低耗能、低排放、低污染为特征的低碳产业取代以碳基为主的产业结构。

（二）低碳经济的由来

世界经济与社会的发展深深地依赖于煤炭、石油和天然气等化石燃料，具有典型的"高碳经济"的特点。化石燃料的开发利用过程伴随着资源耗竭及极大的环境污染，产生了气候变化问题。研究认为，近50年来的全球平均温度的升高主要是人为活动排放的二氧化碳、甲烷、氧化亚氮等温室气体浓度增加引起的。全球变暖的后果是冰川融化、海平面上升、生态系统退化、自然灾害频发，这将直接威胁到水资源安全、能源安全、粮食安全、生态安全、公共卫生安全及人类的生存与发展。在这一背景下，高碳经济向低碳经济乃至无碳经济的转变，被视作解决气候问题的根本出路，已成为国际社会的共识和世界经济发展的大趋势。

2003年，英国政府发布能源白皮书——《我们能源的未来：创建低碳经济》，首次明确提出发展"低碳经济"，也就是低能耗、低排放、低污染、经济效益、社会效益和生态效益相统一的新的经济发展模式。该报告指出低碳经济是通过更少的自然资源消耗和更少的环境污染，获得更多的经济产出，是创造更高生活标准与更好生活质量的途径和机会。从此，"低碳经济"成为引起全世界日益广泛关注的热门话题。在此背景下，全球能源及经济结构逐步迈向生态文明，即改变传统的经济增长模式，直接应用创新技术与创新机制，通过低碳经济模式与低碳生活方式，实现经济与社会的可持续发展。

（三）低碳经济的特征

低碳经济，是与高能耗、高污染、高排放为特征的高碳经济相对应，以低能耗、低污染、低排放为基础的经济模式，是含碳燃料所排放的二氧化碳显著降低的经济。低碳经济的特征归结起来有以下几点：（1）低能耗。低碳经济要求节约能源、减少能源消耗量，在此基础上，保持经济的平稳、有序发展。（2）低排放。低碳经济要求降低温室气体排放量，甚至达到温室气体的零排放。（3）低污染。低碳经济提倡使用碳密度较低的能源，将开发和利用清洁能源和可再生能源作为重要举措，降低污染物排放量，保护环境。（4）高效能。低碳经济的发展要求减少废气排放的同时不影响经济的发展，提高能源的利用效率。（5）高效益。低碳经济的推广，降低了能源消耗成本，节约了企业和社会成本，增加了企业和社会的效益。

"低碳经济"主要体现在：（1）工业方面，提高能源和资源的利用率，发展清洁生产；（2）能源利用方面，加快清洁能源和可再生能源生产利用；（3）交通方面，使用高效燃料，低碳排放的交通工具，减少私人交通的出行，倡导和实施公共交通；（4）建筑方面，采用高效节能材料以及节能建造方式，推广建筑节能；（5）消费方面，提倡绿色消费和资源的回收再利用，推行节约能源。

发展低碳经济具有非常重要的意义：一是通过提高能源的利用效率，在不影响经济发展的同时，降低能源消耗；二是调整能源消费方式，减少高碳能源使用率，增加低碳能源的使用，促进清洁能源和可再生能源的发展；三是在减少能源消耗量的基础上实现经济平稳有序发展，实现经济与环境双赢发展；四是促进技术发展和产业创新，带动新的经济增长点；五是有利于节本增效，推动社会经济的可持续发展。发展低碳经济是减少温室气体排放和应对气候变暖问题的有效手段。

二、主要国家的低碳经济政策

（一）美国

美国将开发新能源、发展低碳经济作为重振经济的战略选择，分阶段制定了低碳目标及低碳战略。短期目标是促进就业、推动经济复苏；长期目标是摆脱对外国石油的依赖，促进美国经济的战略转型。美国政府发展低碳经济的政策措施可以分为节能增效、开发新能源、应对气候变化等多个方面，其中，新能源是核心。

小布什政府提出2002—2012年温室气体减排18%，联邦政府为此推出了"行业自主创新行动计划"、"气候领袖"、"能源之星"和"高效运输伙伴计划"等项目，全部由企业通过与政府合作，自愿减少温室气体排放量。

奥巴马政府提出了应对气候变化的低碳道路，先后推出了"复苏和再投资法案"和"清洁能源和安全法案"，实施以能源战略转变为核心的经济刺激计划，希望通过发展新能源技术和建立碳交易市场，打造低碳技术的竞争优势，通过投资环境和低碳产业刺激经济复苏。

法案中的新能源战略具体包括：大力发展太阳能、风能、地热能、核能、水电和生物燃料等清洁能源、降低对石油的过高依存度；全面发展高效电池、节能汽车和电动车，引进低碳非石油燃料；发展智能电网、碳储存和碳捕获；增加投资，提高能源的利用效率，提高建筑物效能，采用节能和环保新设备，发展公共交通事业。

法案设置了美国主要碳排放源的排放总量限制，并规定美国有权对不实施碳减排限额的国家实行贸易限制。另外，法案引入了温室气体排放权交易机制，提出"可再生电力标准"，要求2020年前，年供能超过40亿度的电力供应商提供的电力中20%以上必须来自风能、太阳能和地热能等可再生能源。法案还提出国家燃油经济性标准，对高碳产品征收"碳关税"。根据新能源战略实施的预期目标，美国在2020年的碳排放量将减少至1990年的水平，比2005年减排17%；在2050年的排放量将减少至1990年水平的20%，比2005年减少83%。新能源战略使美国再次主导全球经济的制高点。

（二）欧盟

欧盟为发展低碳经济推出了全方位的政策和措施，具体包括：制定排放指标，制定节能和环保标准，增加低碳科研经费投入、加快低碳项目推广。

1.制定排放指标。2007年，欧盟首脑会议提出，到2020年，可再生能源占总能源耗费的比例提高到20%，一次能源消耗量减少20%，生物燃料在交通能源消耗中所占比例提高到10%。计划到2020年，温室气体排放量比1990年水平减少20%，排放量减少5亿吨，到2050年的温室气体排放量在1990年基础上减少60%，排放量减少15亿吨。

2.制定节能和环保标准。2006年10月，欧盟委员会通过了《能源效率行动计划》，计划建议出台新的强制性标准，推广节能产品，以提高能源利用效率，降低机器、建筑物、交通运输造成的能耗。2007年1月，欧盟为提高生产和运输燃料的环保标准修订了《燃料质量指令》，要求从2009年1月1日起，柴油中的硫含量必须降低到每百万单位10以下，碳氢化合物含量必须减少33%以上，船舶及工程机械使用的轻柴油的硫含量也应大幅降低，从2011年起，燃料供应商必须每年将燃料在炼制、运输和使用过程中排放的温室气体量在2010年水平上减少1%。

3.增加低碳科研经费投入、加快低碳项目推广。增加资金和人力资源的投入，以提高能源利用效率，加速低碳技术的研发和应用。2007年，欧盟提出了建立新能源研究体系的综合性计划，具体包括：以海陆风力涡轮系统认证为重点的欧洲风能启动计划，以太阳能光伏和集热发电验证为重点的太阳能启动计划，以开发新一代生物柴油为重点的生物能启动计划，以电厂化石燃料零排放验证为重点的二氧化碳捕集、运送和储存启动计划，以开发智力电能系统为重点的欧洲电网启动计划，以开发第四代技术为重点的欧洲核裂变启动计划。2008年，欧盟提出了《欧盟能源技术战略计划》，具体包括：增加能源领域的资本与人力投入，加强能源科研创新能力；建立能源科技联盟，加强企业、大学与科研机构的相互合作；加强能源基地设施与信息系统建设，建立协调成员国政策与计划的欧盟战略能源技术小组。2008年欧盟发起了"欧洲经济复苏计划"，计划投资10.5亿用于7个碳捕获和储存项目，9.1亿用于协助可再生能源联入欧洲电网，5.65亿用于海上风能项目。新能源计划有助于支撑欧盟发展高效、洁净、低排放的"低碳能源"技术，将欧洲低碳产业置于世界低碳技术发展的前沿。

（三）中国

工业化及城市化的快速发展以及能源消耗的快速增长，使得中国的碳排放成为国际社会关注的焦点。当前，中国积极倡导发展清洁能源和可再生能源，采取了一系列与应对气候变化相关的政策和措施。2004年11月，中国政府公布了《节能中长期专项规划》，目标是使2010—2020年期间的年均节能率提高到3%，2020年的能源强度下降到1.54吨标准煤/万元。中国政府在2005年2月、2006年12月和2007年6月又分别制定了《可再生能源法》、《气候变化国家评估报告》和《中国应对气候变化国家方案》，逐步建立起减缓气候变化的制度和机制。为缓解资源环境约束，应对全球气候变化，中国政府制定了《国民经济和社会发展第十二个五年规划纲要》，计划加强技术创新工作，加快低碳产业化进程；推广先进的节能技术，提高能源利用效率；发展新能源，促进经济发展方式转变，促进经济的可持续发展。

1.重视技术创新。中国政府大力支持低碳技术研发与低碳产业化工作，对具备创新优势的科研单位给予重点扶持，建立技术创新重点实验室，组建国家级技术研发中心和研究团队；以重大科研项目为纽带促进企业与大学、科研单位形成产学研联盟，建设研发基地，建立可再生能源技术创新公共服务平台，加速推进创新成果的转化和产业化；加快技术人才和产业管理人才的培养，鼓励企业开展国际的科技交流与合作，逐步从技术引进、设备进口转变为自主研发和技术设备出口。目前，中国在部分新能源核心技术方面已经形成自主创新能力，在节能技术及新能源技术开发利用方面已经取得显著进展，产业化已初具规模。

2．推广节能技术。2012年2月，中国工信部发布了《工业节能"十二五规划"》，提出到2015年，规模以上工业增加值能耗比2010年下降21%左右，"十二五"期间预计实现节能量6.7亿吨标准煤。到2015年，钢铁、石化、机械等机电相关行业单位工业增加值能耗分别比2010年下降18%、18%、22%。《规划》提出要组织实施工业锅炉窑炉节能改造、内燃机系统节能、电机系统节能改造、余热余压回收利用、热电联产、工业副产煤气回收利用、企业能源管控中心建设、两化融合促进节能减排、节能产业培育等九大重点节能工程。2012年5月，住房和城乡建设部发布了《"十二五"建筑节能专项规划》，计划到"十二五"末，建筑节能形成1.16亿吨标准煤节能能力，其中，新建建筑节能、北方采暖地区已有建筑节能改造、公共建筑节能改造与运行管理和可再生能源与建筑一体化应用等分别形成4500万吨、2700万吨、1400万吨和3000万吨标准煤节能能力。

3．大力发展新能源。"十一五"时期，中国的新能源技术快速进步、产业实力明显提升、市场规模不断扩大，为新能源全面、快速、规模化发展奠定了良好的基础。这一时期，中国的水电开发有序推进，装机规模快速增加；风电装机容量连续五年翻番，成为全球风电装机规模第一大国；太阳能发电技术加快进步，国内应用市场开始启动；核电进入大发展时期，成为全球核电在建规模最大的国家；生物质能多元化发展，综合利用效益显著。在此基础上，中国提出了《新能源发展的"十二五"规划》，计划到2015年，中国的水电装机容量达到2.5亿千瓦，风电装机容量达到9000万千瓦，太阳能发电装机容量分别达到约1500万千瓦，核电机发电分别达到3000万千瓦，生物质发电分别达到2000万千瓦。根据长远计划，到2020年，中国的水电、风电、太阳能发电、核电机发电和生物质发电的装机容量分别达到3.8亿千瓦、1.5亿千瓦、2000万千瓦、7000万千瓦和3000万千瓦。预计到2020年，中国非化石能源占一次能源的比重达到15%，单位生产总值碳排放比2005年下降40%—45%。

三、促进低碳经济发展的对策

（一）重视法律制度创新

法律制度创新，就是要将发展低碳经济上升到国家法制层面，建立完善的低碳经济法律保障体系。一是加强有关的立法工作，制定和完善法律法规，如：制定《能源法》，《可再生能源法》、《节约能源法》、《电力法》、《煤炭法》等，建立健全有利于减缓温室气体排放的能源法律、法规体系。二是抓紧完善已有法律的相关配套法规和标准。通过法律法规的强制性作用，推动政府、企业、居民的低碳经济行为。

（二）增加低碳产品的投入与补贴

在经常性财政预算中，为低碳经济发展支出科目（如节能、新能源和可再生能源等）安排相应支出额度和增长幅度的财政预算。加大对从事低碳技术的企业的财政补贴额度，吸引企业积极进行低碳技术的开发利用；采取对消费者进行财政补贴的方式，鼓励消费者使用和消费低碳产品；在政府采购政策中，优先采购清单中的低碳排放产品，增加对低碳产品的强制性购买规定，逐年提高低碳产品采购的法定强制购买比例，引导经济结构调整和产业升级。

（三）发挥税收的调节作用

对低碳产品生产企业给予税收优惠，对生产低碳产品的环保节能设备实施所得税优惠；对煤炭、石油、天然气等不可再生、非清洁能源征收高税点，对风能、太阳能、地热能、生物质能等可再生清洁能源征收低税点，对利用清洁能源生产的无污染产品实行增值税减免或者增值税即征即退政策；对不符合节能技术标准的高能耗、高碳排放产品征收消费税，对不同的产品根据其能耗和碳排放的程度征收不同额度的税费，并适当扩大级差。

（四）依靠科技进步和创新

在经济发展中，科学技术发挥着无与伦比的作用。发展低碳经济的关键是依靠科技进步和创新。减排最大的潜力在于找到新的工业生产加工方法，如新的水泥生产方法、新的钢铁生产方法，以及新的汽车驱动途径和新的存储技术等。因此，应加大科技投入，增强自主创新能力。大力开发低碳技术和低碳产品，如太阳能、水能、风能、地热能、生物质能利用技术以及二氧化碳收集储存技术；加快对燃煤高效发电技术、二氧化碳捕获与封存，高性能电力存储，超高效热力泵，氢的生成、运输和存储等技术的研发；促进低碳排放技术的研发和推广应用，逐步建立起多元化的低碳技术体系，为低碳转型和增长方式转变提供强有力的支撑。

（五）推动产业结构调整

碳排放与产业结构之间存在着密切的关系。根据一项针对中国产业结构调整对二氧化碳排放量影响的实证研究结果：所有产业的发展均会增加二氧化碳排放量，但第二、一、三产业对碳排放量的影响呈逐次递减趋势（表7-1），因此，产业结构的调整是发展低碳经济的重要途径。要发展低碳经济，必须视国情合理选择主导产业，加快产业结构调整。在低碳经济时代，新能源产业是发展前景广阔的产业。面对气候变暖的现实，应加大开发利用太阳能、水能、风能、地热能和生物质能等新能源，加快淘汰落后产能，推动高碳产业低碳化转型，加快能效高、排放少的低碳产业发展，开辟具有低碳经济特征的新兴产业群、高新技术产业群和现代服务产业群，优化产业结构，推动低碳产业结构建设。

表7-1 中国分行业碳排放量（万吨）

行业	第一产业	第二产业	第三产业
2002 年	2345	85393	991
2003 年	2383	101637	1102
2004 年	2969	120754	1242
2005 年	3067	133728	1339
2006 年	3188	148055	1429
2007 年	3129	160515	1551

（六）坚持"共同但有区别的责任"的原则

气候变化问题既是环境问题，也是发展问题，已经成为人类社会面临的共同挑战。由于经济发展阶段的不同，各国在共同承担气候变化问题的同时，应坚持"共同但有区别的责任"原则，实现全球范围的公平发展，只有国际社会通力合作才能有效应对气候变化。发达国家在200多年的工业化过程当中排放了大量的温室气体，是造成当前气候变化的主要原因，而广大发展中国家还处于工业化的初级阶段，限制其发展空间"既不公平，也不合理"。从现实能力看，发达国家拥有雄厚的经济实力，掌握着先进的低碳技术，而发展中国家既缺少财力，也缺乏技术手段，还面临着发展经济、消除贫困、应对气候变化的多重艰巨任务。因此，发达国家应率先大幅度减排，为发展中国家的发展腾出必要的排放空间，同时向发展中国家提供资金、技术和能力建设支持，使发展中国家能够有资金、有技术、有能力采取减缓气候变化的措施，实现可持续发展。

四、低碳产业发展的路径

（一）低碳工业

能源结构的高碳化是传统工业化的必然结果。应优化能源结构，提高能源利用效率，大力发展新能源产业，加快推进能源结构调整和优化升级，促进工业发展由高碳型向低碳型转变，从而大幅减少二氧化碳排放。

1.调整传统能源的结构。在三种传统化石能源中，煤的含碳量最高，油次之，天然气的单位热值碳密集只有煤炭碳含量的60%。在此格局下，对煤炭进行低碳化和无碳化处理，在消费前减少燃烧过程中碳的排放，加速发展天然气，减少煤炭在能源消费结构中的比重，是发展低碳经济的主要方向。

2.加大节能减排力度。对支柱工业产业进行重新定位，符合节能减排的升级改造，不符合的逐渐关停。积极发展低碳装备制造业，重点扶持风力发电、轨道交通配套装备等装备制造业的研发设计，提高工艺装备的系统集成化水平，加快低碳装备制造产业的发展步伐。通过加强环保监测、减排核查、清洁生产审核、能耗限额标准执行监察，推动重污染企业加快退出市场。

3.大力发展清洁能源。核能、风能、太阳能、水能、地热能等可再生能源属于无碳能源，应积极发展这类清洁能源，提高其在能源消耗总量中所占的比例，使无碳能源在一些领域逐渐替代化石能源，并加大其产业化力度，以提高现有能源体系的整体效率，实现能源消费向清洁可再生方向转化，最终进入低碳能源或无碳能源的时代。

（二）低碳农业

现代农业的发展是建立在对化肥和农药利用的基础之上，但化肥和农药的生产过程本身消耗大量的化石能源，产生大量的二氧化碳排放，并且化肥和农药存在高污染的弊端，易造成农作物污染物残留，影响食品安全，因此，现代农业属于高碳农业。发展有机、生态、高效农业，则有助于实现农业可持续发展。发展低碳农业的路径如下：

1.大幅减少化肥和农药用量。用粪肥、堆肥或有机肥替代化肥，提高土壤有机质含量；通过秸秆还田增加土壤养分，提高土壤保墒条件，提高土壤生产力；利用生物之间的相生相克关系防治病虫害，减少农药、特别是高残留农药的使用量，这样可以提供无公害的食品，保障人民的身体健康。

2.充分利用农副业剩余物。中国每年农作物秸秆产量约7亿吨，其中一半可作为能源使用，折合1.5亿吨标准煤；树木枝桠和林业废弃物可获得量约9亿吨，若1/3作为能源使用，可折合2亿吨标准煤。农作物秸秆综合利用的出路包括饲料、肥料、菌类基料、工业原料和发电等，还可以热解气化成可燃气体，充作燃料。

3.推广太阳能和沼气技术。加快推进农村再生能源利用，推进太阳能热水器建设项目，让低碳生活走进了农户家中；大力推广农村沼气综合利用工作，建立沼气示范基地，让小沼气成为大产业。沼气技术既能解决农村的能源供应，改善农民卫生状况和生活环境，又可以减少木材的消耗及农作物和蔬菜生长中农药化肥的使用量，保障食品安全。

（三）低碳交通

低碳交通运输是一种以高能效、低能耗、低污染、低排放为特征的交通运输发展方式。其核心在于提高交通运输的能源效率，改善交通运输的用能结构，优化交通运输的发展方式；目的在于使交通基础设施和公共运输系统最终减少以传统化石能源为代表的高碳能源的高强度消耗。"节能"和"减排"都是发展低碳交通的重要途径，既要重视"节能"，更要把"减排"上升到应有的高度。

1.优化城市交通结构。客车及出租车是城市交通运输行业能源消耗的主体，是最大的碳排放源。应限制小汽车的不合理使用，大力发展公共交通，优化城市交通结构，鼓励智能技术、新能源的使用。为减少城市内交通的总负荷，应尽量减少出行次数和出行距离，例如通过在家办公减少出行次数，将商店等生活设施设置在居住区附近减少出行距离。打造集约化出行网络，形成以"地面公交为基础，轨道交通为主体，专线交通为骨干，有效限制小汽车"的集约化交通方式结构。

2.减少交通系统碳排放。利用智能交通系统提高交通效率，最大限度消减无效碳排放。以交通服务应用平台为支撑，通过交通指南、交通网站、交通服务热线、电台电视台、可变信息标志、手机、车载导航终端、触摸屏等方式，为不同的受众群体选择合适的出行方式、路径、出入口和换乘方案提供交通信息服务。以综合信息平台及交通信息子平台为支撑，为交通指挥管理者提供日常道路交通、公共交通、客流、交通运行状况、交通综合管理政策等信息，加强运力调控，科学组织运输。

3.控制交通工具的尾气排放。由于交通运输工具必须依赖能耗，除非使用洁净能源，否则交通运输难以实现无碳化，只能是不断低碳化的发展过程。首先应抓汽油改用，以无铅汽油代替四乙基铅汽油，这种汽油可使汽车尾气排出的一氧化碳、氮氧化合物和碳氢化合物的量减少，改善城区大气环境质量；其次，在汽油中掺入15%以下的甲醇燃料，或者采用含10%水分的水－汽油燃料，也能在一定程度上减少尾气的排放；再次，应大力推广车用乙醇汽油，将农作物生产的燃料乙醇与汽油按照一定比例混合制成的汽车燃料与纯汽油比较，汽车尾气中的一氧化碳的量可降低30%，碳氢化合物的量可减少13%，对减少尾气排放具有重要作用；此外，还应重视新能源车辆的使用，积极发展采用纯电动、混合动力、燃料电池等新技术的节能环保型汽车，降低地面交通的尾气排放量，形成低碳交通工具的示范效应。

（四）低碳建筑

低碳建筑是指在建筑材料与设备制造、施工建造和建筑物使用及拆除报废的整个生命周期内，减少化石能源使用、提高能效、减少二氧化碳排放量、与自然和谐共生的建筑等。建筑物在建造和使用中消耗了大量的资源和能源，排放的二氧化碳的量远高于日常的工业和运输领域。因此，大力发展低碳建筑是未来建筑的发展趋势。

1.普及低碳建筑理念。在全社会深入普及低碳建筑理念，通过平面与数字等公共媒体对公众进行低碳建筑知识的宣传展示，让公众了解到推行低碳建筑的意义，了解到低碳建筑与自身的利益关系，使低碳建筑的被动推行变为公众的主动接受。作为企业层面的建筑设计单位、施工单位、建筑材料设备研制机构及供应商等是实施低碳建筑的主力军，应作为低碳建筑的主要宣传对象，使其理解低碳建筑技术的重要性。

2.出台推动低碳建筑发展的优惠政策。对低碳房地产开发企业、低碳建筑材料及设备研制企业实行减免税收、财政补贴和优先信贷等激励措施；对低碳房地产购买者提供优惠利率贷款、减税或补贴等；对大型公共建筑制定能耗限额标准，并配套实施超额使用能源提价的政策；鼓励专业公司参与低碳建筑管理，学习国际先进经验；鼓励商业银行、其他金融机构及民间资本向低碳建筑市场流动，为其发展提供资金支持等。

3.制定低碳建筑技术标准。要制定一套低碳建筑有关的技术标准体系，如低碳建筑设计规范、低碳建筑施工及质量验收规范、低碳建筑评估标准及低碳建筑标识制度等，使低碳建筑产品从设计、施工、竣工到最终建筑产品评估都有据可依。加强低碳建筑材料及设备的信息技术管理，对不同厂家生产的建筑材料和设备的单位能耗进行标识和追踪，实施低碳建筑材料和设备产品质量终身责任制。

4.提高科技创新能力。建筑材料和设备研制企业要加强技术创新，尽快开发一批低碳建筑所需的核心技术产品，在保温建筑外墙、零排放节能屋顶、低碳采暖制冷设备等方面下功夫。建筑企业在施工过程中研究低碳施工工艺和方法，通过优化施工组织设计，研究低碳施工方案，提高施工机械利用率，设计出技术经济可行、能节能环保和减少二氧化碳排放量的低碳建筑结构体系。

5.开展低碳建筑示范工程。从低碳建筑规划与设计、低碳建筑施工、低碳建筑材料和设备使用、低碳建筑与传统建筑的比较优势等方面进行展示，以使有关企业和社会公众对低碳建筑有更加明确的认识，进而提高公众参与的积极性和企业的创新力。通过开展低碳建筑示范工程，逐步扩大推行范围，由低碳住宅发展到低碳小区、低碳园区，再到低碳城市，进而实现建设低碳社会的最终目标。

（五）低碳消费

低碳消费是指消费者以对自然、社会和子孙后代负责任的态度，以"低碳"为价值取向，在满足自身需求的同时，注重低碳消费品的选择和使用，以实现低能耗、低污染和低排放，达到经济发展和环境保护的和谐统一。有资料显示，居民日常生活造成的碳排放量占全球碳排放量40%以上。低碳消费能够引导低碳产品生产，推动低碳产业的发展，是发展低碳经济的根本所在。实现低碳消费方式的途径主要有以下三个方面：

1.培养低碳消费习惯，鼓励学习型消费。政府部门在物资采购上要优先选择低能耗、低污染的产品，在具体办公过程中应选择低排量公务车，并控制用纸、用电；电视、广播、报纸、网络等媒体应宣传低碳消费的意义，培养人们环保、节能、可持续发展的低碳消费意识；政府部门也要组织各企事业单位、生活小区开展低碳消费教育，向居民发放低碳生活家庭行为手册，向广大居民介绍减少碳排放和实现低碳生活的具体方式，为居民提供切实可行的、能够效仿的具体行为指导。

2.合理引导消费，坚持"低碳化"运作。政府应制定合理的价格政策，对居民用水、用电实行差别定价，促进节约用水、用电行为；制定合理的税收政策，对低碳产品生产企业给予税收优惠政策，降低低碳消费品的生产成本和价格，提高其市场竞争力，促进低碳生产；对购买低碳消费品的消费者提供税费减免、财政补贴方面的优惠措施，提高消费者购买低碳消费品的意愿；建立低碳消费的资金服务体系，为实行低碳生产的企业提供优惠贷款利率，放宽贷款额度，同时加大对低碳生产企业的财政补贴制度，缓解其资金困难和研发风险。

3.以产品低碳化带动消费低碳化。企业应采用先进技术，更新生产设备，淘汰高能耗的生产工艺，最大限度地提高资源利用率，实现生产性消费的低碳化；还应与研究机构共同研发减碳技术、零碳化技术、去碳化技术，通过节能、减排技术创新，提升消费品的低碳附加值，为消费者提供尽可能多的低碳消费品，为推行低碳消费方式提供物质基础；同时，企业应加大对低碳产品的宣传，通过低碳营销，将低碳价值转化为实实在在的低碳产值，促进低碳产品的推广。

第二节 绿色经济与产业发展

一、绿色经济

（一）绿色经济的含义

绿色经济是指人们在社会经济活动中，通过正确的处理人与自然及人与人之间的关系，高效地实现对自然资源的永续利用，使生态环境持续改善和生活质量持续提高的一种生产方式或经济发展形态。这种经济的内涵是人类的发展既满足当代人的需要，又不危及子孙后代满足其需求的需要，既保持代内人的平衡，不以影响和牺牲他人的合法权益为代价而获利，也保持代际平衡，不把有限的资源消耗殆尽，不把污染留给下一代去处理。

发展绿色经济并不排除发展化工、造纸等污染型产业，这些企业在改造并实行清洁生产，变得低排放、低消耗后，就可以成为绿色经济。因此，借助科技将原有经济体系改造为新型经济体系也是发展绿色经济的一个重要方面。在绿色经济的生产方式下，技术进步被限制在自然资源和生态环境可承载的范围内，社会的生产、流通、分配和消费等环节均不会损害环境与人的健康。

（二）绿色经济的由来

"绿色经济"这一名词最初是由英国经济学家皮尔斯在1989年出版的《绿色经济蓝皮书》中提出来的，但其萌芽却要追溯到30年前左右的一场"绿色革命"。绿色革命开始针对的是绿色植物种植的改进，随后演变成一场全球的"绿色运动"，不仅涉及资源与环境问题，还渗透到社会各个方面。

随着世界经济的快速发展，人类在享受丰硕物质成果的同时，也面临着巨大的挑战。从20世纪90年代开始，能源资源危机、气候变暖、环境污染等呈爆发式加剧态势，长期存在的各类社会问题进一步凸显，传统的高消耗、高污染、高排放的经济发展模式的弊端日益显现。为此，2008年10月，联合国环境规划署提出了绿色经济和绿色新政的倡议，试图通过加大绿色投资等手段催生世界新一次的产业革命，既培育新的经济增长点，又对世界经济中的资源配置系统性偏差进行修正。2008年12月，联合国环境规划署召开了《绿色经济行动倡议》项目启动会和《全球绿色新政》专家会议，参会专家一致认为绿色经济可以在解决金融危机、创造就业机会和保护环境方面发挥巨大作用。随后，绿色经济得到20国峰会的支持，被写入了20国峰会的联合声明，并由此从学术研究层面走向国际和国家政策操作层面。

（三）绿色经济的特征

绿色经济的主要特征是节约低碳，生态和环保，核心是国民经济的绿色化，目标是构建符合节约、绿色、低碳要求的增长方式，产业结构和消费模式，增强可持续发展能力，实现人与自然的和谐相处。

绿色经济与传统产业经济有着根本的区别：传统产业经济是以破坏生态平衡、大量消耗能源与资源、损害人体健康为特征，是一种损耗式经济；绿色经济则是以绿色市场和绿色技术为导向，以传统产业经济生态化为基础，以节约资源、环境友好的绿色产业为基本产业链，以经济与环境和谐为目的，以维护人类生存环境、合理保护资源与能源、有益于人体健康为特征的经济，是一种平衡式经济。

发展绿色经济不仅可以节能减排，而且能够更加有效地利用资源、扩大市场需求、提供新的就业。绿色经济是保护环境与发展经济的重要结合点，充分体现了人与自然和谐相处、经济与环境协调发展的要求，已极大地影响着政治、经济、军事、外交、文化等各个领域，改变着人们的生产和生活方式，并将对人类进步与社会发展产生难以估量的推动作用。

二、世界一些国家的绿色经济政策

（一）美国

美国奥巴马政府选择以绿色经济计划摆脱对石油和天然气等石化能源的依赖，刺激经济增长，增加就业岗位，为美国的持久繁荣确立更雄厚的新技术优势。绿色经济计划的重要内容是支持有助于解决气候变化问题的新技术研究，投资绿色能源，倡导绿色就业，应对气候变化。2009年2月15日，总额达到7870亿美元的《美国复苏与再投资法案》将发展新能源为主攻领域之一，重点包括发展高效电池、智能电网、碳储存和碳捕获、可再生能源如风能和太阳能等。美国绿色经济计划的具体内容有六个方面：

1.大力发展清洁能源，创造绿色就业新岗位。一方面向石油公司征收利润税收，以应对日益上涨的能源价格；另一方面推动技术创新研究，开发太阳能、风能、核能、地热能和水电等清洁能源，积极发展混合动力汽车和动力电池等，降低对石油的依赖。根据计划，美国2019年前投资1500亿美元用于基础设施建设、清洁能源和新燃料开发，2025年美国电力总量的25%将来自清洁能源。

2.提高能源效能，抑制全球变暖。增加对清洁能源、替代燃料的开发与部署的投资，减少碳排放量。2020年碳排放量将减少到1990年的水平，2050年碳排放量将减少到1990年水平的20%。通过提高能源效能，减少碳排放，抑制气候变暖。

3.减少建筑、交通系统和消费领域的碳排放。对全国范围内的公共建筑，以节能环保新设备取代原有设备，采用创新方法提高建筑物效能，设立建筑物节能目标。预计，2019年前新建建筑物和现有建筑物的效能将分别提高50%和25%，2030年新建建筑物的碳排放保持不变或实现零排放。

4.以资本投入、信贷和担保方式支持新能源技术的发展。建立全国能源的贷款机构，支持太阳能、风能、核能、充电式混合动力汽车及乡村的清洁能源产业，鼓励可再生能源发展。在2008年的经济刺激方案中，政府向能源项目投入逾500亿美元，其中，用于老化电网改造的金额为110亿美元，用于可再生能源发电和输电项目的金额为80亿美元。

绿色经济计划是以绿色经济为主推动的一场新的经济革命，彻底改造了美国的生产和生活方式，将美国从现有的经济、环境和国家安全危机中解脱出来，使美国再次主导全球经济的制高点。

（二）英国

英国是一个岛国，其生态系统比起大陆国家要相对脆弱，受气候变化带来的海平面上升等问题的影响较大。地理属性决定英国比很多国家更迫切地需要转向绿色经济，因此有积极应对气候变化的内在动力。英国是世界上第一个在政府预算框架内特别设立碳排放管理规划的国家。英国政府先后制定了包括成立绿色投资银行，支持低碳技术和节水技术，确保环境法有效性、一致性等一系列促进绿色经济的政策，稳定了企业投资，帮助企业应对低碳转型所产生的高昂成本，促进绿色商用技术的研发推广，大大提升了绿色产业的核心竞争力。绿色经济也让英国再次看到了获得新发展的希望。英国的绿色经济政策主要体现在绿色能源、绿色制造和绿色生活方式等三个方面。

1.绿色能源。2009年7月15日，英国发布了《英国低碳转换计划》、《英国可再生能源战略》，按照计划，到2020年可再生能源在能源供应中的份额占到15%，其中40%的电力来自绿色能源领域，既包括风电等绿色能源，也包括对依赖煤炭的火电站进行"绿色改造"。预计使全国的石油需求量降低7%，温室气体排放量降低20%。

2.绿色制造业。政府从政策和资金方面向低碳产业倾斜，支持研发新的绿色技术，确保英国在碳捕获、清洁煤新技术领域处于世界领先地位。英国的电动汽车、氢电池、社区低碳企业等项目都在紧锣密鼓地研究和开发之中。通过推广绿色技术打造"绿色社会"已成为英国各界的共识。

3.绿色生活方式。绿色生活理念在英国已深入人心并成为生活实践。首先，英国人长期注重住房环境的绿化，这种习俗有利于居住区的环保；其次，英国人的出行方式在发生变化，上班不驾车而改乘公共交通或骑自行车，这不仅缓解交通压力，也减少了汽车使用对环境的污染；再次，英国人的卫生观念也很利于环保，在城市住宅区，废纸、玻璃瓶、塑料瓶和电器等被分类回收；另外，英国人的节能意识也日渐增强，大型建筑采用天窗采光结构，大大降低了照明需求，坡型外墙和屋顶上种植草坪，不仅能利用大面积草坪制造新鲜空气，还能调节建筑内温度，减少对空调的依赖，达到节能环保的双重效果。此外，多数英国家庭为节能自觉改用节能灯泡，冬季取暖时也有意识地将室温调低。

（三）德国

德国是一个依靠能源密集型产业的国家，它的支柱产业包括汽车制造、重型机械、电企设备、化工工程等，这种经济结构促使德国迫切地希望寻求比核电、火电更安全、更清洁的能源，重点发展生态工业。绿色经济在德国的发展主要依赖于德国政府制定的简单、有效的政策。

1.能源税收改革。1999年，德国启动生态税改革。随后的4年里，汽油、柴油、电价均经历了5次幅度不大的加征税收。同时，为保持制造业、农业及林业的竞争力，并保障低收入家庭的生活，政府又出台了配套的减税免税政策。政府征收的生态税中有90%用于社会保障支出，剩余部分用于支持可再生能源的发展。2000—2002年，德国的汽油消耗逐年缩减4.5%、3%和3.1%，截至2004年，二氧化碳排放下降2%—3%。

2.可再生能源法。德国于2000年颁布了可再生能源法，规定德国的电网运营商必须以法定的固定费率收购可再生能源供应商的电力，与此同时，供电商根据不同能源发电的成本确定电价，并逐年递减新能源入网的电价，以此督促科技创新。

3.鼓励发展"绿色"基础设施。德国历年来的研究认为，绿化屋顶在减少城市热岛效应、积蓄雨水等方面作用显著，并且只需几年，绿色屋顶帮助业主节约的能源成本就能抵上它的建设成本。德国政府早在1982年就开始规定，新建项目申报需同时提交屋顶设计，并通过经济杠杆鼓励民众绿化屋顶，如绿色屋顶的面积若超过500平方米，政府给予的补贴将超过修建成本，新建小区若未配备雨水利用设施，政府将征收雨水排放设施费和雨水排放费，并且业主雨水积蓄能力越差，征收的费用越高，以此督促业主对房屋进行"绿色"修缮。

4.推行可持续的交通发展。首先，将交通与土地规划紧密结合，多数居民在距离轨道交通400米的范围内工作；其次，扩大并改善公共交通服务，居民凭借月票可无限次乘坐公交车；再次，住宅小区内的车位只供业主付费使用，城市中心的停车场改建为人行道，以此限制用车。以上措施使来自交通的碳排放量逐年减少。

（四）法国

随着全球气候变暖等问题加剧，法国政府对生态环保和可持续发展给予更多的关注，先后出台了一系列鼓励措施推动生态文明建设，支持经济的绿色可持续发展。

1.制定国家环保战略。为应对"后石油时代"挑战，2007年7—10月，法国组织了一次全国性的环保大讨论，提高了广大民众对生态环境保护重要性和紧迫性的意识，并就此提出了新环保法案，这项涉及气候、能源、交通、农业等多个领域，明确法国未来环保发展方向的法案于2009年7月在法国议会两院以绝对多数赞成通过。根据这一法案，预计2020年，种植生态农产品的农田比重提高到20%，可再生能源占能源消耗比重提高到23%；到2050年，温室气体排放量在1990年的基础上减少75%。

2.建立生态税收制度。法国从2008年1月起设立生态税收制度，主旨是增加能源使用成本，引导家庭和企业逐步减少化石燃料的消费，同时奖励节能型的生产和消费行为，大力发展绿色能源技术。在工业领域，节能技术及设备的投资可少缴商业税，节能投资或租赁节能设备获得的盈利可免税；在交通领域，对普通私人汽车征收附加税费，对低碳排放汽车给予不同额度的经济奖励；在建筑领域，对节能建筑免征部分地皮税，对节能工程提供税收资助，对高效节能保暖设备的安装减免所得税。

3.发展可再生新能源。2008年年底，法国政府提出了发展可再生能源的计划，根据这项计划，2009—2010年，政府拨款10亿欧元设立"可再生能源基金"，用于推动可再生新能源的发展。在地热能方面，政府计划利用十年的时间使地热能利用总量增加五倍，使200万户家庭使用上地热能；在太阳能方面，通过国家补贴鼓励太阳能发电站建设，鼓励商业和工农业设施的屋顶安装太阳能电池板；此外，研发清洁能源汽车和"低碳汽车"，推进节能减排。这一计划每年为法国节省2000万吨石油。预计到2020年，可再生能源在能源消耗总量的比重将提高到23%以上。

4.促进核能产业发展。国际石油价格攀升和温室气体排放导致气候变暖的背景进一步凸显核能的重要性。法国绿色经济政策的重点之一是发展核能，法国政府将开发核能与发展可再生能源放在同等重要的地位上。早在20世纪80年代，法国就开始研发和利用核能技术，目前其核电占全国发电量的75%左右，在建的一座"欧洲压水核反应堆"被认为是第三代先进核电技术，具有发电成本低、安全性能高、放射性物质少的优点。法国的核能利用一直居世界领先水平，凭借其在核能方面的技术优势，法国大力开拓海外核能市场，创造了巨大的经济效益。

（五）巴西

巴西拥有全球面积最大的热带森林，是世界上生物多样性最丰富的生态大国。尽管巴西已成为全球绿色经济的佼佼者，但巴西并未停止对绿色能源的开发、研究、利用和推广。巴西在绿色能源的开发和利用方面一直居世界领先地位。

1.具备绿色能源生产实力。巴西大部分地区都适宜种植油料作物，仅在亚马逊地区，适宜种植油棕榈的土地就达5000万公顷，完全可以形成能源农业的产业规模。截至2010年，巴西生物燃料作物的种植面积已扩大到950万公顷，乙醇和生物柴油生产企业分别达到320家和43家。巴西能源部门计划投入大量资金建设甘蔗种植园、乙醇工厂，并斥巨资建设世界上第一条生物燃料管道。巴西具有较强的农业比较优势，被联合国粮农组织评为"最具生物燃料生产条件的国家"之一。

2.重视绿色能源研究。巴西依托农业优势和先进的生物技术，率先从甘蔗、大豆、油棕榈等作物中提炼燃料，目前已成为世界绿色能源发展的典范。巴西科技部门还投入了数亿美元研发生物燃料技术，将生物燃料的原材料拓展到秸秆等农林废弃物，积极探索使用纳米技术突破生物燃料的生产瓶颈。巴西的生物燃料技术目前居于世界领先地位。

3.推动绿色能源在工业领域的应用。巴西绿色能源的巨大成功也使绿色理念渗透到航空、化工、汽车制造等领域。巴西航空公司出产了全球第一款油耗低、气体排放低的生物燃料飞机。巴西化学集团公司首次使用甘蔗原料生产出了生物塑料，预计在不远的将来成为全球最大的绿色塑料生产国。巴西汽车公司研发出能够使用任何比例的乙醇和汽油混合燃料的汽车，其市场出售的90%的新车都可使用混合燃料。

4.鼓励民众使用绿色能源。巴西政府通过补贴、设置配额、统购燃料乙醇以及运用价格和行政干预等手段鼓励民众使用燃料乙醇。巴西的加油站只提供添加25%乙醇或4%生物柴油的清洁燃料。巴西消费的燃料中有46%是乙醇等可再生能源，高于全球13%的平均水平。

仅2008年巴西就实现减排2580万吨温室气体。预计到2020年，巴西每年将温室气体排放控制在22亿吨，森林砍伐减少80%，同期植树造林面积增加一倍。巴西此举必将对全球有效应对气候变化产生巨大影响。

（六）日本

受地理环境等自然条件制约，全球气候变暖对日本的影响远大于其他发达国家。日本政府一直在宣传推广节能减排计划，主导建设低碳社会。2009年，日本政府公布了名为《绿色经济与社会变革》的政策草案，目的是通过实行削减温室气体排放等措施，强化日本的绿色经济，提出了日本版的"绿色经济复兴计划"，通过环境对策在实现经济复苏、创造就业岗位的同时解决全球气候变暖等环境问题。同年，日本正式启动支持节能家电的环保点数制度，通过日常消费行为固定社会主流意识，集中展示绿色经济的社会影响力。2010年，日本发布经济新增长战略，提出到2020年把全球温室气体排放量减少13亿吨二氧化碳当量。日本发展绿色经济的做法主要体现在财政支持、法律支撑和全社会参与等三个方面。

1.政策支持起到重要作用。为了节约资源，减轻环境的负担，大力发展绿色经济，日本政府制订了相关的财政预算，对推进绿色经济建设中必要的财政措施做出了周全、细致、明确的规定。日本政府还通过改革税制，鼓励企业节约能源，大力开发和使用节能新产品。此外，日本政府督促企业开发高新技术，在设计产品的时候就要考虑资源再利用问题。

2.法律体系构成强有力的支撑。日本政府构筑多层次法律体系，支撑绿色经济的发展。2000年6月，日本政府公布了第一层次的基础法《循环型社会形成促进基本法》，随后又出台了第二层次的综合法《固体废弃物管理和公共清洁法》和《促进资源有效利用法》。2001—2002年，制定了涉及具体行业和产品的第三层次法律，如《家电循环法》和《汽车循环法案》规定生产厂家负责回收其生产的产品，《建设循环法》规定建设工地的废弃建材的再利用率要达到100%。第三层次的立法还包括《促进容器与包装分类回收法》、《食品回收法》、《绿色采购法》等。

3.全社会参与带动绿色经济的发展。在政府方面，加大宣传力度，要求国民从根本上改变观念，不要鄙视垃圾，要把它视为有用资源。在政府的引导下，日本企业意识到节约资源和能源的重要性，纷纷以清洁生产为中心设计企业生产过程，重视节能技术的开发和对原料与能源的循环利用。在消费者方面，消费者购买和消费贴有环境标签的商品，以绿色消费促进绿色生产，从而带动绿色经济的发展。

（七）中国

伴随经济的快速发展，中国所面临的环境问题日益严重。高污染、高能源消耗的粗放型经济显然已不能适应未来经济社会的发展，转变经济发展方式迫在眉睫。为应对全球气候变化的影响，中国政府把建设资源节约型、环境友好型社会作为重大任务，制定了应对气候变化的国民经济和社会发展规划，从经济结构转型、技术创新、寻找替代能源及生态治污的角度增强可持续发展能力，大力发展绿色经济和绿色产业。

1.加大产业结构调整。推进信息技术、智能网络、生物技术等高新技术在传统工业领域中的推广应用，提高传统产业能效，减少排放，促进循环经济发展，支持重点产业振兴和结构调整。通过支持新兴产业发展、利用高新技术改造提升传统产业等措施，加快建设以低碳排放为特征的工业、建筑和交通体系，推动绿色经济可持续发展。

2.提高自主创新能力。重点支持新能源、节能环保、新材料、生物医药、生物育种、信息、电动汽车和现代服务业等领域核心关键技术攻关和系统集成，积极支持中小企业开发和应用新技术、新工艺、新材料、新装备。在推广应用中创新战略性新兴产业发展的商业模式，逐步使战略性新兴产业成为经济社会发展的主导力量，实现经济绿色增长。

3.开发可再生能源。根据中国的第十一个五年规划纲要，中国在2006—2010年间投入很大一部分资金到绿色产业，并以可再生能源和提高能源效率为重点，2010年的单位GDP能耗比2005年下降了20%。此外，中国政府承诺，到2020年，对煤炭资源的依赖由74%减至54%，将可再生能源在总消耗能源中的比例提升到16%。近年来，中国与联合国合作投资的"绿色照明"项目取得了良好进展，可使国内用电量减少8%。

4.实施环保与生态工程。大力关闭高耗能、高排放的落后生产企业，严格控制资源浪费严重和高污染的企业发展，从源头上减少消耗；推进重点领域、重点行业、重点工程和重点企业节能，着力提高能源利用效率；加强水污染与大气污染防治力度，加快污水处理厂建设及火电厂脱硫改造；实施天然林保护、退耕还林、退牧还草等重点生态工程。

预计到2020年，中国的单位GDP二氧化碳排放量将比2005年下降40%—45%，这对于中国促进绿色就业及相关行业发展将产生积极而深远的影响。

三、促进绿色经济发展的对策

（一）完善政策机制

应对环境污染、气候变暖与能源紧张等问题的根本措施是发展绿色经济。绿色经济所依靠的市场有别于传统产业的市场，是典型的政策、法规驱动性的产业，其发展离不开相关政策的支持。因此，政府应制定和完善促进绿色经济发展的产业政策，综合应用财税、金融、环境经济政策及制度约束的手段，创造出有利于绿色经济发展的政策保障环境，为绿色产业发展及绿色产品推广应用提供支持。

1.绿色财政与税收政策。应严格落实并不断完善已经出台的有关节能环保，资源综合利用的财政与税收政策，一方面加大对生态重点保护区的财政支持力度，另一方面对重点排污企业开征环境保护税。加快推进重点节能工程，加大对绿色经济的支持力度，采取对市场主体行为起激励作用的财政支出政策和对市场主体的高消耗与高排放行为起约束作用的税收政策来推动绿色发展。

2.可持续金融政策。依据国家环境经济政策和产业政策，从环保角度调整金融业的经营理念、管理政策和业务流程，以绿色信贷、绿色保险、绿色证券、绿色税收及其他金融衍生工具为手段，对从事循环经济生产绿色制造和生态农业的企业或机构提供资金扶持，而对污染生产和污染企业的新建项目的投资贷款和流动资金进行限制，并实施惩罚性高利率；对危险化学品企业、石油化工企业和危险废物处置企业等开展环境污染责任保险工作，控制资金投向高能耗和高污染行业，促进这类企业持续改进环境表现。

3.环境经济政策。依法关闭高耗能、高污染的企业，对排放污染造成重大损失的企业和个人依法追究责任；严格按照法律法规和环境标准的要求，对建设项目进行严格的环境影响评价，对环境容量不足和污染物排放超过总量控制计划的地区，严格限制有污染物排放的建设项目的新建和扩建；实施绿色信贷、污染责任保险、绿色投资等环境经济政策，把产品消费后的处置责任前移到生产者，从而激励生产者按照环境友好的理念进行产品设计，优化生产过程。

4.制度约束。好的制度可以导向经济的可持续发展，应建立绿色环境、绿色规范、绿色激励和绿色考核制度，制定出控制土地、能源、原材料消耗的约束制度，针对工程项目立项前及项目建设全过程的综合性环境保护评价制度，针对农产品、医药产品及各类副食品行业生产设备及产品质量的绿色认证制度，在全社会建立绿色设备、绿色产品和绿色服务的有效机制，为经济的绿色可持续发展提供有效的制度保障。

（二）树立绿色发展理念

发展绿色经济需要社会各界共同努力，不仅需要政府的政策支持、企业的产品支持，更需要广大居民的消费选择支持。应通过广泛、深入、持久的宣传和动员，增强全社会的资源环境保护意识，充分调动社会各方面力量形成发展绿色经济的强大合力，以绿色发展理念支持绿色经济发展，增强经济的可持续发展能力，提高生态文明水平。

1.绿色生产理念。政府应把发展绿色经济作为经济发展的主要取向，引导企业积极探索推动绿色产业发展的新思路、新途径、新举措，加快绿色生产体系建设。企业应推行"绿色生产"环保理念，将可持续发展的思想融入生产技术改进方面，将以节约能源和能耗为目标的"绿色技术"运用到生产实践中，在全部生产环节推行以减少污染物排放量、节约能源和降低消耗为基本宗旨的"绿色生产"理念，实现资源与能源利用、社区环境保护、社会经济发展相互融合的和谐发展。

2.绿色消费理念。政府应大力推动绿色发展理念进学校、进企业、进社区活动，把绿色消费作为发展绿色经济的全民行动。应加大对节能环保商品的宣传力度，并建立健全污染者付费制度，通过宣传教育结合行政处罚的手段加快形成有利于节约资源和保护环境、人与自然、生产与生活和谐共生的绿色消费模式，鼓励消费者抵制浪费，购买节能、节水、节材产品，使用可再生产品。企业应通过科技创新尽可能降低绿色产品的成本，生产出大众能消费得起的绿色产品。广大居民应将节约意识、环保意识、生态意识上升到可持续发展意识的高度，使绿色消费理念成为全社会共同的价值取向和自觉行动。

（三）促进产业结构调整

发展绿色经济，需要经济结构和能源结构的彻底转型。从经济结构上看，应转变现有的"高消耗、高排放、高污染"的经济体系，用绿色工业体系替代高碳工业体系，用绿色农业替代高碳农业，走"低消耗、低排放、低污染"的经济发展之路。从能源结构上看，应以可再生能源和清洁能源等新能源代替传统化石能源，构建新能源经济体系。

1.淘汰不符合产业政策的高耗能行业，降低高耗能产业的比重，推进产业结构的优化升级。对那些市场已经饱和、产品的需求量和销售量大幅度减少、资源浪费大、环境污染严重、技术进步缓慢、创新乏力的产业，要果断地采取关、停、并、转等措施；对淘汰落后产能任务较重且完成较好的地区和企业，在安排技术改造资金、节能减排资金、投资项目核准备案、土地开发利用、融资支持等方面给予倾斜。

2.以高新技术改造传统产业，提高产业科技含量，使产业结构不断趋于合理，实现产业结构的优化升级。应改造传统设备，提高生产技术水平；改造传统工艺，加快生产过程自动化；改善管理手段，促进管理信息化；改造传统产品，使产品向低能耗、高性能、多功能、高附加值转化。新技术的使用能使产业结构由数量扩张、粗放经营向素质提高、质量效益型转变，并推进传统产业新型化和新型产业规模化。

3.积极开发、引进、推广新能源，优化产业结构。大力发展新能源产业，提高能源利用效率，是调整产业结构，发展绿色经济的必然要求。应加快科技创新力度和政策扶持力度，积极开发新能源，引进风能、太阳能、海洋能和生物质能等新能源；以新能源开发和利用为基础，加快新能源研发设计、装备制造、运营维护等上下游产业，延伸产业链条，提升产业层级；鼓励发展检测认证、金融服务等公共服务平台及工程建设、技术咨询等中介服务，完善新能源产业、产品标准体系，提升新能源产业的综合服务能力，促进新能源产业要素向示范区聚集；以公共建筑和城乡民用建筑为重点，加快推广使用新能源技术，支持新能源产业化，扩大新能源应用范围。

（四）鼓励绿色创新与合作

绿色经济的实现需要新的产品、生产方法和市场结构，其关键是创新。绿色经济发展需要依靠管理创新、技术创新与劳动者素质提高来实现。要加强政策导向作用，促进企业为主体、人才为关键、产学研相结合、不同组织相互配合的创新技术体系的形成。

1.政府应加大对企业发展绿色产业的支持力度，鼓励企业进行技术改造与创新，促进经济健康稳定增长。政府要完善绿色技术和产品的质量认证标准，淘汰对生态环境危害较大的企业，保留具备绿色生产能力、符合绿色生产标准的先进企业；要加大对绿色技术的公共研发投入，构建利益补偿机制和风险分担机制，设立专项基金支持绿色经济企业的自主技术创新。

2.生产企业应以技术创新作为发展战略的核心要素，以技术优势培育新的经济增长点，使技术创新切实成为转变经济发展方式、实现可持续发展的强大动力。重大技术突破是战略性新兴产业发展的重要基础，决定着企业的生命力，创新是新兴产业的发展之魂，决定着企业的前途命运。企业应强化企业技术创新能力建设，实施绿色产业发展规划，建设产业创新支撑体系。

3.绿色技术的扩散及对实际生产力的指导与人才储备及其知识积累密不可分。技术创新和创新的扩散都越来越取决于劳动力素质即人力资源的素质，人才储备则可为绿色经济的快速崛起提供智力支撑。需要加强绿色技术研发，建立支持绿色产业的绿色人才培养激励机制，加快培养造就高素质的发展绿色产业的人才，集中力量突破一批支撑绿色产业发展的关键共性技术。

4.加强政府、企业、高校、科研院所和社会中介组织之间的分工协作，建立并优化产学研合作体系。企业同科研院所、高等院校要联合建立研发机构、产业技术联盟等技术创新组织，形成支持自主创新的合作生态，共同面向绿色技术进行科技创新活动。行业学会、协会等社会组织也要发挥其中介优势，提供绿色技术交流平台和绿色技术引进渠道，促进绿色技术成果的扩散和商业转化。

四、绿色产业的发展路径

绿色产业有狭义和广义之分，狭义的绿色产业指传统意义上的环保产业，主要针对环境问题的"末端治理"而言，广义的绿色产业指在可持续发展目标下，所有服务于资源节约和环境友好目标的产业，它除了产品生产末端的污染物治理，还包括产品生产过程中资源和能源的高效利用，也包括清洁能源和可再生能源的开发利用

（一）环保产业

环保产业是绿色产业的主力军，它是指国民经济结构中以防治环境污染、改善生态环境、保护自然资源为目的所进行的技术开发、产品生产、资源利用等活动的总称，主要包括生产环保设备、资源综合利用（回收垃圾和处理废弃物）和环境服务。

1.生产环保技术与装备、环保材料和环保药剂。包括烟气脱硫技术与装备，机动车尾气污染防治技术；城市垃圾资源化利用与处理处置技术和装备，工业固体废物处置技术与装备；噪声控制技术与装备；城市污水处理及再生利用技术，工业废水处理及循环利用工艺技术，节水技术

与装备；以污染预防为主的清洁生产技术与装备，资源综合利用技术与装备；生态环境保护技术与装备；污染防治装备控制仪器，在线环境监测设备；性能先进的环保材料及环保药剂等。

2.综合利用工业及生活废弃物资源。对于以工业"三废"为主的生产废弃物，应加大煤矸石、粉煤灰及废渣等固废的综合利用，造纸、食品、印染、皮革、化工、纺织及农畜产品加工等行业废液的资源化利用，焦炉、高炉、转炉煤气及炼油各种废气的回收利用，工业废水循环利用及工业余热的分级利用。对于以生活垃圾为主的居民生活废弃物，应在居民区设置流动回收车和绿色回收站，定点上门回收再生资源，由建立在远离居民区、经营规范的废旧物资集散中心按合同进行回收，这样既有效地解决废旧物资对城市的污染问题，又有利于对废旧物资的集中收售和加工利用。同时，应对废旧物资回收行业及时进行改造升级，并逐步纳入绿色回收利用体系。

3.建立起绿色生产环境服务系统。政府运用组织、支持的手段和方法，使有关的企业和事业单位建立起绿色生产的信息系统（为社会各界开展绿色生产提供情报服务的体系）和技术咨询服务体系（为社会各界开展绿色生产提供技术性指导意见的服务系统），再通过该信息系统和技术咨询服务体系的正常运行，向社会提供有关绿色生产方法和技术、可再生利用的废物供求以及绿色生产政策等方面的信息和服务，为社会开展绿色生产创造有利的条件，以实现合理利用资源，促进产品生产和消费过程与环境相容，减少整个生产活动对环境的危害和对气候变化的影响。

环保产业存在形成、成长、成熟和衰退的周期，发达国家的环保产业进入成熟期，中国的环保产业正处于成长期，表7-2是中国与发达国家环保产业市场特征的比较。对中国而言，发展环保产业是发展绿色经济、建设资源节约型、环境友好型社会，积极应对气候变化的战略选择。

表7-2 中国环保产业市场与发达国家市场特征比较

	美国、欧洲、日本等发达国家	中国
基本特征	成熟的市场	处于快速发展时期的初级市场
增长率	低于10%，还在进一步减缓，部分行业出现了负增长	在今后15—20年内仍将持续以13%—16%的速度增长
技术设备市场	接近饱和，严重供大于求，服务业占市场的份额大于70%	新的市场增长点尚未形成，城市污水、垃圾处置等市场才刚刚启动，技术服务还处于萌芽阶段
技术属性	正成为普通商品，技术很容易获取	仍是特殊商品，最大的消费者是企业和政府，并受政策驱动
市场竞争状况	竞争有序，买方权利正日益增加，售后服务质量已成为用户选择的主要因素	市场较为混乱，价格优惠仍是竞争的主要手段之一
企业间的关系	兼并与联合正在加速进行	企业小而全、大而全的现象较为突出。结构性调整尚未开始，新进入环保市场的企业将增加
收支平衡	经营管理最佳与最差企业之间的财务收支差距拉大	利润水平相差小，有规模的企业利润水平低于小企业
技术发展水平	向洁净技术和洁净产品转移，高新技术所占比例在增加	主要发展传统污染治理技术设备，洁净技术、洁净产品市场才刚刚起步，发展前景看好

（二）节能减排

节能减排是指减少物质资源和能量资源消耗，减少固废、废气和废水的排放。进一步加强节能减排工作，是应对全球气候变化的迫切需要，应重点在钢铁、化工、煤炭、电力、造纸和建筑等行业推广节能减排技术，加强节电、节油、节水、节肥、节药技术的推广。节能减排的发展路径有以下三个方面：

1.提高产业能耗准入门槛。按照节能与绿色经济的要求，修订重点行业准入条件，提高其在能耗污染物排放方面的准入门槛，执行更严格的节能准入标准，尤其发挥高能耗行业产品能耗限额强制性标准、超前性标准、污染物排放标准和清洁生产标准作用，严把项目能耗排放的准入关。大力发展低能耗、高附加值的高新技术产业和先进制造业，加快用先进适用节能技术改造传统产业，建立健全落后产能退出机制，推进造纸、有色金属、钢铁、化工、水泥等行业的落后产能淘汰工作。

2.开发和推广先进技术，实施节能减排工程。要在节能减排上有大的突破，就要解决产业生产工艺落后、资源利用率低的问题。因此，应有针对性地开发共性技术和关键设备，大力推广一批先进适用、节能减排效果显著的新技术和装备；实施锅炉窑炉改造、电机系统节能、能量系统优化、余热余压利用、节约替代石油、建筑节能、绿色照明等节能改造工程，以及节能技术产业化示范工程、节能产品惠民工程、合同能源管理推广工程和节能能力建设工程；推进城镇污水处理设施及配套管网建设，改造提升现有设施，强化脱氮除磷，大力推进污泥处理处置，加强重点流域区域污染综合治理。

3.加强重点行业节能减排监管。建立重点行业资源能源利用状况及节能减排情况数据库，及时分析节能减排目标完成进展情况，对主要能耗指标完成情况及原因定期进行分析。加强节能减排调度管理，加大信息披露力度；总结分析节能减排监管现状与问题，提出加强管理的政策建议和监管措施；制定节能减排条例，配合有关部门出台强制性能耗限额标准；配备必要的节能执法装备，规范推进节能监督检查。根据重点耗能企业节能减排的考核结果落实相应的奖惩措施，并实施节能问责制。

（三）绿色新能源

新能源主要指太阳能、风能、地热能、生物质能等相对于传统能源的能源，此外，采用新技术对传统能源进行改造利用，也属于新能源范畴。新能源产业源于新能源的发现和应用，指的是与新能源的转化和利用有关的行业。发展新能源产业能够保障安全、稳定的能源供应，使生产合理地依托在自然生态循环之上，解决能源短缺和气候变暖问题，同时实现经济与社会的可持续发展。新能源产业发展路径如下：

1.加大有关新能源的宣传与引导。政府应加大宣传力度，增强全民的新能源意识。新能源产业的发展涉及社会、企业、机关团体、家庭、个人等方方面面，政府应通过政策积极引导新闻媒体大力宣传报道新能源开发的新技术、新知识、新成果，使全社会形成了解新能源，熟悉新能源，应用新能源的浓厚氛围和自觉行动；此外，应引导企业增强环保意识和社会责任感，让企业主动投资新能源，开发新能源。

2.加强规划管理与体制建设。政府应组织专家学者进行新能源发展的战略研究，制定新能源发展规划，将新能源产业发展和新技术的推广应用纳入国民经济发展规划；另外应制定出台新能源发展促进条例，强制使用新能源有关的产品，为加快发展新能源利用提供制度保障；此外，颁布《新能源发展规划纲要》及《新能源中长期发展规划》等制度，以政府的提倡和制度的制约促进新能源的发展。

3.实施政府奖励与优惠政策。政府应加大对新能源的扶持力度，强化新能源的战略地位。建立新能源开发组织机构，统筹新能源开发工作；将新能源开发纳入财政预算，用于企业和单位的新能源开发奖励和支持研发机构补贴；制定完善新能源开发利用的财税优惠和补贴政策，对开发利用太阳能、风能、地热能、生物质能等新能源的企业和单位给予一定的补贴和税收优惠政策，鼓励更多社会资金投资新能源产业；实施推广新能源的消费补贴制度，能源企业单位和消费者给予一定的财政补贴，促进新能源产业的规模化发展。

4.促进新能源技术交流。政府应积极组织新能源研究开发机构与生产企业的骨干赴国外考察学习新能源的开发利用新技术和先进经验，充分调动研究机构与企业参与新能源开发的积极性和主动性，培植新能源产业；在引进国外先进技术的同时合理地进行整合，创新技术，建立一流的新能源技术体系；此外，应邀请国外从事新能源研究与应用的专家指导新能源研发与新能源产业发展。促进技术交流有助于提高新能源技术的研发水平，以知识投入来替代物质投入，达到经济、社会与生态的和谐统一。

5.加快新能源技术的研发与推广。新能源产业发展需要强大的技术支撑，要建立起完善的产业技术研究与开发体系，建立起多层次、多门类的新技术研发机构和综合性的新能源研究与管理机构，鼓励企业与研究机构合作开展技术研发，加强力量集成，开展联合攻关，解决制约新能源产业发展的重大科技问题。研发、掌握一批对新能源产业发展带动性强、关联度高、作用突出的共性关键技术、核心和配套技术，不断提升新能源产业和企业的竞争力，推进新能源产业发展和经济社会可持续发展。

第三节 循环经济与产业发展

一、循环经济

（一）循环经济的含义

循环经济指通过资源循环利用使社会生产投入自然资源最少，向环境中排放的废弃物最少，对环境的危害或破坏最小的经济发展模式。循环经济运用生态学规律，在各种场合应用废弃物再循环原则，不断提高资源利用效率，或循环使用资源，最大限度延长使用周期、减少废弃物排放，力争做到排放无害化。

（二）循环经济的由来

"循环经济"一词，首先在20世纪60年代由美国经济学家K·波尔丁提出，主要指在人、自然资源和科学技术的大系统内，在资源投入、企业生产、产品消费及其废弃的全过程中，把传统的依赖资源消耗的线形增长经济，转变为依靠生态型资源循环来发展的经济。其大致内容是：摒弃只注重生产量的经济，将"增长型"经济改为"储备型"经济，将"消耗型经济"改为休养生息的经济，以"循环式"经济代替过去的"单程式"经济。这种按照生态系统物质循环和能量流动规律重构经济系统，建立新的经济形态的想法，便是循环经济思想的最初萌芽。到20世纪90年代，随着可持续发展战略的普遍倡导与采纳，发达国家开始将发展循环经济、建立循环型社会，作为实现环境与经济协同发展的重要途径。

（三）循环经济的特征

循环经济的主要特征是：资源利用的减量化原则，即在生产的投入端尽可能少地输入自然资源；产品的再使用原则，即尽可能延长产品的使用周期，并在多种场合使用；废弃物的再循环原则，即最大限度地减少废弃物排放，力争做到排放的无害化，实现资源再循环。

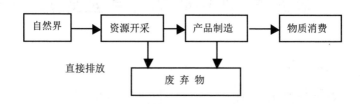

图7-3 传统的线性经济流程

循环经济与传统经济的区别在于：传统经济是一种由"自然资源—粗放生产—过度消费—大量废弃"所构成的单向流动的线型经济模式（图7-3）。而循环经济倡导的是一种由"自然资源—清洁生产—绿色消费—再生资源"所构成的反复循环流动的过程（图7-4）。传统经济对资源的利用是粗放的和一次性的，通过把资源持续不断地变成废弃物来实现经济增长，与此同时导致自然资源的短缺和环境污染。循环经济系统在生产和消费过程中则基本不产生或只产生很少的废弃物。

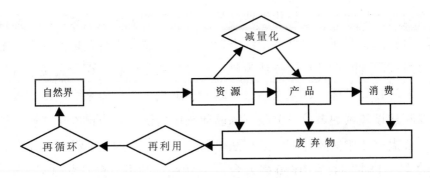

图7-4 循环经济流程图

二、世界一些国家循环经济政策

（一）德国

德国是世界上最早倡导发展循环经济的国家，也是发展循环经济较为成功的国家之一。1991年，德国政府按照循环经济的理念制定了《包装条例》，指出：对于包装物，首先要尽量避免其产生，其次要回收利用。同时还颁布了垃圾减量法，要求垃圾分类投放以利于分类回收利用，还利用从包装容器产品上征收的绿点税作为组织再分类和合理利用的经费。这种机制促使德国的包装容器的生产和销售量由1991年的760万吨降低至1995年的670万吨，同时包装容器的回收率在不断提高，以1998年为例，年回收量达560万吨，利用550万吨，此外，废物利用也十分合理。1996年，德国公布了更为系统的《循环经济和废物管理法》，将循环经济的思想从包装推广到其他生产部门，规定制造厂负责产品用毕后的回收、再利用和处理，并将此项费用加在售价中，由于产品价格涉及企业的市场竞争力，这项规定促使各制造厂从生产设计的源头上，下功夫选用原料并改进产品的结构，使其二手零部件的利用率居于国际领先水平。

（二）日本

为使以"大量生产、大量消费和大量废弃"为基本特征的现代经济社会向以"最优生产、最优消费和最少废弃"的可持续发展社会转变，日本政府提出了要建立"循环型经济社会"，强调促进废弃物循环再利用，通过最大限度的循环利用被认为是"垃圾"的废弃物，逐步实现"资源循环型"的社会目标。近年来，日本政府相继制定了涵盖家用电器、食品、容器和建设领域的多条有关废弃物循环利用的法律，为日本建立循环型经济社会提供法律保障。在政策与法律保障下，日本的循环经济迅速发展。2002年，日本回收家电850多万台，资源循环利用率空调为78%、电视为73%、冰箱为59%、洗衣机为56%。现在日本又在回收旧电脑。随着新的环保技术的开发，日本循环资源回收率的目标是100%。

（三）美国

美国是循环经济的先行者之一。美国在1976年公布的《资源保护和回收法》及1990年的《污染预防法》都在一定程度上体现了循环经济的思想。美国的俄勒冈、新泽西和罗得岛等州20世纪80年代中期制定促进资源再生循环法规以来，现在已有半数以上的州制定了不同形式的再生循环法规。经过20多年的发展，循环经济成了美国经济的重要组成部分。美国的循环经济涉及多个行业，既包括传统的造纸业、炼铁业、塑料、橡胶业，也包括新兴的家用电器、计算机设备业，还包括办公设备和家居用品等行业。在循环经济中，废弃物的回收利用发挥着十分重要的作用。据美国全国物质循环利用联合会公布的数字，全美共有5.6万家企业涉及该行业，为美国人提供了110万个就业岗位，每年的毛销售额高达2360亿美元，为员工支付的薪水总额达370亿美元。在一定程度上，该行业的规模已经与美国的汽车业相当。

（四）丹麦

丹麦是开展循环经济实践最早的国家之一。从1992年开始就制订废弃物循环利用规划；从1997年起规定所有可燃性废弃物必须作为能源回收利用，禁止填埋；2002年起其废弃物的填埋处置比例逐渐降低，循环利用比例有所提高。丹麦的卡伦堡生态工业园是世界上最为典型的生态工业园，早在20世纪60年代末就初具雏型，其发展模式的基本特征是通过企业间物质、能量与信息的集成，使一家企业的废气、废水、废渣、废热成为另一家企业的原料和能源，形成产业间的共生关系，所有企业通过彼此利用废物而获益，不仅减少废物产生量和处理费用，还产生了很好的经济效益，形成经济发展和环境保护的良性循环。卡伦堡生态工业园现在已成为世界上发展生态工业园的一个典范，被很多国家和地区在发展循环经济过程中效仿。

（五）法国

法国把发展循环经济作为实施可持续发展战略的重要途径。法国市镇级机构几十年来一直注重垃圾的分类回收处理并注重加强地区、部门及行业间的协作。法国政府于1975年7月和1992年7月分别制定了第一部和第二部垃圾处理法，加强垃圾的分类及回收再利用工作，以尽量减少对环境的污染。2002年12月，法国政府将废旧轮胎列入国家强制回收项目，责令法国境内的轮胎生产与销售商自2003年起，每年投放市场多少吨新轮胎，次年必须回收吨数相等的旧轮胎，回收费用全部由生产和销售商承担。2004年3月，法国14家轮胎生产销售商成立联营公司承包废旧轮胎回收任务，并与100多家环保企业签约，组织协调旧轮胎的收回、分类、翻新、分解和再生材料生产，实现旧轮胎回收一条龙服务。废纸回收与再生产也是法国垃圾回收与处理的一个重要环节，如今，废纸再生工业已经从过去的手工作坊演变成为现代化的工业生产部门。由于法国商品的工业化包装率极高，家庭包装垃圾与其他垃圾的体积可达9:1，造成资源的严重浪费，为此法国政府于20世纪90年代初公布了《包装条例》，以法律形式强制生产和经营者缴纳"绿点标志使用费"，由"生态包装"集团与地方政府合作负责收集、清理、分拣和循环再生利用包装垃圾。

（六）其他国家

瑞典、澳大利亚、韩国等国家也都通过制定法律法规，采取行政干预手段等促进和发展循环经济。1994年4月，瑞典议会通过了《瑞典转向可持续发展》的提案，以此作为瑞典社会发展的基础；2000年，瑞典政府加大财政支持力度，鼓励高等院校和其他科研机构从事环保汽车技术研究，以此推动环保汽车的发展；对于其他可发展循环经济的领域，瑞典政府也制定了相应的经济优惠政策。可再生能源是解决气候变化问题的理想选择之一，2000年，澳大利亚政府制定标准来规定可再生能源的份额，增加其在总发电量中所占的比例，改变传统的资源消耗型经济，转变为新的生态型资源循环型经济。韩国政府通过制定强有力的措施抑制阻碍循环经济发展的各种不利因素，为发展循环经济创造良好的条件。20世纪90年代，韩国政府开始实行《废弃物预付金制度》，生产企业预先支付给政府一定数量的资金，政府根据生产企业废弃物处置情况确定返回的资金额度。2002年起，韩国政府开始实行《废弃物再利用责任制》，规定生产企业必须循环利用由其生产的被政府明文规定的18种材料，政府对达不到标准的企业可以罚款。相关条例的制定对促进废弃物的循环利用起到了积极的作用，不仅使废弃物在韩国实现了最大程度的循环利用，由此还产生了一批新型废弃物品回收利用企业。

三、促进循环经济发展的对策

（一）制定循环经济法律和政策

在生产、分配、流通、消费四个环节统一规划、统一立法。制定必要的循环经济法律法规，加强对经济行为的调控和管制；建立财政信贷鼓励制度、环境税、费制度、排污权交易制度等，间接调控资源的配置；修正预算核算统计、审计制度、产品质量责任制度等，使之适应于循环经济的发展。明确决策者、生产者、设计者、销售者、使用者、处理者等的相应责任，提高可操作性。在执法过程中，也要加大力度，做到执法必严，违法必究。

政府在制定政策时，对循环型企业和非循环型企业实行区别对待。通过调控产品的价格、差别税收及财政导向作用，限制非循环型经济行为，鼓励循环型经济行为，如对循环型企业实行税收减免、提供财政补贴，对非循环型企业多征资源税、排污税等；另外在投资与采购方面适度扶持循环型产业，加大对环保产业的投入力度，大幅度提高对循环经济型产业的投资比例，关注产品生产过程中污染物的源头与过程控制，提高废弃物循环利用效率，以最少的投入收到最佳的生态效益。

（二）延长产品的使用寿命

传统经济强调产品的更新换代，这是造成产品使用短效性的主要原因。传统经济的经营理念是一切为了生产和销售新产品，不仅造成资源过度开采，而且引起污染物的大量排放。与此相对应，循环经济强调物尽其用，其经营理念是以新部件取代旧部件来延长物品的使用周期，这不仅通过延长产品的使用时间降低了资源消耗的速度，而且使产品的利用达到某种规模效应，从而减少分散使用导致的资源浪费。

（三）发挥创新技术体系的支撑作用

循环经济发展的内在要求是追求经济过程中物质资源减量化，发挥创新科技的支撑作用有利于推动循环经济的发展。实现循环经济借助两条重要途径，一是信息技术，一是生态技术。信息技术在经济中的应用可导致经济过程中无形资源对有形资源的替代，是经济的非物质化或所谓软化的发展方向。生态技术在经济中的应用可促成物质资源在经济过程中的有效循环，是经济的减物质化的发展方向。借助包括清洁生产技术、信息技术、能源综合利用技术、回收和再循环技术、资源重复利用和替代技术、环境监测技术以及网络运输技术等新技术在内的创新技术体系，可大力减少资源和能源的消耗，将污染物的排放消除在生产过程中，实现经济发展的少投入、高产出、低污染。

（四）引导公众参与

公众参与对发展循环经济至关重要，应通过全民环境教育，提高环境意识，自觉采纳绿色生活和消费方式。引导公众树立合理的消费观念有助于更快的发展循环经济。应通过各种形式广泛宣传和普及生态知识、循环经济知识和法规，引导社会公众树立现代生态价值观，倡导文明的生活方式和绿色消费理念。推动公众参与绿色消费，引导企业和民众绿色采购和消费，让消费者抵制非环保型产品，选择环境无害化产品，避免过度消费和盲目消费造成资源浪费和大量废弃物的排放。公众应身体力行，做好消费过程中产生废弃物的清理与分类工作，以及对非循环经济行为的监督工作，配合废弃物循环利用。

四、循环经济与产业发展路径

（一）煤炭

煤炭支撑了世界经济的发展，但也导致全球生态环境急剧恶化，造成大气污染、酸雨、气候变化等问题。如何减少煤炭生产与消费引起的污染，尤其是减少氮氧化物、二氧化硫和二氧化碳排放物，越来越受到国际社会的关注。发展循环经济为煤炭产业应对环境管制提供了有效的路径。

煤炭产业改革及发展洁净煤技术是未来发展煤炭产业的重要方向。对煤炭产业进行技术改造，关、停、并、转那些生产成本高、机械化水平低、生产效率差的煤矿，将采煤业集中到盈利多和机械化水平高的大型企业中，并采用先进技术与装备，淘汰落后技术与装备，以煤炭制气发电和煤炭制取化工产品积极发展化工、电力等产业，形成煤炭—焦化—煤气—发电—化工一体化的多元高效发展新模式。德国煤炭城市按照这一发展路线，由最初的开发煤炭资源转变为改革煤炭产业，发展洁净煤技术，并利用已有优势，拓展产业链，大力引进汽车、电子、信息、食品和服装等新兴产业，鼓励发展旅游、商业、金融和保险等第三产业。其产业结构也由最初的以煤钢占绝对优势转向煤炭、钢铁、化工、机械制造等四大门类为主，再转向以机械制造、专门化工、汽车配件、能源技术等12个门类为主的多样化产业结构，产业结构转型升级目前仍在继续。美国、日本大力发展洁净煤技术，并积极开展与澳大利亚和中国等国的技术合作，以煤炼油及煤制气替代石油产品，作为重要的长期能源供应来源。如今，各国执行洁净煤计划取得了初步成果，促进了能源行业和煤炭加工利用的科学技术进步，并获得实质性收益。预计，2030年全球约72%的发电将使用洁净煤技术。

德国鲁尔地区的煤炭产业发展模式、多国参与的洁净煤发展计划为煤炭资源的多元化利用及煤炭型城市发展循环经济提供了重要的经验借鉴。由于资源赋存的先决条件，煤炭一直是中国国民经济发展的主要能源，在一次能源消费结构中占70%左右。但由于煤炭工业的粗放、落后和对环境的不良影响，解决煤炭的环境和社会可接受性问题成为发展煤炭产业的另一重任，在能源需求与环境管制的双重压力下，以循环经济的理念和范式促进煤炭产业与经济及环境的协调发展，并借鉴国外先进国家煤炭产业发展循环经济的经验，对于中国能源可持续发展具有重要意义。发展循环经济将使煤炭工业与环境变得越来越和谐，有助于煤炭工业最终走上绿色可持续发展的道路。

（二）建材

以住宅建设为主的建筑产业化的快速发展，极大地推进了建材生产的产业化发展，不仅消耗了石灰石、煤炭和电力资源，而且产生了大量的废弃物。因此，建材产业纷纷引入循环经济理念，开始发展以"减量化、再利用、再循环"为核心的循环经济。

利用生活污泥、工业废弃物、城市垃圾、废纸再造时的泥浆剩余物等作为原料和燃料来生产水泥是世界水泥工业发展的方向。美国、欧盟、日本和德国等国采用水泥回转窑处理这类无机和有机废料，经监测表明，使用这类废料替代部分燃料对环境没有危害。废料的再利用可减轻对土壤和水体的污染，水泥回转窑排放的废气余热又可用来发电。水泥工业发展循环经济的模式以资源低投入、节能和环保为中心，实现集约化和清洁生产，在保证水泥质量的同时，最大程度减少了天然能源和资源的消耗，提高了废料的再利用率，在一定程度上解决了资源、能源和环境等问题对行业发展的影响和限制。

建筑垃圾的循环利用也是节约资源和保护生态环境的有效途径。源头削减策略最为重要，在建筑垃圾形成之前，应采用科学管理和有效调控的措施尽可能减少其产生量。也应重视产生垃圾的重新利用，如铁质废料可回炉再加工制成各种规格的钢材，木质废料可加工再造为人造木材，砖、石及混凝土等则可通过破碎处理用于制作各种砖制品。建筑垃圾发展循环经济的模式有助于减轻城市环境污染，并节约垃圾清运和处理费用。

（三）电力

电力行业产生的二氧化硫和氮氧化物是酸雨污染物的主要排放源。发电方式、输电及配电路径等不同，则水土及原材料资源、及煤炭、石油和天燃气能源的消耗会有很大不同，污染物和废料的排放量也会不同。发展循环经济成为电力产业的必然选择，这不仅对国家经济持续稳定的增长具有基础性、关键性和长期性的作用，也有助于大幅减少二氧化硫和氮氧化物向空气的排放，有效控制酸雨。

近年来，发达国家大力调整电力结构，优化煤电发电技术，应用高效率燃气轮机技术、洁净煤发电技术、自动化程度高的输变电技术，配置大容量和超临界参数燃煤机组，配置高效脱硫脱硝除尘设施，以及集煤气化、制氢、碳收集等先进技术为一体的联合循环发电技术大幅提高了煤电发电效率，降低了发电耗煤及输变电环节的电损耗，创新技术的采用是其煤电发展的主要技术方向之一；此外，适度发展天燃气发电、积极推进核电发电、大力开发水电、推广生物质能发电，重视风能、太阳能和地热能发电，增加可再生能源在总电能中所占的比重，提高一次能源转换为电能的比重，不仅提高经济效率，也促进了能源、经济与环境的平衡。发达国家在提高发电效率、推行清洁生产、控制污染、减少排放及发展可再生能源等方面的经验和做法为世界其他地区电力产业发展循环经济提供了良好的借鉴。

（四）钢铁

钢铁产业是高投入、耗能、耗水和排污的产业，也是极具节能减排潜力的产业。通过发展循环经济，采用先进的节能技术、节能装备、增加二次能源的回收利用，能大幅降低生产过程中的能耗和污染物产生量，有助于解决经济效益低、资源浪费严重、生态环境问题突出、产业结构不合理等一系列的问题，将钢铁产业打造成资源节约、环境友好的产业。

钢铁产业的发展应采用清洁生产技术优化产业结构，加强铁资源、水资源和废钢资源在不同工序之间的循环利用，降低单位产值污染物排放强度。具体措施包括：推广先进的节能和环保技术，淘汰或改造资源浪费、污染严重的落后生产工艺和装备；优化生产工艺流程、减少高耗能工序、优化炉料结构、提高精料水平、降低渣量；提高循环水的浓缩倍数，减少循环系统的工业废水排放量，建立污水集中处理和循环利用系统，减少新水消耗量和外排污水量，实现工业废水"零"排放；最大限度的利用废钢、渣钢和含铁尘泥，以先进的工艺和设备对采集到的废钢进行净化处理加工，缩短冶炼时间，降低能耗和成本，减少排污，提高钢材质量。

同时应加强固体废弃物的再利用。如：炉渣可用作制造各种类型的矿渣水泥、高速公路的路基材料、高层建筑的建设材料、土地改良剂和农业肥料、矿渣铸石和矿渣微晶玻璃、保温材料、隔热材料、隔音材料和防火材料；粉煤灰可用作水泥添加剂、铺路、充填材料、新型墙体材料等；冶炼废渣可用作水泥和混凝土原料、做烧结矿的熔剂、道路材料、工程回填和地基处理材料、地面砖、多孔砖等新型墙体材料及农肥和酸性土壤改良剂；工业废水经深化处理后重复使用，浓缩废水可用于拌合原料；尾矿可用作井下填充材料，也可作为原料用于块状水泥和陶瓷的生产；此外，钢铁厂的工业余热经回收供给城市生活可节省能源和减少污染。建立钢铁产业与其他行业之间的联系，最终形成循环经济产业链，通过资源的循环利用达到"少投入、多产出、低污染、高效益、可持续发展"的目标。

（五）造纸

造纸产业发展循环经济应通过统一规划、产业升级与集聚、合理布局，实现水资源综合利用，提高能源利用率，降低污染，减少重复投资。以大型先进的造纸企业逐步取代产量小、能耗高、污染重的落后造纸企业，并将大型新建企业整合在一起，集中供热、集中供电、集中供水、集中治污、集中处理废弃物，可使造纸产业逐步走上发展循环经济的道路。

对整合的造纸企业集中供热，以大容量、高参数、高效率、低污染的热电联产机组代替小型、低效率、高污染的机组，并给供热大机组配置高效脱硫装置、烟气脱硝装置、静电除尘装置等先进污染物控制设备，通过规模优势节省热能，控制污染物。与使用电网供电相比，热电厂集中直供电能减少电力输送距离和变压损失，具有显著的节能减排效益。统一规划供水可免去各造纸企业分别建设取水泵房及过滤设施的投资和运行维护费用。造纸企业遵循梯级利用的原则使用水源，工业水首先供给高档纸品生产线，高档纸品生产线排放的水污染轻，经过轻度处理后用于中、低档纸生产线循环再用；各企业排放的污水集中至污水处理厂，采用先进的技术、工艺、设备将污染物的排放水平降到最低，污水达到各项排放标准后再供纸企业循环利用；排放达标的污水可用于基地清洁和绿化用水。工业用水梯级利用的模式有助于减少总取水量和总排污量，大大提高水利用率。废弃物的资源化利用也是造纸产业发展循环经济的一个重要构建要素。废纸等二次纤维原料经回收、分拣、脱墨等处理工艺后可用于生产中档纸，高档纸品生产线产生的浆渣可用于生产中低档纸，这有助于在提高废纸利用率的同时，减少木材消耗量；热电厂产生的灰渣可送至水泥厂作为建材原料，污水处理过程中产生的污泥可用于生产有机肥，提高固废综合利用率。

从做好产业规划出发，通过合理布局、整合资源、发挥产业集群效益，推广先进的技术设备，推行清洁生产模式等途径可使造纸产业走上发展循环经济的道路，最大限度地提高资源和能源利用率，减少污染物排放量，使节能减排目标落实到造纸产业的各个环节。

参考文献

1. 王立红主编. 循环经济: 可持续发展战略的实施途径. 北京：中国环境科学出版社，2005.

2. 杨雪锋等主编. 循环经济: 学理基础与促进机制. 北京：化学工业出版社，2011.

3. 樊森主编. 中国循环经济发展模式与案例分析. 西安：陕西科学技术出版社，2012.

4. 黄新建等主编. 工业园区循环经济发展研究. 北京：中国社会科学出版社，2009.

5. 谭根林主编. 循环经济学原理. 北京：经济科学出版社，2006.

6. 范连颖主编. 日本循环经济的发展与理论思考. 北京：中国社会科学出版社，2008.

7. 黄海峰等主编. 德国循环经济研究. 北京：科学出版社，2007.

8. 方孺康等主编. 钢铁产业与循环经济——第二产业与循环经济丛书. 北京：中国轻工业出版社，2009.

9. 冯琳主编. 工业循环经济理论与实践研究. 重庆：重庆出版社，2011.

10. 诸大建主编. 循环经济2.0: 从环境治理到绿色增长. 上海：同济大学出版社，2009.

11. 林跃格主编. 制浆造纸现代节水与污水资源化技术——第二产业与循环经济丛书. 北京：中国轻工业出版社，2009.

12. 薛进军等主编. 低碳经济蓝皮书: 中国低碳经济发展报告. 北京：社会科学文献出版社，2011.

13. 周宏春主编. 低碳经济学: 低碳经济理论与发展路径. 北京：机械工业出版社，2012.

14. 薛进军主编. 低碳经济学. 北京：社会科学文献出版社，2011.

15. 李克国主编. 低碳经济概论. 北京：中国环境科学出版社，2011.

16.穆献中主编.中国低碳经济与产业化发展.北京：石油工业出版社，2011.

17.新能源与低碳行动课题组主编.低碳经济与农业发展思考.北京：中国时代经济出版社，2011.

18.叶祖达主编.低碳绿色建筑：从政策到经济成本效益分析.北京：中国建筑工业出版社，2013.

19.李菽林主编.工业企业低碳经济发展评价体系研究.北京：北京理工大学出版社，2011.

20.刘倩主编.支撑低碳经济发展的可持续消费.北京：经济科学出版社，2010.

21.袁学良等主编.煤炭行业循环经济发展理论与应用.济南：山东大学出版社，2010.

22.张人为主编.循环经济与中国建材产业发展.北京：中国建材工业出版社，2005.

23.徐云主编.绿色新概念——21世纪经济与环境发展大趋势.北京：中国科学技术出版社，2004.

24.曾贤刚主编.环保产业运营机制.北京：中国人民大学出版社，2005.

25.吴传璧主编.地球化学工程学：21世纪的环保产业.北京：地质出版社，2001.

26.钱伯章主编.节能减排——可持续发展的必由之路.北京：科学出版社，2008.

27.陈诗一主编.节能减排、结构调整与工业发展方式转变研究.北京：北京大学出版社，2011.

28.王革华主编.新能源——人类的必然选择.北京：化学工业出版社，2010.

29.冯飞等主编.新能源技术与应用概论.北京：化学工业出版社，2011.

30.严行方主编.绿色经济.北京：中华工商联合出版社，2007.

31.麦科沃［美］等主编.绿色经济策略：新世纪企业的机遇和挑战.大连：东北财经大学出版社，2012.

32.陈银娥主编.绿色经济的制度创新.北京：中国财政经济出版社，2011.

33.张哲强主编.绿色经济与绿色发展.北京：中国金融出版社，2012.

34.易斌， 燕中凯:中国环保产业市场发展分析.中国环保产业， 1999（10）.

35.中国人民大学气候变化与低碳经济研究所主编.低碳经济——中国用行动告诉哥本哈根.北京：石油工业出版社，2010.

36.中华人民共和国交通运输部主编.2012绿色低碳交通运输发展年度报告.北京：人民交通出版社，2013.

37.国家发展和改革委员会资源节约和环境保护司主编.重点行业循环经济支撑技术：煤炭工业 电力工业.北京：中国标准出版社，2007.

第八章 气候变化与低碳行动

尽管对于造成气候变化的根源还有不同声音，相关的国际谈判进程也艰难曲折，但纵观世界，实现低碳发展已经形成共识，各国都逐步把发展以新能源和清洁能源为中心的低碳经济作为国家的政策和行动，无论是发达国家还是发展中国家都从各自的基本国情出发，竞相在世界又一次经济技术革命中"比拼"，争夺制高点，从而推动世界范围内涌现绿色低碳浪潮。

第一节 欧盟国家的低碳行动

欧洲联盟（European Union，EU，简称"欧盟"）是一个集政治实体和经济实体于一身、在世界上具有重要影响的区域一体化组织。截止2014年，欧盟共有28个成员国：奥地利、比利时、荷兰、卢森堡、塞浦路斯、捷克、德国、丹麦、爱沙尼亚、希腊、西班牙、芬兰、法国、英国、匈牙利、爱尔兰、意大利、立陶宛、拉脱维亚、马耳他、波兰、葡萄牙、瑞典、斯洛文尼亚、斯洛伐克、罗马尼亚、保加利亚、克罗地亚。

由于气候变暖带来的灾难正在加剧，控制气候变暖已经刻不容缓。在过去一个世纪中，全球平均气温比工业革命前增加了0.6℃，而欧洲的平均气温已经增加了0.9℃。1980年至2005年，欧洲64％的灾难是由洪水、风暴、干旱、酷暑等极端天气造成的，由此导致的经济损失高达143亿欧元（约合177亿美元），比20年前增加了1倍。在能源需求上，目前欧盟消耗能源的50％以上依赖进口，到2020年这一比例至少会增加到64％。如不开发新的替代能源，欧盟经济将面临更严重的能源危机。清洁能源将带来无限商机，创造大量就业机会。到2020年，欧盟可循环利用能源的比例如能占到能源消耗总量的20％，就会增加100万个就业机会。同时，欧盟急于在气候变化谈判和新能源革命中发挥主导作用，以提高其在国际社会的影响力，提升其在世界的政治经济地位。

欧盟是制定《联合国气候变化框架公约》（《京都议定书》）的倡导者、参与者和积极执行者。2000年欧盟的温室气体排放量比1990年降低了约4％。1997年12月在日本京都签订的《京都议定书》规定，从2008年到2012年欧盟的温室气体排放必须削减8％，欧盟及其成员国于2002年5月31日正式批准了《京都议定书》。2004年欧盟环境部长理事会制定了新的预防气候变暖目标，即争取在2100年将世界的平均气温控制在不超过工业革命前平均气温2℃的水平，欧盟必须在2050年以前将温室气体的排放量在1990年的水平上至少减少15％。

根据欧盟的规定，上述目标具有法律效力，达不到减排承诺的国家将面临严厉的惩罚。如果在2012年前缔约国没有完成任务，那么2012年后的减排义务将增加1.3倍。欧盟规定，如果企业温室气体排放超标，在2005—2007年的第一阶段减排期内，超额排放部分每标准吨二氧化碳将被处以40欧元的罚款，在2008—2012年的第二减排期内，处罚的标准将达到每标准吨二氧化碳100欧元。欧盟的排放交易机制是欧盟成员国实现其二氧化碳减排目标的主要手段。根据欧盟2005年1月正式启动的排放交易机制，各成员国应制订每个交易阶段的温室气体排放"国家分配计划"，为参与企业确定具体的减排目标，并决定如何向企业分配排放权。根据这一机制，企业每年从本国政府获得一定的温室气体排放配额，如果当年排放量超出配额或低于配额，企业则可以从市场上购买或卖出配额。欧盟希望通过这种市场机制鼓励企业多采用能耗低、污染少的技术和设备，同时通过市场调节以最低的减排成本实现欧盟整体减排目标。到2006就有25个欧盟成员国的1.15万个企业加入了这一配额交易机制，它们的温室气体排放量约占欧盟总排放量的一半。

2007年1月，欧盟首次提出为将升温幅度控制在2℃以内并继续显示欧盟在减排方面的积极和领导作用，不论其他国家如何行动，到2020年，欧盟的温室气体排放将至少比1990年降低20％，这一目标在2007年3月的欧盟理事会上得到了进一步确认。会议还进一步申明，如果其他发达国家能够做出具有可比性的减排努力和承诺，发展中大国根据各自责任和能力为减排做出足够努力，它还可以将减排承诺提高到30％。1月31日欧盟委员会通过一项新的立法动议，要求修订欧盟现行的《燃料质量指令》，为用于生产和运输的燃料制定更严格的环保标准，以有效减少引起气候变化的温室气体排放，使空气质量达到欧盟2005年制定的《空气污染主题战略》设定的标准，加快向"低碳经济"型社会迈进。根据新标准，从2011年起，燃料供应商必须每年将燃料在炼制、运输和使用过程中排放的温室气体在2010年的水平上减少1％，到2020年整体减少排废10％，即减少二氧化碳排放5亿吨，相当于西班牙和瑞典两国目前的排废总和。

2007年2月20日，欧洲委员会承诺，欧盟27个成员国到2020年内单方削减20％的温室气体排放，并表示要争取让发达国家的温室气体排放应当比1990年减少30％，到2050年减少60％—80％。如果有关各方无法达成30％减排目标的国际协议，那么欧盟仍会单方面致力于到2020年至少减排20％的目标。作为对可再生能源目标的补充，生物燃料将至少达到10％。

2007年6月，欧盟和日本达成共识，表示要率先为达成《京都议定书》后续协议而努力，并计划要在2050年前将温室气体排放减少50％。7月，为进一步促进中国清洁发展机制的发展，欧盟宣布支持预算为280万欧元的中—欧清洁发展机制促进项目，这也是迄今为止欧盟资助的最大规模的清洁发展机制（CDM）项目。

2008年1月23日，欧盟委员会推出了有关能源和应对气候变化的"一揽子"方案，以加强欧盟在能源领域的安全和竞争力。欧盟委员会通过新的能源环保提案规定，欧盟所有27个成员国应集体采取措施，确保在

2020年以前，欧盟的能源使用中可再生能源的比例占到20%。欧盟还要求2012年欧洲销售的新车达到排放目标由当前的平均约160克/公里降低到120—130克（4.2—4.6盎司）/公里二氧化碳排放量。

2008年12月初在布鲁塞尔举行的为期两天的欧盟峰会结束了欧洲为达成强制减排长达两年的努力，最终敲定气候变化妥协方案，引领世界向低碳的未来迈进。欧盟峰会通过的协议要求欧盟到2020年将其温室气体排放量在1990年水平的基础上减少20%。该目标的实现要求27国完成各自的国内减排目标，而且要在整个欧洲碳交易机制的范围内进行。2013年后的第三阶段欧洲排放交易体系规定，污染性工业企业和电厂等可购买碳排放许可权。方案还规定：到2015年，将汽车二氧化碳排放量减少19%；各国设定限制性目标，从而将使2020年欧盟可再生能源使用量占欧盟各类能源总使用量的20%；鼓励使用"可持续性的"生物燃料。新方案还包括了提供12个碳捕获和存储试点项目——利用创新技术收集电厂排放的二氧化碳并将它埋入地下。这些试点项目资金将来源于碳交易收益。预计到2020年，碳交易能带来几百亿欧元的收入。在英国的压力下，欧盟峰会同意将项目的资金加倍。

2008年12月17日，欧洲议会通过欧盟能源气候"一揽子"计划，并具有法律约束力。该计划包括欧盟排放权交易机制修正案、欧盟成员国配套措施任务分配的决定、碳捕获和储存的法律框架、可再生能源指令、汽车二氧化碳排放法规和燃料质量指令等6项内容。

2009年1月28日，欧盟委员会通过新的全球应对气候变化协定草案，计划提交年底在丹麦首都哥本哈根举行的联合国气候变化大会审议批准，为12月在丹麦首都哥本哈根召开的联合国气候大会缔结全球气候变化协议制定蓝图。7月，欧盟成员国财长批准了旨在刺激经济的47个能源项目，总投资规模近40亿欧元。这些能源项目包括18个天然气基础设施项目、9个电力基础设施项目、5个海上风能项目、13个捕获和储存项目，将在2009年和2010年实施。10月7日，欧盟委员会公布一份题为《为低碳能源技术发展提供投资》的政策文件。

2010年3月，欧盟委员会发布的《欧洲2020战略》确认了"20—20—20"气候/能源目标（即：到2020年将欧盟温室气体排放量在1990年基础上至少降低20％；到2020年将可再生清洁能源占总能源消耗的比例提高到20％；将煤、石油、天然气等一次性能源消费量减少20％）。具体目标则包括：转向低碳经济、增加可再生能源的使用、实现交通运输现代化、提高能源效率等，最终目标是使经济增长与资源消耗"脱钩"。4月28日，欧盟委员会在布鲁塞尔提出了一项鼓励发展清洁能源汽车（以电动车为主）和节能汽车的战略，旨在推动欧盟清洁节能交通系统的建立，减少汽车排放污染，提高欧盟汽车业在绿色节能领域的技术水平。

在2010年10月召开的秋季峰会上，欧盟领导人确定了欧盟在坎昆气候变化大会上有关减排目标上的谈判立场，即承诺到2020年将其温室气体排放量在1990年的基础上至少减少20％，如果其他国家提高减排目标，欧盟将视情况将其目标提高到30％。

在2010年坎昆会议上，欧盟代表在发布报告称，欧盟已经在2010年筹集到22亿欧元，用于支持发展中国家适应和减缓气候变化。这份报告可以说是发达国家第一份"快速启动资金"报告。欧盟欲在气候基金问题上，重新展示在气候谈判中的领导者姿态。

2010年11月10日，欧盟委员会发布了未来十年欧盟新的能源战略——《能源2020：有竞争力、可持续和确保安全的发展战略》。根据新战略，欧盟未来10年将从五大重点领域着手确保欧盟能源供应：第一、建设"节能欧洲"，以交通和建筑两大领域为重点推动节能革新，促进能源行业的竞争，提高能源效率。通过节能行动，实现欧盟国家平均家庭每年节约1000欧元的能源费用。第二、推进欧盟能源市场一体化进程，制定统一的能源政策，在未来5年内完成泛欧能源供应网络的基础设施改造，主要是成员国内部以及成员国与成员国之间的天然气管道建设、供电网络建设、新能源网络建设，把欧洲所有地区纳入统一的能源供应网。第三、制定和完善"消费者友好型"能源政策,为全体欧洲人提供安全、可靠、负担得起的能源。第四、确保欧盟国家在能源技术与创新中的全球领先地位。第五、强化欧盟能源市场的外部空间,把能源安全与外交结合,对外用一个声音说话,与主要能源伙伴开展合作,并在全球范围内促进低碳能源技术的应用。

2011年2月,欧盟委员会发表的《2010—2020年欧盟交通政策白皮书》提倡大力推广新能源汽车的使用,将未来欧盟的交通运输重点放在公共运输上,同时提出了2050年交通运输领域的温室气体排放减少60%的目标。3月8日,欧盟委员会发布欧盟低碳经济路线图。根据新路线图,欧盟提出到2050年将欧盟温室气体排放量在1990年基础上减少80%-95%,从而实现向低碳经济转型。不过,欧盟委员会提出的低碳经济路线图最终仍需要获得欧盟议会和欧盟成员国的批准。为落实路线图,欧盟计划加大低碳经济的投资力度,特别是要增加对可再生新能源、碳捕捉和封存、智能电网、混合动力汽车及电动车等领域的投资。欧盟认为,欧盟目前用于发展低碳经济的投资约占到成员国国内生产总值的19%,远远低于印度的35%和韩国的26%。因此,欧盟感到有必要增加对低碳经济的投资。为发展低碳经济,路线图提出欧盟在今后40年中平均每年需要增加2700亿欧元的投资,这相当于欧盟成员国国内生产总值的1.5%。

时任欧盟委员会主席巴罗佐呼吁,地球正在经历又一次由人类造成的气候变化,它对人类的生存和文明构成了"史无前例的危险"。因此应对气候变化正在成为这个时代"注定的挑战",为了建立"低碳"社会,国际社会需要采取"决定性的紧急行动"。国际社会要抓住机遇,共同为建立一个"低碳"社会而努力。

第二节 英国、德国和丹麦的低碳行动

一、英国低碳行动

20世纪90年代是英国有历史记载以来气温最高的10年。英国旱涝灾害的风险明显增加。由于海平面上升，到21世纪末英国东部沿海一些地区最高水位就会多出10—20倍。英国在承诺《京都议定书》指标（2003至2012年温室气体排放水平比1990年下降12.5％）的同时，确定了以1990年为基数，到2010年减少主要温室气体二氧化碳排放量20％的目标。2000年英国能源系统排放的温室气体占全国总排放量的90％，能源系统排放的二氧化碳占全国总量1.5亿吨的95％。通过煤改气、提高热效率和发展核电，电力行业取得了与1970年相比发电量增长47％而二氧化碳排放量下降26％的成绩，但仍然以28％高居排放榜首。

面对气候变化、环境与资源给人类带来的巨大压力与危机，近10年来，英国政府在全世界率先将发展低碳经济列入国家经济与社会的基本国策与发展战略，并将低碳经济视为未来企业和国家竞争力的核心所在，希望借此重塑自己的国际政治经济地位。在过去10年间实现了200年来最长的经济增长期，经济增长了28％，但温室气体排放却减少了8％。英国1990年以来温室气体排放有如下趋势：2006年英国本土温室气体排放比1990年减少了16％，尤其是，尽管运输排放增加了15％，但全国二氧化碳排放减少了6％，非二氧化碳温室气体排放减少了46％，工业排放的二氧化氮减少了90％，农业排放减少了18％。现在，垃圾填埋所产生的70％的甲烷已可捕集。这是工业革命以来英国第一次打破了经济增长和排放污染之间的联系。英国的实践证明，经济增长和低碳排放是可以同时实现的。

1997年，英国作为欧盟成员参加了在东京召开的国际能源与环保会，并承诺到2010年使二氧化碳排放量降低12.5%，政府内部控制目标是减少20%。为实现这一目标，政府规划到2010年可再生能源发电比例要达到10%，同时停止按NFO公约签订新的可再生能源建设项目。

2000年2月，英国政府废止了化石燃料公约，制定了《新可再生能源公约》（以下简称《公约》），并且做出征收气候变化税的规定，大力推动可再生能源的发展。"公约"自2002年4月1日开始实施，有效期25年，至2027年结束。《公约》要求电力配售商必须购买一定比例的可再生能源电力，2010年该比例为10%。可再生能源发电企业将获得可再生能源证书，证书可在国内的交易市场自由交易。如果企业不能完成规定时间内的可再生能源电力购买义务，可以购买证书履行义务。对于不能履行公约义务的电力配售企业，处以罚款，罚款额度由政府根据当年的零售电价确定。4月，英国政府制定出台了《英国可再生能源义务法令》（以下简称《法令》）。该《法令》至少要履行到2025年以后，以保障可再生能源发展的可持续性。《法令》主要确立了可再生能源义务制度。

2003年2月24日，英国首相布莱尔发表了题为《英国政府未来的能源——创建一个低碳经济体》的白皮书。白皮书指出：为了应对气候变化和石油、天然气和煤炭等化石能源产量减少所带来的挑战与机遇，英国将义无反顾地转变为"低碳经济"。白皮书提出了未来20年英国温室气体减排目标和到2050年英国能源发展的总体目标：到2010年二氧化碳排放量在1990年水平上减少20%，到2050年减少60%，并于2020年使二氧化碳排放量消减1500万—2500万吨，取得实质性的进展。到2010年，可再生能源的目标是占到英国电力供应的10%。到2020年使可更新能源的发电量增长一倍。到2050年，把英国建成低碳经济社会的国家。不仅要通过发展、应用和输出低碳技术创造新的商机和就业机会，而且决心要在支持世界各国向低碳经济转型发展方面成为欧洲乃至世界的先导。随后，布莱尔政府更是将目标的精确度提高了一个小数点：到2015年，可再生能源要占总电力供应量的15.4%。这一目标与欧盟的目标基本同步。

2006年7月，发布《能源回顾报告》，陈述如何应对英国能源政策面临的两大长期挑战，并就一系列相关问题进行广泛的公众咨询。10月30日，发布《气候变化经济学报告》（即著名的《斯特恩报告》），《报告》阐述了气候变化造成影响的经济代价和相关温室气体减排的花费和收益，得出"迅速、有力地阻止气候变化的行动带来的益处将会远超过为行动所付出的经济成本"、"从全球和长远的利益来看，我们现在的努力对将来40—50年的气候只会产生有限的改变。但另一方面，未来10—20年我们付出的努力将会对20世纪后50年和下个世纪的气候产生深远的影响"这两大既紧迫又有希望的震撼性结论。

2007年3月13日，英国政府公布了《气候变化法案》草案，使英国成为全球首个寻求通过立法手段强制限定温室气体排放的国家。2007年11月，英国议会通过了《气候变化法案》（以下简称《法案》），2008年春季正式生效。《法案》承诺到2050年英国温室气体排放量必须依法减少80％。《法案》是世界上在该领域的第一个法案，《法案》有两个主要目的，一是表明英国致力于为全球减排承担相应的责任；二是提高碳管理，促进英国向低碳经济的转型。

2007年和2008年的《能源白皮书》，英国政府都提出了碳减排承诺计划，从2008年起，每个在2008年耗电超过6000兆瓦的机构都需要购买碳排放指标。这一强制性减排交易计划将会影响到英国的5000家大型企业和地方政府机构，并且预计到2020年将帮助英国每年额外减少120万吨二氧化碳排放。2030年，"低碳经济"将得到进一步发展，并可能为英国提供100万个"绿色"工作机会。

2008年4月，英国政府推出《使用可再生交通燃料责任规定》。按照规定，英国加油站出售的燃料中的2.5％必须是生物燃料。政府还计划到2010年将这一比重提高至5％，但迫于重重阻力，有关方面不得不将实现这一计划的年限延缓至2013年。

2009年4月，当世界正遭受金融危机沉重打击时，为帮助英国经济尽早复苏，英国政府制定了一份战略计划——《建设英国未来——新产业新工作》，提出在将会主导21世纪的产业革命中，英国需要确保科技水平在世界名列前茅。该计划明确提出"低碳转型"是未来发展的一个关键方面。5月，英国能源与气候变化部大臣埃德·米利班德（Ed Miliband）宣布，禁止在英国新建煤电厂，除非这些电厂能立即捕获和掩埋发电过程中产生的至少25%的温室气体，并于2025年前将其温室气体100%处理，从根本上确定了英国的能源政策。英国政府决定在英国东海岸线上直接兴建4个能产生总计为25亿瓦的电力能源"族群"。每个族群将会至少有一个主要的新燃煤发电厂，它能搜集碳排放并将其传送至填埋的海域，到2025年减少高达60%的因燃煤发电产生的废气排放。英国还出台了《英国气候变化战略框架》，提出了全球低碳经济的远景设想，指出低碳革命的影响之大可以与第一次工业革命相媲美。7月，《英国低碳过渡计划》出台，标志英国成为世界上第一个在政府预算框架内特别设立碳排放管理规划的国家。按照英国政府的计划，到2020年可再生能源在能源供应中要占15%的份额，其中40%的电力来自绿色能源领域，这既包括对依赖煤炭的火电站进行"绿色改造"，更重要的是发展风电等绿色能源。在住房方面，英国政府拨款32亿英镑用于住房的节能改造，对那些主动在房屋中安装清洁能源设备的家庭进行补偿。在交通方面，新生产汽车的二氧化碳排放标准要在2007年基础上平均降低40%。同时，英国政府还积极支持绿色制造业，研发新的绿色技术，从政策和资金方面向低碳产业倾斜，确保英国在碳捕获、清洁煤等新技术领域处于领先地位。11月，英国能源与气候变化部公布了能源规划草案，明确提出，核能、可再生能源和洁净煤是英国未来能源的三个重要组成部分。除了大力发展风能、海洋能等可再生能源，草案决定重启核能发展计划，批准了10个新核电站。英国在中长期内煤炭仍将在发电能源中占据相当比重，强调必须发展洁净煤发电技术。草案要求，新建燃煤电站必须具备碳捕获和封存设施，且电站最初规模至少在30万千瓦以上。为此，英国计划通过碳捕获和封存激励基金为洁净煤发电提供资金支持。12月1日，英国能源与气候变化部发布了题为《智能电网：机遇》的报告，宣布将大力推进智能电网建设。报告提出，2020年前，将4700万个家庭普通电表全面替换为智能电表。英国还成立了智能电网示范基金，在未来5年内为智能电网技术研发提供资金支持。

2010年1月28日，为应对全球气候变暖，英国政府首次把中小学纳入到国家的节能减排目标中，英国儿童、学校与家庭部大臣爱德·鲍尔斯宣布了帮助中小学参与应对全球气候变化运动的行动计划。同一天，零碳工作委员会（ZCTF）发布了关于削减英格兰中小学校碳排放量的总结报告，英国政府表示接受报告所提出的建议，其中主要的措施包括：到2016年，每个行政区域至少建设4所零碳试点学校，以展示中小学如何实现零碳排放，并为今后的相关项目提供经验；从2013年开始，实现将新建校舍的二氧化碳排放量降低80％（比照2002年的标准），这比政府此前的降低60％的要求提高了20个百分点。3月24日，英国工党政府启动了20亿英镑的"绿色银行"计划。"绿色银行"将主要用来资助铁路、风力发电和废物处理等项目。20亿英镑资金中有一半将来自英国政府出售政府资产，其他10亿英镑将来自私人投资者。据估计，英国需要投入超过1500亿英镑来实现现代化的能源结构模式。同时，英国还必须实现气候变化目标，到2020年，英国将降低三分之一的温室气体排放量，利用可再生能源比例达到15％。

2010年7月，英国交通部部长诺曼·贝克宣布，英国政府将提供额外的1500万英镑拨款，购买50多辆低碳巴士。这是自2009年7月英国政府下拨3000万英镑补贴低碳巴士之后，再次追加资金。英国商务部部长马克·普里斯克说："这项补贴计划将帮助我们实现建立低碳经济的承诺，将促进经济增长，践行气候变化的目标。通过站在绿色技术革命的前沿，我们将鼓励未来交通技术的创新，这将带来新的就业机会，并且从长远来看，将创造新的出口机会。"8月，英国推出了"一揽子"绿色新政，如通过《减碳承诺计划》"绿色"法案、将开征"房屋热量散失税"，并拟开设绿色投资银行资助清洁能源的研究和利用等。《减碳承诺计划》由工党提出，执政联盟通过并付诸实施。根据该计划，任何年用电量超过6000兆瓦时的企业或公共部门必须在9月底前登记其能源使用量。从2011年4月起，每个组织都必须提前为每一吨释放出的二氧化碳购买"温室气体排放许可证"。10月，英国政府表示，将投资约30亿英镑（约合47.2亿美元）发展低碳环保技术，旨在成为全球清洁技术的开拓者。英国财政大臣奥斯本承诺向碳捕捉和封存示范厂投资10亿英镑，英国政府计划向四家这类工厂投资。奥斯本表示英国政府已经为绿色投资银行（Green Investment Bank）拨款10亿英镑，为可再生供热刺激措施拨款8.6亿英镑。此外，英国政府将把2亿英镑中的大部分资金投向海上风力发电项目。11月，英国公布了总额高达8.5亿英镑的《可再生供热激励计划（RHI）》。该计划是世界上首个直接资助低碳供热的政策，将对生物质燃烧器、太阳能热水器及地源热泵等项目提供支持。在英国，除交通运输之外，建筑物、饮水、餐饮和工业制造的供热是能源消耗的大户，其中绝大部分是通过燃烧化石燃料，特别是天然气来获得。

2011年3月，英国能源与气候变化部表示，英国将实施绿色供热补贴计划，未来将拨款8.6亿英镑用于安装生物质锅炉、地热泵和太阳能热水器。此政策将于2011年7月前实行，第一批惠及者达2.5万用户。该计划也是英国首相卡梅伦刺激绿色经济、减少化石燃料消费努力的一部分。据悉，供热占到了英国能源需求的47%，同时也占到英国二氧化碳总排放的46%。

二、德国低碳行动

德国在国际舞台上一直积极扮演着气候保护倡导者的角色。1987年德国政府即成立首个应对气候变化的机构——大气层预防性保护委员会，1990年成立跨部工作组"二氧化碳减排"，1992年签署联合国《21世纪议程》等国际保护气候公约，1995年在柏林举办世界气候框架公约大会，1997年签署《京都议定书》。1999年4月1日起，德国《生态税改革法》开始生效，提高汽油价格，以减少汽油消耗，减少废气排放。

2002年德国生态税开始进入第四实施阶段，每公升汽油在此前基础上加征生态税，从而使德国每公升汽油价格中所含的总税额达到62.38欧分，低硫柴油和电费总税额分别达到43.97欧分和1.97欧分。

德国是一个能源紧缺的国家，能源供应在很大程度上依赖进口。为了摆脱对进口和传统能源的长期依赖，德国政府在制定能源政策时，把重点放在了节约传统能源、发展可再生能源和新型能源两个方面，以期实现能源生产和消费的可持续发展。德国不仅把发展可再生能源作为确保能源安全和能源多元化供应以及替代能源的重要战略选择，而且也把它作为减少温室气体排放和解决化石燃料引起的环境问题的重要措施。

2000年3月出台了全世界第一个真正意义上的《可再生能源法》，开始通过法律手段促进可再生能源的利用。2004年对《可再生能源法》进行了修改，即《可再生能源优先法》，通过保护收购价鼓励对新能源发电的投资。该法规定，到2020年德国可再生能源发电量在总发电量中的占比将从1999年的13%提高至30%。

2000年德国议会通过《国家气候保护计划》，2005年再行修订，增加许多具体行动计划。为了应对气候变化，德国以其强大的经济实力与领先的高技术优势，较早地制定了削减温室气体排放的发展战略，通过立法和建立约束性机制，促进低碳经济的发展，并取得突出的成效。

2002年2月施行《节约能源条例》。2002年4月，德国政府在"加大可再生能源的利用、提高能源利用效率并大力节约能源"的调整方向下，基于对核废料处理及经济等方面的考虑而"先行一步"，《全面禁止核能法案》正式生效，对现有的19座核电站做出了到2020年全面停止运行的强制规定。2002年4月施行的《热电联产促进法》，规定热电联产发电比例到2020年提升至25％。

2004年7月施行《碳排放权交易法》。2004年德国政府出台了《国家可持续发展战略报告》，其中专门制定了"燃料战略——替代燃料和创新驱动方式"，以减少化石能源消耗，达到温室气体减排。"燃料战略"共提出四项措施：优化传统发动机、合成生物燃料、开发混合动力技术和发展燃料电池。

2005年7月13日，德国政府通过《国家气候保护报告》，提出到2012年和2020年减少温室气体排放的具体目标，强调进一步开发汽车相关技术和推广住宅能源节约计划，争取到2020年使德国温室气体排放比1990年减少40％。

2007年1月施行《生物燃料油比例法》，规定至2015年德国生物燃料在总燃料中的占比要达到8％。

根据《京都议定书》，从2008年到2012年，德国的温室气体平均排放量应该比1990年减少21％，到2008年温室气体减排比例已达23.3％，超过了《京都议定书》规定的减排目标。尽管2008年的一次能源需求增加了约1％，但二氧化碳的排放量却减少了1.1％。2008年6月18日，德国政府宣布通过保护气候方案第二部分，以应对日益加剧的全球变暖现象。这份德国自认是世界上前所未有的雄心勃勃的能源和气候计划提出的目标是，到2020年之前减少40％的二氧化碳排放。6月初，德国议会通过一项新的决议，制定了对可再生能源和中央电站进行节能改造的具体措施，计划改造后，德国的中央电站将大幅提高输电能力和供热能效。此外，德国政府希望通过加强建筑业中的节能措施和推广智能电表的安装来节约电能损耗，为了鼓励普通国民自觉采取节能措施，居民缴纳采暖费用中的个人比例将由目前的50％上调到70％。

2008年6月，德国又修订了《可再生能源法》，提出了到2020年可再生能源电力份额达到27％。为了鼓励使用新型能源，德国政府还先后制订了《可再生能源市场化促进方案》、《家庭使用可再生能源补贴计划》等多项法规，力争使可再生能源成为大众使用的主要能源。

2008年7月，德国议会上院通过的《温室气体减排新法案》（以下简称《法案》）提出，德国到2020年的温室气体排放将在1990年的基础上削减40％，是2007年欧盟27个成员国通过的最低减排指标的2倍，从2009

年开始，所有德国的新建和改造建筑都必须达到严格的能源效率标准。《法案》提出，要大幅增加包括风能和太阳能在内的可再生能源利用，将其份额从现在的14％增加到2020年的20％。新法案要求，直接的电力资源利用率及其余热利用率将提升到25％。

德国是可再生能源起步最早、发展最快的国家之一，可再生能源产业在世界上居领先地位，尤其是太阳能和风能，位居世界第一。2008年营业额达287亿欧元（生产设备销售额131亿欧元，设备运转营业156亿欧元），其中生物质能源贡献最大，占37.2％；其次是太阳能，占34％；风力为20.2％；水力4.7％；地热3.8％。比2007年增加12.5%。出口额90亿欧元，从业人员28万人。2008年，德国可再生能源的使用量占一次能源需求量的7.4％。

2008年12月，德国政府通过了《适应气候变化战略》，该文件为德国适应气候变化的影响而采取行动搭建了框架，由环境部牵头制定。这是德国政府第一次从全局出发考虑如何适应气候变化所带来的影响，并将已经取得进展的各部门工作整合成一个共同的战略框架。《适应气候变化战略》分列出气候变化对人类健康、建筑业、水分平衡/水务/海岸海洋保护、土地、生物多样性、农业、林业、渔业、能源业、金融业、交通/交通设施、工商业、旅游业等13个领域可能造成的影响，以及在这些领域采取适应气候变化的行动可选择的方案。

2009年1月施行《可再生能源供热法》。2009年1月，德国制定了国家节能计划，强调提高社会节约能源效率。其中包括采取建筑物实行能源证明书制度，促进旧建筑物按照节能标准进行重建的税制措施以及根据汽车二氧化碳的排放量制定汽车税等具体措施。根据国家节能计划制定的目标，德国将打破国内能源供应长期依赖进口的现状，在节约使用和高效利用能源原料的同时，大力提倡和促进可再生能源的推广和使用，实现在2020年之前削减40％的温室气体排放量。2009年1月，德国政府公布了乘用车新车税制，新的税法系统将对所有车辆采用同一基本税率计算，但是柴油引擎乘用车基本税率将比汽油车高。

2009年4月，德国政府通过了允许实施"二氧化碳捕捉和封存"的法规，从而为相关的能源企业开发无污染新型煤炭活力发电站和实施二氧化碳地下储存明确了法律依据。

2009年德国国内生产总值萎缩、电力消耗减少的同时，可再生能源的发电量却由一年前的927亿千瓦小时上升至930亿千瓦小时。这主要得益于生物质能和光伏发电的增长。

2009年7月施行的《车辆购置税改革法》规定，新车购置税率同车辆发动机大小和二氧化碳排量高低挂钩。2009年8月，德国政府颁布了"国家电动汽车发展计划"，目标是至2020年使德国拥有100万辆电动汽车。德国凭借在可再生能源领域的领先技术，全力推动新能源汽车的发展，新能源汽车产业链已经初现端倪。汽车行业的转型又带动了整个德国发展方式的转变。到2009年底，德国可再生能源的发电量已占德国电力消耗的16%，远远超过欧盟为其成员国设立的2010年可再生能源占电力消耗12%的目标。德国联邦统计局2011年4月11日统计公告显示，2010年可再生能源占德国发电量的比例已达17%，是1990年（3.8%）的4倍多，此外核能发电占比为23.3%。

2010年底，德国政府召开新闻发布会，公布德国执政联盟高层就一项着眼2050年的能源计划达成一致，计划延长了德国核电站运营期限，并规划到2050年可再生能源发电量达到电力消耗总量的80%。根据新能源计划，在德国现有17座核电站中，1980年以后建造的核电站运营期限将延长14年，而1980年以前建造的核电站运营期限将延长8年。新计划还指出，到2020年，可再生能源发电量应占德国电力消耗总量的35%，到2030年这一比例应达到50%，到2050年则应提高到80%。此外，2011年至2016年，德国核电企业每年将交纳23亿欧元的税金。此外，能源计划还就发展风能、改善电网、温室气体减排、提高能源效率及节能等各方面制定了相应的措施。

据预测，根据德国目前的技术，德国的二氧化碳排放到2020年时可在1990年的基础上减少50％。到2050年，德国的能源消耗几乎可以全部来自可再生能源。这是世界范围内第一个提出在未来40年内将全部采用可再生能源的国家。

三、丹麦低碳行动

近30年来，丹麦经济增长了65％，二氧化碳排放量却减少了13％，能源消耗只增长了7%，令世人瞩目，创造了"减排和经济繁荣并不矛盾"的"丹麦模式"（Danish example）。20世纪70年代以前，丹麦的能源消费曾经99％依赖进口。1973—1974年第一次世界石油危机爆发后，丹麦政府抓紧制定适合本国国情的能源发展战略，大力调整能源供应结构，提高能源使用效率，积极开发可再生能源和清洁能源。通过多年探索，丹麦在风力发电、秸秆发电、超临界锅炉等可再生能源和清洁高效能源技术方面创造了独特的经验，丹麦成为举世公认的减少二氧化碳并将能源问题解决得最好的国家之一，走上了一条能源可持续发展之路。

1988年丹麦政府制定能源行动计划，突出可持续发展的原则，并制定了多部门参与的行动计划。

1990年以后，丹麦政府相继推出"能源2000"和"能源21"的国家计划。新的政策着眼点包括：一是提高能源供应效率，扩大热电联产；二是用可再生能源和天然气替代煤和石油消费；三是鼓励最终消费者节约能源。

20世纪90年代，丹麦还遵从欧盟减排目标，以在成员国内部承诺二氧化碳减排21％为国家目标，采取了多方面措施控制二氧化碳排放并收到了预期效果。2003年丹麦公布的人均二氧化碳排放量为10.4吨；1990年二氧化碳排放约6100万吨当量，到2004年以后，已减少到约5100万吨排放当量的水平，即已经减少二氧化碳排放约1000万吨当量，比1990年减少了16.4％。丹麦政府认为，在目前技术水平下，持续努力可确保2008—2012年中实现减排21％的目标。

2006年4月，丹麦能源研究咨询委员会公布了一项《丹麦能源研究、技术开发和展示战略》，提出要高度重视能源技术研发和展示，要组织大型公司和研究机构合作，研究目标要更多地集中于促进经济增长和发挥市场潜力。

2007年，丹麦能源署为能源研究提供资助5500万克朗。另外，丹麦Energinet公司对环保型能源研究提供资助，2007年款项大约有1.3亿克朗。丹麦能源协会对节点研究提供资助，2007年大约2500万克朗。丹麦战略研究理事会对可再生能源和节能研究项目提供资助，2006年大约1.1亿克朗。

2008年，丹麦政府对能源和气候变化研发的投入达到7.5亿丹麦克朗（合美元1.275亿），4年内翻了一番。2010年，政府投入突破10亿克朗。

30年的努力，丹麦优化了能源结构，减少了化石燃料的消费总量和二氧化碳排放总量，增加了可再生能源生产和消费的比重。丹麦过去30年中GDP增长达160％，而总能耗仅有微小增加，同期二氧化碳排放量比1990年水平减少约17％。1980—2005年，石油和煤消费量均减少了约36％，天然气消费比重达到20％，可再生能源比重超过15％，风电发电量占全部电力消耗的约20％。用可再生能源发电占总发电量的比重则由1990年的2％增加到2005年的29％。在丹麦，自行车和转动的风车发电机几乎成了小美人鱼铜像之外的哥本哈根标志，这个国家立下了雄心勃勃的计划，要在2050年完全摆脱油气能源。在丹麦，1/3的国民骑自行车上班，甚至包括首相顾问，以后这个数字可能还会增加一倍。丹麦现已成为世界上利用可再生能源的先锋。按照丹麦能源署的预测，到2025年，可再生能源在发电总量中的比重将达到36％，其中风力发电占大部分；到2030年，即使那时石油和天然气资源枯竭，丹麦也能够保持其在能源方面的自足。其能源构成的目标是：风能50％，太阳能15％，生物能和其他可再生能源35％。其中生物能主要指的是秸秆发电。丹麦的远景目标是，到2050—2070年完全摆脱对化石能源的依赖。为了达到这一目的，丹麦政府大力提高风能、太阳能、生物质能源利用比例。

丹麦政府2011年初公布了《2050年能源战略》，要求到2020年把煤、石油等化石能源的消耗量在2009年的基础上减少33％，到2050年完全摆脱对化石能源的依赖。丹麦政府在该战略中提出，要大幅提高风能、生物能源等可再生能源的使用效率。

第三节 伞形集团国家

伞形集团（The Umbrella Group），形成于《议定书》谈判的过程中，指除欧盟以外的其他发达国家，包括美国、日本、加拿大、澳大利亚、新西兰、俄罗斯等。从地图上看，这些国家的连线很像一把撑开的伞，因此这些国家被称为伞形集团。伞形集团区别于传统西方发达国家阵营的划分，把欧盟与其他发达国家区分开来，主要是由于在全球气候变化议题上的态度不同。这些国家的工业化过程中向大气排放了大量的二氧化碳，是温室气体的重要责任者，但出于自身利益考虑，它们反对立即采取量化减排措施减缓气候变化，强调包括发展中国家在内的所有国家都有责任承担减排义务。该集团的多个成员国都是温室气体排放大国，在气候谈判中具有举足轻重的作用。

伞形集团以"吸收汇"和"海外减排"代替国内实质性减排行动作为该集团成员的利益交汇点和形成松散气候联盟的基础。但是，随着日本、加拿大、俄罗斯和澳大利亚先后批准《议定书》，伞形集团形式瓦解，力量大大削弱。在后京都时代，面对发展中国家要求发达国家进一步深度减排的压力，该集团的主要成员出于不同的原因，均不愿做出大幅度减排的承诺，新的共同利益交汇点使以美国为首的伞形国家集团出现了重新凝聚的迹象。基于此，在构建后京都气候机制的谈判中伞形国家以集团形式参与谈判，与欧盟、"七十七国集团加中国"气候集团展开了博弈。

后京都气候条约的法律地位一直是谈判中分歧较大的议题。伞形集团主要成员国间的立场也存在一定的差异。美国坚决主张抛弃现有的《议定书》的框架，重新达成一个全新且全面的气候条约。日本和澳大利亚提出，后京都气候条约在坚持对《议定书》附件国家重新分组的前提下可以采取两种形式：一是对《议定书》进行修正；二是签订一个包含《议定书》要素具有法律约束力的新条约，同时将减排义务拓展至所有主要的经济体。俄罗斯不希望未来的气候条约建立在《议定书》的框架之上，但是出于《议定书》第一履约期赋予俄罗斯相对宽松的温室气体排放空间，俄又希望新的气候条约能够传承《议定书》的一些要素，如排放基年、京都灵活机制和履约机制等。对于条约的法律约束力，俄罗斯的理解是非强制性、非惩罚性和灵活性，以便于在执行过程中调整各方的承诺和义务。加拿大在提交给《公约》秘书处的立场文件中仅表示应建立单一的新条约，具体内容尚不清楚。

2012年后发达国家的进一步深度减排是构建后京都气候机制的关键之一。对此，伞形集团的主要成员国坚持采取自上而下的方式，即由发达国家自主提出减排目标作为气候谈判的基础，2009年底的联合国哥本哈根会议基本上接受了这一主张。根据会议通过的《哥本哈根协议》，发达国家在2010年1月31日前向《公约》秘书处提交其2020年的中期量化减排目标。截止到《哥本哈根协议》规定的最后期限，伞形集团主要成员国先后向《公约》秘书处提交了2020年的中期减排目标（见表8.1）。在发达国家的长期减排目标（2050年目标）上，美国在提交给《公约》秘书处的文件中也说明，倘若当前的联邦气候立法获得通过，美国将能实现在2005年基础上减排83%的长期目标。日本提出在2005年的基础上减排60%—80%。澳大利亚主张大气中温室气体的浓度应不高于450ppm二氧化碳当量。加拿大承诺将其2050年的排放水平在2006年的基础上减少60%—70%。俄罗斯联邦认可2050年全球整体减排50%的目标，但是认为要求发达国家集团2020年的温室气体排放在1990年基础上减少25%—40%是完全没有道理的。

表8-1 主要伞形集团国家承诺减排一览表

国家	中期减排目标（到2020年）	基准年	提交时间
美国	-17%	2005	2010年1月28日
日本	-25%	1990	2010年1月15日
澳大利亚	-5%到-15%或者-25%	2000	2010年1月
加拿大	-17%	2005	2010年1月29日
俄罗斯	-15%到-25%	1990	2010年2月4日

作为由非欧盟发达国家组成的气候谈判集团——伞形集团国家在构建后京都气候机制谈判中表现出了一定的协调性，但是在一些具体的谈判议程上又存在着一定的分歧，使该集团显得非常松散。差异明显的国情和影响因素仍将伞形集团内的国家明显地分为三个层次：（1）拒绝批准《议定书》的美国；（2）批准了《议定书》但实现京都目标困难的日本、澳大利亚和加拿大；（3）持有大量"热空气"的俄罗斯。

美国是唯一拒绝批准《议定书》的温室气体排放大国。2009年奥巴马政府上台后，除了在言语和姿态上表现积极外，在气候谈判中与其前任政府相比并无太大的区别。分析其中缘由，以下因素是关键：

（1）美国政治的宏观架构。美国是典型的三权分立国家，美国宪法的规定使政府和国会都不能强迫对方做其不愿意做的事。克林顿和小布什政府时期，美国通过"软性"立法——在国内与各行业签订自愿协定来促进技术研发和降低美国经济的碳强度，在国际上与他国建立非承诺性和无约束力的伙伴关系——来应对气候变化，大大削弱了国会在气候变化决策上的影响。而奥巴马政府决意通过联邦气候立法以及在国际上签署国际气候条约来应对气候变化的战略，大大提升了国会在美国气候政策制定中的地位和重要性。由于美国宪法规定国会批准的国际条约享有美国最高法的地位，因此国会在批准国际条约时都相当谨慎。在国际气候谈判中奥巴马政府也不得不充分考虑国会的态度，谨慎做出气候变化承诺，以免其未来签订的条约落得和《议定书》一样的下场。

（2）美国经济对自然资源的严重依赖性。长期以来，美国社会已经形成了这样一种观念：能源（主要是化石燃料）对美国来说是大量而且廉价的，对煤、石油以及天然气的大量需求已成为美国经济的主要驱动力。这种经济和社会现实甚至反映到政治层面。根据美国能源信息协会（EIA）的统计，美国80%的石油储备集中在得克萨斯、阿拉斯加、加利福尼亚以及路易斯安娜四个州，煤炭储备分布于大约26个州，这些地区在国会有52名参议员。由此，任何重大的减排政策和措施都可能招致国会的反对和对美国经济产生重大影响。

日本、加拿大和澳大利亚等已经批准《京都议定书》的伞形集团国家认为，京都目标对它们提出的要求过高，实现京都目标困难重重。在京都机制第二履约期内，这些国家不愿做出进一步的减排承诺，但是决定日本、加拿大和澳大利亚立场的因素是不同的。

日本是世界上最早积极应对气候变化的国家之一，但是后京都气候谈判的意义对日本来说已经和京都时代有了很大的不同。在《议定书》谈判时期，日本作为京都会议的东道国，谈判的成功对日本来说具有强烈的象征含义，即冠以日本城市名称的《议定书》的生效象征着日本新的全球领导地位、国际形象的重新定位（摆脱战败国的帽子）和国内政治的转变。在后京都气候谈判中，这种象征性含义已经淡去，日本需要解决的问题是如何实现京都目标，同时将气候变化对经济的冲击降到最低。此外，工业界利益集团以及与其联系紧密的日本通产省也不希望日本在国际上承诺太多。基于此，在后京都气候谈判中日本希望新的气候机制能够对各国减排义务进行更加公平的分摊。为此，日本极力向国际社会兜售其"采用部门方法划分各国减排义务"的思想。

　　澳大利亚是煤炭生产、出口与消费大国，任何减排都对其不利，在霍华德政府时期，澳大利亚的气候立场非常消极。陆克文政府上台后立场有积极转变，2008年批准了《议定书》，然而诸多因素也决定了这种立场转变的有限性。首先，澳大利亚对煤炭等高碳化石燃料的严重依赖。近几年来，经济发展使澳大利亚的温室气体排放量稳步上升，根据《公约》秘书处的统计，不考虑土地利用、土地利用变化和林业（LULUCF），澳大利亚温室气体排放量从1990年的423M吨二氧化碳当量增加到2004年的529M吨二氧化碳当量，增长25.1%，实现京都目标日趋困难。澳政府更是不愿在2012年后接受更高的减排目标。其次，工党陆克文政府和工业集团之间紧密的联系。陆克文政府上台之后，为实现其京都目标采取了诸多措施。为此，澳大利亚先后发布了《政府绿皮书（草案）》和《政府白皮书（草案）》，对澳大利亚在后京都时代可能承担的减排目标以及国内各行业应采取的措施做了说明。但是受工业游说的影响，澳大利亚政府在白皮书中依然明确允许其国内的高排放行业温室气体排放量继续增长，并且大量增加对这些行业的政府补贴。再次，澳大利亚的各州拥有较大的权力。在澳大利亚，当各州之间发生环境纠纷时，最高法院可授权联邦政府进行裁定，但是在环境问题上法律并未赋予联邦政府任何明确的权力。自然资源是各州政府的主要经济支柱，为各州所拥有和管理，很难想象它们会以煤炭等能源行业的损失为代价来支持减排和应对气候变化。所有这些都决定了澳大利亚不可能在气候变化上有太大的作为和表现。

　　加拿大是最早对全球气候变化给予积极关注的国家之一。然而在后京都时代，加拿大在气候变化上的立场日趋保守和消极，这是由于：

　　（1）加拿大的温室气体排放增长很快。根据其提交给《公约》秘书处的排放清单，2005年的排放总量在1990年的基础上增加了25%，在2008—2012年间实现减排6%的京都目标几乎成了难以完成的使命。

　　（2）美加墨自由贸易区的存在。墨西哥无须承担有约束力的减排承诺，倘若美国也不参与后京都气候机制的话，加拿大参与全球减排徒劳无益，只会损害其经济发展和经济竞争力。

（3）加拿大亚伯达省北部丰富的焦油砂也是其改变以往积极气候政策的原因。焦油砂含有丰富的碳氢化合物，燃烧释放出大量的二氧化碳，是当前加拿大温室气体的主要增长源之一，也是影响未来加拿大碳预算的最大因素。关于减排，加拿大希望在国际气候谈判中获得更大的政治和操作空间。

俄罗斯是国际排放贸易中"热空气"的主要支持者之一。《议定书》赋予俄罗斯极为宽松的排放空间使其拥有大量可以出售的热空气。然而进入新世纪后俄罗斯的经济开始复兴，温室气体排放量迅速增加。同时，为促进其经济复兴和对外能源出口，俄罗斯联邦政府已出台政策鼓励国民重新使用含碳较高的煤，而将更多的天然气等能源用于出口，这也使俄罗斯的排放总量进一步增加。因此在后京都气候谈判中，俄罗斯关注的是国际社会如何处理俄罗斯在京都第一履约期内余下的"热空气"以及承担减排义务是否会限制其未来经济发展的空间。此外，气候变化问题对俄罗斯来说还有巨大的政治和外交含义。在《议定书》的批准过程中，欧盟、日本等国以在WTO等非气候问题上的让步换取了俄罗斯的批准，确保了《议定书》的生效。在后京都谈判中俄罗斯也希望借助气候问题提升其在国际舞台以及在转型经济体中的地位和影响，以至于芬兰国际事务研究所的安娜·科普（Anna Korppoo）高级研究员认为俄罗斯的气候政策属于外交政策而非环境政策。俄罗斯在诸多谈判议题上的模糊立场意在为其争取最大限度的利益。

第四节　美国和日本的低碳行动

一、美国低碳行动

美国是导致气候变化加快的头号大国，其全球温室气体排放量和人均温室气体排放量都居全球第一。美国作为最大的能源消费经济体，仅2008年就消费了超过245亿美元的电力和燃料，以不到全球5％的总人口，却排放出了占全球总量35％以上的二氧化碳，相当于整个第三世界排放量的总和。以人均二氧化碳排放量计算，美国为5.6吨，是世界人均的5倍多。2007年美国排放温室气体总量达72.8亿吨，比上年增加1.4％，再创历史新高。如果美国不改变其温室气体排放政策，那么其温室气体排放量到2020年将超过83亿吨，比2000年的70亿吨将上涨19％。制冷和采暖需求的增加、水力发电利用效率的低下以及燃煤和燃气火力发电的增加、汽车废气排放量不达标，成为美国温室气体排放量增加的主要原因。

20世纪两次能源危机给美国经济带来沉重的打击，同时也大大促进了绿色能源产业的发展。从20世纪70年代开始，以可再生能源为原料的能源已逐渐替代常规火力发电，在美国电力产业中占据了一定的地位。美国政府、美国联邦能源管理委员会、各州公共事业委员会制定的一系列产业政策，提供研发经费、示范补贴、减免税款、贷款等方式，激励发电企业利用风能、太阳能、地热等设备生产绿色电力。

21世纪以来，美国为了减少温室气体而相继出台的一系列促进生物质能产业发展的相关政策法规：

一是2000年美国通过了《生物质研究法》，据此设立了生物质研究开发计划和生物质研究开发部和生物质研究开发技术顾问委员会。

二是2002年布什总统签署了《美国农业法令》，鼓励联邦政府通过采购、直接投入资金和对可再生能源项目给予贷款等方式支持生物质能企业的发展。2002年12月又出台了生物质技术路线图，不仅提出了美国生物质的研发计划，而且还提出了促进生物质利用的政策措施，是美国生物质计划的具体实施方案。

三是2004年《美国创造就业法案》对生物柴油给予税收鼓励并对燃料酒精扩大了课税扣除的范围。

四是2005年8月布什新签署的《国家能源政策法案》中制订了可再

生燃料标准，明确指出必须在汽油中加入特定数目可再生燃料且每年将递增。美国可再生燃料消费量将从2006年40亿加仑/年（占汽油总量约2.8%）增加到2012年75亿加仑/年（2300万吨）。按照要求，美国近50%的汽油将需要调和乙醇，典型调入量为10%。

2005年，美国政府推出了《能源政策法案》，除大力鼓励个人节能、联邦政府将拿出13亿美元鼓励民众使用零污染的太阳能外，还对私人住宅更新取暖、空调等家庭大型耗能设施由政府提供税收减免优惠，其他如更换窗户、室内温度调控器以及维修室内制冷、制热等设施，民众也可获得全部开销10%的税收减免。

2007年，美国至少有7项涉及应对气候变化的法案在国会讨论，当年7月由参议院提出的《低碳经济法案》明确以低碳经济为目标，突出促进零碳和低碳能源技术的开发与应用，并且通过制度安排为其提供经济激励机制。虽然美国有关应对气候变化的立法过程仍然面临诸多挑战，但走发展低碳技术与低碳经济之路并以此实施国家发展战略转型，已经得到了美国政府众多高层人士的重视。

2008年1月28日，美国时任总统布什在其任期内的最后一次国情咨文中再次强调了在清洁能源方面科学技术创新的重要作用。美国将推动在新一代清洁能源技术方面的研发与创新，尤其是将会提供资金开发燃煤发电的碳捕获与埋存技术，并鼓励可再生能源、核能以及先进的电池技术的应用，通过减少对于石油的依赖来确保国家的能源安全和经济发展。近年来，美国对可再生能源的开发力度不断加大，也取得了不错的效果。截至2008年底，美国风电装机总容量已达2517万千瓦，成功超越德国的2390万千瓦，跃居世界首位。2008年美国新增风电装机容量达835.8万千瓦，也位列全球第一。

2009年6月27日，《美国清洁能源安全法案》（以下简称《法案》）在美国众议院获得通过。这一份里程碑式的法案主要包含了降低美国温室气体排放和减少美国对外国石油依赖的主题。具体规定温室气体排放量必须从2005年的标准降低17％，到了2050年的时候降低83％。《法案》体现了美国"能源新政"：

一是对美国汽车行业的油耗标准做出了更为严格的规定，以降低石油的消费量。到2020年美国汽车平均油耗必须降低40％，达到每加仑35英里。为购买清洁能源汽车者减税，到2015年，使100万辆美国产混合燃料车上路。

二是建立"全国低碳燃料标准"，开发和使用"清洁碳技术"，发展生物燃料等替代能源将成为美国"国策"，到2012年确保10％的电力来自可再生资源，到2025年该比例达到25％。

三是大力提高能源使用效率，并制定更严格的能效标准。比如，美国联邦政府机构和商业建筑必须降低建筑能耗，推广节能产品，逐步淘汰白炽灯等。《法案》还首次引入了温室气体排放权交易机制，设立排放配额交易制度，污染大户可以掏钱购买排放指标。还对传统能源向新能源转换以及提高能源利用效率等方面做出要求。《法案》要求投资1900亿美元用于新能源的开发和利用。

2010年春天，美国环保署（EPA）最终确定了温室气体约束规则，规定从2011年开始，需大幅增加温室气体排放量的项目必须要获得空气许可证。现如今，无论这些企业以及项目位于何处，该规则将有助于确保这些排放源能得到这些许可证。该约束规则包括类似发电厂和炼油厂等占据了固定排放量70％的大型产业设施。9月，美国环保署提出两项规则，以保证商业计划建立新建筑、大型设施或进行大规模扩建的企业将能够获得清洁空气法案许可证，解决温室气体（GHG）的排放量。清洁空气法案要求各州制定由环保局批准的实施计划，包括发放空气许可证。当联邦许可证要求改变时，因为必须符合EPA确定的温室气体约束规则，各州的计划可能需要修改。在第一个规则中，环保局提议要求13个州改变其实施计划以确保所涉及的温室气体排放。所有其他州在实施环保局批准的空气许可证计划必须审查现有的审批机构，若该项目没有解决温室气体的排放问题必须通知EPA。由于某些州可能无法在2011年温室气体约束规则生效前制定或修订它们的计划，在第二条规则中，EPA提议一项联邦实施计划。该计划将允许EPA向位于这些州的大型温室气体排放设施发放许可证。该临时规则在这些州修改本州的计划并回复温室气体许可证职责后被取代。

2010年5月11日，在参议院听证会会场举行的记者会上，民主党参议员约翰·克里（John Kerry）和独立参议员乔·利伯曼（Joe Lieberman）公布了将近1000页的参议院气候法案（草案）。草案设定了电力、制造和交通运输三大行业为减排领域，鼓励投资清洁能源和技术、新建核能和近海石油开采项目，减少对外石油依赖，同时禁止各州自行操作碳交易计划。草案规定的美国减排目标是：在2005年基础上，全美到2013年减排4.5%，到2020年减排17%，到2030年减排42%，到2050年减排83%。

2010年10月21日，美国环保署（EPA）对外公布了其设定的2011—2016年为期5年的减排目标，包括确保化学品安全管理和对气候变化采取积极行动，其他目标还有保护水源、推进可持续发展、社会清洁化以及强化环境法规。应对气候变化的行动包括通过提升能效和其他措施大幅降低温室气体的排放量。EPA的目标是到2015年，使美国温室气体的排放量减少7.401亿吨二氧化碳当量，这将主要通过工业和建筑业的能效措施来达到。EPA也力图使美国氢氯氟烃的消费量到2015年减少85%。按照该局计划，氮氧化物（NOx）与二氧化硫（SO_2）排放也将降低。到2015年，氮氧化物排放减少24%，降至1470万吨/年；二氧化硫的排放减少46%，降至740万吨/年。

2010年12月，加州批准了美国最具影响力的温室气体排放计划。加州将从2012年开始实施总量控制和交易机制，在这一机制下，企业将被要求减少温室气体排放，并且能在市场中交易碳排放指标。美国东海岸的十个州也从2009年开始，通过区域性温室气体减排行动（RGGI）实施针对电力行业的总量控制和交易。加州在排放交易初期将会为企业发放免费的排放配额，并逐步减少配额指标，强制企业减排。企业也可以支持农业、林业环保项目活动排放指标。除了温室气体排放交易，加州还提高了机动车排放标准。加州计划到2020年在1990年基础上减少25％的温室气体排放。

2010年9月，美国环境保护署（EPA）和运输部联合发布新规则，旨在推动电动汽车等先进技术汽车的销售新政策。根据新规则，将根据汽车的燃油效率和二氧化碳排放，给每辆消费者的汽车贴上一个政府拟议的从A级到D级的标签。这个标签必须标明被销售车每加仑燃料可以运行多少英里，以及该车每年的燃料成本估计值。根据等级规则，电动汽车和混合动力车会得到建议的最高等级，而较大的、功率较强的车型，如运动型多用途车得到较低的等级，因为它们需要更多的燃料和排放出更多的二氧化碳。这些标签也将显示一辆车与同一级别的其他车辆在天然气燃料成本上的差异。有关专家表示，新的标签将帮助消费者做出正确的选择，将鼓励消费者考虑购买新技术、新能源汽车。2011年3月30日，美国总统奥巴马表示，从2015年开始，美国联邦政府将仅采购纯电动、混合动力或其他新能源汽车作为政府用车。

二、日本低碳行动

日本是一个资源贫乏的国家，同时也是对世界环境和全球气候变化负有责任的国家。20世纪70年代的石油危机以来，日本一直重视能源的多样化和减少二氧化碳的排放，并在提高能源使用效率方面做出了努力，寻求一条可持续发展之路。1997年，日本作为《京都议定书》的发起和倡导国，投入巨资开发利用太阳能、风能、光能、氢能、燃料电池等替代能源和可再生能源，并积极开展潮汐能、水能、地热能等方面的研究。2008年以来，为应对气候变化和金融危机，日本政府不断出台重大政策，将重点放在发展低碳经济上，尤其是能源和环境技术开发上，希望以目前全球金融危机为契机，转变经济发展模式，占领未来经济发展制高点，誓言引领世界低碳经济革命。作为汽车制造强国和光伏产业强国，日本在新能源技术方面侧重薄膜电池、混合电动汽车、镍氢电池、清洁燃烧等。从1973年到现在，日本的新能源战略已历经40多年，通过法律上约束、税收上优惠、政策上引导、观念上宣传的战略方针，使日本在新能源领域居于世界领先地位。

日本于1974年制定并实施了"新能源开发计划"即（"阳光计划"）。该计划的核心内容是太阳能开发利用，同时也包括地热能开发、煤炭液化和气化技术、风力发电和大型风电机研制、海洋能源开发和海外清洁能源输送技术；1978年，又启动了"节能技术开发计划"（即"月光计划"）；1989年推出了"环境保护技术开发计划"，开展地球环境技术研究，研究的重点领域包括使用人工光合作用固定二氧化碳、二氧化碳的分离和化学物质的生物分解等技术。1993年，日本政府把"阳光计划"、"月光计划"和"环境保护技术开发计划"有机地融为一体，推出了"能源与环境领域综合技术开发推进计划"，又称"新阳光计划"。该计划的主要研究课题包括七大领域：再生能源技术、化石燃料应用技术、能源输送与储存技术、系统化技术、基础性节能技术、高效与革新性能源技术及环境技术。为了保证"新阳光计划"的顺利实施，日本政府每年为该计划拨款570多亿日元，其中362亿日元用于新能源技术开发。预计该计划将延续到2020年。

1979年，日本制定出《节约能源法》、（《合理使用能源法》），强调减少二氧化碳排放，用法律的形式约束企业及个人的节能标准，并根据时代发展不断进行修订，最近的一次修改是在2006年4月1日，对工厂、作业现场能源管理的各种条例进行了整合；在运输领域引进节能方案；强化对建筑物的节能管理等。节能标准的对象由起初的电冰箱、空调、汽车3种已发展到20种以上。不断提高此项法律中规定的节能标准，扩大其适用范围。

2006年6月，日本出台了《新国家能源战略》，提出从发展节能技术、降低石油依存度、实施能源消费多样化等6个方面推行新能源战略，2030年前将日本的整体能源使用效率提高30％以上；发展太阳能、风能、燃料电池以及植物燃料等可再生能源，降低对石油的依赖；推进可再生能源发电等能源项目的国际合作。日本政府希望新能源比重不断上升，到2030年可以将对石油的依赖程度降到40％。

日本政府《2008年能源白皮书》强调，应将日本的能源消费结构从以石油为主向以太阳能和核能等非化石燃料为主转变。2008年，日本出台的新的防止全球变暖对策"福田蓝图"。2008年5月，日本综合科学技术会议批准了《环境能源技术创新规划》，为实现日本提出的2050年之前全球温室效应气体排放量减半的目标描绘中长期技术创新路线图。该计划筛选出包括超导输电、热泵等36项技术，对其2030年的温室气体减排效果、国际竞争力、市场规模、技术成熟度进行了评估，并提出了官民任务分担、社会系统改革等保障措施。6月，日本首相福田康夫推出了一项新的全球变暖对策，提出到2050年使温室气体排放量较目前减少60％—80％的目标。中期减排目标是到2020年，温室气体减排中期目标定为比2005年减少15％，比此前的目标高一个百分点。

2008年7月29日，日本政府内阁会议通过《建设低碳社会行动计划》，把"福田蓝图"具体化。其主要内容：

一是在2020年前实现二氧化碳捕捉及封存技术（CCS）的应用。到21世纪20年代，将二氧化碳回收成本降低到2000日元以下，为实现"低碳社会"迈出了坚实的一步。

二是力争在2020—2030年间，将燃料电池系统的价格降至目前的约十分之一。

三是到2020年将太阳能发电量提高到目前的10倍，2030年时提高到40倍。利用3至5年时间将发电系统的价格降至目前的一半左右。

四是探讨能减轻可循环能源成本负担的理想方式，并在2009年春天得出结论。研究大胆有效的鼓励政策及新的收费系统。

五是到2020年为止，实现半数新车转换成电动汽车等新一代汽车的目标。配备约30分钟即可完成充电的快速充电设备。

六是建立国内排放量交易制度。

七是研究"地球环境税"等相关课题。

八是制定指导标准，对商品从制造到使用过程中的二氧化碳排放总量进行标注，从2009年度开始试行。

九是调查采用夏令时制度的效果及成本。2008年7月，日本政府迅速制定了具体的"低碳社会行动计划"，明确阐述了日本实现低碳社会的目标以及为此所需要做出的各种努力。到2020年日本的太阳能发电量将是现在的10倍，届时的新车销售中有一半将是新一代的环保型汽车。

2009年4月，日本政府又公布了《绿色经济与社会变革》的政策草案，该草案实施之后，日本环境领域的市场规模将从2006年的70万亿日元增加到2020年的120万亿日元。日本政府在2009年推出的经济刺激方案中重点强调了发展节能、新能源、绿色经济的主旨，其宗旨是细化2006年提出的《新国家能源战略》，如提高太阳能普及率措施、发展环保车措施、发展生物技术和产业措施等。6月2日，日本政府内阁会议通过的2009年版《环境·循环型社会·生物多样性白皮书》，实施"绿色新政"，再度开发城市中密集的住宅区，最大限度地采取确保绿地、建设节能住宅等环境对策，能将二氧化碳排放量削减约85%。白皮书以东京一片实际存在的住宅密集地区为例进行测算，则该地区二氧化碳的排放量可日均削减约85%。

日本在2010年修订的《能源基本计划》中，提出2030年家庭二氧化碳排放量需较1990年减少50％的目标，因日本照明耗电量约占日常生活用电的1/5以上，2005年日本使用电力所排放的二氧化碳亦有约15％来自照明用电，故日本政府欲减少二氧化碳排放量，使用LED等高效率照明将是不可或缺的条件。日本政府期望在2020年，市面上销售的照明器具100％为次世代高效率照明，在2030年，使用中的照明器具也将100％全面更换成次世代高效率照明（目前仍不足2％），并以此目标提出政策实施时程表。

福岛第一核电站事故后，日本首相菅直人在2011年5月10日首相官邸举行的记者会上宣布，终止日本政府以前制定的能源发展计划，重新研究检讨国家的能源发展战略。在修改能源政策方面，菅直人强调将提高核电站的安全性，同时加大开发太阳能、风能等可再生能源，推进构筑节能社会。

第五节 其他国家和集团的低碳行动

一、77国集团低碳行动

77国集团（Group of 77）是一个由发展中国家政府组成的国际组织，成立于1964年，当时成员国有77个。截至2008年6月，77国集团已有正式成员130个，包括小岛屿国家联盟、OPEC、雨林国家联盟、非洲集团、加勒比及南美集团等，由于中国推行不结盟政策，没有参加这一组织，而是与77国集团一起作为一股推动谈判的重要力量。

经济增长与环境保护之间的关系历来就是一个两难的论题。很长时间以来，人们总是希望找到一条既能保持经济高速增长又能保护环境的发展道路，但实践证明探索这样一条道路绝非易事。经济增长的外部性加大了人类生存的社会成本，带来严重的环境问题，而这些问题反过来又必然影响到经济的可持续发展。在国际气候谈判中，77国集团从发展的角度出发，要求发达国家强制性减排，并且在资金、技术和减排能力上给予帮助。当然，这些发展中国家的观点也有所差异，如发展中大国、小岛屿国家、OPEC国家在气候变化问题上有不少相左的看法。

气候变化问题表面上看是环境问题，但实质上是发展的问题。用胡锦涛主席的表述就是："气候变化是人类发展进程中出现的问题，既受自然因素影响，也受人类活动影响，既是环境问题，更是发展问题，同各国发展阶段、生活方式、人口规模、资源禀赋以及国际产业分工等因素密切相关。"许多国家的穷人，为了生存不得不大量砍伐森林、过度放牧和使用贫瘠的土地，同时为了摆脱贫困和偿还债务不得不大量出口资源和原材料，并大力发展那些最依赖于环境资源而污染又最严重的工业。许多发展中国家在全球产业分工中处于产业链的底端，不得不接受来自发达国家转移过来的高能耗、高污染、高碳排放的产业，靠这些产业为本国或其他国家生产更多的工业品，环境污染继续加大，碳排放继续增加，不得不承受更大的来自国际社会的减排压力。

从人均GDP来看，发展中国家只有世界平均水平的1/4，发达国家人均1/20；从人均碳排放看，美国为中国的4.3倍，日本为中国的2.1倍，德国为中国的2.3倍，英国为中国的2.1倍，法国为中国的1.4倍；而与印度相比，美国为印度的17.1倍，日本为印度的8.4倍，德国为印度的9.0倍，英国为印度的8.3倍，法国为印度的5.7倍，如下表（表8-2）所示。如果以人均GDP和人均排放量标准来衡量，国际上应该给予发展中国家至少数十年的发展时间用来发展经济，以消除贫困，缩小与发达国家之间的差距。

表8-2 经济发展水平的南北差距与CO_2排放水平的比较（2006）

	GDP（百万美元）	人口（千人）	人均GDP（美元/人）	CO_2排放总量（百万吨）	人均CO_2排放量（吨/人）	GDP排放量（吨/万美元）
中国	2668071	1311798	2033.9	6017.69	4.58	22.55
印度	906268	1109811	816.6	1293.17	1.16	14.27
美国	13201819	298988	44155.0	5902.75	19.78	4.47
日本	4340133	127565	34022.9	1246.76	9.78	2.87
德国	2906681	82411	35270.5	857.60	10.40	2.95
英国	2345015	60361	38849.8	585.71	9.66	2.50
法国	2230721	61038	36546.4	417.75	6.60	1.87

自工业革命以来，大气中二氧化碳的上升主要是由发达国家造成的，但气候变暖却并不只是影响到这些发达国家，更多地影响到发展中国家，特别是小岛屿国家，气候变化问题的全球性特征明显。据世界银行估计，气候变化造成的损失大约有75％—80％将由发展中国家所承担。与发达国家不同，在当前全球变暖日益严重的国际形势下，发展中国家既要承受着主要是由于先进工业化国家引起的环境问题所带来的苦果，又要承担拯救人类共同家园的责任，同时还必须解决自己国家的生存和发展问题。因此，发展中国家在参与全球气候变化的行动上表现得大都比较谨慎。《联合国气候变化框架公约》及其《京都议定书》制定了"共同但有区别"的原则，规定了发达国家率先减排的应对气候变化的机制。在推行过程中，发展中国家不需要强制减排，但有不少发达国家认为，温室气体减排是全人类共同的责任，在国家气候谈判中屡次要求发展中国家从现在起就要承担减排的义务，这牵扯到国家的长远利益和发展空间问题。因此，发展中国家虽然并没有接受这些发达国家的观点，但在当今社会，尤其是哥本哈根气候变化大会之后，气候变化问题已经成为最重要的国际政治经济议题，"碳政治"对任何国家来说都无法轻易绕开，温室气体减排使发展中国家承受的国际压力将会越来越大。

二、印度低碳行动

印度是一个油气资源相对匮乏的国家，已探明的油气资源储量仅占世界的0.8％，所需原油的70％依赖进口。与此同时，印度作为全球人口第二大国和"四大金砖国家"，近年来经济取得了迅猛的发展，对能源需求也逐步加大。

在日本举行的G8会议上，作为世界第四大温室气体排放国印度，反对获得G8支持的全球在2050年以前将温室气体排放量减少一半的目标，并严厉批评了G8没有能够明确说明富裕国家的责任所在。同时，印度与其他国家合作，寻求一条结合经济发展与防止气候变化的成本最为低廉的途径。

早在2005年，印度就制定了新能源政策，通过利用太阳能、水电、核能和其他类型的能源，保障印度在2030年前实现能源独立。其中使用铀燃料的核反应堆数量应在2030年前增加10倍。到2012年可再生能源将占印度电力需求的10%。印度总理曼莫汉·辛格在公布应对全球变暖的政策时宣告，将重点开发可再生能源。

2008年6月30日，印度公布了《有关气候变化的国家行动计划》，提出了长期战略，以保证能源安全以及可持续发展。计划列出了8项优先任务，包括提高能源使用效率，发展一个"绿色"印度来刺激经济发展，并承诺印度的人均排放量将不会超过发达国家的平均水平。政府表示，印度的国家气候变化行动方案是国内行动，除双边或多边援助项目外，印度不会接受任何有约束力的限期减排目标的国际监督，但愿意在哥本哈根会议上讨论发达国家的减排任务。

2008年，印度政府宣布了八项强制性的减排措施：（1）利用太阳能。印度想大大增强利用太阳能的比例，开始建立大型太阳能源发电站，并研发如何对太阳能进行储存。（2）使用风能、核能和生物质能等。因为节能所节约的能源是可以进行交易的，政府还进行一些财政方面的激励来提高他们的效率。（3）建设可持续人类住区。主要是改善建筑物的能源效率，对废物的管理，以及使用公共交通，能源效率一直是城市开发的一个主要因素。（4）提高水资源的利用。加强水资源的保护，尽量减少水资源的浪费，实行公平的分配；在城镇地区对废弃物进行重新使用，实施对海水进行脱盐，雨水收集等项目；增强现有灌溉系统的效率，加强灌溉和土地的重新开发使用，开发使用滴灌、喷灌等新的灌溉技术。（5）可持续的喜马拉雅山生态系统。主要是为促进喜马拉雅山的可持续性，已经与相邻的国家进行合作，与中国达成一项协议，在能源方面进行研究和技术方面的合作。（6）绿色印度项目。计划再造林600万公顷，现在的森林覆盖率是23%，计划达到33%。（7）可持续农业。要逐步让农业适应气候变化，同时要开发新的农产品，进行新的农作物播种方式的改革，并使用信息技术、生物技术和其他的新技术。

（8）支持对气候变化的研究。政府资助高质量的专题研究，支持成立专门的气候变化部门和相关的专业部门，同时对研究结果进行传播。

2010年初，印度提出设立国家清洁能源基金计划。印度消费税和海关中央委员会2010年6月公布了征收清洁能源费的规则，对每吨煤炭消费征收50卢比（约合1.13美元）清洁能源费，以筹建该基金。

2011年4月6日，印度财政部发布消息说，印度内阁经济事务委员会已同意设立国家清洁能源基金及相关项目审批规则，为印度清洁能源项目和研究提供资金支持。按照规定，该基金将为清洁能源技术研发和创新性工程提供资金，有关项目和研究既可由政府部门主导，也可由个人和企业组织推动。清洁能源基金将提供不超过项目总成本40％的资金支持。由印度财政部、电力部、煤炭部、化工和化肥部、石油和天然气部、新能源和可再生能源部以及环境和森林部高级官员组成的小组负责项目核准。

2011年5月，可再生能源部长P.UmaShankar表示，印度计划在2012年到2017年期间可再生能源新增的发电量将达到17吉瓦。目前，印度可再生能源的发电能力达到20吉瓦，占印度总发电能力的11％。"印度需要1.5万亿卢比（336亿美元）的投资，来完成第12个五年计划中新增发电装机容量的目标"，印度可再生能源部长Deepak Gupta说，"目前已在全国完成了20吉瓦的可再生能源发电装机容量，占装机容量的11％。"印度为促进替代能源发电厂的建设，为公司提供廉价的贷款以及税收优惠和关税补贴，以鼓励可再生能源行业的发展。印度计划到2011年年底将汽油中乙醇的掺混比提高到10％，这推动了国内生物乙醇行业的增长。

三、小岛屿国家低碳行动

气候变暖引起的海平面上升给小岛屿国家带来严重威胁，引起国际社会普遍关注。小岛屿国家广泛分布于太平洋、印度洋，以及加勒比海和地中海周围地区。其陆地面积较小、自然资源有限、地理位置相对孤立、经济开放程度极小、对自然灾害和其他极端事件具有高敏感性；由于迅速增加的高密度人口、较差的基础设施、有限的资金、人力资源，以及薄弱的技术和能力，使其应对气候变化的脆弱性增加。若不采取相应措施，图瓦卢、马尔代夫、塞舌尔等海拔较低的国家和地区，将被海水淹没。

小岛屿国家联盟（AOSIS）由太平洋、印度洋、大西洋上的43个岛屿国家组成（其中大部分属于77国集团），是受气候变化不利影响最大、处境最为危险的国家集团。小岛屿国家几乎承受着包括气候灾害的各种自然灾害的巨大风险，特别是海平面升高的威胁，因此小岛屿国家联盟在主张采取全球行动应对气候变化，尤其是减缓气候变化方面最为积极和急迫。同时，由于小岛国自身潜力有限，因此在国内主要采取了诸如后退（如迁移到安全地带定居）、顺应（如将农田改作水产养殖场）、防护（如建设防潮海堤）等措施，以适应国家面临的严重威胁。

四、中国的低碳行动

虽然中国不属于77国集团成员，但中国是世界上最大的发展中国家，在温室气体减排方面与广大的发展中国家的基本利益是一致的。中国深受气候变化的影响和威胁，历来非常重视参与国际气候变化合作。中国是最早制定实施《应对气候变化国家方案》的发展中国家。先后制定和修订了《节约能源法》《可再生能源法》《循环经济促进法》、《清洁生产促进法》《森林法》《草原法》和《民用建筑节能条例》等一系列法律法规，把法律法规作为应对气候变化的重要手段。中国在节能减排、新能源和可再生能源使用、退耕还林还草、人工造林等方面做出了很多努力，自觉自愿地为应对全球气候变化作出了巨大贡献。

现阶段，中国正处于工业化和城市化的关键时期，摆脱贫困和发展经济是国内发展的首要任务。考虑到目前技术水平条件，以煤炭为主的能源结构在一段时间内还难以发生根本性转变，经济发展在一定程度上还依赖于巨量的能源消耗和资源的投入，而煤炭的温室气体排放比石油和天然气要高得多，研究表明，中国温室气体排放高峰到2030年才会出现，即在未来很长一段时期内还要有很大的增长幅度，温室气体减排的国际压力还会继续存在。

从一个发展中国家的定位出发，中国在国际气候谈判中坚持《联合国气候变化框架公约》及其《京都议定书》的"共同但有区别的原则"，不承诺承担强制性减排，但中国一直在积极采取行动，坚持自主减排，为世界温室气体减排作出应有的贡献。

中国国家领导人在各种场合表态要积极应对全球气候变化、发展低碳经济。1992年签署了《联合国气候变化框架公约》，1998年5月签署了《京都议定书》，并于2002年8月核准了《京都议定书》。中国是最早提出《应对气候变化国家方案》的发展中国家；在国内制定了《可再生能源法》等法律法规，从制度上做出安排；政府鼓励企业参加CDM项目。1998年以来，中国颁布了多种与应对气候变化、低碳经济相关的法律，制定了大量对应政策。2009年，在哥本哈根气候变化大会上，中国积极参与谈判，主动协调各方关系，为《哥本哈根协议》的最终达成作出了不懈的努力和独特的贡献，为了表示中国温室气体减排的决心和信心，主动向国际社会公开承诺到2020年时单位GDP的二氧化碳排放量在2005年的基础上降低40%—45%的目标。

事实上，中国是世界上最早把节能减排纳入国民经济中长期发展规划的国家，在制定"十一五"规划时就提出了单位GDP节能17%的目标，在十七大报告中又明确提出了建设生态文明社会的构想，提出了"建设资源节约型、环境友好型社会"的发展目标，在推进工业化和城市化的过程中注重产业结构调整，注重节能减排，注重发展低碳经济是中国今后发展的长期任务。不仅如此，中国在节能减排、低碳发展理念的宣传方面也走在世界前列，低碳经济、低碳生产、低碳生活、低碳消费、低碳城市、低碳社会、低碳出行、低碳春节、碳足迹、碳循环等词汇已经开始为人们所熟知。特别是在2010年全国"两会"期间，"低碳"成为代表、委员们热议的话题。发展低碳技术、推广高效节能技术、积极发展新能源和可再生能源，加强智能电网建设被写入《政府工作报告》。但也应该看到，"低碳"的实现毕竟与社会经济技术发展阶段相联系，达成和实现的成本还比较高，中国在低碳技术方面的自主创新能力还有待于进一步加强。

在"十一五"期间，围绕着"能耗强度下降20%"这个目标，各级政府、各个部门、各个重点行业和重点企业都采取了一系列的相关政策和措施，例如"节能减排目标责任书"、"上大压下"、"千家企业行动"等，取得了有效的成绩。"十一五"期间，中国的单位GDP能耗下降了19.1%，基本达到了规划的要求。然而，"十一五"期间围绕能耗强度指标所采取的一系列做法，也暴露了一些突出的问题。其中包括，指标分解没有充分考虑不同地区的发展情况；过于依赖政府的行政手段而市场作用发挥不足，等等。由于地方政府过去并没有实施有关能耗强度政策措施的经验，对于达到目标的难度估计不足、相应的准备不够充分、相关手段较为缺乏，因此在"十一五"的后半阶段，随着各地完成节能目标的压力越来越大，不少地方面临着不能完成目标，一些地方政府就采取了"拉闸限电"、"突击停暖"等极端措施，这样的行为既与建立长效机制推动节能减排的原则相违背，也无法真正推动各地发展方式的转变。为此，"十二五"时期节能目标的制定，一方面为了减轻各地完成指标的难度，相应下调了能耗强度的目标，将"十一五"期间的20%下调到"十二五"的16%；另一方面侧重考虑不同地方的不同情况，采取了分类制定目标的原则。公布的统计数据表明，"十一五"期间节能减排取得了预期成果，完成情况如表8-3。

表8-3 "十一五"节能目标完成状况

项目（指标）	"十一五"目标	目标达成状况
节能	2010 年，单位 GDP 能耗比 2005 年下降 20%	到2010年，下降19.1%
非化石能源利用	2010 年非化石能源占一次能源消费的比重从 2005 年的 7.5%提高到 10%	2010 年上升到 8.3%
水电装机容量	2010年19000万kW	2010年21340万kW
风电装机容量	2010年500万kW	2010年，并网装机3107万kW
太阳能光伏发电装机容量	2010年30万kW	2010年70万kW
生物质能发电装机容量	2010年550万kW	2010年450万kW
生物乙醇产量	2010 年 302 万吨	2010 年 180 万吨
农村户用沼气产量	2010 年 190 亿立方米	2010 年 130 亿立方米
核电开工规模	2010年总装机684.6万kW	2010年总装机1080万kW
森林覆盖率	从 2005 年的 18.2%提高到 20%	2010 年底达到 20.36%

2011年，"十二五"规划又明确提出要加快发展方式的转变，着重提出"坚持把建设资源节约型、环境友好型社会作为加快转变经济发展方式的重要着力点"。"十二五"规划首次以"绿色发展"为主题，明确提出树立绿色、低碳发展理念，以节能减排为重点，建设资源节约型、环境友好型社会。为此，"十二五"规划设立了8项绿色发展指标。与此同时，"十二五"还明确提出了中国积极应对全球气候变化，制定了减少单位GDP二氧化碳排放减少量、增加非化石能源消费比重，以及

增加森林覆盖率、林木蓄积量、新增森林面积的直接增强固碳能力等量化指标。充分反映了中国特色的控制温室气体排放、增强适应气候变化能力的特点。"十二五"规划明确了绿色发展的激励约束机制，要求强化节能减排目标责任考核，合理控制能源消费总量，把绿色发展贯穿经济活动各个环节。"十二五"规划提出的"绿色发展"是中国经济发展的重要转折点，将从根本上改变中国经济和社会发展的模式，并对世界经济产生深远影响。这些都显示了中国积极应对气候变化、通过低碳发展实现国际承诺和国民经济发展目标的决心和行动。

五、石油输出组织低碳行动

1960年9月，由伊朗、伊拉克、科威特、沙特阿拉伯和委内瑞拉的代表在伊拉克首都巴格达开会，决定联合起来共同对抗西方石油公司，维护石油收入；14日，五国宣告成立石油输出国组织（OPEC，中文简称"欧佩克"）。随着成员的增加，欧佩克发展成为亚洲、非洲和拉丁美洲一些主要石油生产国的国际性石油组织，旨在通过消除有害的、不必要的价格波动，确保国际石油市场上石油价格的稳定，保证各成员国长期持续获得稳定的石油收入，并为石油消费国提供足够、经济、长期的石油供应。在气候变化谈判早期，欧佩克反对设立严格的管制措施，只勉强同意减少温室气体排放。但近年来，该组织对于减排问题的态度有所改变。

由于石油生产和消费排放大量温室气体，欧佩克成员国在减少温室气体排放问题上受到指责，也被要求承担阻止全球变暖的重要责任。在2007年11月的欧佩克首脑会议上，成员国领导人没有讨论外界广泛期待的原油增产问题，只是泛泛表态将保证原油的充足供应，却重点讨论了加强环境保护和帮助发展中国家实现可持续发展的问题，并就此达成了一致，将这两个问题提到了前所未有的高度。在该届首脑会议上，沙特阿拉伯国王阿卜杜拉倡议建立一项国际发展基金，并宣布沙特阿拉伯已决定出资3亿美元，专门用于能源、环境和气候变化方面的研究。科威特、卡塔尔、阿拉伯联合酋长国此后也表示将分别出资1.5亿美元。这表明，欧佩克正逐渐以积极高调的姿态投身到石油供应以外的国际合作领域，虽然这无疑是迫于外界压力，但长远上也符合石油资源终将枯竭的欧佩克国家的利益。

参考文献

1.冯建中著. 欧盟能源战略 走向低碳经济[M]. 北京：时事出版社，2010.06.

2.[英]菲尔·奥基夫，杰夫·奥布赖恩，妮古拉·皮尔索尔著. 能源的未来 低碳转型路线图[M]. 北京：石油工业出版社，2011.11.

3.[日]一般社团法人能源·资源学会编. 走向低碳社会 由资源·能源·社会系统开创未来[M]. 北京：科学出版社，2011.09.

4.孟赤兵，芶在坪，徐怡珊编著. 人类的共同选择：绿色低碳发展[M]. 北京：冶金工业出版社，2012.01.

5.闵九康主编. 全球气候变化和低碳农业研究[M]. 北京：气象出版社，2011.05.

6.齐晔主编. 2010中国低碳发展报告[M]. 北京：科学出版社，2011.02.

7.熊焰著. 低碳之路 重新定义世界和我们的生活[M]. 北京：中国经济出版社，2010.01.

8.穆献中编. 中国低碳经济与产业化发展[M]. 北京：石油工业出版社，2011.07.

9.熊焰著. 低碳转型路线图 国际经验、中国选择与地方实践[M]. 北京：中国经济出版社，2011.01.

10.徐汉国，杨国安著. 绿色转身 中国低碳发展[M]. 北京：中国电力出版社，2010.04.

11.清华大学气候政策研究中心，齐晔主编. 低碳发展蓝皮书 中国低碳发展报告 2011-2012 回顾"十一五"展望"十二五"[M]. 北京：社会科学文献出版社，2011.11.

12.薛进军，赵忠秀主编. 中国低碳经济发展报告 2012[M]. 北京：社会科学文献出版社，2011.12.

13.中国城市科学研究会主编.中国低碳生态城市发展报告 2011[M].北京：中国建筑工业出版社，2011.06.

14.庄贵阳著.低碳经济 气候变化背景下中国的发展之路[M].北京：气象出版社，2007.

15.崔亚伟，梁启斌，赵由才主编.可持续发展 低碳之路[M].北京：冶金工业出版社，2012.01.

第九章 气候变化与碳市场发展

国际社会通过国际气候谈判初步对全球变暖问题达成共识，并签署了《联合国气候合作框架公约》（UNFC-CC，简称公约），提出了温室气体减排的全球行动计划。温室气体减排的实质是能源利用问题。发达国家由于能源利用效率高，能源结构优化，新的能源技术被大量采用，因此，本国进一步减排的成本极高。而发展中国家，能源效率低，减排空间大，成本较低。同一减排单位在不同国家之间存在着不同的成本。在第三次公约缔约方会议上，与会各国通过了旨在限制发达国家温室气体排放量的《京都议定书》，确立了第一承诺期内（2005—2012年）温室气体的减排目标。同时，《京都议定书》提出通过灵活减排机制（也称为京都机制）来促使发达国家实现减排目标。减少全球温室气体排放，抑制全球变暖已成为并将在很长一段时间是国际社会关注的焦点。本章将对国际碳市场的现状进行介绍，同时介绍中国主要参与的清洁发展机制。

第一节 碳市场的形成

一、碳市场形成的基础

国际碳市场可以分为两个不同但又相关的碳排放交易体系：一个是以配额为基础的交易市场（allowance-based trade），通过人为控制碳排放总量，造成碳排放权的稀缺性，并使这种稀缺品成为可供交易的商品的排放交易体系（ETS），管理者制定排放配额并负责分配，参与者买卖由管理者制定、分配或拍卖的减排配额，如针对配额排放单位（Assigned

Amount Units，AAUs）的交易；二是以项目为基础的交易市场（project-based trade），负有减排义务的缔约国通过国际项目合作获得的碳减排额度，补偿不能完成的减排承诺的清洁发展机制（CDM）和联合履约机制（JI），卖方以低于基准排放水平项目经过认证后可获得碳减排单位，买方向该项目购买减排额，如CDM机制及JI机制下产生的"经核证的减排量"（Certificated Emission Reductions，CERs）和国家之间的减排单位（Emission Reduction Units，ERUs）交易等。

碳市场以温室气体排放权交易为特征，其根本目的是保护全球环境、减缓气候变暖。碳市场首先确定碳排放总量，然后通过排放权交易由市场确定碳的市场价格。国际碳交易市场尚处于发展阶段，还有待未来国际气候谈判进一步制定和完善减排规则。由于尚未形成全球碳交易市场，目前就市场规模和成熟程度而言，无论是成交额还是成交量，欧盟排放交易体系（EU ETS）都是全球最大、最成熟、最具影响力的碳交易市场。

世界银行的统计数据显示，自2005年起，全球以二氧化碳排放权为交易标的的交易总金额从10.8亿美元增长到2008年的1263.5亿美元，4年时间增长了约120倍。交易量也由2005年的1000万吨碳减排量（t CO_2）迅速攀升至48.1亿t CO_2。这其中，欧盟温室气体排放交易体系（European Union Emissions Trading Scheme，EU ETS）配额交易占比最大，达到72.74%，CDM机制产生的CERs二级市场规模次之，为20.80%。在科隆碳博览会上发布的这份报告阐述了在价格下跌的情况下，全球碳市场价值如何在2011年实现增长，其主要推动因素是以财务收益为动机的交易量强劲增长。迄今为止，碳市场最大的一块是欧盟排放配额（EUAs），估值为1480亿美元。经核证的减排量市场（CER）和新生的二级减排单位（ERU）市场流动性增加，也带来二级京都抵补交易量的大幅增加（增长43%，达18亿二氧化碳当量，估值230亿美元）。2011年全球碳市场继续遵循与往年相同的模式，主要由欧盟排放交易体系（EU ETS）推动。

随着《京都议定书》第一承诺期的结束，2013年前的一级经核证减排量（CER）、减排单位（ERU）和排放配额（AAU）市场市值在2011年再度下降。然而，毫不令人惊讶的是市场开始将目光放到2012年之后，因而尽管价格低落且长期能见度有限，2012年后一级清洁发展机制（CDM）市场仍大幅上升了63%，达20亿美元。虽然中国仍是合同CER的最大来源，但非洲国家（在2013年前的市场基本上被绕过）在2011年开始呈现强势，占当年签订的2012年后CER合同量的21%。

要实施碳交易，不仅需要强有力的制度保障、灵活的操作机制、统一的核算标准，更重要的是如何确定价格。碳要有价格，其前提就要被当做商品看待。以目前的制度安排看，碳并不是商品，碳排放权才是具有交换价值的商品。碳排放权不仅是为解决环境资源问题而设计的产权，更是一种有效的制度安排，通过政府和市场机制来优化配置环境资源。碳排放权的卖方可以通过转让碳配额并控制相应数量碳排放，获得补偿收益；而买方则通过支付一定的费用获得相应额度的碳排放权，进行正常碳排放生产经营，获取收益弥补环境资源耗费。

碳排放权价格主要由碳供求关系决定。它能准确反映供需状况，是碳排放交易体系有效配置资源的重要前提条件。碳配额市场是排放权价值发现的基础。碳减排额的提供及配给管制企业的配额量构成市场供给量，工业实际减排量、惩罚力度大小则决定市场需求量，市场供求关系决定着碳排放权价值。从短期来看，碳价格是由市场供求关系决定的，市场机制决定了碳价格的高低。在化石燃料仍然占据主导地位的全球经济下，碳市场价格主要受到排放限额和技术因素的影响。排放限额决定了碳排放权的需求，设置的温室气体排放限制越高，对排放权的需求也就越小，若供给不变，则碳价格下降。由于政府管制所产生的约束要比市场自身产生的约束更为严格，受管制配额市场的排放权价格会更高，交易规模大于自愿交易市场。以欧盟碳排放交易体系为例，由于第一阶段欧盟派发配额超出实际排放量4%，使碳排放权价格走低；第二阶段欧盟配额比2005年降低6%，一定程度上拉升了碳排放权的价格。

碳排放权价格还与能源市场价格关联性强。在碳金融衍生品市场上，可以看出碳排放权价格与石油、煤炭以及天然气等能源价格紧密关联。据统计，欧洲的碳排放权价格与电力价格有很强的关联性。而从全球范围看，碳排放权价格与石油价格关联性更为密切。经研究发现，碳排放权价格逐渐与钢铁、电力、造纸等行业产品产量存在显著正相关关系。此外，影响碳排放权价格走势的基本因素还有，世界各国延续《京都议定书》减少温室气体排放的政策承诺，美国参与温室气体排放的程度等。

碳交易受交易市场不完善、供求关系、世界经济形势等因素的影响，价格波动较为剧烈，碳排放权价格经常出现巨大的涨跌幅度。2006年4月中旬，欧洲气候交易所创下了每吨30欧元的纪录，但在5月中旬又狂跌至10欧元。2008年底至2009年初受全球金融危机的影响，欧盟碳排放配额的价格从每吨25欧元一路下滑至10欧元。

目前，反映碳稀缺性的碳排放权价格机制已初步形成。它不但准确反映了碳排放权的供求状况，而且已影响企业决策，不采取减排措施就会增加企业的减排成本。由市场机制这只看不见的手来内在地自动优化配置碳资源。当碳排放权交易价格高于各种减排单位的价格时，市场主体就会从二级市场上购入已发行的碳减排单位或参与CDM和JI交易以套利。这增加了各种减排单位的需求，进而促进碳减排的新技术项目的开发与应用。

二、国际碳市场的现状

目前国际上主要的碳交易系统如表9-1所示。世界上还没有统一的国际碳排放权交易市场。EUETS是全球碳交易市场的引擎。而在世界各国的其他碳交易市场中，也存在不同的交易商品与合同结构，市场对交易的管理规则也不相同，它们快速成长并起着重要作用。

表9-1国际上主要的碳交易系统

交易体系	启动时间	交易主体	类型
欧盟排放交易体系（EU ETS）	2005 年	欧盟各国的排放实体	强制，配额
CDM 市场	2008 年	《京都议定书》附件 I 国家与 非附件 I 国家之前	强制，项目
芝加哥气候交易所（CCX）	2003 年	自愿加入的企业会员	自愿，项目
欧洲气候交易所（ECX）	2004 年	欧盟各国的排放实体	强制，配额
澳大利亚温室气体减排体系	2003 年	欧盟各国的排放实体	强制，配额
英国排放配额交易体系	2002 年	世界各国的排放实体	自愿，配额
区域温室气体倡议（RGGI）	2009 年	美国东北11个州的企业	强制，配额
西部气候倡议（WCI）	2012 年	美国西部5个州内的企业	强制，配额

（一） 欧盟排放交易系统

欧盟排放交易系统（EUETS）覆盖了当时欧盟27个国家，涉及了电力行业以及石油、钢铁、水泥、玻璃与造纸等五个主要的工业部门，这些领域的排放设施超过12000个，其排放总量占欧盟温室气体排放量的一半以上。在20世纪90年代签订《京都议定书》之后，欧盟各国针对如何利用碳税或能源税来应对气候变化的问题展开了激烈的争论。2003年，欧盟议会投票通过了决定内部开展排放贸易的提案，并被欧盟环境委员会采纳。2005年起，欧盟开始实施温室气体排放许可交易制度，即欧盟排放交易体系（EUETS）。

欧盟每个成员国需要定期提交国家分配方案，声明本国计划分配的排放配额总数、分配方法以及排放设施的清单等。经过气候变化委员会审核后，由欧盟委员会决定是否批准。国家分配方案需要符合一定的要求，例如遵守《京都议定书》和欧盟的规定。EUETS为每个部门的排放设施制定了完整的温室气体监测与报告协议。每个排放设施需要按照监测协议对排放数据、排放源、燃料使用方式、测量精度等数据进行详细的记录，并在每年的3月31日之前，按照协议的要求报告上一年度的排放数据。该数据由政府指定的独立第三方核查。经过核查的上一年排放量需要在每年的4月30日之前，由该排放设施持有的排放配额来抵消。如果某个排放设施的排放量超过发放的配额，则必须到市场上购买超出的数量，否则将面临100欧元/吨二氧化碳的严厉处罚。各成员国均设有国家电子记录簿，记录各排放设施的配额数量，并通过共同体独立交易日志来协调管理。

EUETS计划分为三个阶段运行：第一个阶段为2005—2007年，是试验期，配额免费。实际排放量低于配给的配额可进入市场卖掉；反之要购买排放权，并处罚40美元/吨二氧化碳；第二阶段2008—2012年，配额减少，未完成减排目标处罚100美元/吨二氧化碳，且不能抵消。第三阶段2013—2020年，减排范围将由国家层面分配扩展至整个欧盟，行业也扩展至十余个，免费配额2013年由拍卖代替，并于2020年完全拍卖。

EU ETS允许有限度地与其他减排机制链接，排放设施可以购买来自CDM机制和JI机制产生的减排量。这样，欧盟配额交易市场与《京都议定书》下的CDM市场建立了直接联系，一个真正意义上的国际碳交易市场被创造出来。这一举措不但给欧盟的排放实体提供了更多的配额购买渠道，而且极大地激活了发展中国家减排的热情。2007年之后，整个碳交易市场得到了迅速发展，相应的碳金融衍生品市场也不断壮大。EUETS成为欧洲应对气候变化问题最重要的手段，也是目前国际碳市场的核心推动力之一。

（二）清洁发展机制（CDM）市场

1997年，京都谈判之前，巴西提出可以建立一个绿色发展基金，由没有完成履约任务的国家出钱，支持发展中国家的减排工作。但是这一提议受到了发达国家的强烈反对。发达国家要求设法降低自身减排的压力，而发展中国家则不希望发达国家将减排责任变相地推卸给自己，却又企望能够得到一些援助。经过讨论后，一种新机制被提出来，允许发达国家购买发展中国家的项目所产生的减排量，来抵偿自己的减排义务。这一机制成为《京都议定书》3种灵活机制中的CDM机制。其具体的操作规则写进2001年的《马拉喀什协定》，并于2004年随着《京都议定书》一起生效。

2001年之后，世界银行等一些组织提前开始推动CDM市场启动。而随着各国对《京都议定书》生效的预期越来越强烈，越来越多的政府和公司参与进来，进一步促成了CDM市场的形成。

项目业主需要证明自己项目的减排量是真实且有价值的，这个价值体现为额外性。规则的制定者们相信，购买碳减排量的资金只有用来支持那些真正因为成本或技术障碍过高而难以开展的减排项目，才可以促进发展中国家的可持续发展。因此，与传统的经济性评估不同，CDM项目不能证明自己的收益率很高，而是要反过来证明收益率太低，低到如果没有额外的资金支持人们就不再愿意去实施。

以风力发电项目为例，CDM开发过程中，首先要确定一个基准线，这个基准线代表所在地区的发电技术普遍使用情况。例如中国的发电系统以煤电为主，煤电就可以作为基准线。煤电行业的投资收益率一般为8%，只要高于这个收益率，人们就有投资的动力。但是风力发电由于成本高昂，投资收益率明显低于8%，正常情况下人们不会有投资的欲望，这就出现了一个投资障碍，这个障碍被称为"额外性"。

为了促进低碳技术的应用，CDM资金需要用来资助这些具有额外性的项目。项目能够获得资金的数量要根据实际产生的减排量来衡量。减排量也是一个相对的数值，通过计算项目实施后与假定的基准线情景之间的排放差额确定。例如风力发电的排放几乎为零，替代了同等电量的煤电之后，产生的排放差额就是减排量。整个开发的过程需要经过指定第三方机构的审核，并最终通过联合国CDM执行委员会的批准才具备进行交易的资格。

（三）芝加哥气候交易所

芝加哥气候交易所（Chicago Climate Exchange，CCX）是全球第一家自愿减排市场交易平台，是京都机制以外的碳交易市场。2003年，正式以会员制开始运营，共有包括美国电力公司、杜邦、福特、摩托罗拉等公司在内的13家创始会员。CCX的交易产品称为碳金融工具合约（carbon financial instrument，CFI），既包括碳配额也包括碳减排量。加入CCX的会员必须做出减排的承诺。2003—2006年为减排的第一个承诺期，要求每年排放量比上一年降低1％，到2006比1998—2001年平均排放量降低4％。2007—2010年为第二个承诺期，减排量最终达到1998—2001年平均排放量或2000年排放量的6％。CCX也允许引入项目减排量，而且是美国唯一认可的CDM项目交易系统。但由于CFI的价格远远低于欧洲碳市场CER价格，实际上很难进行交易。

（四）欧洲气候交易所

欧洲气候交易所（European Climate Exchange，ECX）是芝加哥气候交易所的一个全资子公司，也是欧洲首个碳排放权市场，2004年成立于荷兰阿姆斯特丹。芝加哥气候交易所与伦敦国际原油交易所（International Petroleum Exchange，IPE）合作，通过IPE的电子交易平台挂牌交易二氧化碳期货合约。ECX的碳期货运行在伦敦洲际交易所（Immigrationand Customs Enforcement，ICE）的电子期货交易平台上。作为全球第二大石油期货市场，ICE拥有成熟的期货交易系统，这强有力地支持了ECX成为欧洲最大碳排放市场、最大的EUA期货交易市场。

ECX为交易商提供了重要的EUA标准化期货品种，在ECX交易的主要交易商中，拥有排放权许可的各国大型电力公司和石油公司手握大量EUAs，这些公司的生产经营或高或低于允许排放量，因此在ECX适时买卖操作。通过期货、期权来规避风险和套期保值。

澳大利亚、英国等各发达国家由于《京都议定书》履约的要求，纷纷筹划国内的配额交易系统，印度作为新兴发展中国家的代表也在传统市场的基础上建立了碳交易系统。这些市场主要包括：①澳大利亚新南威尔士温室气体减排体系（New South Wales Greenhouse Gas Reduction Scheme），于2003年1月启动，是最早强制实施的减排体系之一，交易量仅次于欧盟排放贸易体系；②英国排放配额交易体系（The UK Emissions Trading Scheme），成立于2002年4月，是全球第一个温室气体排放权交易市场，由公司通过购买配额或出售排放权的方式自愿参加减排，于2007年1月加入欧盟排放贸易体系。③印度碳交易市场。印度的多种商品交易所（multi Commodity Exchange of India，MCX）和国家商品及衍生品交易所（National Commodity & Derivatives Exchange Limited，NCDEX）都已推出碳金融衍生品，MCX推出EUA期货和5种CER期货，而NCDEX则在2008年4月推出CER期货。④美国的区域温室气体倡议。2005年12月，来自美国东北地区的7个州签订了区域温室气体倡议（Regional Greenhouse Gas Initiative，RGGI）的框架协议，目前，加入RGGI的州已经达到11个。⑤西部气候倡议。西部气候倡议（Western Climate Initiative，WCI）是由美国西部的亚利桑那州、加利福尼亚州、新墨西哥州、俄勒冈州、华盛顿州5个州于2007年发起成立的区域性气候变化应对组织，代表了以行政区域为核心的碳市场构建模式。

第二节 碳市场的挑战

一、国际碳市场面临的挑战

碳交易市场的迅速发展，大大促进了全球清洁技术的开发和运用，并逐渐成为推动低碳经济发展最为重要的机制。本节将首先从整个碳市场长远发展面临的不确定性谈起，然后着重从基于配额的碳市场（以EU ETS为例）和基于项目的碳市场（以CDM为例）两个方面来分析国际碳市场面临的挑战。

（一）国际碳市场发展的不确定性

1.交易量非常有限

尽管碳市场的发展如火如荼，但值得指出的是，它的交易量相对于世界的实际排放量而言仍非常有限。而且碳市场的流动性还不够，尚未与能源市场、金融市场发生直接的、明显的关联。目前碳市场的出现和升温并没有在很大程度上改变世界或主要地区的能源消费结构。比如在欧洲，尽管煤炭是排放密度最强的化石能源，但由于近些年来国际油气价格连创历史新高，而煤炭价格相对较低，加上碳价偏低，约束力有限，因此煤电行业仍然发展迅速。

2.市场分割严重

目前，国际碳交易绝大多数集中于国家或区域内部，如欧盟及美国各州，统一的国际市场尚未形成。碳市场没有形成一个全球性的交易规则，被分成了许多部分，规范化的与非规范化的市场同时存在。从事碳金融交易的市场多种多样，既有场外交易机制，也有众多的交易所；既有由政府管制产生的市场，也有企业自愿形成的市场。这些市场大都以国家和地区为基础发展而来，而不同国家或地区在相关制度安排上存在很大的差异，例如，排放配额的制定及分配方式、受管制的行业的规定、是否接受减排单位、如何认定减排单位以及交易机制等，导致不同市场之间难以进行直接的跨市场交易，形成了国际碳交易市场高度分割的现状。

对于规范化的市场来说，如果交易价格合理，排放权的交易有助于达成已设定的减排目标。不过，这需要政策制定者设定合理的减排目标，分配恰当的许可证数量。市场运作的有效性非常依赖于政策的合理性。市场的运作还需要对经济增长做出较为准确的预测，对技术改进的影响作出评估，建立一个严密的交易规则与监管体系。对于自愿交易的非规范化市场来讲，因为缺乏通用性的标准，以及较高的风险，目前在运作上还存在许多不足之处。碳市场的另一大影响是许多小型基金或企业参与其中，它们对快速发展的碳市场前景做出自己的预期，并期望自己的投资能够获得长远的收益。在未来碳市场前景仍存在许多变数的情况下，这存在巨大的风险。

3.政策风险突出

国际碳交易市场的政策风险主要表现在两个方面。一方面，国际公约的延续性问题是市场未来发展的最大不确定性。《京都议定书》在2008年的正式实施能在一定程度上改善国际碳交易市场高度分割的现状。但是，《京都议定书》的实施期仅涵盖2008—2012年，各国对其有关规定仍存有广泛争议。目前所制定的各项制度，在2012年之后是否会延续还尚未可知，这种不确定性对形成统一的国际碳交易市场产生了极为不利的影响。另一方面，减排认证的相关政策风险可能阻碍市场发展。在原始减排单位的交易中，交付风险，即减排项目无法获得预期的CERs的风险是最主要的。而在所有导致交付风险的因素中，政策风险是最突出的。由于CERs的发放需要由专门的监管部门按既定的标准和程序来进行认证，因此，即使项目获得了成功，其能否通过认证而获得预期的CERs，仍然具有不确定性。从过去的经历来看，由于技术发展的不稳定以及政策意图的变化，有关认定标准和程序一直都处于变化当中。而且，由于项目交易通常要涉及两个以上的国家，除需要符合CERs认证国家的要求外，还需要满足项目东道国的政策和法律限制。这使政策风险问题变得更加突出。

4.交易成本巨大

在目前的国际碳交易市场中，尤其是基于项目的市场中，较高的交易成本对市场发展产生了不利影响，信息不对称也会导致道德风险。基于项目的交易涉及跨国的项目报批和技术认证问题，为此，监管部门要求指定运营机构负责项目的注册和实际排放量的核实，所涉及的费用较为高昂。此外，由于目前缺乏对中介机构的监管，有些中介机构在材料准备和核查中存在一定的道德风险，甚至提供虚假信息。

国际碳交易由于对管制的高度依赖，其存在的多种缺陷，在根本上源于国际合作的不充分。各国在减排目标、监管体系以及市场建设方面的差异，导致了市场分割、政策风险以及高昂交易成本。因此，要扫清未来发展的障碍，各国统一认识和强化合作是最为关键的问题。可喜的是，从对碳减排问题的态度来看，全球主要经济体已经从最初的分歧逐渐趋向一致。2005年《京都议定书》生效后，许多重要的工业国家，如美国和澳大利亚，出于经济方面的考虑，并未签字通过该合约。不过，在随后几年中，这些国家的态度发生了重要的转变。2007年12月，澳大利亚签署通过了《京都议定书》。在美国，尽管布什政府拒绝签署该协议，但一些州政府自2005年以来，自愿联合建立了RGGI、WCI等多个区域气候变化应对组织，尝试碳交易市场的发展。2008年以来，新任的奥巴马政府积极支持减排，并推动了有关的立法进程。根据目前的《清洁能源与安全法案》的设想，美国在2020年、2030年和2050年的目标排放水平分别为1990年排放量的96％、68％和20％，并以此为基础设定排放配额并加以分配和交易。

（二）欧盟碳市场面临的挑战

在欧盟市场上，EUETS只关注二氧化碳排放，不涉及二氧化碳以外的温室气体排放，其他温室气体占欧盟所有温室气体排放的20％，因此对完成《京都议定书》减排承诺的影响不完全。而且，在各个国家内部ETS所涉及部门排放的温室气体比例差异很大，比如在法国，ETS所涉及部门排放的温室气体仅占其总排放量的20％，而在爱沙尼亚，该比例为69％（IEA，2005）。EUETS只覆盖欧盟二氧化碳排放量的45％，还有更多的二氧化碳排放量尚未进入考虑的范围。EUETS涵盖欧盟成员国的近1.2万个排放设施，包括炼油厂、炼焦厂、20MW以上的电厂、钢铁厂、水泥厂、玻璃厂、陶瓷厂以及纸浆造纸厂等。但还有55％的二氧化碳排放没有纳入该交易体系。

EUETS的市场信号和欧盟各个成员国的国家分配计划（NAP）未必能将各国未来的投资引导到低碳经济的方向上去，同时，NAP不合理导致EUETS的长期作用充满不确定性。2005—2008年，第一阶段NAP普遍过多，结果使得作为重要排放国的德国试图在第二阶段的NAP中倾向于碳密集型行业，如煤电设施，而不是低碳行业。EUETS第一阶段过度分配，不但没有为实现《京都议定书》承诺作出贡献，没有为发展壮大碳交易市场提供有效支持，反而让各成员国后续的NAP增加了更多的不确定性。成员国不情愿更改其NAP，加上ETS价格信号的失真，导致ETS的长期作用充满了不确定性。

另外，与《京都议定书》的减排承诺目标相比，EUETS的成交量仍相当有限，每月成交量尽管一直在增长，但尚未超过第一阶段分配额的1.6％。

（三）CDM市场面临的挑战

就CDM市场而言，尽管发展态势良好，但是，未来CDM市场的发展也存在一些不确定性和不足之处。

（1）中国和印度作为较大的二氧化碳排放国，承诺具有约束力的减排义务与否，都会直接影响全球CDM市场的交易。

（2）提高能源利用效率和燃料转换项目融资困难。主要是因为开发可再生能源和提高能源效率项目都属于资本密集型的投资，项目前期需要大量的投资，而且是一个长期过程，投资回报率较低，缺乏市场竞争力。同时产生的CERs较少，一个项目对发达国家实现《京都议定书》定量目标的影响较小。

（3）CDM项目的方法学与程序的复杂性和难度增加了交易成本。一方面，CDM项目的规则很复杂，涉及很多的方法学，需要计算项目的基准线、额外性、项目边界、泄露等，这些数据获得有一定的难度，而且目前的方法学还有待于进一步补充完善，尤其是能效提高项目，其方法学开发和监测方面的困难，严重阻碍其大量开发；另一方面，CDM项目审批程序复杂，必须要发展中国家的相关部门审批和联合国注册，经过多个机构审批，一个项目从申请到批准最顺利也需要3—6个月时间，复杂的审批程序可能会给最后的结果带来不确定性，不论是否注册成功，前期的设计、包装等费用至少需要投入10万美元。而且由于"额外性"的要求，大多CDM项目并不是副产品，而是要投资后才能出售减排额，这些投资在审批结果不确定的情况下很有可能白白浪费。

（4）发展中国家的CDM项目管理体制有待进一步完善。尽管许多国家都建立了相关的CDM项目管理机构，但是关于CDM项目对先进的能源利用技术的引进情况、对环境的改善、对经济和就业的影响等没有明确哪些机构负责审核、评价。

（5）CERs价格较低，卖方市场存在价格恶性竞争，限制了积极性。现在CDM基本上是买方市场，发展中国家企业的议价能力弱。随着对CDM项目的逐步认识，越来越多的企业加入到市场中成为供给方，那么，碳价格会进一步降低，预期的收益将会大幅度缩水。同时，欧盟温室气体排放交易框架体系的欧盟连接指令允许从2005年起使用CERs来兑现减排承诺，即CERs可以在欧盟排放交易体系中全面转让，目前在EUAs价格和CERs存在巨大差价，因此购买CDM项目产生的CERs可以通过EUAs交易获得十分可观的收益，因此碳的买方市场不希望CERs价格过高，甚至和EUAs价格接轨。

（6）CDM项目的买方倾向于低成本、减排量大的项目。从目前全球碳市场的供给结构来看，发达国家为了满足《京都议定书》承诺以及对减排信用的需求，刺激全球二氧化碳排放市场以快速生产、低风险、供给量大的氟化烃、氮氧化物减排等CDM项目开发为优先选择，非甲烷和非二氧化碳减排项目的供给大约占总供给量的50％以上，这些气体的全球增温潜能很高，只需要常规的设备和技术条件就可以解决，初始投资较少，减排的增量成本相对较低。

二、中国碳市场面临的机遇

中国目前主要通过参加CDM项目开展碳交易。因此，中国的碳交易市场也即CDM市场。中国碳交易市场现状可以用一句话总结，即"潜力巨大，基础薄弱"。参与国际CDM项目合作对于促进中国国内碳交易市场的形成、推动中国碳交易制度建设、提高中国资源使用效率等都有着十分积极意义。

（一）中国碳交易市场的潜力

中国作为发展中国家，CDM机制下的碳交易增速惊人，市场日渐成形且不断扩大。中国已经被许多国家看作是最具潜力的碳减排市场。2002年，中国第一个CDM项目北京安定填埋场填埋气收集利用项目审核通过，成为中国碳交易的起步。2004年7月1日，中国国家发展和改革委员会颁布了《清洁发展机制项目运行管理暂行办法》，提出中国CDM项目实施的优先领域、许可条件、管理和实施机构、实施程序以及其他相关安排，并于2005年10月12日开始实施。根据这一办法，中国设立了三个层次的相关机构：一是由国家发改委作为中国政府展开CDM项目活动的主管机构；二是成立国家气候变化对策协调小组，由发改委等15个政府部门的代表组成，主要审议CDM项目的相关国家政策；三是成立国家CDM项目审核理事会，由发改委和科技部作为理事会的联合主席，其主要职责是评审CDM项目建议书。

2006年开始，中国企业刮起了"碳风暴"，在一年之内中国批准的CDM项目由40个升至180个，减排量增至世界第一位，如图9-1所示；2007年，中国在联合国CDM执行理事会注册成功的CDM项目数量仅次于印度；截至2008年（图9-2），世界各国获得的CERs签发量中，中国获得的签发额首屈一指，占世界总额的40.22%。

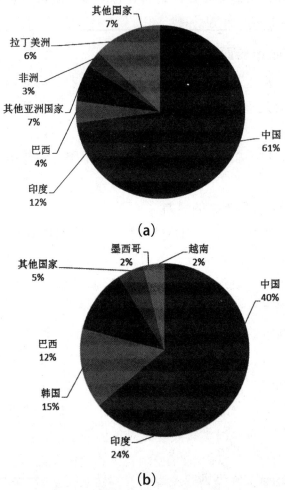

（a）

（b）

图9-1 2008年年底各国已获得的CERs

中国清洁发展机制基金管理中心2009年6月发布的《CDM市场发展及其对中国的影响》报告中指出："目前，中国已注册成功的项目如均能顺利实施，预计每年通过CERs转让为中国带来的直接收益将超过10亿美元。"

国内碳排放交易体系也在积极建设中，许多城市已经建立或正在筹备区域性的排污权交易平台，进行排污许可证和排污权交易的试点，涉及的污染物包括大气污染物、水污染物以及生产配额，并建立了包括排污权交易内容的部门规章和地方法规等规章制度。

2008年8月5日，中国第一家国家级环境权益交易平台——北京环境交易所正式挂牌，主要将在节能减排和环保技术交易、节能量指标交易、二氧化硫、化学耗氧量（chemical oxygen demand，COD）等排污权益交易以及温室气体减排量的信息服务平台建设方面发挥作用。这些都表明中国开始向建设国际性碳排放交易平台迈进。目前，北京环境交易所、上海能源交易所、天津排放权交易所，利用各自优势，积极开展中国碳市场的探索活动。此外，许多地方也在积极探索排污权交易，山西吕梁节能减排项目交易中心，武汉、杭州、昆明等环境能源交易所等相继成立。中国的碳交易市场正在高速发展当中。

世界上主要的碳交易市场被欧美等发达国家垄断。中国在其参与的主要交易市场——CDM市场中也是日渐占据主要地位。截至2009年，中国提供的二氧化碳减排量已占到全球市场的84％，在中国碳交易市场发展的强劲势头下，要求加快碳交易市场发展，鼓励企业参与CDM开发的呼声越来越高。

市场的作用是无穷的，碳市场也是市场改革的一个基础组成部分。中国作为一个碳交易领域的新兴国家，通过市场化的机制和手段来促进节能减排，对后期推出低碳标准、获取市场定价权都具有深远的影响。

（二）中国碳交易市场的挑战

总体来看，中国碳交易体系尚处于起步阶段，碳交易市场制度建设非常滞后。截至2009年年底，仅在北京、上海、天津等地成立了区域性交易所，且交易对象并不是高级交易形态的碳排放权交易，而主要限于初级交易形态——节能技术的交易。此外，三大交易所参与的项目无一例外都是CDM项目。由于欧美发达国家对碳交易市场的垄断，中国目前还不具备"碳配额"交易的资格。制度不完善、技术体系落后、检测体系缺失是中国碳市场进一步发展的硬伤。

　　尽管中国现在已经成为世界上最大的排放权供应国之一，但由于缺乏一个像欧美那样的国际碳交易市场，不利于争夺碳交易的定价权，导致在该行业的话语权缺失。中国为全球碳市场创造的巨大减排量，被发达国家以低价购买后，包装、开发成价格更高的金融产品在国外进行交易，这样一来中国处于整个碳交易产业链的最低端。

　　由于开展碳交易的时间较短，中国在碳交易市场建设和碳交易方法完善等方面都处于起步阶段，使得其在参与全球碳交易的过程中，也面临着各种风险。

　　（1）项目申请成本较高。虽然中国碳交易市场潜力巨大，但仍以CDM项目的场外交易为主。CDM项目程序较为复杂，审批过程漫长，一个项目从申请到批准最顺利也需要3—6个月时间，长的可达18个月。不论是否注册成功，前期的设计、包装等费用都需要投入大量资金。根据行业、减排方式的不同，每个CDM项目交付时的减排价格并不一样，且技术、资金到位的情况也不理想。这些给企业项目申请带来风险，增加交易成本，在客观上限制了中国碳交易市场的扩张。

　　（2）交易议价能力不足。由于中国碳交易处于起步阶段，相关配套政策还不完善，而且按现行规定，发展中国家不能直接将配额出售到欧洲市场，企业卖出的减排额必须经由一些国际碳基金或世界银行等中间机构参与后才能进入国际市场。其间由于减排方式的不同、中间商的操作、信息的不对称等原因，国内企业没有参与议价的机会，议价能力严重不足，所以签订的CDM碳交易合同价格相差较大。

　　（3）项目缺乏技术支持。设置CDM机制时，一个重要目标就是要促使发达国家向发展中国家转让低碳技术。对发展中国家而言，低碳技术转让比资金扶持更重要，但是中国目前申请成功的技术项目并不多。一方面，中国的CDM项目主要为风电、水电等，这类项目的实施更多的是资金的转让，也可以说是单纯的二氧化碳排放权的买卖，技术的输出转让很少；另一方面，有些先进技术项目合作周期较长，企业更看重短期内能盈利的项目，并且要掌握核心技术也有较高难度，如果由于设备或技术问题影响按期减排，也会给企业带来风险和损失。

标准涉及的话语权和定价权，也就是利益的最终归宿。2009年12月，在哥本哈根气候峰会期间，北京环境交易所主导制定的"熊猫标准"正式公布，这是中国参与制定的首个自愿减排标准。它标志着中国对碳交易话语权的争夺开始延伸到碳产业链的最前端。"熊猫标准"是一个有着鲜明中国特色的标准，是专为中国市场设立的自愿减排标准，它的发布宣告了中国开始在全球碳市场交易领域中争夺话语权、继而争夺定价权。

中国作为最大的CDM供应国，国内相应的碳交易市场的建立刚起步，这样必然造成的后果就是在碳排放方面中国没有定价权。中国尚没有建立类似欧盟排放交易体系的碳交易市场，也没有专门从事碳交易的金融机构，因此在以CDM项目为基础的碳交易的过程中存在很多问题。事实也印证了这一点，中国目前的CDM项目减排量交易极为不规范，国内价格普遍低于国际碳市场价格，1吨碳交易额在国内平均不会高于10欧元，而欧洲市场则大概在25—30欧元之间。加上中国企业参与CDM项目缺乏风险意识，没有对CER价格波动进行风险管理和控制，无法享受未来国际市场碳价格高涨的高收益，面临机会成本的损失。这些都使国家和企业利益受损，阻碍了中国排放权交易市场的发展。所以，建立中国碳交易市场意义重大。

第三节 清洁发展机制（CDM）

清洁发展机制（Clean Development Mechanism，简称CDM），是《京都议定书》第十二条确定的一个基于市场的灵活机制，它是京都三机制之一，它是唯一与发展中国家直接相关的机制。核心内容是允许附件1缔约方（即发达国家）与非附件1（即发展中国家）进行项目级的减排量抵消额的转让与获得，在发展中国家实施温室气体减排项目。这是根据京都议定书第十二条建立的发达国家与发展中国家合作减排温室气体的灵活机制。发达国家通过提供资金和技术的方式，与发展中国家开展项目级的合作，在发展中国家进行既符合可持续发展政策要求，又发生温室气体减排效果的项目投资，由此换取投资项目所产生的部分或全部减排额度，作为其履行减排义务的组成部分，这个额度在清洁发展机制中被定义为"经核实的减排量"，简称为CERs。

一、CDM 的经济学原理

温室气体的影响是全球性的，不论国家和地区如何，环境容量资源即有限温室气体排放量都是整个环境资源的一部分。环境容量是一种财富，经济活动主体（如企业和居民）拥有排放一定量污染物的权力（即排放权），就等于对一定的环境容量资源拥有了产权，即环境产权，这种环境资产产权与一般经济学意义上的产权（例如土地所有权、资产所有权等）类似，也同样可以通过交易而实现转移。《京都议定书》为发达国家规定了各自排放的限额，类似于为其划分了环境资源的产权界限。当发达国家为了经济的发展，必须排放出超过自身环境资产的排放量的时候，他们可以通过两种途径获得所需的额外的排放量：第一是通过自己的努力提高能源使用效率或者抑制经济的发展，来达到其减排承诺；第二个途径是不改变经济发展中排放量，也不采取自行削减排放的措施，而是在环境资产交易市场上购买其所需要的排放量。对于一个理性的经济主体而言，必然会把温室气体的边际削减成本与购买排放量的边际价格进行比较，如果自己减排的成本高于从市场上购买的代价，那么该主体宁愿选择购买排放量。因此，清洁发展机制的目的就是要在发达国家与发展中国家之间构建一个交易市场，发达国家对发展中国家投资能够产生减排额度的项目来获得排污权。在发展中国家和发达国家之间，由于经济发展水平或劳动力成本等多种条件的差异，它们的温室气体减排成本不同，这样通过减排项目的合作，选择最优的方式实现减排，在满足减排限额的同时使减排的总成本最小。

研究表明，假设各附件I国家CDM执行率相同的情况下对各非附件I国家CDM的份额，应用"国际合作碳减排机制模型"进行模拟，中国是CDM潜力最大的国家，占全球总潜力的60％以上，其次是印度，占全球总潜力的9％—15％。因此中国或印度具有影响碳市场的力量，可形成寡头，控制市场以获得更多的收益。由于附件I国家可以通过碳汇项目完成20％的减排任务，这就意味着发达国家每年可通过造林碳汇项目完成约3500万吨碳的减排额度，按每吨10—15美元的市场价格计算，发达国家每年将在发展中国家投资3亿—5亿美元开展造林碳汇项目，多于发达国家为发展中国家提供的林业海外援助资金，因此许多发展中国家，尤其是拉美及非洲国家，也希望能通过造林碳汇项目为其林业和社区发展引入大量的国际资金。

二、CDM 方法学和分类

CDM与一般商业项目相比，有6点不同之处：

（1）产品：CDM项目多了一项有附加值的副产品，即二氧化碳减排量，而后者尽管客观上也可能存在同量的减排量，但未经额外性验证和未经国际核实公证程序承认，因而无法"出售"获利。

（2）经济性：CDM项目因出售该副产品，多了一份收入（以CDM投资或购买合同形式），使项目财务性能指标获得明显改善，而具备竞争能力。

（3）项目论证立项程序：CDM项目较后者多了一项CDM可行性论证，即CDM包装和作为CDM项目的国内外审批程序。

（4）项目监测核实程序：CDM项目较后者多了一项减排量监测（厂家做），以及由国际授权的第三方独立进行的核实和公证程序。

（5）合作伙伴：CDM项目多了一个进行减排量交易的国际合作伙伴，按CDM合作游戏规则办事。

（6）额外性：一般商业项目不需CDM支持就能进行商业运作或依法运作，CDM项目无CDM支持解决障碍因素则难以按国内条件运作，降低风险，提高技术和管理水平，人员素质和国际信誉。

从国际上对二氧化碳减排控制来看，可以将CDM项目分成两类。一种是通过控制二氧化碳的排放来减少大气中的二氧化碳，是目前采用最多的一种项目合作方式，具体来讲，包括新能源和再生能源行业，涉及风能、水能、生物质能、沼气发电等领域，以及有潜力能在大型工业建筑业进行节能的技术和项目，或者能够大量回收甲烷气的垃圾点和煤层气回收领域。另一种是通过吸收二氧化碳来减少大气中的二氧化碳，也就是碳汇造林项目，即通过生物、工程措施将二氧化碳固定储存起来。这种通过森林起到固碳作用，从而充抵二氧化碳减排量的义务，是通过市场机制实现森林生态效益价值补偿的一种重要途径。这是在《京都议定书》框架下发达国家和发展中国家之间在林业领域内的唯一合作机制，虽然这种CDM项目运作的数量不多，但是对各国林业的发展具有可持续发展意义。

三、CDM 项目实施流程

（一）项目识别

附件1缔约方的私人或者公共实体与非附件1缔约方的相关实体进行接触，探讨可能的CDM合作并进行项目选择。相关的实体应该就项目的技术选择、规模、资金安排等重要问题达成一致。同时，在讨论这些问题的时候，应该充分考虑东道国的相关要求。该阶段的活动主要由项目业主和潜在的买家实施。为了提高所识别项目成功注册的可能性，在必要时，项目业主可以请相关的技术咨询单位提供技术支持。

项目的类型、规模等的选择将对项目实施过程中适用的规则和程序、项目的交易成本、项目能否顺利注册、实施并获得减排量等产生重要影响。在识别潜在CDM项目的时候，项目建议者需要考虑一些关键问题，包括项目的额外性、项目开发模式、交易成本和风险。

1.额外性。额外性是指项目所产生的减排量与没有项目的时候相比应该是额外的。这个问题是任何项目开发者在确定项目时都需要优先考虑的。也就是说，项目建议者需要证明CDM项目不是基准线情景。CDM

执行理事会给出了一个"额外性论证和评估工具"，一个"额外性论证和评估以及基准线情景识别整合工具"等多个相关的工具，建议项目开发者采用。每个工具的使用对象和条件各不相同，使用时需要注意。另外，如果项目所应用的方法学中给出了关于额外性说明步骤和方法的指导，则建议项目开发者严格按照方法学给出的指导进行。

除此之外，执行理事会还给出了说明小项目额外性的障碍因素，包括投资障碍、技术障碍、因主流实践导致的障碍和其他障碍。投资障碍是指存在财务上更为可行的替代项目，但将会导致较高的排放（换言之，本项目虽具有较低的排放水平，但是缺乏相对的财务竞争力）；技术障碍是指由于本项目活动所采取的新技术在性能方面有不确定性或市场份额较低，相对而言，存在技术上欠先进的替代技术方案具有较低的风险，但因此而导致较高的排放；（换言之，项目虽具有较低排放水平但存在技术方面的风险，市场推广有障碍）；常规商业化水平是指当前的普遍做法或现行政策法规的要求将导致实施具有较高排放的技术（换言之，本项目虽具有较低排放水平但不合常规，不普及或不受政策法规鼓励）；其他障碍是指项目建议者认明的其他具体理由，像机构体制障碍，或缺乏信息，管理人才资源，组织能力，财源或吸收新技术能力等方面的障碍，致使本项目难以实施；而没有本项目活动时，排放就会变高。

2.项目的开发模式。CDM项目的开发通常有三种模式，即（1）单边模式：发展中国家独立实施CDM项目活动并且出售项目所产生的CERs，发达国家不参与项目的前期开发；（2）双边模式：一个发达国家或其法人实体和一个发展中国家共同开发CDM项目。（3）多边模式：CDM项目所产生的CERs被出售给一个基金，这个基金由多个发达国家的投资者组成。在多边和双边模式下，也有发达国家项目参与者仅购买减排量和投资项目并获得项目减排量两种方式。目前国际碳市场上主要方式是直接购买项目产生的减排量。

3.交易成本。与一般的投资项目相比，CDM项目需要经历额外的审批程序等，因此项目开发者需要承担一些额外的交易成本。CDM项目开发中的交易成本包括：项目搜寻费用、准备项目技术文件的费用、准备CERs购买协定的费用、指定经营实体（DOE）进行项目审定的费用、项目注册费用、项目监测费用、核查和核证费用、适应性费用、管理费用、东道国可能收取的费用等。这些交易成本将会影响项目的成本有效性，因此项目业主在开发规模较小的CDM项目时尤其需要关注。但有些交易费用可以通过一定的方式降低，例如：随着经过批准的方法学以及高水平的技术服务单位越来越多，准备项目技术文件的成本将逐步下降；随着国际碳市场上项目经验的逐渐增多，一些交易的CER购买合同有可能作为样本，因此相关的交易成本也可以相应降低；通过对类似项目进行打捆也可以降低交易成本。另外，在有些交易中，减排量的卖方也愿意承担一定的前期成本，从而可以降低项目业主的部分风险。

4.项目开发的风险。CDM项目面临着任何一个新项目都会面对的财务和其他风险。除此之外，它还可能面临项目不能成功注册，从而无法产生减排量的风险。在项目设计中对这一风险进行评估是非常重要的，基准线和监测方法学的合理选择有助于减小这一风险。项目双方需要就这一风险的承担责任达成共识，并且需要在投资协议中明确指出如何降低和分摊风险。保险可以帮助降低这一风险。目前市场上还没有相应的保险产品，但这类产品正在开发之中。为了促进CDM项目的开发，项目建议者可以考虑首先提出一个项目概念文件（PIN），它比项目设计文件（PDD）要简单一些，可以作为有关各方进一步讨论合作的一个基础。

（二）参与国政府的批准

所谓批准是指参与项目的各缔约方批准该项目作为CDM项目，而非一般意义上的项目批准。一个CDM项目要进行注册，必须由参加该项目的每个缔约方的国家CDM主管机构出具对该项目的批准信。前一个阶段完成的PDD等技术文件对于项目能否顺利获得批准具有重要影响。根据中国政府颁布的《清洁发展机制项目运行管理办法》，国家发展和改革委员会是中国的国家CDM监管机构，国家发改委依据国家CDM审核理事会的审核结果审批CDM项目，并代表中国政府出具项目批准书。

（三）项目的审定

一个项目只有通过审定程序，才能成为合法的CDM项目。因此，相关的技术准备工作完成之后，项目参与者应该选择合适的经营实体并与之签约，委托其进行CDM项目的审定（validation）工作。该经营实体主要基于项目建议者所提交的项目设计文件和CDM的相关要求，对项目活动进行审查和评价，审查的内容主要包括：（1）项目活动是否符合CDM的参与要求。（2）项目活动是否征求了当地利益相关者的意见，对其进行了总结并且给予了适当的考虑。（3）项目活动是否进行了项目的环境影响评价，并且提交了相关文件。（4）项目活动预期是否可以带来额外的温室气体减排效益。（5）项目活动是否采用了经过执行理事会批准的并适合本项目的基准线和监测方法学。除了审查项目设计文件之外，经营实体在审定CDM项目的过程中还将安排一个30天的评论期，以听取各缔约方、各利益相关者、《联合国气候变化框架公约》认可的非政府组织对项目的评论，同时应将这些评论公之于众。

在评论期结束之后，经营实体将根据各种信息完成对该项目的审定报告（validation report），确定该项目是否被认可，同时将核实的结果通知项目的参与方。如果不认可该项目，还应该给出原因。

（四）项目的注册

如果签约的经营实体认为一个建议的项目符合CDM项目的核实要求，则它就会以核实报告的形式向CDM执行理事会提出项目注册申请。审定报告中需要包含项目设计文件，东道国家的书面批准，以及对它如何处理所收到的公众关于该项目设计文件的评论。在向执行理事会提交审定报告的同时，该经营实体还应该将该核实报告公之于众。

对于一般项目而言，CDM执行理事会接到要求注册的申请8周之内，如果没有项目的参与者或者至少3名执行理事会的成员要求对该项目活动进行审查，则认为该项目自动注册成功。如果项目参与者或者至少3名执行理事会的成员要求，执行理事会应该对该项目进行审查。但是，审查应该仅限于与核实要求有关的事项。而且，最终的审查结论应不迟于提出审查请求之后的第二次理事会，如果审查通过，该项目可以进行注册。如果审查发现该项目不符合CDM的有关要求，也并不意味着该项目完全失去了作为CDM项目的资格。经过适当修改的项目，如果符合了CDM关于核实和注册的有关规定，其仍然可以作为合格的CDM项目进行注册。

一旦CDM项目通过了执行理事会的注册，项目就可以产生减排量。项目在执行理事会注册以前，参与者需要首先缴纳一定的费用，即注册费。注册费实际上是预先支付的部分CDM行政管理费用。根据《京都议定书》第一次缔约方会议的决定，CDM项目的注册费为项目在减排计入期内的年均减排量乘以用于管理费用的收益分成（对于每一个项目，每年的前1.5万个CERs的管理费为每个CER收取0.1美元，以上部分为每个CER收取0.2美元）。但减排计入期内年均排放量低于1.5吨二氧化碳当量的项目不必交纳注册费。注册费的上限为35万美元。缴纳的注册费将从用于管理的收益分成中扣除。如果项目活动没能成功注册，则对于3万美元以上部分的注册费，予以返还。

（五）监测与报告

注册以后，CDM项目就进入具体的实施阶段。要确定项目的减排量，需要对项目的实际排放进行监测。根据规定，在CDM项目的设计文件中，必须包含相应的监测计划，以确保项目减排量计算的准确、透明和可核查性。同时，监测计划所应用的方法学必须是经过批准的方法学，而且获得经营实体的认可。因此，这个阶段的主要活动是，项目建议者严格依据经过注册的项目设计文件中的监测计划，对项目的实施活动进行监测，并向负责核查与核证项目减排量的签约经营实体报告监测结果。这个阶段的工作主要由项目参与者负责，并接受签约经营实体的监督和检查。监测中需要获取的数据和信息包括：估计项目边界内排放所需的数据、确定基准线所需的数据、关于泄漏的数据。如果项目的参与者认为对监测计划进行修改可以提高监测的准确性或者有助于获得更加全面的项目实施信息，其应该对这一点进行证明，并将修改计划提交给经营实体核实。只有经过核实以后，项目参与者才可以对监测计划进行修改并据此实施监测活动。实施经注册的监测计划或者经批准的修改计划是计算、核查和核证CDM项目减排量的基础，因此，项目参与者应严格按照计划进行监测并按期向实施证实任务的经营实体提交监测报告。

（六）核查与核证

实施了监测计划并提交了监测报告以后，CDM项目就进入了减排量的核查与核证阶段。所谓核查，是指与项目开发者签约完成这一任务的指定经营实体对经注册的CDM项目在一定阶段的减排量进行周期性的独立评估和事后决定。所谓核证，是指该指定经营实体以书面的形式保证某一个CDM项目活动实现了经证实的减排量。这个阶段的活动由与项目参与者签约的独立经营实体实施。根据经核查的监测数据、经过注册的计算程序和方法，经营实体可以计算出CDM项目的减排量。

为了进行核查，指定经营实体可以审查项目参与者提供的监测报告等文件是否符合经注册的项目设计文件等的要求；需要时进行实地考察，包括：咨询项目的参与者和当地的利益相关方，检查监测仪器的准确性。如果需要，指定经营实体也可以在计算中应用来自其他渠道的数据；审查项目参与者是否正确应用了经过批准的监测计划，以及所提供的有关资料和信息是否全面而且透明；向项目参与者提出它所关心的问题，并且要求提供必要的信息或者进行说明等；必要的话，还会就后续计入期内的方法学提出修改意见。如果指定经营实体认为监测方法正确，而且项目的文档完备且透明，它就可以向项目的参与方、相关缔约方和执行理事会提交核证报告。核证报告需要向公众公开。

（七）CERs的签发

核证项目减排量的下一步就是签发项目所产生的CERs。指定经营实体提交给执行理事会的核证报告实际上就是一个申请，请求签发与核查减排量相等的CERs。如果在执行理事会收到签发请求之日起15天内，有任一参与项目的缔约方或者至少三个执行理事会的成员提出需要对签发CERs的申请进行审查，则执行理事会应该在收到请求的下一次会议上决定是否对其进行审查。审查内容将局限在DOE是否有欺骗、渎职行为及其资格问题。而且，审查应该在作出决定的30天内完成，并将其决定通知相关各方。如果没有收到此类请求，则可以认为签发CERs的请求自动得到了批准。

执行理事会批准减排量的签发申请之后，CDM登记系统的负责人应该：将2%的CERs作为适应性费用，存入特定的账户中（在最不发达国家实施的CDM项目以及小规模造林和再造林项目可以免除）；剩下的部分将根据项目注册时项目参与各方的约定，存入到有关缔约方或项目参与方的账户中。除此之外，在签发CERs之前，项目开发者还需要向EB交纳用于CDM管理的收益分成。只有缴纳此费用后，EB才会给项目签发CERs。根据《京都议定书》第一次缔约方会议的决定，CDM项目的管理费用为：每个项目每年的前1.5万个CERs为每个CER0.1美元，以上部分为每个CER0.2美元。

（八）CERs销售合同签订与执行

这是CDM项目实施过程中极其重要的一个环节，是CDM赖以存在的核心条件，是减排量价值得以实现的最终步骤。其主要活动是指项目实体将经过核证的减排量销售给附件I国家的相关机构并收回资金的全部过程。目前，国际碳市场中的主要买家包括日本、荷兰、英国、德国、西班牙、奥地利、意大利、世界银行和加拿大等，既包括政府，也包括公共组织和私人部门等。2004年1月到2005年4月期间，国际市场上CERs的交易价格大致为每吨二氧化碳当量3至7美元，因项目类型、合作方式、合同条款等不同而形成价格上的差异。需要说明的是，随着议定书的生效，CERs的国际市场价格也在逐步走高，大部分目前交易的价格约在7美元以上。减排量（CER）既不是实物商品，也不是技术商品，而是一种信用商品。清洁发展机制流程图如图9-3所示：

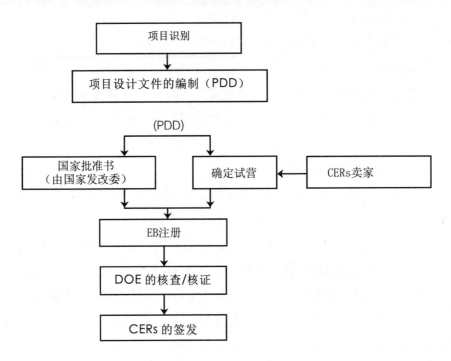

图9-3 清洁发展机制流程图

中国CDM项目交易的一般流程是，企业在国际买家的支持下，确认项目开发资质，然后获得国家发改委批复，经过第三方经营实体认证，再到联合国EB注册，由联合国EB签发核证减排量相当的CERs进入买家账户。由于联合国EB对中国项目延长审批时间，致使中国的一些可再生项目得不到及时的注册，这已成为中国越来越多的CDM项目面临的挑战。

四、CDM项目的特点

根据《京都议定书》缔约方会议有关清洁发展机制的各项决议的规定，CDM项目需要具备一系列条件以达到有效实现全球温室气体减排的目的，包括实现长期可测的减排效益、满足可持续发展要求和具有实际可证的额外性等。为了准确识别和开展CDM项目，缔约方会议对CDM项目方法学的开发和应用也做了详细的规定，为开发CDM项目提供了有力的技术保证。另外，对于比较特殊的造林与再造林"碳汇"项目和小规模的CDM项目也做了另行规定，使CDM项目的开发更具有针对性。

《京都议定书》要求CDM项目必须满足以下条件：（1）每一个相关缔约方必须是自愿参与项目；（2）项目必须产生实际的、可测量的和长期的温室气体减排效益；（3）项目实现的温室气体减排必须是没有该项目活动时不会发生的。具体来说，一个合格的CDM项目应该包括以下一些方面的特点。

1.实现温室气体的减排

根据《京都议定书》的要求，CDM项目必须产生规定的六种温室气体的减排效果，这应当视作实施CDM项目的一个最直接的目的，也是一个最基本的前提。这六种温室气体分别是二氧化碳（CO_2）、甲烷（CH_4）、氧化亚氮（N_2O）、氢氟碳化物（HFCs）、全氟化碳（PFCs）和六氟化硫（SF_6）。一个合格的CDM项目所带来的直接环境效益应当是实现这六种温室气体的减排，如果有些项目具有明显的社会效益和环境效益，但是几乎没有什么温室气体的减排效果，那么也不应当视作合格的CDM项目。

2.满足项目东道国可持续发展的要求

CDM项目除了要有助于发达国家履行其温室气体减排承诺外，还特别要满足发展中国家的自身的可持续发展要求，即有利于国民经济的发展；有利于环境保护和减缓温室效应；有利于当地的经济发展和减少贫困；有利于社会进步和增加就业。具体对中国来说，CDM项目应与中国的"十一五"规划相协调，并且满足国民经济长期发展的要求。20世纪90年代初，中国政府发布了《中国21世纪议程》白皮书，并制定了"中国21世纪议程优先项目计划"，其中就包括煤炭清洁利用、控制汽车尾气排放、加强可再生能源以及煤层气勘探开发和利用等一些与减缓气候变化和开展CDM项目活动相关的领域，可以作为指导未来重点发展方向的一个纲领性文件。

3.具有额外性

CDM项目减排效益的额外性是CDM项目实施中一个核心的问题，项目额外性的论证和评价也是项目设计中一个非常重要的部分。所谓额外性，是指CDM项目活动所产生的减排量相对于基准线是额外的，即这种项目活动在没有外来的CDM支持下，存在诸如财务、技术、融资、风险和人才方面的竞争劣势和（或）障碍因素，靠国内条件难以实现，因而该项目的减排量在没有CDM时就难以产生。反言之，如果某项目活动在没有CDM的情况下能够正常商业运行，那么它自己就成为基准线的组成部分，那么相对该基准线就无减排量可言，也无减排量的额外性可言。

五、CDM国际碳市场发展状况

1.CDM国际碳市场发展规模

根据国际碳市场的交易情况来看，基于项目的碳排放交易占比例超过整个交易量的90%，尤其是CDM项目减排潜力巨大。据统计，如表9-2所示，截至2009年11月24日，全球累计超过4200个项目进入联合国EB注册流程，其中1906个项目成功注册为CDM项目，而项目的设计文件中给出的截至2012年的核证的减排量总数已经超过了 2.9×10^9 吨。

表9-2 2008年、2009年CDM项目数据

市场类型	2008 年		2009 年	
	二氧化碳当量 （百万吨二氧化碳）	价值 （百万美元）	二氧化碳当量 （百万吨二氧化碳）	价值（百万美元）
一级CDM项目	404	6511	211	2678
联合市场	25	367	26	354
自愿市场	57	419	46	338
总 计	486	7297	283	3370

基于项目的碳市场主要是基于清洁发展机制（CDM）和联合履约机制（JI）的市场。从市场交易状况来看，CDM与JI的交易额在2006年有了巨大的增长，达到了50亿美元（约38亿欧元）。企业与个人自发进行的碳交易同样有了很大的进步，在2006年，项目市场的交易额达到了1亿美元（约8000万欧元）。而CER的价格与EUA的价格趋势类似，在2006年相对稳定，而也在经历了2007年和2008年上半年的上涨以后，在2008年下半年开始下滑，不过CER的价格变化比起EUA的价格变化相对平缓一些。通过与主要能源产品（天然气、石油、煤炭等）近两年的价格变化以及各国GDP总量变化比较后发现：欧盟碳排放配额（EUA）与核证的减排量（CERs）的价格以及能源产品价格联系紧密，通常是随着能源价格的涨跌而随之发生相应变化。能源产品价格在2007年到2008年上半年出现相对上升趋势，EUA和CERs价格相应上升；直到2008年下半年能源产品价格出现大幅下跌，EUA和CERs的价格也随之下跌。

由于美国次贷危机引起的全球金融危机，导致国际金融市场上资本流动减缓。流向发展中国家的私人资本在2008年下半年明显地下降了。2007年，资本流入1.16万亿美元，而2008年下降了39%，资本流入减少为707亿美元。直到2009年，私人资本流入又下降了49%，降为360亿美元。资本流入的下降影响了有关CDM项目和JI项目的可持续发展能源项目。碳需求的未来的不确定性和融资渠道的缺乏将导致运行的CDM项目的数量的减少。2005—2008年。CDM项目的数量每个月都能够稳定地增长，平均每个月都有116个项目开始运行。然而，到2010年，项目的数量下降了10%。

2.CDM项目输出国主要集中在发展中大国

目前，在基于项目的碳市场中，清洁发展机制项目市场交易活跃，而且CDM市场和中国有直接的关系。现在，CDM项目输出国主要集中在经济实力和政治影响力较为突出的发展中大国，而其他经济实力较弱的发展中国家则项目较少。其中，中国、印度、韩国和巴西的CERs数量占联合国所签发的全部数量的92％，非洲作为人均GDP最低的大陆，是发展中国家最多的地方，可是CDM项目发展缓慢。从CDM项目分布来看，印度在数量上最多，中国位居第二。

中国是全球第二排放大国，从已经注册成功的核证的减排量（CERs）数量来看，中国和印度分别是世界第一和第二的输出国。截至2009年。全球CDM市场约60％的二氧化碳当量是中国和印度提供的，其次是韩国，份额约为18％，巴西为14.9％。亚洲地区的份额约占80％以下，其他国家与地区的份额不足20％。

总之，发达国家通过CDM项目的合作对象主要是中国、印度、巴西、墨西哥这些较大的发展中国家，而其他相对贫穷的发展中国家尚未参与，所以CDM项目只能让几个经济实力较强的发展中国家受益，可以增加其外商直接投资，加强技术转让，增加政府收入以及促进国家的可持续发展。

在基于项目的碳市场，欧盟是最主要的买家。截至2009年12月，从CDM项目购买国家的分布情况中看，英国购买的CDM项目最多，占项目总数的37％，其次是荷兰22％，日本占13％。如今，欧盟仍然是最主要的CDM购买方，占市场总数80％左右。

3.CDM项目主要以能源类项目为主，减排量以非二氧化碳为主

CDM项目种类分布在氢氟碳化物、氧化亚氮、再生能源替代、甲烷减排、能源效率、能源替代等。能源工业（包括可再生能源）是实施CDM项目最多的部门，这主要是由于能源工业基本上是高耗能产业。从CDM项目数量看，截至2009年，在已经注册的CDM项目中，能源类项目约占63.41％，废弃物处理约占16.53％，农业占4.39％。

4.基于项目的碳市场价格逐渐上升

基于项目的碳市场交易价格上涨明显，二级市场的交易量逐渐增加，但是交易价格逐渐下降。

六、CDM中国发展情况

1.CDM项目在中国的总体情况

CDM是《京都议定书》确立的唯一涉及发展中国家的减排合作机制。对于发达国家而言，能源结构的调整，温室气体的减排成本在每吨碳100美元以上，而发展中国家减排的成本比较低廉，如果在中国进行CDM活动，减排成本可降低至每吨碳20美元。据世界银行测算，在欧盟减排一吨二氧化碳的成本约为198欧元，而在日本达到每吨234美元。这种巨大的减排成本差异，促使发达国家的企业积极进入中国寻找可以合作的CDM项目。发达国家利用CDM项目减排达到了低成本的效果。而发展中国家在CDM项目合作中获得的资金和技术的支持，有利于发展本国经济，提高资源使用效率，减少污染，促进国内的可持续发展。因此，CDM是一种双赢机制。

根据现在各国发展情况预测，中国很有可能在2010—2020年超过美国，成为全球温室气体排放量最大的国家。目前，中国面临着发展经济的压力，其消费市场广阔，但是能源结构不合理，能源利用效率低下，所以，中国在改进能源结构和提高能源利用效率方面上是具有很大潜力的。因此，旨在督促发达国家减排温室气体和促进全球可持续发展的CDM，在中国是具有广阔的市场前景。

（1）中国CDM占全球的市场份额分析

近年来，全球碳市场上的CDM数量大幅度增加。从2004年11月8日第一个CDM项目注册以来，至今为止，中国已经是申请CDM项目最多的国家之一。中国的CDM项目数量大约占全球份额的35%，并且中国的平均项目规模大于世界其他国家的项目规模。因此，如果把2012年前的项目都加总起来，中国占全球市场规模的54%，而如果计算到2020年，则中国占CER的市场总量的57%。根据UNEP Risoe的数据，至今中国CDM项目出售的温室气体排放量约为1.88亿吨，因此流入中国的资金已经在18亿美元以上了。根据世界银行（2009）报告指出，2009年全球碳市场总额与去年同期相比增长6%，已经达到约1440亿美元，而中国占全球碳交易市场的份额却不到1%。

截至2010年2月，中国政府已批准的CDM项目达2327个，但在联合国已注册的中国CDM项目，却只有701个，已获CER签发的中国项目也只有174个。而根据标准普尔的统计数据，作为CDM的参与大国，中国在风电CDM项目的81.4%的成功率低于印度（88.7%）与巴西（88.8%），工业领域的可再生能源CDM项目成功率只有62.8%，也明显低于印度的77.9%，水坝CDM项目的成功率亦低于印度。

（2）中国CDM项目涉及的主要领域

2012年，中国碳减排量累计达到5.7亿吨。CDM注册项目主要涉及5个领域，分别是化工废弃减排、煤层气回收利用、节能与提高能效、可再生能源、造林与再造林。CDM减排量主要来自于非二氧化碳气体，主要是氢氟碳化物和氧化亚氮，约占总减排量的59%。至今为止，中国目前的CDM项目主要是风电、水电和能效项目。这三大类项目类型在中国正在开发的项目的总量中所占比例为81.5%，年度CER占CER总量的49%。在执行委员会注册的CDM项目中，这些项目占总量的77%，年度CER的数量占总量的比例为26.3%。到目前为止，中国批准的各种类型的减排项目中，新能源和可再生能源所占比例大约70%，从中可知电力行业CDM项目的减排潜力巨大。

目前，大部分正在开发的CDM项目和在执行委员会注册的CDM项目是小水电CDM项目。风电项目数量也有了较大幅度的增长，正在开发的项目也比2006年大概增长了6倍，执行委员会注册项目也大约增长了3倍。虽然项目数量很大，可再生能源CDM项目中的水能、太阳能和生物能形式的CER份额还是比较小的，生物能CDM项目的增长也比较小。截至2009年1月1日，可再生能源仅占正在开发的CER数量的大约39%。

同时，能效CDM项目的数量也出现了最快的增长。与2006年的项目数相比，正在开发的能效项目的数量增长了10倍多（从22个增加至148

个），占项目总数15.5％。已经注册的能效项目也增长得很快，从2006年1月1日到2009年1月1日，项目数量从1个增加到40个，占项目总数的11.4％。

根据中国的主要的能源结构，中国主要以煤为主，因此，中国在煤层气和煤矿瓦斯项目这块领域是具有很大潜能的。截至2009年1月1日，CDM项目数量为60个，年度CER数量约为2700万吨，所以它的项目数量与年度CER数量具有较大的增长，在已经注册的项目数量来看也是如此。虽然如此，这一类型的CDM项目还是有很大的潜能的，例如正在开发的燃料转换和填埋项目数量快速增长。

同时，与氢氟碳化合物和氧化亚氮等工业气体分解有关的CDM项目数量却有所下降。从2006年12月到2008年5月，这些项目占正在开发的年度CER总量的份额实际上已经从52.9％下降至25.5％。这种类型的CDM项目的投资成本很低，但是产生的CER数量却很高。这类型项目的衰退是由于国内这一类型的CDM项目市场已经在市场上发挥过它的最大效用了，并且根据中国对CDM的收益的管理规定，氢氟碳化合物项目的税率达65％，所以注册数量会出现下降趋势。

如上所述，中国现在已经成为世界上最主要的CDM项目的东道国，在全球碳市场中发挥着重要的作用。直到2008年2月，中国的清洁能源发展机制项目获得联合国核证减排量达到3600多万吨二氧化碳当量，首次超过印度，跃居世界第一位。中国的CERs和CDM项目数量分别居世界第一位和第二位。

2.中国CDM项目的实践

（1）CDM项目实践

中国早在1993年就成为《京都议定书》的坚定支持者和维护者，中国一直致力于节能减排、建立碳交易市场，并从法律上和实践上做准备。例如：2002年6月29日，第九届全国人民代表大会常务委员会第二十八次会议通过《中华人民共和国清洁生产促进法》。第一次颁布了石油等3个行业的清洁发展标准、铝电钢铁等10个行业的批报稿以及乳制品等18个行业的意见稿。这一法规的颁布限制了许多行业的碳排放标准，是中国为节能减排和清洁发展做出的初步努力。2004年7月颁布了《CDM项目运行管理办法》。2005年政府颁布实施了《清洁发展机制项目运行管理办法》，这些都促进了CDM项目在中国健康而有序的发展，至此中国正式加入CDM市场。

在《京都议定书》生效之后，中国就被视为最具潜力的CDM市场。中国的能源生产和消费增长迅速，能源利用效率低，温室气体排放量大，技术落后，减排空间很大。发达国家在中国购买碳排污权价格仅为每吨8.5欧元左右，与发达国家依靠自己的技术改进实现减排的成本相比来看，前者更为经济划算，利益的刺激使得发达国家进入与中国合作的CDM项目市场。现在，中国国内的碳排放权交易的主要类型为基于项目的碳排放权交易。

2002年，荷兰CERUPT与中国政府合作的第一个CDM项目——内蒙古辉腾锡勒风电场项目签署合同，合同规定二氧化碳排放支付价格为每吨5.4欧元，项目每年平均排放5.14万吨二氧化碳，减排期10年。世界银行碳基金在中国购买的首个CDM项目是晋城煤业煤气项目，晋城煤业通过煤体层（瓦斯）发电，减少二氧化碳气体排放450万吨，世界银行碳基金按照每吨4.25美元的价格，支付了1900万美元。2005年10月，中国最大的氟利昂制造公司山东省东岳化工集团与日本最大的钢铁公司新日铁和三菱商事合作，展开温室气体排放权交易业务。估计到2012年年底，这两家公司将获得5500万吨二氧化碳当量的排放量，此项目涉及温室气体排放权的规模每年将达到1000万吨。

联合国开发计划署正和国家发改委、科技部合作，计划在北京成立一家碳交易所，试图使中国成为全球数十亿美元"碳排放信用（Carbon Credits）"交易的一个重要的交易中心。2009年开始，北京、上海、天津、厦门、深圳、浙江、江苏、湖北、湖南等省市已纷纷采取行动，筹建区域性的碳交易所或者争取把中国的碳交易市场设在当地。2010年8月5日，时值北京环境交易所成立2周年之际，甘肃锦泰电力有限公司与摩科瑞能源贸易公司（Mercuria Energy Trading SA）在金融街17号举行"金口坝28MW水电CDM项目碳减排量购买协议书签字仪式"，这是在交易所场内达成的首个单边CDM项目。2010年10月19日，大唐集团所属的中国水利电力物资有限公司与俄罗斯天然气集团市场与贸易公司在北京环境交易所举行"六鳌三期风电CDM项目减排量购买协议书签字仪式"。这是在交易所场内达成的第二个单边CDM项目，也是场内首个成交的来自大型国有电力企业的单边CDM项目。该项目于2010年2月22日在联合国注册成功，年减排量达到4.8万吨，预计到2013年前累计产生减排量13万吨，为企业带来碳交易收益1000余万元人民币。

建立碳交易市场是应对气候变化的核心市场机制。中国已计划在"十二五"计划（2011-2015年）开展碳交易项目，以实现2020年中国单位GDP二氧化碳排放下降40%—45%的约束性指标。中国若能成功设计并启动碳交易市场，不仅关系中国的低碳转型，对于全世界应对气候变化的信心重建和示范价值也意义重大。

（2）中国在CDM项目中的签发率

CDM的七种项目类型（即生物质能、煤层气、能效、氢氟碳化合物、水电、填埋气体、风电）的签发率存在很大的差异。可再生能源CDM项目比如水电和风电等的签发率普遍比较低，水电的约为87%，而风电的较低，大约为75%。即使是同一种类型的CDM项目，它们之间的签发率差异也很大，波动范围为10%—60%。

其中，中国有45个风电项目已经交付了CER。但是，风电项目之间的签发存在很大的差异，从10%—32%不等。对其中的原因进行研究，发现了两点：第一，项目规模与签发率不一定是相关的。不管是大型的还是小型的风电项目，都可以出现很高或者很低的签发率。第二，虽然天气情况和风力资源会导致地区间的签发率存在差异，即使在同一个地区，风电项目的签发率也存在着很大的差别。例如，在吉林省有3个项目的签发率很高，都接近或者超过100％，但另外两个项目的签发率却很低，大约最高是40％。面对这些差异，可能存在的原因是，风电项目执行的重要方面存在着差异，比如说设备的质量和性能、人员的设计能力和装机效率。也可能是因为项目开发商缺乏制定复杂的监控和审核流程的经验。

（3）中国CDM项目的区域分布

中国的能源结构以及其自然资源分布和发展水平的不平衡对CDM项目的区域分布来说非常重要，但是CDM项目的分布还会与区域实行的制度框架和区域的政策相关。

在正在开发的CDM项目中，主要类型为水电、风电和节能发电项目，这三者所占的比重最大。除此之外，生物质能CDM项目的数量也很多。一般来说，区域分布、自然资源储备和工业基础的类型应该是影响CDM项目分布的主要因素。但是中国的CDM项目中水电项目大部分在云南、四川和湖南；风电项目则大部分集中在内蒙古；能效项目则在各地分布较均匀，但是能源密集型大规模重工业和制造业项目主要分布在山西、江苏、山东、湖北和安徽等地区。然而，各区域的CER分布情况与上述又不一样，它取决于各地所采用的减排技术和项目规模。对中国的CER分布情况分析可以得出：①氢氟碳化合物和氧化亚氮项目在江苏、浙江、山东和辽宁地区，以较少的项目数量却产生了比较高的温室气体减排量；②风电项目高度集中在内蒙古，并且风力产生的CER最多；③水电项目大部分聚集在云南和四川地区，但是小水电站项目产生的平均额度数量比较低；④煤气层项目产生的CDM项目高度集中在山西省；⑤燃料转换项目的数量比较有限，但是这些项目也能产生大量的CER。有可能是因为这些项目先期所需的资金比较多，所以这些项目大部分分布在比较发达的地区，如浙江、江苏、广东和福建等地区；⑥与上述项目相比，节能发电项目在地区间的分布显得比较均衡，CER的分布反映了CDM项目的数量。

上述分布说明在某种程度上，CDM项目正在实现其减排的承诺，支持自然资源利用率最低、工业效率最差的地区的发展，同时减少排放，但是也要注意到区域政策和区域制度也是影响CDM的重要因素。

参考文献

1.魏一鸣 等著.中国能源报告，碳排放研究.北京:科学出版社，2008.

2.林柏强 等著.能源金融.北京:清华大学出版社，2011.

3.徐玖平 等著.低碳经济引论.北京:科学出版社，2011.

4.刘奕良著 .废气变黄金：清洁发展机制研究.北京:新华出版社，2008.7.

5.姜冬梅 等主编.应对气候变化.北京:中国环境科学出版社，2007.9.

6.秦克.CDM项目开发流程与实施模式的选择[J].现代管理科学.2007，（12）：99-100.

第十章 气候研究机构与国际公约

第一节 应对气候变化组织机构

一、联合国政府间气候变化委员会（IPCC）

联合国政府间气候变化委员会（Intergovernmental Panel on Climate Change，IPCC）是世界气象组织（WMO）及联合国环境规划署（UNEP）于1988年联合建立的政府间机构。其主要任务是对气候变化科学知识的现状，气候变化对社会、经济的潜在影响以及如何适应和减缓气候变化的可能对策进行评估。

（一）IPCC的成立和目的

认识到潜在的全球气候变化问题，世界气象组织（WMO）和联合国环境规划署（UNEP）于1988年建立了政府间气候变化委员会（IPCC）。它对联合国和WMO的全体会员开放。考虑到人类活动的规模已开始对复杂的自然系统，如全球气候产生了很大的干扰。许多科学家认为，气候变化会造成严重的或不可逆转的破坏风险，并认为缺乏充分的科学确定性不应成为推迟采取行动的借口。而决策者们需要有关气候变化成因、其潜在环境和社会经济影响以及可能的对策等客观信息来源。而IPCC这样一个机构的地位能够在全球范围内为决策层以及其他科研等领域提供科学依据和数据等。IPCC的作用是在全面、客观、公开和透明的基础上，对世界上有关全球气候变化的现有最好科学、技术和社会经济信息进行评估。这些评估吸收了世界上所有地区的数百位专家的工作成果。IPCC的报告力求确保全面地反映现有各种观点，并使之具有政策相关性，但不具有政策指示性。

（二）IPCC的基本工作

IPCC的基本工作是为政治决策人提供气候变化的相关资料，但本身不做任何科学研究，而是检查每年出版的数以千计有关气候变化的论文，并每五年出版评估报告，总结气候变化的"现有知识"。例如，1990年、1995年和2001年和2007年，IPCC相继四次完成了评估报告，这些报告已成为国际社会认识和了解气候变化问题的主要科学依据。

（三）IPCC的主要作用

IPCC的作用是在全面、客观、公开和透明的基础上，评估与理解人为引起的气候变化、潜在影响以及适应和减缓方案有关的科技和社会经济信息。

IPCC既不从事研究也不监测与气候有关的资料或其他相关参数。它的评估主要基于经过细审和已出版的科学/技术文献。IPCC的一项主要活动是定期对气候变化的认知现状进行评估。

IPCC还认为有必要在提供独立的科学信息和咨询的情况下撰写关于一些主题的"特别报告"和"技术报告"，并通过其有关《国家温室气体清单》方法的工作为《联合国气候变化框架公约》（UNFCCC）提供支持。

（四）IPCC的成员组成

IPCC下设三个工作组和一个专题组。第一个工作小组负责从科学层面评估气候系统及变化，即报告对气候变化的现有知识，如气候变化如何发生、以什么速度发生。第二个工作小组工作内容是关于影响、脆弱性、适应性方面，它负责评估气候变化对社会经济以及天然生态的损害程度、气候变化的负面及正面影响和适应变化的方法，即气候变化对人类和环境的影响，以及如何可以减少这些影响。第三个工作小组是关于减缓气候变化的，它负责评估限制温室气体排放或减缓气候变化的可能性，即研究如何可停止导致气候变化的人为因素，或是如何减慢气候变化。第四个小组是国家温室气体清单专题组，负责IPCC《国家温室气体清单》计划。

IPCC向联合国环境规划署和世界气象组织所有成员国开放。在大约每年一次的委员会全会上，就它的结构、原则、程序和工作计划做出决定，并选举主席和主席团。全会使用六种联合国官方语言。每个工作组（专题组）设两名联合主席，分别来自发展中国家和发达国家，其下设一个技术支持组。

（五）IPCC的重要产品

IPCC的主要产品包括评估报告、特别报告、方法报告和技术报告。每份报告都包括决策者摘要。摘要反映了对主题的最新认识，并以非专业人士易于理解的方式编写。

1.评估报告提供有关气候变化、其成因、可能产生的影响及有关对策的全面的科学、技术和社会经济信息。IPCC《第一次评估报告》于1990年发表，报告确认了对有关气候变化问题的科学基础。它促使联合国大会作出制定联合国气候变化框架公约（UNFCCC）的决定。该公约于1994年3月生效。《第二次评估报告》"气候变化1995"提交给了UNFCCC第二次缔约方大会，并为公约的京都议定书会议谈判作出了贡献。《第三次评估报告》（IPCCTRA）"气候变化2001"也包括三个工作组的有关"科学基础"、"影响、适应性和脆弱性"和"减缓"的报告，以及侧重于各种与政策有关的科学与技术问题的综合报告。按委员会的决定，《第四次评估报告》（IPCCAR4）于2007年完成，《第五次评估报告》（IPCCAR5）将于2014年发布。

2.特别报告提供对具体问题的评估。1995年以来发表了：气候变化的区域影响（1997），航空与全球大气（1999），技术转让的方法和技术问题（2000），排放前景（2000），土地利用、土地利用变化和林业（2000），保护臭氧层和全球气候系统（2005），管理极端事件和灾害风险推进气候变化适应特别报告（2012）。

3.方法报告描述了制定国家温室气体清单的方法与做法，新版

《IPCC国家温室气体清单指南》已于2006年问世。此外还出版了一些其他方面的方法报告。

4.技术报告提供对有关某个具体专题的科学或技术观点，它们以IPCC报告的内容为基础。已出的有：减缓气候变化的技术、政策和措施（1996），IPCC第二次评估报告使用的简单气候模式介绍（1997），稳定大气温室气体：物理、生物和社会经济意义（1997），限制二氧化碳排放建议的意义（1997），气候变化与生物多样性（2002），等等。

虽然IPCC不直接评估政策问题，但所评估的科学问题均与政策相关，因此，IPCC评估报告除了代表科学最新进展外，同时对各国气候变化决策和国际谈判具有重要影响。IPCC第一次评估报告于1990年出版，它促进了政府间的对话，并由此推动了1992年《联合国气候变化框架公约》（UNFCCC）的制订。IPCC第二次评估报告于1995年出版，它为1997年通过的《京都议定书》的谈判提供了坚实的科学依据。IPCC第三次评估报告于2001年出版，其结果受到决策者、科学界的普遍关注，成为UNFCCC中适应和减缓议题谈判的重要依据。IPCC第四次评估报告于2007年完成，它为"巴厘行动计划"的出台发挥了重要作用。

IPCC评估报告反映了当前国际科学界在气候变化问题上的最新认识水平，为国际社会应对气候变化提供了重要的科学咨询意见，也对各国的可持续发展提供了重要的决策参考依据，也必将对未来气候变化领域的科学研究发挥重要的指导作用。

二、气候议程机构间委员会（IACCA）

气候议程是国际上相关气候研究机构为了协调相互间的活动而发起的，同时也为了提升相关的研究活动，以充分满足社会发展的需求。气候议程提供了一个整体框架，在这个框架内，各国政府、国际组织和一些非政府组织可以根据它们自己的性质规划它们各自在相关国家和国际气候研究计划中的角色和作用。它提出了四个主题：（1）气候科学与预测的最新领域；（2）可持续发展气候服务；（3）气候影响评价及减少伤害的响应战略研究；（4）气候系统的专用模型。

气候议程机构间委员会（Inter-Agency Committee on the Climate Agenda，IACCA）是由粮农组织（FAO）、国际科学理事会（ICSU）、UNEP、联合国教科文组织（UNESCO）及其政府间海洋学委员会（IOC）、世界卫生组织（WHO）、世界气象组织（WMO）联合协商建立的。IACCA的作用是提供对气候议程的整体协调与指导，其成员包括气候议程科学委员会主席、政府间气候变化论坛的代表、气候变化框架公约秘书处、反沙漠化公约秘书处以及国际主要气候研究创始与计划发起者、管理者的高级代表等。

三、世界政党气候与生态联盟

2013年5月29至30日，中国共产党与亚洲政党国际会议共同主办的以"推进绿色发展，共建美丽亚洲"为主题的《2013亚洲政党专题会议》在中国西安召开，中共中央政治局委员、国家副主席李源潮，斯里兰卡总统马欣达·拉贾派克萨，老挝国家副主席本扬·沃拉吉，柬埔寨副总理索安，亚洲政党国际会议创始主席何塞·德贝内西亚，中国全国政协副主席、中共中央对外联络部部长王家瑞等来自亚洲50多个国家的政党代表团，拉美和加勒比政党、非洲政党代表团及国际组织代表近200余人出席会议。联合国秘书长潘基文向大会发来视频致辞，国际生态安全合作组织总干事蒋明君出席会议并在会议上讲话，他指出，亚太中间党派气候变化委员会，亚洲政党气候变化委员会，拉美和加勒比政党气候变化委员会成立以来，始终把降低气候变化风险，解决生态危机，城市防灾减灾，生态治理和生态修复作为首要任务。但由于上述机构没有进行法定注册，也没有在金融部门设立账户，因此，始终不能与联合国和国际金融机构确定合作关系。今明两年世界银行将投入大量资金解决气候变化和生态危机。鉴于此，他提议在保留三个政党气候变化委员会的基础上共同成立"世界政党气候与生态联盟"，其主要任务：发挥政党、特别是执政党的作用，促进联合国政府间气候谈判，加速《京都议定书》进程；为各国政府提供气候变化、生态安全方面的战略咨询；主办两年一届的"世界政党间气候与生态峰会"；引导各国及社会各界发展气候产业、绿色产业、生态产业、低碳产业，加强各国政党与联合国机构、国际组织、金融机构的合作和技术交流等。

　　为期两天的会议以"推动绿色发展，共建美丽亚洲"为主题，围绕"亚洲国家探索推动绿色发展的实践"和"亚洲政党合作应对绿色发展的挑战"两个议题进行讨论。会议期间通过的《西安倡议》称，亚洲正处于工业化的关键阶段，发展势头强劲，潜力巨大，同时资源能源受限、生态环境恶化等人与自然的矛盾日趋尖锐，国际金融危机的冲击更加剧了这一矛盾。亚洲能否将21世纪变成"亚洲世纪"，在很大程度上取决于能否妥善及时应对这些问题。西安倡议通过了由亚洲政党国际会议，拉美和加勒比政党常设会议、非洲政党理事大会、亚太中间党派民主国际与国际生态安全合作组织共同创建"世界政党气候与生态联盟"的决议。

　　附：2013亚洲政党专题会议（西安）倡议

2013亚洲政党专题会议（西安）倡议
中国·西安
2013年5月31日

　　当今世界，亚洲正站立在发展的关键结点之上，面临千载难逢的机遇。今天，来自亚太地区33个国家57个政党的代表、非洲政党以及来自拉美加勒比政党常设会议的观察员共聚一堂，参加由中国共产党在陕西省西安市主办的2013亚洲政党专题会议。从5月30日至31日，我们以"推动绿色发展，共建美丽亚洲"为主题共同商讨并交换意见。

　　我们将就保护生态环境及促进绿色发展交换意见和经验，并就未来国际合作，尤其是政党间的合作展开深入讨论。在本次会议之前，我们参观了陕西省内的多项生态工程，看到了中国为促进绿色发展、构建"美丽中国"所迈出的坚实步伐。在参观过程中，我们也很钦佩地看到中国共产党及各级政府在促进发展和保护生态环境方面所做出的坚持不懈的努力。

我们强调和平与发展是当今国际社会的两大主题，同时，我们也认识到发展中存在的诸多问题。全球的经济恢复缓慢，国际金融危机对现有的经济架构和发展模式产生了极为不利的影响。亚洲在探索可持续发展的道路上仍然面临诸多挑战。

在过去的三个世纪，人类通过工业化进程创造了巨大的财富，但同时也带来了巨大的环境代价：如严重的环境污染、生态恶化以及更加频发的自然灾害。亚洲正处在工业化的关键时期，有着强劲的发展动力和潜力，但在同时，人与自然之间的不和谐却仍在不断增长：严重的资源和能源短缺以及环境的急速恶化便是最好的佐证，而以上这些趋势现在因国际金融危机而进一步恶化。亚洲能否将21世纪变成"亚洲世纪"很大程度上取决于这些问题能否得以及时的解决。

在"后危机时代"，全球经济的结构变化是不可避免的，而人们对发展模式的创新在此时变得尤为迫切。自20世纪下半叶，国际社会开始逐渐接受"增长的极限"、"人类只有一个地球"以及构建"命运共同体"的理念，因此，将环境保护放在第一位的绿色经济也繁荣发展。我们认识到，亚洲国家在近年来开创了符合自己国情的绿色可持续发展道路，并成为全球运动的先驱。我们对这些努力表示欢迎，同时将继续鼓励并推进亚洲地区的深入和广泛交流。

经济的"绿化"并非发展的负担，而是经济增长的新引擎，并且正在快速成为一种能覆盖各国利益的基本增长方式。绿色经济发展可以为各国带来不断增长的利益，加强合作并加快增长。绿色发展是全球实现可持续发展以及人与自然和谐相处的一部分。绿色发展将在实现复苏和复兴的"亚洲梦想"中扮演不可或缺的角色。

我们呼吁：

1. 重视绿色发展，促进生态进步

国际金融危机的影响仍未完全消退，而新的技术革命也鲜有突破，因此培养绿色产业，发展绿色科技，生产绿色产品，使用绿色能源并提倡绿色消费不仅能缓解经济发展与保护资源和环境之间的矛盾，还能创造新的市场需求及就业机会。在绿色发展的概念中，"绿色"是手段，"发展"则是结果，因为生态可持续和发展是一个整体。我们决不能纯粹为了追求绿色而停止发展，而是应该创造一种良性的增长循环，即绿色保护推动发展，而发展又提供绿色保护。亚洲国家，在政党对政府和私人企业的推动之下应该积极发展绿色科技并探索新的技术转让途径，提升投资成本效益以降低"绿色转型"的成本及风险，培养绿色生产及消费模式并扩张绿色产品的市场，同时创造就业机会，促进发展，并以推进全球绿色可持续发展为目的改善民众福利。

2. 坚持透明包容，推动共同发展

在推动绿色发展方面，我们需要坚持公平、公正、开放、包容的发展理念，正视亚洲各国发展阶段、发展水平不同的客观事实，支持各国因地制宜，根据气候变化和相关国际协议自主决定绿色发展的路径和进程。与此同时，我们还要强调互惠互利的重要性，以免让绿色发展成为贸易保护主义者们设立"绿色壁垒"的借口。

3. 加强国际合作，共建美丽亚洲

亚洲当前面临的很多挑战都是跨国界的问题，这就需要更为紧密的国际合作，因为气候变化及其破坏性的后续影响是没有国界的。这种合作使问题得以解决，并推动"美丽亚洲"的建设。各国应该继续发扬伙伴精神，互学互建、互帮互助，携手共建美丽亚洲。本次会议的与会者们为绿色发展献计献策，包括（但不局限于）：成立亚洲绿色发展基金，绿色技术市场等。在此背景下，我们共同响应习近平主席关于树立生态"红线"的号召。亚洲政党国际会议创世主席何塞·德贝内西亚关于将生态和经济联系起来的提议也很有建设意义，尤其是在区域内大规模植树，既保护环境，又能通过提升就业率推动经济增长。

4. 发挥政党作用，创新发展模式

实现绿色发展不仅是亚洲各政府的紧迫任务，也是亚洲各政党的重大责任和历史使命。亚洲各国政党要下定决心，做生态文明的引领者、推动者和实践者；推广生态文明理念，推动本国政府出台促进绿色发展的政策。通过亚洲政党国际会议等多边合作机制，开展国际合作，积极探索建立在法治、良政、生态文明基础上的绿色发展有效模式，确保人类享有无污染未来的基本权利。

西安会议注意到最近"世界政党气候与生态联盟"的成功组建，该联盟容纳了亚洲政党国际会议、亚太中间党派民主国际、非洲政党理事会以及国际生态安全合作组织，作为有广泛基础的"联合阵线"，该联盟旨在激励各国政党、政府和民间团体合作，共同应对气候变化和解决生态危机。

我们很高兴地关注到，亚洲政党国际会议成立13年以来始终作为亚洲政党间合作与交流的平台，其影响力日渐增强，并且一直为亚洲地区的和平和发展作贡献。在亚洲地区的动态发展及合作的背景之下，党派之间会有更广阔的合作空间。我们相信亚洲政党国际会议将坚持自己的传统，继续构建党派间共识并推进党派合作，加深亚洲党派间关系，并为党派间的频繁交流奠定基础以巩固国家与国家之间的关系。在联合国气候变化框架公约的支持下，全球政党气候与生态联盟将成为亚洲乃至世界为共同事业团结起来的重要支柱。最后，我们真诚地感谢潘基文秘书长为我们带来的视频祝贺词。同时也要感谢中国共产党及中国政府主办本次历史性的会议，以及陕西省政府的全力支持和热情款待。

出席2013年亚洲政党专题会议全体代表

第二节 应对气候变化相关公约

一、保护臭氧层（维也纳）公约

（一）背景及诞生过程

《保护臭氧层维也纳公约》是关于采取措施保护臭氧层免受人类活动破坏的全球性国际公约。1976年4月UNEP理事会第一次讨论了臭氧层破坏问题；1977年3月召开臭氧层专家会议，通过了第一个《关于臭氧层行动的世界计划》；1980年UNEP理事会决定建立一个特设工作组来筹备制定保护臭氧层的全球性公约；经过几年努力，终于在1985年3月在奥地利首都维也纳召开的"保护臭氧层外交大会"上，通过了《保护臭氧层维也纳公约》，于1988年生效。该《公约》由21个条文和"研究和有系统的观察""资料交换"等两个附件组成。它是在人类活动排放的消耗臭氧层的物质使臭氧层出现了"空洞"，人类面临着太阳紫外线辐射增加，生存和社会经济发展受到严重威胁，国际社会大力呼吁对臭氧层加以保护的情况下制定的。

（二）公约主要内容

《公约》的宗旨是：要保护人类健康和环境免受由臭氧层的变化所引起的不利影响。《公约》要求各缔约国采取适当的国际合作与行动措施，避免人类对臭氧层的破坏，并要求各缔约国在其能力所及的范围内，通过有系统的观察、研究和资料交换进行合作。它还规定了公约的实施机制、公约的解释、适用公约争端的解决、修正案、附件和议定书的通过及生效程序与条件。《公约》规定设立缔约国会议和秘书处，以解决《公约》实施中的问题。

中国政府于1989年9月11日正式加入《公约》，并于1989年12月10日生效。

二、关于消耗臭氧层物质的（蒙特利尔）议定书

（一）背景及诞生过程

1989年9月为进一步落实维也纳保护臭氧层公约，由联合国环境规划署（UNEP）主持，在加拿大蒙特利尔召开了控制含氯氟烃的各国全权代表会议上通过的有关控制耗减臭氧层物质的国际草约，即《关于消耗臭氧层物质的蒙特利尔议定书》。议定书作为会议的成果被通过后向各国开放签字，于1989年1月1日起生效。

但直到当年5月，130个发展中国家中只有10个国家加入议定书，再加上缔约国也普遍认为议定书存在明显缺陷，于是决定对议定书进行修改。经过1989年3月的"拯救臭氧层伦敦会议"、1989年5月的赫尔辛基第一次缔约国会议、1990年6月的伦敦第二次缔约国会议，终于在1990年6月29日通过了对《关于消耗臭氧层物质的蒙特利尔议定书》的修正。《关于消耗臭氧层物质的蒙特利尔议定书》的修正，扩大了对损害臭氧层物质的控制范围，从原来的2类8种增加到7类上百种，并加快了控制进度。

（二）议定书主要内容

《议定书》由序言、20个条款和一个附件组成。其宗旨是：采取控制消耗臭氧层物质全球排放总量的预防措施，以保护臭氧层不被破坏，并根据科学技术的发展，顾及经济和技术的可行性，最终彻底消除消耗臭氧层物质的排放。

按照议定书的规定，各缔约国必须分阶段减少氯氟烃的生产和消费，在1990年使生产量和消费量维持在1986年的水平；到1993年，生产和消费量要比1986年减少20%；到1998年，保证使氯氟烃的年生产量和消费量减少到1986年的50％。《议定书》还规定在本议定书生效后一年内，每个缔约国应禁止从非本议定书缔约国的任何国家进口控制物质；从1993年1月1日起，任何缔约国都不得向非本议定书缔约国的任何国家出口任何控制物质。该《议定书》还就控制量的计算、发展中国家的特殊情况、控制措施的评估和审查、数据汇报、不遵守情形的确定、资料

交流、技术援助等作出安排。但是，该《议定书》回避了发达国家破坏臭氧层的责任，包含有不利于发展中国家的歧视性条款，且科学论证不够，规定的限控物质范围太小，难以达到防止臭氧层继续恶化的目的，遭到了许多国家的批评。

修正后的《议定书》在许多方面有了重大改进，基本上反映了广大发展中国家的愿望和要求，并建立在更加科学的基础上。因此，保护臭氧层的步伐大大加快。中国于1991年6月13日加入修正后的《议定书》。

三、联合国气候变化框架公约

《联合国气候变化框架公约》（United Nations Framework Convention on Climate Change，简称《公约》）是1992年5月在联合国纽约总部通过的，同年6月在巴西里约热内卢举行的联合国环境与发展大会期间正式开放签署。《公约》的最终目标是"将大气中温室气体的浓度稳定在防止气候系统受到危险的人为干扰的水平上"。《公约》说："感到忧虑的是，人类活动已大幅增加大气中温室气体的浓度，这种增加增强了自然温室效应，平均而言将引起地球表面和大气进一步增温，并可能对自然生态系统和人类产生不利影响。"

《公约》是世界上第一个为全面控制二氧化碳等温室气体排放，应对全球气候变暖给人类经济和社会带来不利影响的国际公约，也是国际社会在应对全球气候变化问题上进行国际合作的一个基本框架。目前已有192个国家批准了《公约》，这些国家被称为《公约》缔约方。此外，欧盟作为一个整体也是《公约》的一个缔约方。

《公约》缔约方作出许多旨在解决气候变化问题的承诺。每个缔约方都必须定期提交专项报告，其内容必须包含该缔约方的温室气体排放信息，并说明为实施《公约》所执行的计划及具体措施。

《公约》于1994年3月生效，奠定了应对气候变化国际合作的法律基础，是具有权威性、普遍性、全面性的国际框架。

《公约》由序言及26条正文组成。它指出，历史上和目前全球温室气体排放的最大部分源自发达国家，发展中国家的人均排放仍相对较低，因此应对气候变化应遵循"共同但有区别的责任"原则。根据这个原则，发达国家应率先采取措施限制温室气体的排放，并向发展中国家提供有关资金和技术；而发展中国家在得到发达国家技术和资金支持下，采取措施减缓或适应气候变化。

（一）《公约》缔约方大会

自1995年以来，《公约》缔约方大会每年召开一次。

第2至第6次缔约方大会分别在日内瓦、京都、布宜诺斯艾利斯、波恩和海牙举行。1997年12月，第3次缔约方大会在日本京都举行，会议通过了《京都议定书》，对2012年前主要发达国家减排温室气体的种类、减排时间表和额度等作出具体规定。《京都议定书》于2005年开始生效。根据这份议定书，从2008年到2012年间，主要工业发达国家的温室气体排放量要在1990年的基础上平均减少5.2%，其中欧盟将6种温室气体的排放量削减8%，美国削减7%，日本削减6%。

2000年11月份在海牙召开的第6次缔约方大会期间，世界上最大的温室气体排放国美国 卡要大幅度折扣它的减排指标，因而使会议陷入僵局，大会主办者不得不宣布休会，将会议延期到2001年7月在波恩继续举行。

2001年10月，第7次缔约方大会在摩洛哥马拉喀什举行。

2002年10月，第8次缔约方大会在印度新德里举行。会议通过的《德里宣言》，强调应对气候变化必须在可持续发展的框架内进行。

2003年12月，第9次缔约方大会在意大利米兰举行。这些国家和地区温室气体排放量占世界总量的60%。

2004年12月，第10次缔约方大会在阿根廷布宜诺斯艾利斯举行。本次大会期间，与会代表围绕《联合国气候变化框架公约》生效10周年来取得的成就和未来面临的挑战、气候变化带来的影响、温室气体减排政策以及在公约框架下的技术转让、资金机制、能力建设等重要问题进行了讨论。

2005年11月，第11次缔约方大会在加拿大蒙特利尔市举行。

2006年11月，第12次缔约方大会在肯尼亚首都内罗毕举行。

2007年12月，第13次缔约方大会在印度尼西亚巴厘岛举行，会议着重讨论"后京都"问题，即《京都议定书》第一承诺期在2012年到期后如何进一步降低温室气体的排放。15日，联合国气候变化大会通过了"巴厘岛路线图"，启动了加强《公约》和《京都议定书》全面实施的谈判进程，致力于在2009年年底前完成《京都议定书》第一承诺期2012年到期后全球应对气候变化新安排的谈判并签署有关协议。

2008年12月，第14次缔约方大会在波兰波兹南市举行。

2009年12月7日至19日，第15次缔约方会议暨《京都议定书》第5次缔约方会议在丹麦哥本哈根举行。经过马拉松式的艰难谈判，大会分别以《联合国气候变化框架公约》及《京都议定书》缔约方大会决定的形式发表了不具法律约束力的《哥本哈根协议》。《哥本哈根协议》维护了《联合国气候变化框架公约》及其《京都议定书》确立的"共同但有区别的责任"原则，就发达国家实行强制减排和发展中国家采取自主减缓行动作出安排，并就全球长期目标、资金和技术支持、透明度等焦点问题达成广泛共识。大会授权《联合国气候变化框架公约》及《京都议定书》两个工作组继续进行谈判，并在2010年年底完成工作。温家宝总理出席会议并发表了题为《凝聚共识 加强合作 推进应对气候变化历史进程》的重要讲话，全面阐述中国政府的立场主张。

2010年11月29日至12月11日，第16次缔约方会议暨《京都议定书》第6次缔约方会议在墨西哥海滨城市坎昆举行。会议通过了两项应对气候变化决议，推动气候谈判进程继续向前，向国际社会发出了积极信号。

2011年11月28日至12月11日，第17次缔约方会议暨《京都议定书》第7次缔约方会议在南非德班举行，大会通过决议，决定启动绿色气候基金、建立德班增强行动平台特设工作组、2013年开始实施《京都议定书》第二承诺期。

2012年11月26日至12月8日，第18次缔约方会议暨《京都议定书》第8次缔约方会议在卡塔尔多哈举行。会议通过了《京都议定书》第二承诺期修正案，为相关发达国家和经济转轨国家设定了2013年1月1日至2020年12月31日的温室气体量化减排指标。会议要求发达国家继续增加出资规模，帮助发展中国家提高应对气候变化的能力。会议还对德班平台谈判的工作安排进行了总体规划。

（二）《公约》工作会议

2007年，为制订2012年后的应对气候变化长期行动，实现《公约》的最终目标，在印度尼西亚巴厘岛召开的《公约》第13次缔约方大会决定设立一个特设工作组，并称之为《公约》长期合作行动特设工作组。该工作组原本应在2009年哥本哈根大会时结束使命，但哥本哈根大会形成的《哥本哈根协议》延长了工作组的授权。

（三）《公约》工作目标

2008年7月8日，八国集团领导人在八国集团首脑会议上就温室气体长期减排目标达成一致。八国集团领导人在一份声明中说，八国寻求与《联合国气候变化框架公约》其他缔约国共同实现到2050年将全球温室气体排放量减少至少一半的长期目标，并在公约相关谈判中与这些国家讨论并通过这一目标。2009年7月8日，八国集团领导人表示，愿与其他国家一起到2050年使全球温室气体排放量至少减半，并且发达国家排放总量届时应减少80%以上。7月9日，经济大国能源安全和气候变化论坛领导人会议发表宣言，强调将全力应对气候变化带来的挑战。

2009年9月22日，联合国气候变化峰会在纽约联合国总部举行，中国国家主席胡锦涛出席峰会开幕式并发表题为《携手应对气候变化挑战》的重要讲话。

他指出，全球气候变化深刻影响着人类生存和发展，是各国共同面临的重大挑战。气候变化是人类发展进程中出现的问题，既受自然因素影响，也受人类活动影响，既是环境问题，更是发展问题，同各国发展阶段、生活方式、人口规模、资源禀赋以及国际产业分工等因素密切相关。归根到底，应对气候变化问题应该也只能在发展过程中推进，应该也只能靠共同发展来解决。他强调，中国高度重视和积极推动以人为本、全面协调可持续的科学发展，明确提出了建设生态文明的重大战略任务，强调要坚持节约资源和保护环境的基本国策，坚持走可持续发展道路，在加快建设资源节约型、环境友好型社会和建设创新型国家的进程中不断为应对气候变化作出贡献。

四、京都议定书的形成

京都议定书是1997年12月在日本京都由联合国气候变化框架公约参加国三次会议制定的。其目标是"将大气中的温室气体含量稳定在一个适当的水平，进而防止剧烈的气候改变对人类造成伤害"。2011年12月，加拿大宣布退出《京都议定书》，继美国之后第二个签署但后又退出的国家。

政府间气候变化专门委员会（Intergovernmental Panel on Climate Change，简称IPCC）已经预计从1990年到2100年全球气温将升高1.4℃—5.8℃。评估显示，京都议定书如果能被彻底完全地执行，到2050年之前仅可以把气温的升幅减少0.02℃—0.28℃，正因为如此，许多批评家和环保主义者质疑京都议定书的价值，认为其标准定得太低根本不足以应对未来的严重危机。而支持者们指出京都议定书只是第一步，为了达到UNFCCC的目标今后还要继续修改完善，直到达到UNFCCC 4.2（d）规定的要求为止。

（一）京都议定书诞生过程

《京都议定书》（英文：Kyoto Protocol，又译《京都协议书》、《京都条约》；全称《联合国气候变化框架公约的京都议定书》）是《联合国气候变化框架公约》（United Nations Framework Convention on Climate Change，UNFCCC）的补充条款。于1997年12月在日本京都由联合国气候变化框架公约参加国三次会议制定，并于1998年3月16日至1999年3月15日间开放签字，共有84国签署，条约于2005年2月16日开始强制生效。目前共有183个国家通过了该条约（超过全球排放量的61%）。

（二）京都议定书的主要内容

《京都议定书》规定在"不少于55个参与国签署该条约并且温室气体排放量达到附件中规定国家在1990年总排放量的55%后的第90天"开始生效，这两个条件中，"55个国家"在2002年5月23日当冰岛通过后首先达到，2004年12月18日俄罗斯通过了该条约后达到了"55%"的条件，条约在90天后于2005年2月16日开始强制生效。

《京都议定书》规定，到2010年，所有发达国家二氧化碳等6种温室气体的排放量，要比1990年减少5.2%。具体说，各发达国家从2008年到2012年必须完成的削减目标是：与1990年相比，欧盟削减8%、美国削减7%、日本削减6%、加拿大削减6%、东欧各国削减5%至8%。新西兰、俄罗斯和乌克兰可将排放量稳定在1990年水平上。议定书同时允许爱尔兰、澳大利亚和挪威的排放量比1990年分别增加10%、8%和1%。

《京都议定书》是人类历史上首次以法规的形式限制温室气体排放。为了促进各国完成温室气体减排目标，议定书允许采取以下四种减排方式：

一、两个发达国家之间可以进行排放额度买卖的"排放权交易"，即难以完成削减任务的国家，可以花钱从超额完成任务的国家买进超出的额度。

二、以"净排放量"计算温室气体排放量，即从本国实际排放量中扣除森林所吸收的二氧化碳的数量。

三、可以采用绿色开发机制，促使发达国家和发展中国家共同减排温室气体。

四、可以采用"集团方式"，即欧盟内部的许多国家可视为一个整体，采取有的国家削减、有的国家增加的方法，在总体上完成减排任务。

美国人口仅占全球人口的3％至4％，而排放的二氧化碳却占全球排放量的25％以上，为全球温室气体排放量最大的国家。美国曾于1998年签署了《京都议定书》。但2001年3月，布什政府以"减少温室气体排放将会影响美国经济发展"和"发展中国家也应该承担减排和限排温室气体的义务"为借口，宣布拒绝批准《京都议定书》。

中国于1998年5月29日签署了《京都议定书》。

五、2011欧亚生态安全会议（西安）共识

（一）《西安共识》的形成

2011欧亚生态安全会议是2011欧亚经济论坛的主要活动内容之一。论坛期间共举行了36项活动，包括1次全体大会，金融、能源、文化、教育、遗产保护与旅游5个平行分会以及2011欧亚生态安全会议、上海合作组织国家驻华使节西安行系列主题活动等。欧亚生态安全会议通过了《西安共识》，一致赞同建设生态安全城市、生态安全社区等。《西安共识》将提交联合国大会、联合国经社理事会、联合国人居署、欧盟委员会备案。

《西安共识》称，各国一致同意政府将生态安全、气候变化纳入国家教育体系和国家长远发展的战略构想。通过合作促进生态安全和和谐社会的发展，支持培训中心和大学通过交换学生等途径，进行生态安全实践以及可持续发展方面的经验交流，并呼吁欧亚各国政府建立国家生态安全与气候变化综合协调机构，以领导和协调应对气候变化、解决生态危机，实施灾害预警、紧急救援救助等工作。

《西安共识》表示，各国应积极开发利用新能源，实施低碳生态城市建设，赞同国际生态安全合作组织依据《世界生态安全大会议定书》和国际生态安全管理体系，继续指导各国生态城市建设、生态安全社区以及灾害评估、生态修复、生态重建等工作。

（二）《西安共识》主要内容

《2011欧亚生态安全会议（西安）共识》原文如下：

进入21世纪以来，欧亚国家的发展迎来了新的历史起点。当前，地区形势总体实现了和平发展，睦邻友好关系更加牢固，经济更加繁荣，社会更加进步，民众信心更加坚定，发展前景更加广阔。欧亚地区的合作日益影响世界发展的进程。

在世界多极化和经济全球化深入发展、国际形势复杂多变的新形势下，欧亚各国的发展既面临前所未有的机遇，也面临新情况、新挑战。如何处理好发展与稳定的关系，如何解决欧亚国家经济结构矛盾，如何保障和改善民生，如何推进经济与生态的协调发展，是摆在欧亚各国政党和政府面前的重要课题。

鉴于此，为加强欧亚各国友好往来与经贸合作、扩大多边贸易、维护区域稳定；扩大欧亚各国政府在应对气候变化、保护生态环境、改善民生和消除贫困方面取得的积极成果，国务院批准将中国西安作为欧亚经济论坛永久会址。该论坛经过多年发展，已成为欧亚国家对话与合作的重要平台。

我们出席2011欧亚生态安全会议的全体代表高度赞赏，欧洲理事会主席范龙佩阁下在2011欧亚经济论坛会议期间发表的关于资源稀缺、生态安全和国际合作的重要讲话，我们还赞赏，国际生态安全合作组织创建五年来在维护生态安全、保护生态环境、实现联合国千年发展目标方面作出的重要贡献。我们意识到，当前全球性自然灾害与生态灾难接踵而来，这些由气候变化与经济活动引发的生态危机，不仅改变了世界政治格局，而且影响了人类正常的生活规律，自然灾害造成的大量生态难民，既影响了地区发展，而且产生新的矛盾和冲突，并产生社会诸多不稳定因素。

我们意识到，联合国人居署的青年赋权项目将青年作为创造更美好世界的主导力量，特别是青年在扶贫中的重要作用。随着世界各国的发展，城市化进程使青年成为定义我们这个世纪的主导力量。

我们赞同，《第六届亚洲政党国际会议（金边）宣言》和《世界生态安全大会（吴哥）议定书》关于请各国政党将生态安全、气候变化纳入党纲；各国议会（国会）实施生态安全立法，严厉打击生态犯罪与食品犯罪，确保民众生存安全与生命安全；各国政府将生态安全、气候变化纳入国家教育体系和国家长远发展的战略构想。

我们还赞同，联合国人居署与国际生态安全合作组织的战略合作，通过联合国人居署城市青年基金促进青年发展，并进行生态安全实践和可持续发展方面的经验交流；"青年是今天的先锋，更是明天的领袖"。

我们呼吁，欧亚各国政府要建立国家生态安全与气候变化综合协调机构，以领导和协调应对气候变化、解决生态危机，实施灾害预警、紧急救援救助、自然灾害评估和生态修复等工作。

我们强调，全球人口迅猛增长与全球一体化快速发展，已超越了地球自净能力，全球资源稀缺与可持续发展的矛盾已经凸显。各国必须在稳定温室气体、控制大气浓度以及防止全球气候变暖，生态环境继续恶化方面落实"共同但有区别的责任"的原则。在合理利用自然资源的基础上，积极开发利用新能源，推广节能减排技术，实施低碳生态城市发展战略，削减全球气候变化形成的负面影响。

我们支持，在国际生态安全合作组织框架下，由尼泊尔联邦民主共和国发起创建"高山国家生态安全委员会"，并主办"高山国家10+1 生态安全峰会"；由柬埔寨王国政府发起创建"湄公河流域生态安全委员会"，并主办"湄公河流域5+1 生态安全峰会"；由马尔代夫共和国发起创建"岛屿国家生态安全委员会"，并主办"岛屿国家生态安全峰会"； 我们支持国际生态安全合作组织在中国设立总部，并发起创办"国际生态安全学院"，以培养生态安全、气候变化、可持续化发展方面的专业人才。

我们还支持，国际生态安全合作组织依据《首届世界生态安全大会（吴哥）议定书》和生态安全管理体系，继续指导各理事国的生态建设（生态安全城市、生态安全小区、生态安全园区、生态安全旅游区、生态安全产品）以及灾害评估、生态修复、生态重建工作。积极应对气候变化、消除贫困、改善民生。我们将继续支持国际生态安全合作组织主办的"世界生态安全大会"和"世界生态安全博览会"。当我们团结在为人类福祉这个共同目标并肩战斗时，世人就会看到我们将要取得的成就。尽管前途依然坎坷，我们将决意为实现联合国千年发展目标，构建一个更加稳固、有效的机制以服务于欧亚各国民众而共同努力。

六、世界生态文明宣言与生态安全行动纲领

（一）《宣言与行动纲领》的形成

2012年12月9—12日，由国际生态安全合作组织、印度尼西亚共和国国会、亚洲政党气候变化委员会、印度尼西亚巴厘省政府、中国国际问题研究基金会、印度尼西亚苏加诺研究中心共同主办的第二届世界生态安全大会在世界著名旅游城市——印度尼西亚巴厘岛召开。来自全球80多个国家的100多位政党领袖、议会负责人、政府领导人和国际组织负责人共600余位嘉宾出席了会议。本届大会为期两天，围绕"生存与发展"这一主题展开了深入讨论，并最终通过了成果性文件《世界生态文明宣言与生态安全行动纲领》。

图10-1 印尼国会议长马祖基·阿里在开幕式上致辞

随着开幕式的结束，柬埔寨王国政府副总理索安宣布了"湄公河流域'6+1'生态安全论坛"的启动，巴厘省省长玛德·曼库·帕蒂卡宣布了"世界岛屿国家生态安全论坛"启动，全球生态安全建设由此进入了一个崭新的纪元。

在接下来两天的专题会议中，来自世界各国的政党领袖、议会领导人、政府首脑、部长、专家以及国际组织的负责人围绕着"资源稀缺与可持续发展""城市防灾减灾与国际合作""生态安全立法与实践""气候变化的影响与对策"四个议题展开了富有成效的对话。

会议期间，欧洲理事会主席诺尔曼·范龙佩阁下、俄罗斯联邦国家杜马第一副主席亚历山大·朱可夫阁下分别为第二届世界生态安全大会发来贺电。本次会议还颁发了"国际生态安全合作组织创始主席证书"，"世界生态安全特别贡献奖"，"世界生态安全奖"等奖项。

相较于第一届世界生态安全大会而言，本届大会进一步突出了"国际化、高层次、权威性"的特点。尤其是这次会议发布的重要成果性文件——《世界生态文明宣言和生态安全行动纲领》首次从人类生存与发展的高度，确定生态文明是人类社会历史上继原始文明、农业文明、工业文明之后的新型文明形态，是构建和谐有序的生态机制和创设优美良好的生存环境所取得的物质和精神等方面成果的总和。

此外，在"生态安全行动纲领"部分，确认了各国政党、国家议会、政府机构、国际组织和社会各界是《世界生态文明宣言和生态安全行动纲领》的主要行动者，将在建立生态安全教育体系，促进生态安全基础设施建设，促进生态立法、促进男女平等、青年参与生态安全，促进生态安全技术发展，促进国际多边合作交流等方面采取积极行动，共同应对气候变化，维护生态安全，保护自然环境，化解生态危机，实现经济、社会、生态的可持续发展。会议还高度评价了中国共产党第十八次全国代表大会将中国特色社会主义事业总体布局由"经济建设、政治建设、文化建设、社会建设"的"四位一体"拓展为包括了"生态建设"在内的"五位一体",成为世界生态安全建设行动者的表率。

（二）世界生态文明宣言与生态安全行动纲领

A

世界生态文明宣言

大会，

回顾《联合国宪章》，包括其中所载的各项宗旨与原则，

又回顾联合国大会通过《世界自然宪章》指出："每种生命形式都是独特的，无论对人类价值如何，都应得到尊重，为了承认其他生命体的内在价值，人类必须受行为道德准则的约束，

还回顾《人类环境宣言》及联合国系统其他国际文书，

认识并重申生态文明是人类文明的重要组成部分，她以尊重和保护地球生态系统为根本宗旨，强调人类自觉与自律，要求人与自然和谐共处，是人类社会历史上继原始文明、农业文明、工业文明之后的新型文明形态，是构建和谐有序的生态机制和创建优美良好的环境所取得物质和精神等成果的总和，

又认识到在全球化背景下，生态安全与可持续发展已经超越国界，成为全世界共同面临的问题，

关注到世界生态危机和极端气候灾害持续频发和蔓延，

认识到人类是自然界的生命群体，人类不再被视为自然界之上或之外，而是与自然界相互联系、相互依赖的重要组成部分。认识自然、利用自然、保护自然，是实现人类与自然和谐相处的基石。建立在责任的基础上对自然利用和开发是人类实现可持续发展的需要。

回顾联合国《21世纪议程》《里约宣言》和《内罗毕宣言》。

又回顾2010年第六届亚洲政党国际会议和首届世界生态安全大会审议通过的《第六届亚洲政党国际会议（金边）宣言》和《世界生态安全大会（吴哥）议定书》，建议各国政党将气候变化、生态安全与可持续

发展纳入党纲；建议各国议会实施生态安全立法，严厉打击生态犯罪，确保民众生存安全，生命安全；建议各国政府将气候变化、生态安全与可持续发展纳入国家长期发展战略。

我们赞赏2007年中国共产党第十七次全国代表大会所提出的生态文明现象，2012年中国共产党第十八次全国代表大会仅将生态文明建设纳入党章，并提出"着力推进绿色发展、循环发展、低碳发展，形成节约资源和保护环境的空间格局、产业结构、生产方式、生活方式，从源头上扭转生态与环境恶化的趋势，为人民创造良好生产生活环境，为全球生态安全作出贡献"，"加快实施主体功能区战略，构建科学合理的城市化格局、农业发展格局、生态安全格局"等生态安全新思想，为人类和平发展选择了一条新的生存模式。

我们还赞赏国际生态安全合作组织提出的生态安全与可持续发展的创新理念，以及其通过与各国政党、议会、政府、科研、国家智库间的合作，维护生态安全，应对气候变化，解决生态危机，防灾减灾与生态修复，促进联合国千年发展目标和可持续发展目标，实现经济、环境、社会的协调发展。

我们支持各国政党、议会、政府机构、在促进生态文明、维护生态安全方面发挥重要作用，《世界生态文明宣言与生态安全行动纲领》，作为一个指导性文件对促进生态文明，实现可持续发展将起到积极的作用。

我们确认，亚洲政党国际会议，拉丁美洲/加勒比政党常设大会在应对气候变化、推进生态文明、倡导生态安全方面发挥的重要作用与实践。

第1条

生态文明是人类在某一区域，建立起来的以物态平衡、生态平衡和心态平衡为基础的高度信息化新的社会文明形态。其内涵包括以下各要素：

1. 人类有享受自由、平等和舒适生活的权利，并能够在高质量的环境中有尊严地生活。人类有责任为现在和未来保护环境和提高环境质量

（包括空气、水、土地等自然资源和具有代表性的自然生态系统）。

2. 经济建设不应对现在或未来发展形成负面影响。

3. 要建立一种全新的文明观念与思维模式、行为方式、价值体系，以保护自然资源，尊重自然运行规律，把满足人类的物质需求、精神需求与创建良好的环境结合起来，在维护生态系统平衡的前提下安排人类自身的活动；

4. 要承认生态安全的非经济价值。当代生态文明作为新型的文明，其关键点在于除了认知生态安全的经济价值外，还要认同生态安全的非经济价值，特别是生态安全的美学价值、保障价值等；

5. 生态文明是未来文明的新特点，是人类文明演进的必然趋势，是调整人与自然关系的成果总和。既包含人类保护自然的生态安全意识、法律、制度、政策，也包括维护生态平衡和可持续发展的科学技术、组织机构和实际行动；

6. 生态文明进程中要实现平等共享；

7. 要尊重每个人的言论、观点和信息自由权利；

8. 要遵守所有社会阶层以及各国自由、正义、民主、宽容、团结、合作、多元化、文化多样性、对话与谅解等原则，营造良好的国际合作氛围。

第 2 条

各国应当利用协调对话的方式实现科学发展，对资源进行合理利用，从而保证生态安全与国民权益相符。理性规划应着力调和所有发展和生态之间存在的矛盾，在避免对生态造成负面影响的同时，获得较好的社会、经济效益，并将其纳入人类居住和城市发展进程。

第 3 条

生态文明与科学发展是与下列要素紧密联系在一起的：

1. 依照《联合国宪章》和国际法履行国际义务；

2. 促进和平解决生态危机与利益冲突，秉持相互尊重，相互理解以及国际合作精神；

3. 尊重利益攸关方有平等的话语权，加强民主体制，确保生态文明理念充分实施与发展；确保各国在生态文明建设中权益的普遍尊重与遵守；通过实现人与自然的公平，营造人与人的公平，并在此过程中进而实现人类内部的公平；

4. 要确保生态文明与物质文明、精神文明、政治文明相并列的主体地位；

5. 要实现人与自然的法制化，从而使生态文明建设具有自觉地调控人与自然关系的机制；

6. 要开展生态文明实践，树立生态文明与科学发展理念，实现两者互促、互动；

7. 要建设以尊重自然、保护自然为核心价值的生产和消费模式，正确理解个人与社会的关系，将社会利益与个人利益相结合，在人与自然和谐发展的基础上着力构建生态文明社会；

8. 要健全政府绩效评价机制，增强施政透明度与责任制；

9. 通过生态文明理念的普及，使各阶层人群均能把履行生态安全与可持续发展的理念成为自觉行动；

10. 要通过生态安全技术创新，实现产业技术支撑的生态安全化，产业化；

11. 要建立创新的生态安全监督管理体制；

12. 要增进所有文明、民族与文化之间，包括对在族裔、宗教和语言上属于少数的群体的理解、容忍和团结。

第 4 条

各国应进一步加强和推进生态文明与生态安全立法进程。在相关法律、法规制定过程中，应当对国家的主流价值体系及标准程度进行优先考虑。

第 5 条

各国生态安全法制建设的指导思想应当顺应自然规律，在遵循自然规律的前提下制定生态安全，保护环境、合理分配资源的法规和规定。各项法规的执行应满足环境正义与公平的要求，并承认生态安全价值，尤其是非经济价值。

第6条

各国要以发展的视野和可持续的方式实现生态文明的推广与实践，强调发展效率与发展质量统一。在追求人与自然和谐共存的基础上实现现代生态文明在人类社会发展过程中的作用。

第7条

各国公众教育对于启发个人、企业和社区在保护和提升生态文明建设方面的意识和行动是至关重要的，要发挥大众传媒在生态文明理念传播方面的独特优势，进一步扩大生态文明理念的受众群体，全方位实现生态文明理论与实践。

第8条

科学技术作为经济和社会发展的重要组成部分，必须纳入生态风险鉴定、评估和监控，并对生态危机的解决方案作出指导性范例，实现人类与自然的共同利益。

第9条

联合国文明联盟委员会将与国际生态安全合作组织一起，为促进全球生态文明携手行动。

B

生态安全行动纲领

大会，

铭记2012年12月12日通过的《世界生态文明宣言与生态安全行动纲领》，

回顾2010年12月3日在柬埔寨金边通过的《第六届亚洲政党国际会议

（金边）宣言》与《首届世界生态安全大会（吴哥）议定书》，提请各国政党、国家议会、政府机构在倡导生态文明，应对气候变化，维护生态安全，保护自然环境，实现联合国千年发展目标方面作出的重要贡献。

通过《生态安全行动纲领》如下：

一、宗旨

鼓励各国政党、议会、政府、国际组织和社会各界在应对气候变化与生态安全方面采取协调一致的行动，并尊重各国多元发展模式，努力促进人与自然的协调发展。《世界生态文明宣言和生态安全行动纲领》应成为应对气候变化，维护生态安全，保护自然环境，化解生态危机，实现经济、社会、生态可持续发展的指导性文件。

1. 鼓励各国政党，特别是执政党要把气候变化、生态安全与可持续发展纳入党纲和章程。

2. 鼓励各国政府将气候变化、生态安全与可持续发展纳入国家长远发展战略和国家教育体系。

3. 鼓励各国议会加强生态安全立法，严厉打击生态犯罪与食品犯罪，确保民众生存安全和生命安全。

4. 各国政府要在生态安全技术合作方面充分发挥政府职能作用，加强生态安全管理体系的鉴定和生态技术的国际交流与合作。

5. 鼓励和加强《世界生态文明宣言与生态安全行动纲领》中所确定的伙伴合作，进一步推动全球生态文明进程。

6. 各国政府机构、应采取切实有效的措施调动各类资源，特别是财政资源。支持生态建设，坚定不移推动绿色经济的崛起。

二、行动

建立生态安全教育体系

1. 各国政府要利用《世界生态文明宣言与生态安全行动纲领》所确定的的资源与力量，拟订和实施生态安全教育和培训计划，促进教育和培训；

2. 确保儿童从幼年开始，就受到生态安全的价值观念、行为模式和生活方式的教育；确保妇女特别是女童有平等接受生态教育和培训的机会；

3. 加强《世界生态文明宣言与生态安全行动纲领》所确定的各行动者共同实施生态安全价值观念和青年技能培养、教育和培训；

4. 加强飓风、海啸、洪灾、雪灾、火山喷发、地震、山崩、滑坡、泥石流等重大自然灾害的研究和预警，实施防灾减灾、紧急救援，并加强灾后重建；

5. 支持国际生态安全合作组织在中国创办"北京国际生态安全大学"，并为发展中国家提供生态安全与可持续发展方面的战略咨询和技术扶贫，为发展中国家和最不发达国家培养、培训气候变化、生态安全与可持续发展方面的政府官员技术人员，并开展课题研究。

生态安全与公共基础建设

1. 全球气候变暖已成为一个不争的事实。发达国家在防灾减灾和公共基础设施方面已制定了长期发展战略,为应对更加极端和不确定的气候变化而做了大量的准备工作，但发展中国家和欠发达国家的农、林、水、电行业的基础设施以及民用的防灾减灾设施，缺乏科学合理的规划。因此，要加强发展中国家和欠发达国家生态安全和公共基础设施建设；

2. 要通过国际合作实施各种政策和方案，减少经济和社会的不平等；通过采取有效的行动调动和最大限度的分配资源，包括减免债务；

3. 要在城市公共基础设施建设中提升生态安全保障能力，包括生态鉴定，生态修复，生态重建；

4. 要增加民众就业，促进健康和教育机会，提高民众防灾减灾、应对突发事件的能力和社会保障水平。

促进生态安全立法与实践

1. 《世界生态文明宣言与生态安全行动纲领》确定各国在经济发展过程中必须坚持生态安全优先原则，将之作为指导和调整社会关系的基本法律准则；

2. 各国议会要从国家层面对生态安全定位，生态安全立法应以《宪法》为核心，以生态安全、环境保护、资源安全、物种安全、水资源安全等法律、法规为主要内容，以及国际环境与资源保护的条约、公约、协定为辅助，建立较为完备的生态安全法律体系；

3. 生态安全立法要在管理体制、生态补偿、风险评价、生态整治与恢复、清洁生产与绿色经济等环节形成基本法律原则；

4. 跨国生态系统（森林生态系统、湿地生态系统、海洋生态系统、国际江河流域）开发和利用，要严格遵循《联合国防治荒漠化公约》、《联合国生物多样性公约》、《国际重要湿地公约》、《国际河流水资源利用赫尔辛基规则》等国际公约，做到合理利用、科学开发。

男女平等和青年参与

1. 保障公众平等地获取气候变化、生态安全的信息，以及应对气候变化、生态安全、可持续发展的权利；

2. 生态安全必须消除所有形式的歧视和不容忍，包括基于种族、肤色、性别、语言、宗教、政治或其他见解、国籍、族裔或社会出身、财富、残疾、出生或其他地位的歧视；

3. 各国政党、议会、政府应加强青年在不同领域的领导和执行能力，并提高他们充分、切实和富有建设性地参与生态安全与可持续发展行动的数量与质量。

生态安全技术应用与实践

1. 各国要结合本国实际情况，一要牢固树立生态安全与科学发展观念，推动绿色经济的崛起，避免走"先污染，后治理"旧的发展模式；二要发挥本国资源优势，建立市场竞争机制，激发市场经济主体的活力；三要推动重点生态与可持续的项目建设；

2. 要对气候变化、生态安全与可持续发展领域的创新技术的推广或转让开辟广阔途径，推动信息化建设和电子政务的运用；

3. 要消除生态技术合作与交流障碍，对发展中国家和欠发达国家技术与资金的引进同等重要。应当在促进生态技术合作方面发挥重要作用，保护知识产权，建立合理的转让机制，促进生态安全管理体系和扶贫技术的合作与交流；

4. 碳捕获技术是减缓气候变暖的一项重大突破应大力推广，要鼓励发展太阳能、风能、生物质能、地热能、海洋能等新型能源，促进资源的可再生和循环利用；

5. 各国要加大植树造林力度，争取5年时间在全球实现种植一亿棵树的目标，树种的选择要符合当地地质和水源情况，要保持生态的平衡；

6. 要在国际生态安全合作组织框架内设立"世界生态安全与可持续发展奖"，对应对气候变化，维护生态安全，实现可持续发展的政党、议会、政府和个人给予奖励，要特别关注妇女和青年的作用。

媒体传播和信息交流

1. 支持所有媒体在促进生态安全和可持续发展方面发挥重要作用；有效利用各种媒体传播生态安全与可持续发展资讯，确认《国际生态与安全》杂志与《联合国青年技术培训》杂志在促进生态安全与可持续发展方面所发挥的重要作用；

2. 促进信息技术的研发，网络通信技术在生态安全领域的应用。

国际多边合作与交流

1. 我们支持在联合国文明联盟框架内，在中国创建《世界文明对话论坛》，通过文明对话促进世界多元文化之间的沟通，从而消除冲突，并帮助转型期内的国家实现可持续发展；

2. 认真贯彻执行《联合国气候变化框架公约》、《京都议定书》中的各项规则，支持和促进各国在应对气候变化、生态安全与可持续发展方面取得的积极成果；

3. 确定国际生态安全合作组织为"世界生态安全大会"和"世界生态安全博览会"的执行机构。"世界生态安全大会"和"世界生态安全博览会"每两年召开一届，由不同国家和城市共同主办；

4. 支持《2011欧亚生态安全会议（西安）共识》确认由尼泊尔联邦民主共和国发起创建"高山国家生态安全委员会"，并主办"高山国家10+1生态安全论坛"；由柬埔寨王国政府发起创建"湄公河流域生态安全委员会"，并主办"湄公河流域6+1生态安全论坛"；

5. 要建立良好的经济贸易和生态安全秩序。发达国家应进一步开放市场，降低甚至取消因生态安全标准过高而形成的贸易壁垒，促进生态安全与国际贸易的同步发展。发展中国家与欠发达国家应不断加强扶贫力度，提高可持续发展能力，积极参与国际合作与竞争；

6. 生态安全与可持续发展项目的机制运行，是实施国际多边合作与交流的重要途径。各国要创建应对气候变化、消除贫困、实现就业、改善民生的最佳范例，并进行交流与推广，聚集所有国家的力量早日实现人类福祉。

7. 国际生态安全合作组织是《世界生态文明宣言与生态安全行动纲领》的执行和协调机构，总部设在中国北京。

参考文献

1.姜冬梅主编. 应对气候变化. 北京：中国环境科学出版社，2007.

2.王伟光主编. 应对气候变化报告（2012）：气候融资与低碳发展. 北京: 社会科学文献出版社，2012.

3.陈晓春主编. 低碳经济与公共政策研究. 长沙：湖南大学出版社，2011.

4.薄燕主编. 国际谈判与国内政治:美国与《京都议定书》谈判的实例. 上海: 上海三联书店，2007.

5.科学技术部社会发展科技司、中国21世纪议程管理中心. 应对气候变化国家研究进展报告. 北京：科学出版社，2013.

6.新华网http://news.xinhuanet.com/energy/2012-12/13/c_124088596_3.htm，2012.

第十一章
中国在应对气候变化过程中发挥的作用

第一节 中国在国际层面发挥的作用

气候变化问题表面上是一个环境问题，实质则是经济问题、政治问题和发展问题。气候变化问题源于跨国的外部性效应，但气候变化问题并不是传统外部性问题的一个简单拓展，而是一部分国家的行为使其他国家获利或受损，且无法通过市场来进行弥补。因此，依靠市场机制并不能解决气候变化问题，必须依靠国际合作。

针对气候变化的国际响应是随着联合国气候变化框架条约的发展而逐渐成形的。1979年第一次世界气候大会呼吁保护气候；1992年通过的《联合国气候变化框架公约》（以下简称《公约》）确立了发达国家与发展中国家"共同但有区别的责任"原则。阐明了其行动框架，力求把温室气体的大气浓度稳定在某一水平，从而防止人类活动对气候系统产生"负面影响"；1997年通过的《京都议定书》（以下简称《议定书》）确定了发达国家2008—2012年的量化减排指标；2007年12月达成的巴厘路线图，确定就加强《公约》及其《议定书》的实施分头展开谈判，并于2009年12月在哥本哈根举行缔约方会议。截至2010年，《公约》收到来自185个国家的批准、接受、支持或添改文件，并成功地举行了16次有各缔约国参加的缔约方大会。尽管目前各缔约方还没有就气候变化问题综合治理所采取的措施达成共识，但全球气候变化会给人类带来难以估量的损失，气候变化会使人类付出巨额代价的观念已为世界所广泛接受，并成为广泛关注和研究的全球性环境问题。

一、中国经济发展对气候变化的影响

中国的区域发展不平衡是一个基本国情，经济与社会发展的不平衡也是一个重大问题。中国有13亿人口，人均国内生产总值刚刚超过3000美元，按照联合国标准，还有1.5亿人生活在贫困线以下，经济发展水平较低，资源相对不足，生态环境脆弱，正处于工业化、城镇化过程中，消除贫困和改善民生仍然是相当艰巨的首要任务。中国正处于工业化、城镇化快速发展的关键阶段，能源结构以煤为主，降低排放存在特殊困难。2009年、2010年中国的经济增长率约为8%，为满足工商业的迅速发展，其对能源的需求急速飙升。中国是世界上最大的煤炭生产国和消费国，煤炭约占商品能源消费结构的76%，已成为中国大气污染的主要来源。国家统计局统计数字显示中国2011年的能源消耗总量是34.8亿吨煤当量，与2010年相比提高了6.6%。根据2011年6月BP石油公司发布的世界能源统计年鉴中提供的信息，2011年中国的煤炭消耗量是1839.4万吨石油当量，与2009年相比提高了9.7%，占世界煤炭总消耗量的49.4%。

据国际能源机构（IEA）公布的统计数据，2011年全球二氧化碳排放量比2010年增长3%，达到340亿吨，创历史新高。全球五大二氧化碳排放国依次为（括号内为2011年各国排放量在总排放量中所占百分比）：中国（29%）、美国（16%）、欧盟（11%）、印度（6%）、俄罗斯（5%），紧随其后的是日本（4%）。由于中国是世界上最大的发展中国家，发展经济和提高人民生活水平的需要使得二氧化碳的排放量超过发达国家，已经成为全球二氧化碳排放量最大的国家，这决定了全球气候治理不能缺少中国的积极参与，因此，中国在气候谈判中已然具备了强大的结构性权力。

从地区来看，中国、印度等发展中国家的排放量增长迅速，自2002年以来，中国二氧化碳排放量增加了150%，印度增加了75%。2011年中国的二氧化碳排放量猛增9%达到97亿吨。据中国国家统计局（NBS，

2012）报告显示，该增长量与火力发电（主要是燃煤发电站，14.7%的增长率）、钢铁生产（7.3%的增长率）和水泥生产（10.8%的增长率）的增长趋势一致，中国的排放大部分仍然是必须的"生存排放"，以燃煤为主的能源结构是造成中国二氧化碳排放量快速增长的直接原因。从人均二氧化碳排放量来看，自1990年以来，中国的人均二氧化碳排放量从2.2吨增加到7.2吨，接近于欧盟2011年7.5吨的人均排放量。虽然中国是世界上二氧化碳排放量最大的国家，但是中国也是世界上人口最多的国家，如今已成功地将人均二氧化碳排放量限制在主要工业国家人均排放量范围之内，即6—19吨/人。

尽管中国人均二氧化碳的排放量相对较低，但是仍无法回避总体排放量大这一事实。作为一个发展中国家，中国的工业化、城市化进程正处于加速发展时期，仍需要较长时间才能完成，对排放空间的需求强烈。在国际温室气体减排的谈判中，美国等发达国家坚持认为中国应该承担减排义务。特别是随着全球应对气候变化的展开，发达国家之间的大国合作更为紧密，日益联手对发展中国家特别是中国施压。因此，中国发展面临温室气体减排的国际政治、外交压力越来越严峻，舆论形势也将越来越严峻。中国如果不能正确处理应对气候变化与经济较快发展的关系，将增加中国的发展成本，严重影响中国经济发展速度，反之则可有效利用国际资金、技术，促进中国自身可持续发展。

二、中国应对气候变化的国际立场

全球气候正在变暖，给各国的经济发展、生态环境带来了一系列灾难性的后果，这已经成为整个国际社会的共识。根据2007年气候变化第四次评估报告，温室气体以当前的或高于当前的速率排放将会引起21世纪进一步变暖，并会诱发全球气候系统中的许多变化，这些变化很可能大于20世纪期间所观测到的变化。针对2090—2099年的全球升温的预估（图11-1），陆地上和北半球大部分高纬度地区变暖幅度最大，南半球海洋地区和北大西洋部分地区变暖幅度最小；近期观测到的各种趋势仍在持续；在利用SRES情景所作的某些预估中，到21世纪后半叶，北冰洋夏季后期的冰几乎全部消失，热极端事件、热浪以及强降水的频率很可能增加，热带气旋强度可能增加；温带风暴路径向极地推移，造成风、降水和温度形态的变化；高纬度地区降水很可能增加，大部分亚热带陆地区域降水可能减少，已观测到的趋势仍在持续。有高可信度表明，到20世纪中叶，预估在高纬度地区（和某些热带潮湿地区），年江河径流量和可用水量将有所增加，在中纬度和热带的某些干旱区域将会减少。还有高可信度表明，在许多半干旱地区（如：地中海流域、美国西部、非洲南部和巴西东北部），水资源因气候变化而将减少。

　　最新的科学进展说明了气候变化发生的程度比之前估计的还要高，其负面影响比之前估计的还要严重，近50年全球气候变暖超过90%的可能性是由人类活动（尤其是化石燃料的使用）引起，气候变化"极可能"是人为因素。如果说此前气候变化和人为因素的关系及其影响还在科学上存在不确定性，最新的IPCC报告则打消了这种不确定性，表明全球科学层面，大多数科学家对人类活动对气候变化的负面影响已达成共识，这势必对后京都议定书谈判产生实质影响。可见，气候变化的治理迫在眉睫，如果不尽快采取治理措施，必然会对全人类的生存环境带来毁灭性的灾难。1997年在《公约》第三次缔约方会议上通过了《京都议定书》，要求在2008—2012年之间把温室气体的减排量在1990年的基础上降低5.2％。2007年在印尼巴厘岛召开的第十三次缔约方会议上制定了巴厘岛路线图，确定启动《京都议定书》第一承诺期到期后国际减排的谈判。为最终达成稳定温室气体在大气中的浓度，以防止全球气候继续恶化，2009年在丹麦召开的哥本哈根世界气候大会确定将全球气温升幅控制在2℃以下的目标。碳排放是一个历史遗留问题，其主要贡献者是发达国家，因此承担责任和减排目标一直是各国的矛盾焦点。中国作为世界上最大的发展中国家，正处于经济快速发展的"生存排放"时期，在应对气候变化方面的立场与态度一直备受国际关注。

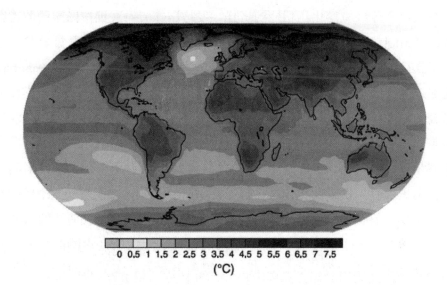

0 0.5 1 1.5 2 2.5 3 3.5 4 4.5 5 5.5 6 6.5 7 7.5
(℃)

图11-1　21世纪后期（2090—2099）预估的地表温度变化

　　根据联合国政府间气候变化专门委员会报告的结论，导致气候变化的人类影响因素中的主要责任者是200多年来从事工业化的发达国家，减排温室气体是发达国家的国际法律义务。即"从工业化开始（大约1750年）到1999年，大气中二氧化碳浓度增长了33%，甲烷浓度增长了一倍，氮氧化物大约增长了15%"。根据这一事实，《公约》及《议定书》明确了在应对气候变化问题上"共同但有区别的责任"原则，明确了承担减排温室气体主要责任的为发达国家，依法确立了减排温室气体的国际法律责任主体。"共同但有区别的责任"原则是国际社会合作应对气候变化的基础。根据《公约》及其《议定书》，中国作为一个发展中国家不承担减排温室气体的强制性国际法律义务。

　　中国在世界环境治理谈判中的立场是坚持在《公约》与《议定书》的框架下进行国际合作，坚持共同但有区别的责任。发达国家在工业化过程中对世界环境造成了严重的污染，应为全球气候变暖负主要责任。而发展中国家是全球气候变暖的受害者，并且发展中国家正处在经济发展的关键时期，当前的主要任务是发展经济。因此，发展中国家应根据自身的实际情况对全球环境变化负相应的责任，发达国家应对发展中国家的节能减排提供资金与技术支持，这一立场是符合中国的国家利益的。中国坚持联合国主导气候变化谈判的原则，坚持"协商一致"的决策机制。中国不反对通过《公约》和《议定书》谈判进程外的非正式磋商或小范围磋商探讨《公约》和《议定书》谈判中的焦点问题，推进谈判进程，但上述会议均应是对《公约》和《议定书》谈判进程的补充，而非替代。"协商一致"原则是《联合国宪章》的重要精神，符合联合国整体和长远利益，对增强决策的民主性、权威性和合法性有重要意义。

中国自1979年改革开放以来，经济进入了高速发展时期，随着中国工业化进程的加快，其温室气体排放量也在迅速增长，中国的二氧化碳排放量已经居世界第一位。因此，中国积极参与环境问题的国际合作，对全球环境治理的发展有重要的意义。中国作为最大的发展中国家，在全球气候治理中特别是气候公约谈判中具有举足轻重的地位。社会党国际主席帕潘德里欧说，在应对气候变化问题上，中国是沟通发展中国家和发达国家的一座桥梁。"一方面，中国是世界上最大的发展中国家，和广大发展中国家保持密切的关系，了解它们的困难与关切；另一方面，中国是一个充满活力的经济体，国力强大，人力资源丰富，在世界上具有重要影响力"。

从主要发达国家和发展中国家在哥本哈根会议上各自的减排目标来看（表11-1），发达国家总体减排态度消极，发达国家的总体减排目标过低，不仅远远低于发展中国家提出的发达国家作为一个整体至少减排40％的目标，也低于IPCC报告提出的发达国家整体减排25％—40％的目标。发展中国家彰显全球责任，巴西、中国和印度等主要的发展中国家采取自愿减排的形式。根据IPCC报告，到2020年发展中国家需要在预期基础上减排15％—30％。相比较于发达国家相对消极的碳减排态度，发展中国家的减排幅度较大，显示出极大的应对气候变化的诚意。

作为一个负责任的发展中国家，中国政府对气候变化问题给予了高度重视，成立了国家应对气候变化领导小组，积极参与了《公约》和《议定书》的谈判工作，认真履行在《公约》下所作的承诺，并从国情出发采取了一系列政策措施，自愿承担起减排的责任。在2009年哥本哈根气候大会上，温家宝总理承诺中国作为一个负责任的大国，将在气候问题上为世界作出贡献。走低碳经济的道路，减少中国温室气体的排放量，不仅是有助于推动世界节能减排事业的发展，扩大中国外交的回旋余地，也是中国自身转变发展方式，调整经济结构的需要。

为应对气候变化，中国在哥本哈根会议前宣布到2020年中国碳排放强度比2005年下降40％—45％，并将其作为约束性指标纳入国民经济和社会发展中，中国作出的减排承诺相当于同期全球减排量的1/4。国际能源机构首席经济学家比罗尔说，到2020年，全球需要削减38亿吨碳排放，而中国就将削减10亿吨。中国的碳减排承诺对全球应对气候变化行动意义重大。作为最大的发展中国家，中国的碳强度减排体现了发展和减排并重的观点。强度减排并将碳减排与经济发展联系起来，体现了发展中国家的温室气体的下降不应以牺牲经济增长为代价来换取的观点，同时减少了经济发展的不确定性对减排的影响。在缺少成熟技术、没有足够资金支持的背景下，中国主动提出将GDP碳排放强度降低，是既立足国内发展实际，又承担国际责任的做法。

表11-1 哥本哈根会议主要国家的量化减排承诺

国家	量化减排承诺		承诺状态
	2020 年减排目标	参考年	
美国	14%—17%	2005 年	考虑中
欧盟	20%—30%	1990 年	立法通过
日本	25%	1990 年	官方宣布
俄罗斯	15%—25%	1990 年	官方宣布
巴西	按BAU削减排放36.1%—38.9%	2005 年	官方宣布（自愿减排）
中国	削减碳排放强度40%—45%	2005 年	官方宣布（自愿减排）
印度	削减碳排放强度20%—25%	2005 年	官方宣布（自愿减排）

此外，中国积极参与国际应对气候变化威胁的谈判，力图促成环境方面国际协议的达成，在有关环境治理领域的国际组织中发挥重要作用，并在联合国框架下与世界各国开展环境问题的双边或多边国际合作。中国积极参加成立于1973年1月的联合国环境规划署，一直是环境规划署理事会成员。长期以来，中国与环境规划署保持了良好的合作关系。中国于1992年成立了环境与发展国际合作委员会，这是中国政府在环境领域的高级国际咨询机构，其主要职责是针对中国环境发展领域中的重大而紧迫的问题提出政策建议，并进行项目示范。2008年11月，第五届环境与发展国际合作委员会在北京召开，有关中外方委员、有关国家和国际组织代表、专家学者等200余人参加会议，会议听取了中外专家关于环境与发展领域的政策报告，并讨论通过了给中国政府的相关政策建议。中国科学家在世界气象组织、政府间气候变化专门委员会、地球

观测组织、地球系统科学联盟、国际科学联合会等国际组织以及世界气候研究计划、世界天气研究计划等国际科学计划中都担任了重要职务，并积极参与了世界气候研究计划、国际地圈—生物圈计划、全球环境变化人类因素计划、国际生物多样性计划等多项重大科学计划的实施，为全球环境治理作出了积极的贡献。事实表明，为了保护地球气候和环境，中国人已经而且正在以最积极、认真的行动，向世人展现一个负责任大国的风范。

三、中国应对气候变化的选择与措施

面对气候变化问题的严重性和长期性，中国作为一个负责任的发展中国家，将以科学发展观、构建社会主义和谐社会为指导，加强应对气候变化的能力建设，并从国情出发采取了一系列政策措施，为减缓全球气候变化作出了积极的贡献。

（一）气候谈判在全球治理中的核心地位

中国政府高度重视全球气候变化问题，以对本国人民和全人类高度负责任的态度，积极建设性参与应对气候变化国际谈判，加强与各国在气候变化领域的多层次磋商与对话，努力推动各方就气候变化问题深化相互理解，广泛凝聚共识，为推动建立公平合理的国际气候制度作出了积极贡献。中国坚持以《公约》和《议定书》为基本框架的国际气候制度，积极发挥联合国框架下的气候变化国际谈判的主渠道作用，坚持公平原则、"共同但有区别及各自能力的责任"原则，坚持在可持续发展的框架下应对气候变化，坚持按照公开透明、广泛参与、缔约方主导和协商一致的原则，积极建设性参与谈判，加强与各方的沟通交流，推动气候变化国际谈判取得积极进展。

2011年，中国继续积极参与联合国进程下的气候变化国际谈判，全面参与南非德班会议的谈判与磋商，坚持维护谈判进程的公开透明、广泛参与和协商一致，以认真、负责、开放、务实的姿态，为德班会议最终取得一揽子平衡成果、确保谈判沿正轨前进作出了重要贡献。为配合

德班会议谈判，首次在联合国气候变化大会期间以中国代表团名义举办了为期9天、包含23场主题活动的"中国角"系列边会活动。在中国等广大发展中国家的努力下，德班会议继续按照巴厘路线图授权推进公约和议定书的实施，在哥本哈根会议和坎昆会议的基础上取得了重要成果。

（二）继续推进节能减排和低碳经济

低碳经济是以低能耗、低污染、低排放为基础的经济模式，是人类社会继农业文明、工业文明之后的又一次重大进步。低碳经济实质是能源高效利用、清洁能源开发、追求绿色GDP的问题，核心是能源技术和减排技术的创新、产业结构和制度的创新以及人类生存发展观念的根本性转变。低碳经济发展模式因其低能耗、低排放、低污染的特征，正成为各国转变经济发展方式、实现可持续发展的共识。中国在2010年将低碳经济列入"十二五"规划纲要，并对单位GDP二氧化碳排放强度规定明确指示。《中国低碳经济发展报告（2012）》指出，2005—2010年，中国的单位GDP能耗降低19.1%，相当于节省标准煤6.3亿吨，换算成碳排放就是15亿吨。中国虽是世界第一大碳排放国，但中国也是世界最大的碳减排国。降低经济发展中的碳排放不仅是提高全球气候治理结构性权力的最直接手段，而且还能提高中国在气候谈判中的话语权，有力地支持了中国在气候谈判中的谈判目标的实现。

（三）发展清洁能源与生态项目开发

清洁发展机制是现存的唯一的可以得到国际公认的碳交易机制，基本适用于世界各地的减排计划。虽然中国的甚至全球的清洁发展机制项目还面临着一定的不确定性和各种风险，但是随着减排已经成为一种国际趋势，各种区域性和自愿性减排计划的出现，该交易市场的发展前景还是比较乐观，碳交易工具可能还会增加。作为主要参与方的中国，其清洁发展机制项目也会跟随国际形势，有着比较广阔的发展前景。截至2012年8月底，中国共批准了4540个清洁发展机制项目，预计年减排量近7.3亿吨二氧化碳当量，主要集中在新能源和可再生能源、节能和提高能效、甲烷回收利用等方面。其中，已有2364个项目在联合国清洁发展机制执行理事会成功注册，占全世界注册项目总数的50.41%，已注册项目预计年减排量（CER）约4.2亿吨二氧化碳当量，占全球注册项目年减排量的54.54%，项目数量和年减排量都居世界第一。注册项目中已有880个项目获得签发，总签发量累计5.9亿吨二氧化碳当量，为《议定书》的实施提供了支持。

（四）加强国际交流与国际合作

中国本着"互利共赢、务实有效"的原则积极参加和推动与各国政府、国际组织、国际机构的务实合作，为促进全球合作应对气候变化发挥着积极的建设性作用。中国与联合国环境规划署、世界卫生组织等机构合作，共同开展了GEF"增强对脆弱发展中国家气候适应力的能力、知识和技术支持"及"适应气候变化保护人类健康"的项目合作；中国组织召开了中欧、中德、中英、中丹气候变化双边磋商会议，推动了有关框架协议签署和合作项目开展，与美国、德国、英国、加拿大、丹麦等国在洁净煤技术、建筑节能技术以及电动汽车等领域开展了富有成效的联合研究；中国积极推动应对气候变化南南合作，已与埃塞俄比亚、格林纳达、尼日利亚、马达加斯加以及贝宁等国签署《应对气候变化物资赠送的谅解备忘录》，向其赠送节能低碳产品，中国支持了13个面向发展中国家的、与应对气候变化直接相关的国际培训班，涉及生物质、太阳能、沼气、荒漠化防治、节水高效农业、草原生态建设、热带生物多样性、燃煤电厂烟气净化、非木质林产品开发等领域；重点支持南太平洋岛国可再生能源利用与海洋灾害预警研究及能力建设、LED照明产品开发推广应用、秸秆综合利用技术示范、风光互补发电系统研究推广利用、灌溉滴水肥高效利用技术试验示范等一批援外项目，帮助发展中国家提高应对气候变化的适应能力。

第二节 中国在国内层面发挥的作用

中国由于地域辽阔，纬线跨度大，加上人口数量大，经济起点低，发展任务重，温室气体排放多，农业和生活更多依赖于自然降水，对水资源变化和自然灾害的适应力更脆弱，适应气候变化的财政、技术和制度的能力也较弱。因此中国是受气候变化不利影响最为脆弱的国家之一。2011年以来，中国相继发生了南方低温雨雪冰冻灾害、长江中下游地区春夏连旱、南方暴雨洪涝灾害、沿海地区台风灾害、华西秋雨灾害和北京严重内涝等诸多极端天气气候事件，给经济社会发展和人民生命财产安全带来较大影响。2011年全年共有4.3亿人次不同程度地受灾，直接经济损失高达3096亿元。

作为正处于工业化中期的后发国家，同时也是率先崛起的发展中大国，中国目前温室气体的排放总量已经超过美国而跃居世界第一，人均排放量也已超过世界平均水平，这预示着中国已站在国际社会应对气候变化的风口浪尖。中国正处于经济快速发展阶段，特别是在当前国际金融危机对中国实体经济的波及和影响进一步显现的大背景下，节能减排、环境保护和新能源的开发与利用等应对气候变化的形势更加严峻，任务更加艰巨，事关中国经济社会发展全局和人民群众的切身利益，事关国家的根本利益和长治久安。为此，寻求一条立足中国国情的低碳发展之路将是中国可持续发展的必然选择。

一、与气候变化相关的基本国情

中国一方面存在生态环境脆弱、海岸线漫长、人均资源占有量低等基本国情，从而决定中国极易受到气候变化的不利影响；另一方面，中国人口多、经济发展水平低、能源以煤为主等基本国情，又决定了中国必须发展经济，保障人民的基本生活，温室气体排放量增长不可避免。

（一）生态承载力差，自然灾害频发

中国气候条件相对较差。中国主要属于大陆型季风气候，与北美和西欧相比，中国大部分地区的气温季节变化幅度要比同纬度地区相对剧烈，很多地方冬冷夏热，夏季中国普遍高温，为了维持比较适宜的室内温度，需要消耗更多的能源。中国降水时空分布不均，多分布在夏季，且地区分布不均衡，年降水量从东南沿海向西北内陆递减。中国气象灾害频发，其灾域之广、灾种之多、灾情之重、受灾人口之多，在世界上都是少见的。中国每年因沙尘暴、泥石流、山体滑坡、洪涝灾害等各种自然灾害所造成的经济损失约2000多亿元人民币，自然灾害损失率年均递增9%，普遍高于生态脆弱区GDP增长率。

（二）中国自然环境比较脆弱

中国是世界上生态脆弱区分布面积最大、脆弱生态类型最多、生态脆弱性表现最明显的国家之一。中国生态脆弱区大多位于生态过渡区和植被交错区，处于农牧、林牧、农林等复合交错带，是中国目前生态问题突出、经济相对落后和人民生活贫困区。同时，也是中国环境监管的薄弱地区。中国生态脆弱区主要分布在北方干旱半干旱区、南方丘陵区、西南山地区、青藏高原区及东部沿海水陆交接地区，生态环境脆弱区占国土面积的60%以上。生态脆弱区存在的问题主要包括以下几个方面。首先是草地退化、土地沙化面积巨大，根据中国沙漠、戈壁和沙化土地普查及荒漠化调研结果表明，中国荒漠化土地面积为262.2万平方公里，占国土面积的27.4%，近4亿人口受到荒漠化的影响。据统计，70年代以来仅土地沙化面积扩大速度，每年就有2460平方公里。其次，中国土壤侵蚀强度大，水土流失严重，西部12省（自治区、直辖市）是中国生态脆弱区的集中分布区，根据遥感调查，中国现有土壤侵蚀面积达到357万平方公里，占国土面积的37.2%，年均土壤侵蚀总量45.2亿吨，约占全球土壤侵蚀总量的1/5。再次，中国气候干旱，水资源短缺，资源环境矛盾突出，中国北方生态脆弱区耕地面积占中国的64.8%，实际可用水

量仅占中国的15.6%，70%以上地区全年降水不足300毫米，每年因缺水而使1300万—4000万公顷农田受旱。最后，中国湿地退化，调蓄功能下降，生物多样性丧失，20世纪50年代以来，中国共围垦湿地3.0万平方公里，直接导致6.0万—8.0万平方公里湿地退化，蓄水能力降低约200亿—300亿立方米，许多两栖类、鸟类等关键物种栖息地遭到严重破坏，生物多样性严重受损。此外，中国大陆海岸线长达1.8万多公里，濒临的自然海域面积约473万平方公里，面积在500平方米以上的海岛有6500多个，易受海平面上升带来的不利影响。

（三）中国能源结构以煤为主

中国是个发展中国家，由于历史的原因，人口多，底子薄，中国石油、天然气资源相对不足，石油探明可采储量仅占世界的2.4%，天然气占1.2%；而煤炭却占世界探明储量的14%左右。"富煤、少气、缺油"的资源条件，决定了中国能源结构是以煤为主。根据2011年中国统计年鉴，中国一次能源消费总量已达到34.8亿吨标煤，比2010年增长6.6%，2011年煤炭占一次能源消费总量的比重大约为68.4%，比2010年升高了0.4个百分点；石油消耗量占一次能源消费总量的18.6%，比2010年降低了0.4个百分点；天然气占一次能源消费总量的5.0%，比2010年升高了0.6个百分点；水电、核电、风电占一次能源消费总量的8.0%，比2010年降低了0.6个百分点；由于煤炭消费比重较大，造成中国能源消费的二氧化碳排放强度也相对较高。

（四）中国是世界上人口最多的国家

根据中国统计年鉴，2011年年底中国的总人口数约为13.5亿人，约占世界人口总数的19.3%；中国城镇化水平比较低，2011年约有6.6亿的庞大人口生活在农村，农村人口占中国总人口的比例为48.73%。由于人口数量巨大，中国的人均能源消费水平仍处于比较低的水平，2010年中国人均生活能源消费量为258.3千克标准煤，因此中国的人均碳排放量就相对较低。

（五）中国经济发展水平较低

中国目前的经济发展水平仍较低。2011年中国人均GDP约为5406美元，约为世界人均水平的1/2左右；中国地区之间的经济发展水平差距较大，东部地区的经济发展水平普遍高于西部地区；中国城乡居民之间的收入差距也比较大，统计数据显示，2011年城镇居民人均可支配收入为21810元，农村居民人均纯收入为6977元，仅为城镇居民收入水平的32.0%；中国的脱贫问题还未解决，中国科学院《2012中国可持续发展战略报告》提出，中国发展中的人口压力依然巨大，按2010年标准贫困人口仍有2688万，而按2011年提高后的贫困标准（农村居民家庭人均纯收入为2300元人民币/年），中国还有1.28亿的贫困人口。

二、气候变化对中国的负面影响

中国是最易受气候变化不利影响的国家之一，其影响主要体现在农牧业、森林与自然生态系统、水资源和海岸带等。

（一）气候对农牧业生产的影响

中国是农业大国，气候变化对农业生产影响很大，农业是受气候变化影响最直接最明显的部门之一。气候变化对中国农牧业的影响主要表现在：一是农业生产的不稳定性增加。气候变化及极端天气事件增多对农业生产产生很大的不利影响，增加了中国粮食生产产量的不稳定性。据统计，中国每年由于农业气象灾害造成的农业直接经济损失达1000多亿元，约占国民生产总值的3%—6%。2001—2003年，中国连续3年遭遇旱灾，受灾面积8562万公顷，成灾面积5147万公顷，绝收1197万公顷，损失粮食近1.17亿吨，直接经济损失1526亿元。2007年，中国东北及其他部分地区发生大旱，近4000万公顷农作物受灾，绝收近350万公顷，损失粮食3700多万吨。由于气候变暖，到2030年中国种植业生产能力在总体上因气候变暖可能下降5%—10%，其中水稻、玉米和小麦三大农作物均以减产为主。2050年后受到的冲击更大，气候变暖，二氧化碳加倍，对农作物品质产生影响，大豆、冬小麦和玉米的氨基酸和粗蛋白含量下降。二是影响中国农业生产布局、结构和成本。全球气候变暖对中国的熟制产生了明显的影响，一年二熟、一年三熟的种植北界均有所北移，复种面积扩大，复种指数提高。导致冬小麦种植区域北移西延，东北玉米带北移东扩，晚熟品种种植面积扩大。到2050年中国几乎所有地方的农业种植制度均将因气候变化而发生改变，变暖将导致复种指数增加和种植方式多样化，但降水与蒸发之间可能出现的负平衡和土壤胁迫成分的增加以及生育期的可能缩短，最终将导致中国主要作物的产量下降。三是农业生产条件发生变化。农业成本和投资需求将大幅度增加，气温升高使土壤有机质分解加快，化肥释放周期缩短，加上气候变化使灌溉成本增加，进行土壤改良和水土保持的费用增加，此外气候变化还加剧病虫害的流行和杂草蔓延，导致农药的使用量增多，这样中国农业成本势必将很大程度提高。四是潜在荒漠化趋势增大，草原面积减少，气候变暖后，草原区干旱出现的概率增大，持续时间加长，土壤肥力进一步降低，初级生产力下降。五是气候变暖对畜牧业也将产生一定的影响，某些家畜疾病的发病率可能提高。

（二）气候对森林生态系统的影响

根据中国政府制定的《中国应对气候变化国家方案》，气候变化已经对中国的森林和其他生态系统产生了一定的影响，主要表现为近50年中国西北冰川面积减少了21%，西藏冻土最大减薄了4—5米。未来气候变化将对中国森林和其他生态系统产生不同程度的影响：一是森林类型的分布北移。从南向北分布的各种类型森林向北推进，山地森林垂直带谱向上移动，主要造林树种将北移和上移，一些珍稀树种分布区可能缩小。二是森林生产力和产量呈现不同程度的增加。森林生产力在热带、亚热带地区将增加1%—2%，暖温带增加2%左右，温带增加5%—6%，寒温带增加10%左右。三是森林火灾及病虫害发生的频率和强度可能增高。四是内陆湖泊和湿地加速萎缩。少数依赖冰川融水补给的高山、高原湖泊最终将缩小。五是冰川与冻土面积将加速减少。到2050年，预计西部冰川面积将减少27%左右，青藏高原多年冻土空间分布格局将发生较大变化。六是积雪量可能出现较大幅度减少，且年际变率显著增大。七是将对物种多样性造成威胁，可能对大熊猫、滇金丝猴、藏羚羊和秃杉等产生较大影响。

（三）气候对沿海地区的影响

全球气候变化导致的最直接的后果之一就是海平面上升。中国的大陆海岸线长达1.8万多公里，沿海地区是中国人口密集、经济发达的地区，其面积约占中国总面积的14％，人口占41％，GDP占中国近60％。海平面上升直接导致潮位升高，海水入侵面积加大，加重了海岸侵蚀的强度，海平面上升和淡水资源短缺的共同作用，加剧了河口处的咸水入侵程度。过去100年间，中国海平面上升了20—30厘米。根据沿海验潮站的海平面监测数据，20世纪80年代以来，中国沿海海平面呈波动上升趋势（见图11-2），平均上升速率为2.6毫米/年，高于全球海平面每年1.8毫米的平均速度。预计未来20年，中国沿海海平面将继续上升，到2030年，长江三角洲海平面将升高16—34毫米，珠江三角洲海平面将升高22毫米，黄河三角洲海平面将升高约30—35毫米。未来气候变化将对中国的海平面及海岸带生态系统产生较大的影响：一是随着海平面的上升，中国沿海经济发达地区的面积将逐渐减少。二是发生台风和风暴潮等自然灾害的概率增大，造成海岸侵蚀及致灾程度加重。三是滨海湿地、红树林和珊瑚礁等典型生态系统损害程度也将加大。

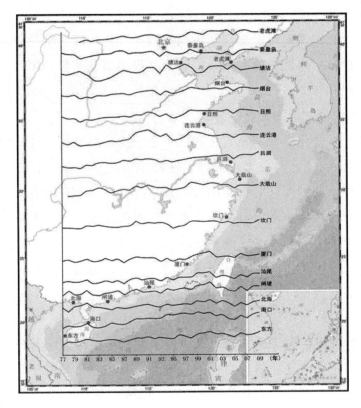

图11-2 中国沿海主要监测站海平面变化

（四）气候对淡水资源的影响

中国是一个淡水资源严重缺少的国家，淡水资源总量为2.8万亿立方米，占全球水资源的6％，仅次于巴西、俄罗斯和加拿大，居世界第四位，但人均只有2200立方米，仅为世界平均水资源的1/4，在世界上居121位，是全球13个人均水资源最贫乏的国家之一。气候变化影响中国水资源，集中表现为加剧中国淡水资源短缺和供需矛盾。气候变化对水资源的影响主要通过气温升高或降水增减，从而引起径流量发生变化，主要表现为近40年来，中国六大江河（长江、黄河、珠江、松花江、海河、淮河）的实测径流量都呈下降趋势，下降幅度最大的是海河流域的黄壁庄，每10年递减率为36.64％，其次为淮河的三河闸，每10年递减率为26.95％，黄河流域减少最大，长江流域减少较小。未来气候变化将对中国水资源产生较大的影响：一是未来50—100年，中国多年平均径流量在北方的宁夏、甘肃等部分地区可能明显减少，在南方的湖北、湖南等部分省份可能显著增加，这表明气候变化将可能增加中国洪涝和干旱灾害发生的概率。二是未来50—100年，中国北方地区水资源短缺形势不容乐观，特别是宁夏、甘肃等省（区）的人均水资源短缺矛盾可能加剧。三是在水资源可持续开发利用的情况下，未来50—100年，中国大部分省份水资源供需基本平衡，但内蒙古、新疆、甘肃、宁夏等地区水资源供需矛盾可能进一步加大。四是气候变化引发冰川退缩的速度急剧加大，冰川是中国极其重要的固体水资源，通过水资源补给作用或者对河径流的削峰补缺作用调节着中国的淡水资源。冰川的消融虽然短期内会增加河流的径流量，但是最终会导致河流枯竭，发生水荒。据统计，近40年来，由于气候的变化，中国冰川已经减少了1/4。

（五）气候对人类生活的影响

气候变化增加了极端气候事件的频度和强度。气候温度的变化导致水汽循环变速，降水时间和空间分布发生改变，造成了气候异常，导致干旱、洪水的次数及强度增加，中国南涝北旱的状况进一步加剧。2007年中国政府公布的《中国应对气候变化国家方案》明确指出近50年来，中国主要极端天气与气候事件的频率和强度出现了明显变化。气候变化可能引起热浪、洪涝灾害、干旱、沙尘暴、雪灾和台风这几种极端气候频率和强度的增加，由极端高温事件引起的死亡人数、严重疾病和财产损失将增加，2011年中国全年共有4.3亿人次不同程度地受灾，直接经济损失高达3096亿元。气候变化还可能增加疾病的发生和传播机会，增加心血管病、疟疾、登革热和中暑等疾病发生的程度和范围，危害人类健康。

三、在应对气候变化中的作用

中国政府高度重视气候变化问题。2011年十一届中国人大四次会议审议通过的《国民经济和社会发展第十二个五年规划纲要》，明确了

"十二五"时期中国经济社会发展的目标任务和总体部署，应对气候变化作为重要内容正式纳入国民经济和社会发展中长期规划。提出了将单位GDP能源消耗降低16%、单位GDP二氧化碳排放降低17%、非化石能源占一次能源消费比重达到11.4%作为约束性指标，明确了未来五年中国应对气候变化的目标任务和政策导向，提出了控制温室气体排放、适应气候变化影响、加强应对气候变化国际合作等重点任务。中国成立了国家气候变化对策协调机构，采取了一系列与应对气候变化相关的减缓和适应政策与措施，具体的政策与行动有以下几个方面。

（一）降低气候变化风险

1. 调整经济结构，促进产业结构优化升级

世界经济发展的实践表明，从本源上抓好需求结构、产业结构等的调整，抓好自主创新能力的提高，促进内外需求结构平衡、产业结构优化，必将有助于提高经济发展的质量。根据《中国应对气候变化的政策与行动2012年度报告》内容，中国在调整经济结构和促进产业结构优化升级方面所发挥的作用主要体现在：

（1）推动传统产业改造升级。中国发布的《产业结构调整指导目录（2011年本）》，强化通过结构优化升级实现节能减排的战略导向。加强节能评估审查、环境影响评价和建设用地预审，进一步提高行业准入门槛，严格控制高耗能、高排放和产能过剩行业新上项目，严格控制高耗能、高排放产品出口。在工业发展方面编制了《工业转型升级规划（2011—2015年）》以及钢铁、建材、石化、工业节能、清洁生产等"十二五"规划，以此推动工业转型升级，实现绿色低碳发展。同时狠抓技术改造，完善管理办法，加大支持力度，2011年共安排工业专项技改资金135亿元，带动投资2791亿元，使技改工作的针对性、有效性和影响力得到明显提升。

（2）扶持战略性新兴产业发展。中国制定了《"十二五"国家战略性新兴产业发展规划》，明确中国节能环保产业、新一代信息技术产

业、生物产业、高端装备制造业、新能源产业、新材料产业、新能源汽车产业七大类战略性新兴产业发展路线图。政府加大对新兴产业重大项目建设的支持力度，组织实施了一批重大产业工程和重点专项，设立了战略性新兴产业发展专项资金，新兴产业创投计划支持创投基金接近290亿元，其中主要投资于节能环保和新能源领域的基金超过70亿元。

（3）大力发展服务产业。中国在继《国务院关于加快发展服务业的若干意见》《国务院办公厅关于加快发展服务业若干政策措施的实施意见》等有关文件之后，2011年又发布了《国务院办公厅关于加快发展高技术服务业的指导意见》，明确提出进一步改善服务业环境、提高服务业发展水平。在《产业结构调整指导目录（2011年本）》中重新划分了服务业类别，大幅增加鼓励类服务业条目，初步形成了鼓励发展服务业的门类体系。加强和改进市场准入、人才服务、品牌培育、服务业标准、服务认证示范和服务业统计等方面工作。

（4）加快淘汰落后产能。中国发布了《关于抑制部分行业产能过剩和重复建设引导产业健康发展的若干意见》《关于进一步加强淘汰落后产能工作的通知》《关于印发淘汰落后产能工作考核实施方案的通知》《关于做好淘汰落后产能和兼并重组企业职工安置工作的意见》《高耗能落后机电设备（产品）淘汰目录（第二批）》等政策文件，完善落后产能退出机制，加强对淘汰落后产能工作的检查考核。2011年，中国共关停小火电机组800万千瓦左右，淘汰落后炼铁产能3192万吨、炼钢产能2846万吨、水泥（熟料及磨机）产能1.55亿吨、焦炭产能2006万吨、平板玻璃3041万重量箱、造纸产能830万吨、电解铝产能63.9万吨、铜冶炼产能42.5万吨、铅冶炼产能66.1万吨、煤产能4870万吨。

2.大力节约能源、提高能源使用效率

节能是中国一项长期的战略任务，也是当前的紧迫任务。中国坚持开发与节约并举，节约优先的方针，通过调整产业结构、产品结构和能源消费结构，采用高新技术和先进适用技术等措施，提高产业的整体技术装备水平和能源利用效率。同时坚持节能与发展相互促进，把节能作为转变经济增长方式的主攻方向，从根本上改变高耗能、高污染的粗放型经济增长方式。中国在节能和提高能效方面所发挥的作用主要体现在：

（1）加强节能考核和管理。中国制定了《"十二五"节能减排综合性工作方案》，分解下达"十二五"节能目标，实施地区目标考核与行业目标评价相结合、落实五年目标与完成年度目标相结合、年度目标考核与进度跟踪相结合，并按季度发布各地区节能目标完成情况晴雨表。工业和信息化部、住房城乡建设部和交通运输部等有关部门均发布了各自的节能减排实施方案和专项规划。

（2）进一步完善节能标准。截至2011年年底，国家质检总局、国家发展改革委累计出台的高耗能产品能耗限额强制性国家标准达到28项。组织开展若干重点行业、重点产品强制性能耗限额标准以及内燃机等工业通用设备能效标准制定和修订工作，组织22项行业标准立项，复审209项节能标准。截至2012年6月底，累计发布19批达标车型表，发布达标车型近2万多个，新购营运车辆开始全面执行燃料消耗量限值标准，批准发布《汽车驾驶节能操作规范》等5项行业标准。

（3）推广节能技术与产品。中国积极推进采用节能技术，发布了第四批《国家重点节能技术推广目录》，公布煤炭、电力、钢铁等13个行业的22项节能技术。编制完成钢铁、石化、有色、建材等11个重点行业节能减排先进适用技术目录、应用案例和技术指南，涉及600多项节能技术。2011年全年共推广节能电机200多万千瓦，中国共推广高效节能空调1826多万台、节能灯1.5亿只、节能汽车400多万辆。

（4）发展循环经济。中国在2008年就颁布了《循环经济促进法》，旨在促进循环经济发展，提高资源利用效率，保护和改善环境，实现可持续发展。国家发展改革委编制了《循环经济发展"十二五"规划》，颁布实施了《废弃电气电子产品回收利用管理办法》。选择了22个园区实施园区循环化改造示范试点工程，在7个园区开展第三批国家"城市矿产"示范基地建设，在16个城市开展第二批餐厨废弃物资源化利用和无害化处理试点，在12个地区开展了工业固体废物综合利用基地建设，确定了两批18个国家循环经济教育示范基地。自2008年8月《循环经济促进法》实施以来，中国回收利用废钢7200万吨，再生有色金属产量520万吨，回收塑料1600万多吨，居世界第一位。

（5）推广合同能源管理。国家发展改革委公布了第二、三批共1273家通过备案的节能服务公司名单。中国多个地方省、市、自治区相继出台合同能源管理项目专项扶持政策。合同能源管理涉及领域从以工业为主，发展到覆盖工业、建筑、交通和公共机构等多个领域。2011年，中国节能服务产业产值达到1250亿元，同比增长49.5%，节能服务公司共实施合同能源管理项目4000多个，投资额412亿元，同比增长43.5%，实现节能量1600多万吨标准煤。（6）实行财税激励政策。工业和信息化部联合有关部门发布了两批《关于节约能源使用新能源车辆减免车船税的车型目录》，对节能车船和新能源车船实行车船税减免。财政部、交通运输部设立了交通运输节能减排专项资金，2011年和2012年对402个申报项目给予了补助，形成二氧化碳减排量183.7万吨。农业部投入43亿元引导地方政府加大对沼气利用的补助力度，2011年沼气用户达4100万户，形成二氧化碳减排量6000万吨。

通过多项节能减排政策的实施，2011年中国万元GDP能耗为0.793吨标准煤（按2010年价格），比2010年降低2.1%。主要工业单位产品综合能耗有不同程度降低，2011年与2010年相比，重点大中型钢铁企业吨钢综合能耗、氧化铝综合能耗、铅冶炼综合能耗分别同比下降0.8%、3.3%、4%。2011年，中国城镇新建建筑设计阶段执行节能50%强制性标准基本达到100%，施工阶段的执行比例为95.5%，新增节能建筑面积13.9亿平方米；公共机构人均综合能耗比2010年下降2.93%，单位建筑面积能耗下降2.24%。

3.发展低碳能源，优化能源结构

　　能源结构调整是能源发展战略的重要任务之一，也是转变能源发展方式的重要手段，旨在促进能源多元化发展，建立多元化的能源供应体系。中国在能源结构调整方面所发挥的作用主要体现在：

　　（1）加快发展非化石能源。2008年以来，中国公布了《风力发电设备产业化专项资金管理暂行办法》、《可再生能源建筑应用城市示范实施方案》等财税激励政策，大大推动了中国可再生能源的迅速发展。国家能源局组织制定了《可再生能源发展"十二五"规划》和水电、风电、太阳能、生物质能4个专题规划，提出了到2015年中国可再生能源发展的总体目标、主要措施等。组织实施了108个绿色能源示范县、35个可再生能源建筑规模化应用示范城市及97个示范县建设试点，组织开展风电、太阳能、生物质能、页岩气等专项规划和上海等五个城市电动汽车充电设施发展规划等专项规划的制定。从中国能源部门公布的数据来看，2011年中国水电、风电、光伏发电等非化石能源均有较快发展，水电装机新增1400万千瓦，累计达到2.3亿千瓦，在建规模5500万千瓦，新开工装机规模1260万千瓦，发电量6626亿千瓦时。核电装机新增173万千瓦，发电量869亿千瓦时，风电并网容量新增1600万千瓦，居全球第一，并网风电发电量800亿千瓦时。太阳能光伏新增装机210万千瓦，累计装机达到300万千瓦；各类生物质发电装机600万千瓦，发电量300亿千瓦时；地热能发电装机2.42万千瓦，海洋能发电装机0.6万千瓦，地热、海洋能发电量1.46亿千瓦时。中国城镇太阳能光热建筑应用面积达21.5亿平方米，已建成及正在建设的光电建筑应用装机容量达127万千瓦。

　　（2）推进化石能源清洁利用。中国不断推进化石能源生产和利用方式变革和清洁高效发展，发布了《天然气发展"十二五"规划》和《关于发展天然气分布式能源的指导意见》，提出了"十二五"期间的发展目标和重点任务。在发布实施的《煤炭工业发展"十二五"规划》中将大力发展洁净煤技术，促进煤炭高效清洁利用作为"十二五"煤炭工业发展的重点任务之一，加快高参数、大容量清洁燃煤机组、燃气电站建设，中国在运百万千瓦超临界燃煤机组达到40台，数量居世界第一，30万千瓦及以上火电机组占全部火电机组容量的74.4%。中国加大非常规能源开发力度，组织制定了《页岩气发展规划（2011—2015年）》，提出到2015年页岩气产量达65亿立方米的发展目标。组织制定了《煤层气（煤矿瓦斯）开发利用"十二五"规划》，提出2015年煤层气（煤矿瓦斯）产量达到300亿立方米，瓦斯发电装机容量超过285万千瓦，民用超过320万户，新增煤层气探明地质储量1万亿立方米的发展目标。

4.增加碳汇

增加碳汇是中国应对气候变化的重要战略，中国陆地植被碳汇主要以森林为主，其次还包括草原碳汇和其他碳汇（农业耕作）。

（1）增加森林碳汇。中国制定了《中国造林绿化规划纲要（2011—2020年）》、《林业发展"十二五"规划》以及《林业应对气候变化"十二五"行动要点》，提出加快推进造林绿化、全面开展森林抚育经营、加强森林资源管理、强化森林灾害防控、培育新兴林业产业等5项林业减缓气候变化主要行动。实施退耕还林、"三北"和长江重点防护林工程，推进京津风沙源治理工程，开展珠江、太行山等防护林体系和平原绿化建设。扩大森林抚育补贴规模，组织开展各类森林经营试点示范建设。2011年，中国共完成造林面积599.66万公顷，中幼龄林抚育面积733.45万公顷，完成低产低效林改造面积78.88万公顷，义务植树25.14亿株；城市绿地面积达224.29万公顷，城市人均公园绿地面积、建成区绿地率和绿化覆盖率三项绿化指标分别达到11.80平方米、35.27%和39.22%。

（2）增加草原碳汇。2011年，国务院安排136亿元财政资金在内蒙古、西藏、新疆、甘肃等9个省和自治区实施了草原生态保护补助奖励机制政策，享受到补奖政策的农牧民达到1056.7万户。2012年，补助奖励机制政策范围扩大到河北、山西等5个省的牧区和半牧区。2011年，共完成草原围栏建设450.4万公顷，严重退化草原补播145.9万公顷，人工饲草地建植4.7万公顷，京津风沙源草地治理9.1万公顷。

（3）增加其他碳汇。农业碳汇方面，中央财政安排保护性耕作推广资金3000万元、工程建设投资3亿元，2011年新增保护性耕作1900多万亩，中国保护性耕作面积累计达到8500万亩。保护性耕作与传统耕作相比，农田土壤含碳量可增加20%，每年减少农田二氧化碳等温室气体排放量达0.61—1.27吨/公顷，按中国保护性耕作实施面积计算，相当于减少二氧化碳排放300万吨以上。湿地碳汇方面，2011年中国新增湿地保护面积33万公顷，恢复湿地2.3万公顷，湿地储碳功能进一步增强。

（二）适应气候变化挑战

2011年以来，中国政府积极采取措施，提高了重点领域适应气候变化的能力，减轻了气候变化对经济社会发展和人民生产生活的不利影响。

1.农业领域

农业部大力推动农田水利基本建设，提升农业综合生产能力。推动大规模旱涝保收标准农田建设。开展了大型灌区续建配套与大型灌溉排水泵站更新改造，扩大农业灌溉面积、提高灌溉效率。培育并推广产量高、品质优良的抗旱、抗涝、抗高温、抗病虫害等抗逆品种，进一步加大农作物良种补贴力度，加快推进良种培育、繁殖、推广一体化进程。如以前推广的冬小麦品种大多属于强冬性，因冬季无法经历足够的寒冷期以满足春化作用对低温的要求，已经被过渡型、半冬性或弱冬性生态类型的冬小麦品种所取代，这种应对气候变暖的适应性行为，有助于小麦总产的稳定和提高。目前中国主要农作物良种覆盖率达到95%以上，良种对粮食增产贡献率达到40%左右。气候的暖干化趋势，将导致地表蒸发和植物蒸腾作用的加强，从而进一步加剧水资源的供求矛盾，使干旱问题更为突出。因此中国积极组织节水农业技术模式创新，突出工程、设备、生物、农艺和管理等措施在田间的组装集成，总结提出了区域性骨干技术模式。示范推广了全膜双垄集雨沟播、膜下滴灌、测墒节灌等九大节水技术模式，建设节水农业示范基地，水分生产力比"十一五"之前提高10%—30%，促进了旱区粮食稳定增产、农民持续增收。

2.林业生态系统

"计划适应"是森林适应气候变化的主要经营措施，依据预先考虑到气候变化的风险和不确定性，重新制定林业目标和措施，以及不同层次和跨部门的协商和参与式干预。林业局发布了《林业应对气候变化"十二五"行动要点》，提出了4项林业适应气候变化主要行动，着力加强森林抚育经营和森林火灾、林业微生物防控，优化森林结构，改善森林健康状况。贯彻落实《国务院办公厅关于做好自然保护区管理有关工作的通知》，严格限制自然保护区内的开发建设活动，强化监督管理，进一步加强国家重要生态区域和生物多样性关键地区保护。加强野生动植物保护和自然保护区建设，截至2011年年底，新增国家级自然保护区23处，林业系统自然保护区已达2126处，总面积达1.23亿公顷，占中国国土面积的12.78%。完成了80%以上国土面积的湿地资源调查任务，实施中国湿地保护工程项目39个，建设湿地保护管理站点100多处，新增湿地保护面积33万公顷，恢复湿地2.3万公顷，新增4处国际重要湿地和68处国家湿地公园试点。发布了《中国国际重要湿地生态状况公报》，初步构建了湿地生态系统健康价值功能评价指标体系，进一步加强了湿地恢复与保护。

3.水资源领域

国务院发布了《关于实行最严格水资源管理制度的意见》，提出实行最严格的水资源管理制度要求，确立水资源开发利用、用水效率控制、水功能区限制纳污控制的"红线"，严格执行取水许可、水资源有偿使用、水自愿论证制度，全面推行节水型社会建设。中国相继制定和发布了《中国江河湖泊水功能区划》、《中国农村饮水安全工程"十二五"规划》、《水利发展规划（2011—2015年）》、《中国地下水利用与保护》和《关于深入推进节水型企业建设工作的通知》等多项规划和通知。中国通过推进枢纽水源和大江大河治理等工程建设、对大中型病险水库和大中型病险水闸进行除险加固、对重点中小河流重要河段进行治理、实施水土流失综合治理以及坡改梯工程和加快生态脆弱河流综合治理等行动措施积极应对气候变化。通过以上政策与行动的实施，中国有效地应对了北方冬麦区、长江中下游和西南地区接连发生的大范围严重干旱；通过农村饮水安全工程建设解决了7000万农村人口的饮水安全问题；战胜了"两江一河"严重秋汛，成功防范了7个登陆台风和热带风暴，主要灾害损失指标比多年均值明显降低，其中洪涝灾害死亡人数为新中国成立以来最低。

4.海洋领域

国家海洋局组织开展了《海洋领域应对气候变化中长期发展规划（2011—2020年）》、《"十二五"国家应对气候变化科技发展专项规划（海洋领域）》、《国家"十二五"海洋科学和技术发展规划纲要》、《中国海洋观测网总体规划（2011—2020）》等专题规划的编制工作，编制了《气候变化对海洋生物的影响监测与评价研究报告》和《海平面上升影响评估专题报告》。加强典型海洋生态系统与气候变化响应监测的保护性修复工作，构建中国管辖海域海—气二氧化碳交换通量监测网络，开展海洋碳循环监测与评估。进一步完善沿海海洋气候观测网立体布局，加强海岛、海岸带地区防灾减灾应急救助体系建设，初步开展了海洋灾害风险评估与区划工作，大力支持沿海地方开展重点海岛整治修复项目，全面完成海洋功能区划修编工作。2012年设立海岛保护专项资金，中央财政投入2亿元，支持地方开展海岛保护项目15个。

5.健康领域

中国卫生部印发了《关于加强饮用水卫生监督监测工作的指导意见》、《中国城市饮用水卫生安全保障规划（2011—2020年）》、《关于进一步加强饮用水卫生监测工作的通知》和《2012年国家饮用水卫生监督监测工作方案》，全面加强饮用水卫生监督监测工作，保障城乡饮用水卫生安全。自2012年7月1日起全面实施新的国家饮用水卫生标准，规范供水单位卫生许可工作。2012年国家财政投入2.2亿元支持地方开展饮用水卫生监测工作。同时中国不断完善传染病网络直报系统，加强传染病监测、报告与防控工作，重点加强与气候变化密切相关的登革热、手足口病等肠道传染病防控工作。截至2011年年底，中国100%的疾病预防控制机构、98%的县级及以上医疗机构和94%的乡镇卫生院实现了网络直报，直报单位总数达6.8万余家。

6.气象领域

中国气象局启动了《"十二五"应对气候变化专项规划》编制工作，提出了"十二五"期间气象部门气候变化工作重点领域和任务。发布了《气候变化绿皮书：应对气候变化报告（2011）》、《中国气候变化监测公报2010》、《气象部门应对气候变化技术指导手册3.0版》，并启动了气象灾害风险评估技术指南的编制工作。联合科技部、中科院共同发布了《第二次气候变化国家评估报告》。完成对长江三峡、鄱阳湖等8个流域的气候变化综合评估报告，以及对东北、华中粮食生产和新疆、陕西特色产业影响的专项评估。同时通过建设现代化观测系统，不断提升气候系统观测能力，加强气候资源的开发利用，初步建立了风能、太阳能预报服务平台。

（三）实施低碳发展试点

中国不断推进低碳省区和城市试点，启动碳排放交易试点，开展低碳产品、低碳交通运输体系等，探索不同地区、不同行业绿色低碳发展的经验和模式。

1.继续推进低碳省区和城市试点

国家发展改革委批复了各试点省区和城市低碳发展规划实施方案，加强对试点工作的指导，完善工作机制，推动构建以低碳排放为特征的产业体系，低碳试点各项工作稳步开展。各试点省区和城市成立了低碳试点工作领导小组，建立决策咨询机制、基础研究机制、试点示范机制、对外交流合作机制等，创新有利于低碳发展的体制机制。将二氧化碳排放强度下降指标完成情况纳入各地区经济社会发展综合评价体系和干部政绩考核体系。目前，各试点省市已完成启动阶段各项任务目标，正进入攻坚阶段，全面开展各项试点工作。

2.启动碳排放交易试点

建立自愿减排交易机制，2012年6月，国家发展改革委出台《温室气体自愿减排交易管理暂行办法》，确立自愿减排交易机制的基本管理框架、交易流程和监管办法，建立交易登记注册系统和信息发布制度，鼓励基于项目的温室气体自愿减排交易，保障有关交易活动有序开展。此外开展碳排放权交易试点，2011年，国家发展改革委在北京市、天津市、上海市、重庆市、湖北省、广东省及深圳市启动碳排放权交易试点工作。各试点地区加强组织领导，建立专职队伍，安排试点工作专项资金，抓紧组织编制碳排放权交易试点实施方案，着手研究制定碳排放权交易试点管理办法，测算并确定本地区温室气体排放总量控制目标，研究制定温室气体排放指标分配方案。北京市、上海市、广东省分别在2012年3月28日、8月16日和9月11日启动碳排放权交易试点。

3.开展相关领域低碳试点工作

中国积极组织开展低碳产业试验园区、低碳社区、低碳商业评价指标体系和配套政策研究，探索形成适合中国国情的低碳发展模式和政策机制。国家发展改革委组织研究产品碳排放计算方法，建立低碳产品标准、标识和认证制度，组织编制《低碳产品认证管理办法（暂行）》，引导低碳消费。同时中国开展低碳交通运输体系建设城市试点，2011年交通运输部启动低碳交通运输体系建设试点工作，以公路、水路交通运输和城市客运为主，选定天津、重庆、深圳等10个城市开展首批试点，2012年2月选定北京、昆明、西安、宁波等16个城市开展低碳交通运输体系建设第二批城市试点工作。各试点城市通过建设低碳型交通基础设施，推广应用低碳型交通运输装备，优化交通运输组织模式及操作方法，建设智能交通工程等措施，加快建设以低碳排放为特征的交通运输体系。此外中国也开展了绿色低碳重点小城镇试点示范，2011年选定北京市密云县古北口镇、天津市静海县大邱庄镇、江苏省常熟市海虞镇等7个镇为第一批试点示范绿色低碳重点小城镇。各试点示范镇根据本地区经济社会发展水平、区位特点、资源和环境基础，分类探索小城镇建设发展模式。

（四）加强低碳能力建设

中国在加强低碳发展顶层设计、建立温室气体统计核算体系、增强科技支撑、能力等方面取得了积极进展，提高了应对气候变化能力。

1.加强低碳发展顶层设计

2011年国务院印发了国家发展改革委牵头编制的《"十二五"控制温室气体排放工作方案》，明确了到2015年中国控制温室气体排放的总体要求和主要目标，提出了推进低碳发展重点任务和政策措施。2012年，国务院办公厅印发了《"十二五"控制温室气体排放工作方案重点工作部门分工》，对方案的贯彻落实工作进行全面部署。国家发展改革委会同有关部门研究起草应对气候变化法律框架；通过开展"省级气候变化立法研究——以江苏省为例"项目推进中国省级应对气候变化立法，为中国范围开展立法工作积累经验。中国组织开展了低碳发展宏观战略研究项目，对到2020、2030和2050年中国低碳发展总体态势进行分析判断，研究提出中国低碳发展宏观战略的分阶段目标任务、实现途径、政策体系、保障措施等，为加快推进低碳发展奠定理论和政策基础。

2.建立温室气体统计核算体系

国务院机关事务管理局制定了《公共机构能源资源消耗统计制度》，组织完成了"十一五"期间和2011年中国公共机构能源资源消耗情况汇总分析和国家机关办公建筑、大型公共建筑能耗统计。住房城乡建设部修订了《民用建筑能耗和节能信息统计报表制度》。国家林业局进一步加快推进中国林业碳汇计量与监测体系建设，试点已扩大到17个省市。国家统计局出台了《关于加强和完善服务业统计工作的意见》，为建立健全服务业能源统计奠定坚实基础。交通运输部组织开展交通运输行业碳排放统计监测研究。国家发展改革委发布《省级温室气体清单指南（试行）》，组织完成中国2005年温室气体清单和第二次国家信息通报编制工作。组织编写了陕西、浙江、湖北、云南、辽宁、广东和天津7个省（市）2005年温室气体排放清单总报告及能源、工业生产过程、农业、土地利用变化及林业、废弃物五个领域的温室气体清单分报告。组织开展其他24省市温室气体清单编制工作。研究开展化工、建材、钢铁、有色、电力、航空等行业企业温室气体排放核算方法和报告规范。

3.增强科技支撑

中国印发了《"十二五"国家应对气候变化科技发展专项规划》，科技部通过973计划支持"应对气候变化科技专项"和全球变化研究国家重大科学研究计划，支持气候变化领域基础研究工作。水利部组织开展气候变化对水利影响方面的关键技术研究，开展水利应对气候变化影响的适应性对策措施研究。卫生部启动气候变化对人类健康的影响与适应机制研究。国土资源部组织开展"应对全球气候变化地质响应与对策"调查和研究工作。环境保护部组织开展钢铁、水泥、交通等重点行业大气污染物与温室气体排放协同控制政策与示范研究。国家林业局初步完成中国森林对气候变化响应与林业适应对策研究，进一步推进典型森林生态系统固碳和减排经营技术研究。交通运输部组织开展"建设低碳交通运输体系研究"。中国气象局组织开展了多模式超级集合、动力与统计集成等客观化气候预测新技术的研发和应用，完成政府间气候变化专门委员会（IPCC）的第五次国际耦合模式比较计划，为IPCC第五次评估报告提供模式结果。

国家发展改革委员会组织启动"国家低碳技术创新和产业化示范工程"首批项目，批复了钢铁、有色、石化3个行业共20个示范工程。2011—2012年度，能源领域安排科技计划项目共计59项，国拨经费总计27.4亿元。制定发布能源科技、洁净煤高效转化、风力发电等科技发展专项规划，发布第四批《国家重点节能技术推广目录》。水泥行业内有950

条生产线配套建成余热发电站，年可节约1125万吨标准煤。完成5批《节能与新能源汽车示范推广应用工程推荐车型目录》的审定工作。试点推进绿色汽车维修技术，开展高速公路运营节能技术应用与示范工程。"金太阳示范工程"项目已累计支持光伏发电项目343个，总装机容量约1300MW。开展海洋波浪能、潮汐能等海洋能开发利用关键技术研究与产业化示范。科技部启动了30万吨煤制油工程高浓度二氧化碳捕集与地质封存技术开发及示范、高炉炼铁二氧化碳减排与利用技术关键技术开发和3.5万千瓦富氧燃烧碳捕获关键技术、装备研发及工程示范等项目，并部署了大规模燃煤电厂烟气二氧化碳捕集、驱油及封存技术开发及应用等示范项目。

此外中国也建立了许多研究咨询机构，2011年11月，国家发改委成立了国家应对气候变化战略研究和国际合作中心，主要为气候变化工作提供政策研究支撑。环境保护部环境发展中心和南京环境科学研究所组建成立了环境与气候变化中心和生态保护与气候变化响应研究中心。国家林业局2011年成立了华东、中南、西北三个林业碳汇计量监测中心，2012年又成立了生态系统定位观测网站中心，负责开展中国森林、湿地、荒漠生态定位观测研究。2011年5月，中国民航总局成立了中国民航大学节能减排研究与推广中心，作为行业节能减排专门研究机构，研究并推广节能减排工作。

（五）全社会广泛参与度

中国积极宣传应对气候变化科学知识，提高公众的低碳发展意识，注重发挥民间组织、媒体等各方面的积极性，采取多种渠道和手段引导全民积极参与应对气候变化行动，营造有利于绿色、低碳发展的社会氛围。

1.政府加强引导

2012年9月，国务院批复同意自2013年起，将每年"中国节能宣传周"的第三天设立为"中国低碳日"，加强对应对气候变化和低碳发展的宣传引导。有关部门和地方各级政府通过制作宣传材料、举办论坛、组织活动等多种途径，倡导低碳发展理念。利用世界环境日、世界气象日、世界地球日、世界海洋日、世界无车日、中国防灾减灾日、中国科普日等主题日，积极开展气候变化科普宣传。北京、天津、贵阳等一些地方政府通过举办气候变化、节能环保等领域的大型国际研讨会、论坛和展览等活动，加强与世界各国在低碳发展方面的经验交流，增强公众应对气候变化和节能低碳的意识。充分发挥报纸、广播、电视、杂志等传统媒体和互联网、手机等新媒体的作用，加强应对气候变化和节能低碳的宣传教育。

2.媒体广泛宣传

中国主要新闻媒体围绕应对气候变化、绿色低碳发展的主题开展内容丰富、形式多样的宣传报道活动。新华社、人民日报、中央电视台等主流媒体及环境气候领域的专业媒体围绕气候变化国际谈判德班会议及有关重大文件发布开展了一系列专题报道和深度报道。相关媒体通过组织开展丰富的活动和制作喜闻乐见的宣传材料，提高了应对气候变化的宣传质量和效果。编写并出版了一系列气候变化与气象灾害防御的科普宣传画册，制作了《面对气候变化》《变暖的地球》《关注气候变化》《环球同此凉热》等影视片，及时跟踪报道全球应对气候变化的热点新闻，积极介绍中国应对气候变化的政策、行动和进展，倡导低碳生活理念，增进社会各界对气候变化的了解和认识，展示中国在应对气候变化方面付出的努力和取得的成就。

3.非政府组织行动

中国气候传播项目中心曾组织问卷调查，统计分析中国公众对气候变化问题、气候变化影响等方面的认知度以及对应对气候变化政策的支持度、对应对气候变化行动的执行度、对气候变化传播效果的评价等方面的信息，供中国政府政策制定者参考。中国可再生能源行业协会等通过联合举办中国低碳照明、低碳建筑、节能环保建材、低碳交通及新能源汽车等领域的论坛、博览会，促进企业交流合作，推动产业快速发展。中华环境保护基金会主办以"积极行动，应对气候变化"为主题的第四批大学生环保公益活动，引导大学生开展应对气候变化公益活动实践，推动节能减排全民行动。中国绿色碳汇基金会发起了"绿化祖国、低碳行动"植树节活动。近40家中外民间组织共同发起了气候公民超越行动（C+）计划，倡导企业、学校、社区和个人积极参与应对气候变化的活动。世界自然基金会继续组织"地球一小时"公益活动。中国国际民间组织合作促进会、绿色出行基金等在辽宁、北京、天津、杭州等15个省、市组织"酷中国——全民低碳行动计划"项目及低碳公众宣传教育巡展活动。

4.公众踊跃参与

中国公众采取积极行动应对气候变化，践行低碳饮食、低碳居住、低碳出行、低碳旅游等低排放的生活方式和适度消费、杜绝浪费等消费模式。广大市民选择公共交通等绿色低碳出行方式，截至2011年，中国已有143个城市承诺开展无车日活动。中国各地开展以学校、机关、商场、军营、企业、社区为单位的节能减碳活动，号召人们树立"节能、节俭、节约"的工作、生活和消费理念，自觉抵制铺张浪费行为，崇尚简约的生活方式。各地大、中、小学开展形式多样的活动积极宣传低碳生活、保护环境，在加强青少年节能、低碳宣传教育方面产生了广泛的社会影响。

第三节 气候变化带来的机遇与挑战

气候变化是一个全球现象，需要各国通力合作加以应对。中国是一个发展中国家，实现经济和社会发展、消除贫困是首要和压倒一切的优先事项。在未来相当长时期内，中国经济仍将保持快速增长，人民的生活水平必将有一个较大幅度的提高，能源需求和二氧化碳排放量不可避免地还将增长，作为温室气体排放大国的形象将更加突出，无疑将对中国的社会经济发展带来严峻的挑战。

一、气候变化对中国发展的机遇和挑战

目前，中国温室气体排放总量居世界第一位。随着后京都时代的来临，作为世界上最大的发展中国家，中国在应对气候变化方面面临着许多现实困难和挑战。改革开放以来，伴随着经济社会的快速发展和人们生活水平的不断提高，中国的环境污染、生态破坏状况也日益严峻，所面临的能源、资源和环境方面的硬约束及结构性矛盾也更趋强化。尽管中国采取的是一条渐进式改革的路径，但中国全方位、多维度、多层面和变化迅速的社会转型过程，使其在应对气候变化问题上正面临着诸多的现实矛盾和障碍。

（一）能源需求增加承受减排任务的考验

改革开放以来，中国国民经济持续快速增长，工业化和城市化进程不断加速，人们生活水平稳步提高。然而，经济快速增长意味着对能源的需求量越来越大。随着中国进入重化工业化阶段，从2002—2007年，中国GDP年均增长10.8%，而同期能源消费年均增速达到11.8%。中国以煤为主的能源消费结构将长期保持下去，2007年煤炭占能源消费总量比重为69.5%，远高于世界不到30%的平均水平，尽管2011年煤炭占能源消费总量比重略下降为64.8%，以煤炭为主的能源消费结构依然没有改变，而相对清洁高效的天然气比重仅为5%，与世界平均水平相差甚远。低氢高碳的能源结构，加上陈旧落后的技术设备，进一步提高了中国的碳排放强度，对完成减排任务造成了巨大的压力。

（二）高耗能产品给中国贸易带来压力

随着后京都时代的来临，中国的对外贸易将面临新的压力。出口是拉动中国经济的"三驾马车"之一，2007年中国进出口总额首次超过2万亿美元，对外贸易顺差达到2622亿美元。在进出口贸易总额巨大的背后需要看到，由于中国处于世界产业链低端，高耗能、高污染、低附加

值的产品在总出口中占很大比例，因此，中国的能源消费量和二氧化碳排放总量持续上升在很大程度上来自这些产品的出口不断增加。此外中国已经成为隐含能源和二氧化碳的净出口大国。隐含能源是指产品上游加工、制造、运输等全过程所消耗的总能源。据测算，2006年中国的隐含能源出口量达6.3亿吨标准煤，占当年一次能源消费量的25.7%；净出口隐含能源的二氧化碳排放量超过10亿吨，占当年二氧化碳排放总量的35%以上。可见，发达国家消费了中国出口的产品，却把巨大的温室气体排放量留给了中国。在后京都时代，发达国家很可能会针对中国生产这些出口产品造成的温室气体排放设置贸易壁垒，比如欧盟提出的气候变化税等。发达国家以气候变化为借口而进行的贸易制裁将会严重影响中国的对外贸易。

（三）承担温室气体限控压力进一步增大

京都会议后，一些发达国家试图以《京都议定书》已规定发达国家的减排指标为由，集中全力向中国和印度等"主要的"发展中国家施压。有的发达国家甚至明确提出将发展中国家"有意义的参与"作为其批准议定书的前提条件之一，并与公约的资金机制挂钩。发达国家要求发展中国家参与全球减排的理由包括：环境原因、竞争力原因、政治原因等。虽然这些理由严重背离了公约"共同但有区别的责任"原则，以及公约特别强调的："发展中国家能在多大程度上有效履行其在本公约下的义务，将取决于发达国家对其在本公约下所承担的有关资金和技术转让的承诺的有效履行，并将充分考虑到经济和社会发展以及消除贫困是发展中国家首要和压倒一切的优先任务"，但从另一个侧面，不难发现减轻这种压力的艰巨性。

（四）对现行发展模式提出了严峻的挑战

自然资源是国民经济发展的基础，资源的丰度和组合状况，在很大程度上决定着一个国家的产业结构和经济优势。中国人口基数大，发展起点低，2011年中国的总人口数约为13.5亿人，约有6.6亿的庞大人口生活在农村，农村人口占中国总人口的比例为48.73%，面临着继续完成工业化和城市化的长期发展任务，人均资源短缺是中国经济发展的长期制约因素。传统的消费和生产模式是一种资源耗竭型、不可持续的消费和生产模式，这种模式已经对中国的社会经济发展构成了巨大的挑战。从发展模式的选择看，虽然各国有权根据本国的具体情况来选择自己的发展道路，但在其发展过程中，都遵循某些带有普遍性的规律，很少有国家发生例外。世界各国的发展历史和工业化历程表明，经济发达水平和人均二氧化碳排放量、商品能源消费量有明显的相关关系，而无论是结构调整还是技术进步却都并非一蹴而就。在目前的技术水平和消费方式下，达到工业化国家的发展水平意味着人均能源消费必然达到较高的水平。世界上目前尚没有既有较高的人均GDP水平又能保持很低人均能源消费和排放水平的先例，中国面临开创可持续消费和生产新模式的挑战。

（五）中国基本国情与发展阶段的约束

中国约有13.5亿人口，人均资源相对紧缺，生态环境比较脆弱，自然条件先天不足，生产力发展水平也相对比较低下，这些都是长期制约中国经济社会发展的重要因素。进入21世纪以来，中国人口总规模与劳动力年龄人口仍保持持续增长，城市化进程在不断加速，人均收入水平在不断提高，相应地，资源、能源与环境的压力也在不断强化。作为正处于工业化中期阶段的后发国家，中国的工业化在受到上述既定资源与环境约束的同时，也会受到工业化发展阶段一般规律的制约。与此同时，由于完成工业化的时间相对较短，在技术进步、产业外向度以及国际分工格局等方面中国还会受到后发劣势的影响。进入21世纪，中国进入了新一轮的经济增长阶段。随着消费结构升级的拉动，以机械制造、钢铁、建材、能源为代表的具有重化工业特征的行业相继进入了快速增长通道。与此同时，中国的城市化也进入了高速发展时期，再加上中国处于国际贸易分工结构中产业链的低端，主要依赖大量出口能源密集型制造业生产的产品来保持经济增长，所有这些都形成了对能源、原材料等的巨大需求，也意味着中国未来能源消费和二氧化碳排放量必然还要持续增长。换言之，中国基本国情和发展阶段的约束，将使中国现有的发展模式在应对气候变化的过程中面临着巨大的挑战。

（六）以煤为主体的能源结构面临严峻挑战

中国是世界上少数几个以煤为主的国家，2011年中国原煤产量达到35.2亿吨，煤炭在一次能源生产结构中的比重接近80％。这一数字远远高于全球的平均水平。与石油、天然气等燃料相比，单位热量燃煤引起的二氧化碳排放比使用石油、天然气分别高出约36％和61％，而调整能源结构在一定程度上会受到资源结构的制约，提高能源利用效率又面临着技术和资金上的障碍，这就意味着中国以煤为主的能源资源和消费结构在未来相当长的一段时间将不会发生根本性的改变，由此也使得中国在降低单位能源的二氧化碳排放强度方面比其他国家面临更大的困难。尽管中国目前的人均二氧化碳排放量仍很低，但由于中国人均二氧化碳排放年均增长率高于世界平均水平，按照目前的发展趋势，预计在2030年左右，中国的人均二氧化碳排放量就有可能超过世界平均水平。由于调整能源结构在一定程度上受到能源资源结构的制约，提高能源利用效率又面临着技术和资金上的压力，以煤为主的能源资源和消费结构，使中国控制二氧化碳排放的前景不容乐观。

（七）发展低碳经济与现行体制明显不足

中国在国家层面成立应对气候变化的正式管理机构时间比较短，无论是人员编制还是宏观管理的能力都还十分薄弱，这种状况与中国承担的责任和大国地位很不相称；另一方面，国家应对气候变化的法律法规、战略与规划、政策体系等都还非常不完善，很多领域仍然处于空白状态，急需在未来的发展中不断加强和改善。能源价格、财税政策的市场化改革相对滞后。目前国家对于属于基本需求的能源采取价格管制和价格补贴制。然而，较低的能源价格无法对节能、技术进步和结构调整等形成正向的激励。特别是在重化工阶段，还会助长高耗能工业的发展，并进一步产生"高碳"设备和产品的锁定效应。此外，中国在产品的强制能效标准、节能产品标准与标识、行业能效标杆管理、政府节能减排、产品采购、市场准入与退出机制等方面的政策和实施方面与国外也都存在明显差距，严重影响了中国节能减排工作的深入开展以及行业、企业低碳转型的实际运作。

二、气候变化为中国能源发展带来机遇

气候变化问题给中国带来巨大挑战的同时，也给中国带来了新的发展机遇。当前国际社会提出的减缓二氧化碳排放的政策和措施主要集中在提高能源利用效率，发展可再生能源，这些不仅符合中国经济增长方式从粗放型向集约型根本转变的需要，而且其直接结果也将在一定程度上促进高效能源技术和节能产品更加迅速地向全球扩展和传播，这一趋势也将有利于促进中国能源利用效率的提高和能源结构的优化。中国应当抓住全球气候变化问题给其发展可能带来的新的发展机遇，积极参与相关领域的国际合作，推动发达国家履行资金和技术转让的承诺，为中国的社会经济发展创造更为有利的国际政治和经济技术环境。

（一）利于中国可持续发展战略的实施

针对全球气候变化可能给中国带来的各种影响，采取适应气候变化的各种趋利避害措施，如改善中国的生态与环境条件，增加生态系统碳储量，从而对中国社会经济可持续发展产生积极的促进作用。同时，在《气候公约》背景下，制定和实施中国应对气候变化的长期战略和行动计划，也可以进一步推动中国在计划生育、节约和优化能源等方面的进程。

（二）推广新能源技术和能源结构调整

若发达国家能在国内进行实质性减排，无疑将对世界能源结构和能源技术产生重大影响。发达国家有可能由以石油为主向以天然气为主要能源过渡，各种可再生能源也将得到较大的发展，这可能为中国逐渐将目前以煤为主的高排放、高污染的能源结构转向以油气为主要能源提供

了机遇。另一方面，发达国家的这种减排压力也势必会促进其在节能与新能源技术上的创新，节能与新能源技术的市场竞争力也会得到加强，气候变化无疑将为新一代能源技术发展提供机遇。同时，如果发达国家的能源消费受到抑制，将在一定程度上为中国未来的发展腾出更多的能源消费空间。

（三）减缓温室气体排放，减少大气污染

据分析，在中国目前的大气污染物中，大约75%来自于燃料燃烧，是一种比较典型的煤烟型污染。近年来，中国政府在控制大气污染方面作出了巨大的努力，采取了法律、经济、技术等多项措施，但大气污染问题仍没有得到有效控制。因此，用低碳燃料或无碳能源替代煤炭，提高能源利用效率，这不仅是未来中国减缓二氧化碳排放的需要，也是中国保护环境和减少大气污染的需要。

（四）加强气候领域国际合作，提升国际形象

中国是温室气体排放大国，在履约活动中具有较强的国际合作优势。积极参与全球气候变化领域的国际活动，认真履行与中国经济发展水平相适应的义务，有利于树立中国保护全球气候的国际形象，扩大中国的国际影响，提高中国的国际地位。同时通过开展国际合作，努力推动发达国家履行资金和技术转让承诺，可争取中国所需要的部分先进技术和资金。中国应对全球气候变化需要发达国家提供技术援助和资金支持，在碳资金的支持下，中国将引进先进技术，进而对提高能源利用效率、降低二氧化碳排放发挥重要作用。碳基金的建立可以有效促使发达国家向发展中国家进行技术转让，同时发展中国家在吸收消化这些技术之后，研发出更加先进的技术也需要向其他国家转让。因此，可以在最大程度上推动减排技术的进步，也避免了今后发展中国家受制于发达国家的减排技术标准。

（五）培养技术创新意识，提高自主研发能力

碳基金为国外先进技术进入中国提供了良好的平台，但中国缺乏

先进技术标准、知识产权管理意识薄弱、自主研发能力不足的事实迫使中国相关行业必须化压力为动力，主动提高自主创新意识。借助技术创新和技术转移，在开放的条件下提高获取关键技术和自主知识产权的能力，适应国际竞争环境。最终通过技术进步引领未来，实现能源效率的明显提高和经济结构的有效改善。

（六）为低碳经济、绿色经济提供有益的支持

巴厘岛路线图进一步强调了发达国家对发展中国家的资金和技术转移，中国可以从中受益。同时通过国际合作，发达国家引领的低碳经济实践也可以为中国发展低碳经济提供借鉴。低碳经济是未来世界经济发展的趋势和潮流，也是中国实现可持续发展的重要途径。中国参与解决气候变化问题需要通过发展低碳经济来实现。当前的世界气候谈判形势为中国发展低碳经济带来了巨大机遇。

参考文献

1.气候变化2007.联合国政府间气候变化专门委员会第四次评估报告科学基础[R]. 2011-12-20.

2.傅东平.国际气候博弈与我国应对气候变化的对策选择研究[J]. 传承，2011，（3）：34-36.

3.U.S. Energy information administration independent statistics and analysis，country analysis briefs: China. [EB/OL]. [2011-07-12]. http://www. eia. doe. Gov.

4.姜冬梅.全球减排博弈下的中国策略思考[J].生态经济，2012，（9）：52-60.

5.蒋琛娴等.全球气候变化治理中的中国—中美欧在全球气候变化治理中的行为研究之三[J].改革发展，2010，（11）：5-6.

6.王芳.中国应对气候变化问题的现实困境与出路[J].公共政策与公共管理，2012，（3）：94-101.

7.丁一汇等.气候变化国家评估报告（I）：中国气候变化的历史和未来趋势[J].气候变化研究进展，2006，2（1）：3-8.

8.任国玉等.近50年来中国地面气候变化基本特征[J].气象学报，2005，63（6）：942-956.

9.陈建萍等.国内外热带气旋强度变化研究现状[J].气象与减灾研究，2007，30（3）：39-47.

10.克雷格·A·斯奈德，当代安全与战略[M].长春：吉林人民出版社，2001年版.

11.韩永强等.北方稻区水稻害虫发生与防治[J].植物保护，2008，34（3）：p13.

12.中国国家海洋局.2010年中国海平面公报[R]，2011.

13.秦大河总主编.《中国气候与环境：2012年》第二卷.《影响与脆弱性》上册[M].修订稿（未出版），2009，p119.

14.《第二次气候变化国家评估报告》编写委员会.第二次气候变化国家评估报告[M].北京：科学出版社，2011，113-114.

15.中国煤网：《2011年全国原煤产量为35.2亿吨煤炭产能过剩压力凸显》，http: // xj. mtw001. com /xjmx/ 201209/ 20120229150315. html，2012年2月29日.

16.王毅、邓梁春.《中国特色低碳道路的发展战略》，载中国科学院可持续发展战略研究组：《2009中国可持续发展战略报告》，科学出版社2009年版，p.115.

后 记

　　全球气候变暖已成为人类面临的最大威胁。化石燃料的大量燃烧，温室气体的无节制排放，森林的过度砍伐，令全球气温急剧上升，并导致了许多灾难性的后果，冰川退缩，海平面上升，极端天气，特大飓风，特大洪灾，特大干旱等，形势十分严峻。

　　全球气候变化不仅改变了世界政治格局，而且严重影响了人类正常的生存和生活规律。因此，气候变化已经成为国际社会关注的焦点。

　　多项研究结果表明，过去50年监测到的全球平均温度的升高是由温室气体浓度增加引起的。人们不顾环境盲目追求物质，使得气候变化问题成为威胁人类生存和发展的全球性问题，并且已经引起世界各国的广泛注意和高度重视，世界各国纷纷呼吁要共同解决气候变化问题。而解决这一问题的唯一途径是将大气中的二氧化碳浓度控制在一定水平内，才能避免极端气候变化的发生。在这种情况下，低碳经济衍生出来，被视作解决气候问题的根本出路。低碳经济是以低能耗、低污染、低排放为基础的经济形态，其实质是通过能源技术和制度创新，提高能源利用效率，构造清洁能源结构，改变现有以化石燃料为主的能源消费格局。面对气候变化的严峻形势，发展低碳经济、绿色经济已迫在眉睫。

　　联合国环境委员会在解决二氧化碳问题方面，采取与保护臭氧层和减少向大气层中排放氧化硫和氧化氮类似的方法，而没有注意到，解决二氧化碳问题需要减少燃烧物质的数量，燃烧物质量远大于燃料重量（燃烧12公斤碳氢化合物会形成44公斤二氧化碳）。而在保护臭氧层和减少氧化硫和氧化氮向大气层排放过程中，主要是降低烟气中有害成分的质量和制冷剂的更换。

需要注意的是，西欧国家的立场促使人们接受了准备不充分的公约，早在里约大会前，这些国家就提出声明。声明中指出，它们准备在2000年时使二氧化碳的排放量降低至1990年水平，而在2010年之前在此基础上继续缩减25%。在会议资料中可以看到各种减少人为排放二氧化碳的方法方式：从提高发电装置的经济性和使用无碳或低碳燃料，到回收烟气中的二氧化碳并将二氧化碳保存在独立的储存器中。

为了从资金上支持这些措施实施，对各种燃料使用都上调了税率，但是对这些计划实施的项目却没有做过资金清算。这些开支对于全球规模来讲是相当庞大的。例如，为了在2010年减少680亿吨气体排放，需要各方面支出大约4万亿—6万亿美元，而经营支出在2010年的水平上大约为2000亿—4000亿美元。所有的这些问题只是在公约决定后由专家评审时才发现，在1997年12月东京举办的《联合国气候变化框架公约》第三次缔约方大会上，经常有人提出：谁出资来完成这些需要完成的工作？

大会在受到批评的影响下创建了气候变化国际专家委员会，并且采纳了一系列辅助解决方式，这些解决方式从根本上改变了对人为排放二氧化碳的看法。其中的一个看法认为，可以通过森林来辅助吸收二氧化碳，所以在空闲的土地上需要种植大量的树木。虽然，通常在这些空闲的土地上不一定具备树木生长的条件，而且每公顷平均每年吸收二氧化碳量不会超过10吨，这个看法是以生态的角度来解决二氧化碳。

在德国举行的2015年八国集团峰会上，各个国家的领导都在讨论全球变暖问题，并且达成在《京都议定书》失效后，准备新的国际协议并使其生效。除此之外，还达成了到21世纪中期削减向大气排放有害物质50%的共识。50%，这是多么可观的数字！可是，学者们却说50%已经满足不了要求，需要减少80%—90%。世界卫生组织在人类适应新环境上需要发挥重要作用。现在世界卫生组织已经开始制订，在气候变化的影响下采取各种手段保护健康的全球战略。这个战略由世界卫生组织与其他合作组织共同实现。在气候变化的作用下给卫生专业人员提出了明确的任务：保护人类健康，保证人类福利。

虽然未达到预期目标，但还是起到了一些作用。2007年，在印度尼西亚巴厘岛举行的联合国气候变化全球大会上讨论制定替代《京都议定书》的新的协议书——《巴厘路线图》，在此协议中没有具体指出排放量的减少程度。但是在协议中主体和政府间气候变化专门委员会报告中的第四页加标了脚注，指出未来10—15年内，世界温室气体排放量将达到最大，之后将逐渐减弱。到2020年发展中国家整体排放量在1990年的基础上减少25%—40%。

新的框架协议在2013年代替《京都议定书》，新的协议必须符合三个因素。第一，在此协议中必须包括温室气体排放大国，包括美国、中国和印度。第二，为了保证多国能够参与到此协议中，合作必须采取灵活的模式。第三，需要保持经济发展与环境保护利益之间的平衡。

与此同时，在对抗气候变化领域内，参与国的不同立场以及与之相关的政策，也阻碍着协议标准的制订。如欧盟坚定地打算维护并发展欧洲贸易体系，不受将来协议的限制。适当地接受硬性责任，例如，针对发展中国家，到2020年，温室气体排放在1990年水平的基础上减少15%—30%。使全球气候变化温度不超过2℃；日本、加拿大、挪威制订国家贸易体系中排放配额与为世界贸易沟通组织设立窗口。各个国家根据自身特色担负适当的硬性责任。中国、巴西、墨西哥、南非、阿根廷、印度、韩国承认新协议的必须性，并且调整市场方式（清洁发展机制），但是责任不应该妨碍经济增长，更不应该制造社会矛盾。美国更有效地控制内部温室气体排放的活动。支持市场调控方法（贸易配额）。扩展亚太公约（美国、澳大利亚、日本、中国、韩国、印度）。新协议不会直接持续《京都议定书》中内容（应该找到"准确词"使人类明白眼前发生的事）。俄罗斯支持并促进联合方案实施，吸引所有国家承担责任，包括支持白俄罗斯参加承担责任（在1990年基础上减少

95%）。整体上实现协议中所规定的内容非常困难，而且需要很大的花销。气候变化的长期性及其后果，以及与之相关联的世代交替中信息的不对称性，更加大了实施的难度。

因此在制定有效政策时，需要减少不确定因素与不对称信息，缓解气候变化带来的经济风险，要求在经济和政治方面广泛地开展科学研究，并定期将研究结果运用到制度中。如果从整体上评论《京都议定书》的作用，则最主要的问题是：所制定的制度是否适用于全球变暖？大多数专家都给出否定答案。解决此问题的方式——选择人类平稳发展的政策。

列举几点向"平稳发展"过渡的结果。第一，指出从观点中结束对个体企业的想法。为了人类生存，各个国家与联合国从整体上应该为个体企业制定严格的与生态相关联的框架，这个框架应该被无条件接受。第二，需要新的经济团体与经济理论。显然，典型的经济理论导致基础宏观经济指数增长，在平稳发展中不可能成为最显而易见的方法。需要向新的经济过渡，采用一个完全不同的方式，选用完全不同的经济理论。第三，美国、欧洲、日本与其他发达国家和发展中国家明显区分开。第四，存在着一些与气候变化相关的不确定信息因素，同样，在可达性、检测、处理过程中，也存在着各种不确定性。这些不确定的因素通常存在于预测信息的生产者，转换及使用者交流过程中，在预测气候变化中出现与气候变化相关联的经济、生态风险时被表现出来，称为信息不对称。为了清理这种不对称，需要全方位地阐明全球变暖问题，从各个角度讨论解决的方法，同时，高质量的国际信息为重要的合作路线提供保障。如果从信息的角度分析问题，则应该走新的，符合21世纪需求的生态观念的道路，直接采用近些年的经验是必然的结果。

蒋明君

2015年8月